高等职业教育机电类专业“十二五”规划教材

中国高等职业技术教育研究会推荐

高等职业教育精品课程

PLC应用技术

胡修玉　张志清　主编

国防工业出版社

·北京·

内容简介

本书以三菱FX系列PLC为例,介绍了PLC的工作原理、硬件结构、指令系统及应用。全书共分5个模块、20个项目,通过大量的应用实例和实际应用项目,重点介绍了梯形图程序的经验设计法、顺序控制功能图的多种结构及其对应的梯形图程序的多种设计法。随着PLC在较复杂控制系统中的广泛应用,本书相应增加了大量功能指令的应用实例,训练和提高学生综合应用多种设计方法解决实际工程问题的能力。本书在内容编排上,力求循序渐进,举例恰当,实用性强,很容易被初学者掌握。

本书可作为高等职业院校和各类职业学校机电类、电子类专业及其他相关专业教材,也可供技术培训和相关技术人员参考使用。

图书在版编目(CIP)数据

PLC应用技术/胡修玉,张志清主编.—北京:国防工业出版社,2015.5
高等职业教育机电类专业“十二五”规划教材
ISBN 978-7-118-10005-1

Ⅰ.①P... Ⅱ.①胡...②张... Ⅲ.①plc技术—高等职业教育—教材 Ⅳ.①TM571.6

中国版本图书馆CIP数据核字(2015)第053297号

※

国防工业出版社出版发行
(北京市海淀区紫竹院南路23号 邮政编码100048)
涿中印刷厂印刷
新华书店经售

*

开本787×1092 1/16 印张20 字数458千字
2015年5月第1版第1次印刷 印数1—4000册 定价45.00元

(本书如有印装错误,我社负责调换)

国防书店:(010)88540777 发行邮购:(010)88540776
发行传真:(010)88540755 发行业务:(010)88540717

高等职业教育制造类专业“十二五”规划教材
编审专家委员会名单

《PLC应用技术》
编 委 会

主　编　胡修玉　张志清

副主编　于　波　张　利　董贵华

编　委　孟国前　屈东坡　朱　伟

宋　莉　段　青　张　彬

潘守国　徐学超　刘西国

主　审　孟　良

总　序

在我国高等教育从精英教育走向大众化教育的过程中,作为高等教育重要组成部分的高等职业教育快速发展,已进入提高质量的时期。在高等职业教育的发展过程中,各院校在专业设置、实训基地建设、双师型师资的培养、专业培养方案的制定等方面不断进行教学改革。高等职业教育的人才培养还有一个重点就是课程建设,包括课程体系的科学合理设置、理论课程与实践课程的开发、课件的编制、教材的编写等。这些工作需要每一位高职教师付出大量的心血,高职教材就是这些心血的结晶。

高等职业教育制造类专业赶上了我国现代制造业崛起的时代,中国的制造业要从制造大国走向制造强国,需要一大批高素质的、工作在生产一线的技能型人才,这就要求我们高等职业教育制造类专业的教师们担负起这个重任。

高等职业教育制造类专业的教材一要反映制造业的最新技术,因为高职学生毕业后马上要去现代制造业企业的生产一线顶岗,我国现代制造业企业使用的技术更新很快;二要反映某项技术的方方面面,使高职学生能对该项技术有全面的了解;三要深入某项需要高职学生具体掌握的技术,便于教师组织教学时切实使学生掌握该项技术或技能;四要适合高职学生的学习特点,便于教师组织教学时因材施教。要编写出高质量的高职教材,还需要我们高职教师的艰苦工作。

国防工业出版社组织一批具有丰富教学经验的高职教师所编写的机械设计制造类专业、自动化类专业、机电设备类专业、汽车类专业的教材反映了这些专业的教学成果,相信这些专业的成功经验又必将随着本系列教材这个载体进一步推动其他院校的教学改革。

方新

前　言

随着计算机技术的迅速发展,以可编程逻辑控制器(PLC)控制、变频器调速为主体的新型电气控制系统已逐渐取代传统的继电器控制系统。PLC 是以微处理器为基础,综合了计算机技术、电气控制技术、自动控制技术和通信技术而发展起来的一种新型、通用的自动控制装置,并广泛应用于各种设备的电气控制中。

PLC 课程是高职高专院校机电一体化技术、电气自动化技术、机械制造与自动化等专业的主干专业课。它的前导课程为电工、电子技术、传感器技术、单片机技术及电气控制技术等,它是一门技能性、实践性较强的综合型课程。该课程也是学生考取高级电工职业资格证书和 PLC 程序设计师资格证书的核心课程。

为了满足当前高职高专教学的需要,我们总结多年从事电气控制和 PLC 教学、研究、工程应用方面的经验,共同编写了本教材。本书通过将知识点嵌入到实训项目中进行讲解、练习、实践,将教、学、做有机地融合在一起,使学生在项目训练中逐步掌握所学知识,提高操作技能。

本课程以培养学生对电气控制系统分析和解决实际问题的能力为主线,使学生了解 PLC 的基本原理,能够识读 PLC 的程序,分析 PLC 控制系统的原理,能够根据生产实际的需要,改造或设计相应的 PLC 控制系统,编写控制程序,并能够进行系统调试及故障处理。

本书以三菱 FX 系列 PLC 为学习载体,内容上分为 5 个模块,共 20 个项目。

模块 1 介绍 PLC 基础知识,认识 PLC,了解其特点和结构。

模块 2 介绍 PLC 的基本指令及应用,介绍 PLC 的基本指令及梯形图的经验设计法、时序控制系统梯形图的设计方法、根据继电器电路图设计梯形图的方法。

模块 3 介绍 PLC 的顺序控制指令及应用,介绍较复杂顺序控制系统的功能图设计及编程。通过列举大量实例,讲述顺序控制功能图的多种结构及其对应的梯形图程序的多种设计方法。

模块 4 介绍 PLC 的功能指令及应用。FX 系列 PLC 有 200 多条功能指令,就常用的功能指令,通过大量的应用实例进行重点讲述。其他功能指令和使用方法,可参阅 FX 系列的编程手册。

模块 5 介绍了 PLC 应用系统的设计调试方法、PLC 应用系统的可靠性措施、PLC 的通信与计算机通信网络等内容。

本书由胡修玉、张志清任主编,编写了全部项目的大部分应用实例,并完成了相应程序的设计,绘制了全书图形、基本指令、功能指令及应用实例梯形图,并对全书大部分梯形图程序，进行了上机调试和验证；于波、张利、董贵华任副主编，孟国前、屈东坡、朱伟、宋莉、段青、张彬、潘守国、徐学超、刘西国参编。本书由孟良老师主审，孟良老师在百忙中详细审阅了书稿，并提出了许多宝贵建议，在此特向孟良老师致以最衷心的感谢。在编写本书的过程中参阅了大量同类教材，在此也对原作者一并致谢。

由于编者时间仓促，加之编者水平有限，书中难免存在错误和不妥之处，敬请广大读者批评指正。

编者

目　录

模块1 PLC基础

一、可编程序控制器的产生和发展过程

在可编程序控制器出现之前,工业电气控制领域中,继电器、接触器控制占主导地位,应用广泛。但是电器控制系统存在体积大、可靠性低、耗电多、噪声大、查找和排除故障困难等缺点,特别是其接线复杂、不易更改,对生产工艺变化的适应性差。

1968年,美国通用汽车公司(GM)为了适应汽车型号的不断更新、生产工艺不断变化的需要,为了实现小批量、多品种的生产,希望能有一种新型工业控制器,它能够做到尽可能减少重新设计和更换电器控制系统及接线,以降低成本,缩短周期。于是设想将计算机功能强大、灵活、通用性好等优点与继电器控制系统简单易懂、价格便宜等优点结合起来,制成一种通用控制装置,而且这种装置采用面向控制过程、面向问题的"自然语言"进行编程,使不熟悉计算机的人也能很快掌握使用。

1969年,美国数字设备公司(DEC)根据美国通用汽车公司的这种要求,研制成功了世界上第一台可编程序控制器,并在通用汽车公司的自动装配线上试用,取得了很好的效果,从此这项技术迅速发展起来。

早期的可编程序控制器仅有逻辑运算、定时、计数等顺序控制功能,只是用来取代传统的继电器控制,通常称为可编程逻辑控制器(Programmable Logic Controller,PLC)。随着微电子技术和计算机技术的发展,20世纪70年代中期微处理器技术应用到PLC中,使PLC不仅具有逻辑控制功能,还增加了算术运算、数据传送和数据处理等功能。

20世纪80年代以后,随着大规模、超大规模集成电路等微电子技术的迅速发展,16位和32位微处理器应用于PLC中,使PLC得到迅速发展。PLC不仅控制功能增强,同时可靠性提高,功耗、体积减小,成本降低,编程和故障检测更加灵活方便,而且具有通信和联网、数据处理和图像显示等功能,使PLC真正成为具有逻辑控制、过程控制、运动控制、数据处理、联网通信等功能的名符其实的多功能控制器。

自从第一台PLC出现以后,日本、德国、法国等也相继开始研制PLC,并得到了迅速的发展。目前,世界上有200多家PLC厂商,400多个品种的PLC产品,按地域可分成美国、欧洲和日本等三个流派的产品。各流派PLC产品都各具特色,而日本的PLC技术是由美国引进的,对美国的PLC产品有一定的继承性,日本主要发展中小型PLC,其小型PLC性能先进,结构紧凑,价格便宜,在世界市场上占据重要地位。著名的PLC生产厂家主要有美国的A-B(Allen-Bradly)公司、通用电气GE(General Electric)公司,日本的三菱电机(Mitsubishi Electric)公司、欧姆龙(OMRON)公司,德国的AEG公司、西门子(Siemens)公司,法国的TE(Telemecanique)公司等。

我国PLC的研制、生产和应用也发展很快,在应用方面更为突出。在20世纪70年代末和80年代初,随着成套设备、专用设备的进口,我国引进了不少国外的PLC。此后,在传统设备改造和新设备设计中,PLC的应用逐年增多,并取得显著的经济效益,PLC在我

国的应用越来越广泛，对提高我国工业自动化水平起到了巨大的作用。目前，我国不少科研单位和工厂在研制和生产 PLC，如上海正航电子科技有限公司，台湾的台达、永宏、丰炜，北京的和利时，无锡的信捷、华光，南京冠德科技有限公司。

从近年的统计数据看，在世界范围内 PLC 产品的产量、销量、用量高居工业控制装置榜首，而且市场需求量一直以每年 15% 的比率上升，PLC 已成为工业自动化控制领域中，占主导地位的通用工业控制装置。

二、PLC 的定义及分类

（一）PLC 的定义

PLC 是在电器控制技术和计算机技术的基础上开发出来的，并逐渐发展成为以微处理器为核心，把自动控制技术、计算机技术、通信技术融为一体的新型自动控制装置。目前，PLC 已被广泛应用于各种生产机械和生产过程的自动控制中，成为一种最重要、最普及、应用场合最多的工业控制装置，被公认为现代工业自动化的三大支柱（PLC、机器人、CAD/CAM）之一。

国际电工委员会（International Electrical Committee，IEC）于 1987 年颁布了《可编程控制器标准草案》第三稿，在草案中对可编程控制器定义如下："可编程控制器是一种数字运算操作的电子系统，专为在工业环境下应用而设计。它采用可编程序的存储器，用来在其内部存储执行逻辑运算、顺序控制、定时、计数和算术运算等操作的指令，并通过数字式和模拟式的输入和输出，控制各种类型的机械或生产过程。可编程控制器及其有关外围设备，都应按易于与工业系统联成一个整体，易于扩充其功能的原则设计。"

定义强调了 PLC 应直接应用于工业环境，必须具有很强的抗干扰能力、广泛的适应能力和广阔的应用范围，这是区别于一般微机控制系统的重要特征。同时，也强调了 PLC 用软件方式实现的"可编程"与传统控制装置中通过硬件或硬接线的变更来改变程序的本质区别。

近年来，可编程控制器发展很快，几乎每年都推出不少新系列产品，其功能已远远超出了上述定义的范围。

（二）PLC 的分类

PLC 产品种类繁多，其规格和性能也各不相同。对 PLC 的分类，通常根据其结构形式的不同、功能的差异和 I/O 点数的多少等进行。

1. 按结构形式分类

根据 PLC 的结构形式，可将 PLC 分为整体式和模块式两类。

1）整体式 PLC

整体式 PLC 是将电源、CPU、I/O 接口等部件都集中装在一个机箱内，具有结构紧凑、体积小、价格低的特点，小型 PLC 一般采用这种整体式结构。整体式 PLC 由不同 I/O点数的基本单元（又称主机）和扩展单元组成。基本单元内有 CPU、I/O 接口、与 I/O扩展单元相连的扩展口，以及与编程器或 EPROM 写入器相连的接口等。扩展单元内只有 I/O 接口和电源等，没有 CPU，基本单元和扩展单元之间一般用扁平电缆连接。整体式 PLC 一般还可配备特殊功能单元，如模拟量单元、位置控制单元等，使其功能得以扩展。

2）模块式 PLC

模块式 PLC 是将 PLC 各组成部分，分别做成若干个单独的模块，如 CPU 模块、I/O 模块、电源模块（有的含在 CPU 模块中）以及各种功能模块。模块式 PLC 由框架或基板和各种模块组成，模块装在框架或基板的插座上，这种模块式 PLC 的特点是配置灵活，可根据需要选配不同规模的系统，而且装配方便，便于扩展和维修，大、中型 PLC 一般采用模块式结构。

3）叠装式 PLC

有些 PLC 将整体式和模块式的特点结合起来，构成所谓叠装式 PLC。叠装式 PLC 其 CPU、电源、I/O 接口等也是各自独立的模块，但它们之间是靠电缆进行连接，并且各模块可以一层层地叠装。这样，不但系统可以灵活配置，还可做得体积小巧。

2. 按功能分类

根据 PLC 所具有的功能不同，可将 PLC 分为低档、中档、高档三类。

1）低档 PLC

具有逻辑运算、定时、计数、移位以及自诊断、监控等基本功能，还可有少量模拟量输入/输出、算术运算、数据传送和比较、通信等功能。主要用于逻辑控制、顺序控制或少量模拟量控制的单机控制系统。

2）中档 PLC

除具有低档 PLC 的功能外，还具有较强的模拟量输入/输出、算术运算、数据传送和比较、数制转换、远程 I/O、子程序、通信联网等功能。有些还可增设中断控制、PID 控制等功能，适用于复杂控制系统。

3）高档 PLC

除具有中档机的功能外，还增加了带符号算术运算、矩阵运算、位逻辑运算、平方根运算及其他特殊功能函数的运算、制表及表格传送功能等。高档 PLC 机具有更强的通信联网功能，可用于大规模过程控制或构成分布式网络控制系统，实现工厂自动化。

3. 按 I/O 点数分类

根据 PLC 的 I/O 点数的多少，可将 PLC 分为小型、中型和大型三类。

1）小型 PLC

I/O 点数为 256 点以下的为小型 PLC，其中，I/O 点数小于 64 点的为超小型或微型 PLC。

2）中型 PLC

I/O 点数为 256 点以上、2048 点以下的为中型 PLC。

3）大型 PLC

I/O 点数为 2048 以上的为大型 PLC，其中，I/O 点数超过 8192 点的为超大型 PLC。

在实际中，一般 PLC 功能的强弱与其 I/O 点数的多少是相互关联的，即 PLC 的功能越强，其可配置的 I/O 点数越多。因此，通常我们所说的小型、中型、大型 PLC，除指其I/O 点数不同外，同时也表示其对应功能为低档、中档、高档。

4. 按产地分类

由产地不同，PLC 可分为日系、欧美、韩台、大陆等。其中日系具有代表性的为三菱、欧姆龙、松下等；欧美系列具有代表性的为西门子、A－B、通用电气（GE）、德州仪表等；韩台系列具有代表性的为 LG、台达等;大陆系列具有代表性的有合利时、浙江中控等。

三、PLC 的特点与应用

(一) PLC 的特点

1. 可靠性高,抗干扰能力强

高可靠性是电气控制设备的关键性能。PLC 由于采用现代大规模集成电路技术,采用严格的生产工艺制造,内部电路采取了先进的抗干扰技术,具有很高的可靠性。一些使用冗余 CPU 的 PLC 的平均无故障工作时间则更长。从 PLC 的机外电路来说,使用 PLC 构成控制系统,和同等规模的继电器接触器系统相比,电气接线及开关接点已减少到数百甚至数千分之一,故障率也就大大降低。此外,PLC 带有硬件故障自我检测功能,出现故障时可及时发出警报信息。在应用软件中,应用者还可以编入外围器件的故障自诊断程序,使系统中除 PLC 以外的电路及设备也获得故障自诊断保护。这样,整个系统具有极高的可靠性也就不奇怪了。

2. 配套齐全,功能完善,适用性强

PLC 发展到今天,已经形成了大、中、小各种规模的系列化产品,可以用于各种规模的工业控制场合。除了逻辑处理功能以外,现代 PLC 大多具有完善的数据运算能力,可用于各种数字控制领域。近年来 PLC 的功能单元大量涌现,使 PLC 渗透到了位置控制、温度控制、CNC 等各种工业控制中。加上 PLC 通信能力的增强及人机界面技术的发展,使用 PLC 组成各种控制系统变得非常容易。

3. 易学易用,深受工程技术人员欢迎

PLC 作为通用工业控制计算机,是面向工矿企业的工控设备。它接口简单,编程语言易于被工程技术人员接受。梯形图语言的图形符号与表达方式和继电器电路图相当接近,只用 PLC 的少量开关量逻辑控制指令,就可以方便地实现继电器电路的功能,为不熟悉电子电路、不懂计算机原理和汇编语言的人使用计算机从事工业控制打开了方便之门。

4. 系统的设计、建造工作量小,维护方便,容易改造

PLC 用存储逻辑代替接线逻辑,大大减少了控制设备外部的接线,使控制系统设计及建造的周期大为缩短,同时维护也变得容易起来。更重要的是使同一设备经过改变程序改变生产过程成为可能。这很适合多品种、小批量的生产场合。

5. 体积小,重量轻,能耗低

以超小型 PLC 为例,最新产品底部尺寸小于 100mm,质量小于 150g,功耗仅数瓦。由于体积小很容易装入机械内部,是实现机电一体化的理想控制设备。

(二) PLC 的应用领域

目前,PLC 在国内外已广泛应用于钢铁、石油、化工、电力、建材、机械制造、汽车、轻纺、交通运输、环保及文化娱乐等各个行业,使用情况大致可归纳为如下几类。

1. 开关量的逻辑控制

这是 PLC 最基本、最广泛的应用领域,它可以取代传统的继电器电路,实现逻辑控制、顺序控制,既可用于单台设备的控制,也可用于多机群控及自动化流水线,如注塑机、印刷机、订书机械、组合机床、磨床、包装生产线、电镀流水线等。

2. 模拟量控制

在工业生产过程当中，有许多连续变化的量，如温度、压力、流量、液位和速度等都是模拟量。为了使可编程控制器处理模拟量，必须实现模拟量（Analog）和数字量（Digital）之间的A/D转换及D/A转换。PLC厂家都生产配套的A/D和D/A转换模块，使可编程控制器用于模拟量控制。

3. 运动控制

PLC可以用于圆周运动或直线运动的控制。从控制机构配置来说，早期直接用于开关量I/O模块连接位置传感器和执行机构，现在一般使用专用的运动控制模块，如可驱动步进电机或伺服电机的单轴或多轴位置控制模块。世界上各主要PLC厂家的产品几乎都有运动控制功能，广泛用于各种机械、机床、机器人、电梯等场合。

4. 过程控制

过程控制是指对温度、压力、流量等模拟量的闭环控制。作为工业控制计算机，通过编制各种各样的控制算法程序，PLC能完成闭环控制。PID调节是一般闭环控制系统中用得较多的调节方法。大中型PLC都有PID模块，目前许多小型PLC也具有此功能模块。PID处理一般是运行专用的PID子程序。过程控制在冶金、化工、热处理、锅炉控制等场合有非常广泛的应用。

5. 数据处理

现代PLC具有数学运算（含矩阵运算、函数运算、逻辑运算）、数据传送、数据转换、排序、查表、位操作等功能，可以完成数据的采集、分析及处理。这些数据可以与存储器中的参考值比较，完成一定的控制操作，也可以利用通信功能传送到别的智能装置，或将它们打印制表。数据处理一般用于大型控制系统，如无人控制的柔性制造系统，也可用于过程控制系统，如造纸、冶金、食品工业中的一些大型控制系统。

6. 通信及联网

PLC通信含PLC间的通信及PLC与其他智能设备间的通信。随着计算机控制的发展，工厂自动化网络发展得很快，各PLC厂商都十分重视PLC的通信功能，纷纷推出各自的网络系统。最新的PLC都具有通信接口，通信非常方便。

四、PLC的发展趋势

PLC自问世以来，经过40多年的发展，在美、德、日等工业发达国家已成为重要的产业之一。生产厂家不断涌现、品种不断翻新，且价格不断下降。目前，世界上有200多个厂家生产PLC，比较著名的如：美国A－B、通用电气；日本三菱（MITSUBISHI）、欧姆龙（OMRON）；德国西门子（SIEMENS）公司；法国施耐德公司；中国台湾的台达（Delta）、永宏，北京的和利时，无锡信捷、兰州全志、浙大中控、南京冠德、上海正航等。随着PLC技术的推广和应用，PLC的发展也越来越成熟规范。

1. 向高速度、大容量方向发展

为了提高PLC的处理能力，要求PLC具有更好的响应速度和更大的存储容量。目前，有的PLC的扫描速度可达0.1ms/千步左右，PLC的扫描速度已成为很重要的一个性能指标。

在存储容量方面，有的PLC最高可达几十兆字节。为了扩大存储容量，有的公司已使用了磁泡存储器或硬盘。

2. 向超大型、超小型两个方向发展

当前中小型 PLC 比较多,为了适应市场的多种需要,今后 PLC 要向多品种方向发展,特别是向超大型和超小型两个方向发展。现已有 I/O 点数达 14336 点的超大型 PLC,其使用 32 位微处理器,多 CPU 并行工作并配有大容量存储器,功能强大。

小型 PLC 由整体结构向小型模块化结构发展,使配置更加灵活,为了市场需要已开发了各种简易、经济的超小型、微型 PLC,最小配置的 I/O 点数为 8 ~ 16 点,以适应单机及小型设备自动控制的需要,如南京冠德科技有限公司的嘉华等系列 PLC。

3. PLC 大力开发智能模块,加强联网通信能力

为满足各种自动化控制系统的要求,近年来不断开发出许多功能模块,如高速计数模块、温度控制模块、远程 I/O 模块、通信和人机接口模块等。这些带 CPU 和存储器的智能 I/O 模块,既扩展了 PLC 功能,又使用灵活方便,扩大了 PLC 的应用范围。

加强 PLC 联网通信的能力,是 PLC 技术进步的潮流。PLC 的联网通信有两类:一类是 PLC 之间联网通信,各 PLC 生产厂家都有自己的专有联网手段;另一类是 PLC 与计算机之间的联网通信,一般 PLC 都有专用通信模块与计算机通信。为了加强联网通信能力,PLC 生产厂家之间也在协商制订通用的通信标准,以构成更大的网络系统,PLC 已成为集散控制系统(DCS)不可缺少的重要组成部分。

4. 增强外部故障的检测与处理能力

根据统计资料表明:在 PLC 控制系统的故障中,CPU 占 5%,I/O 接口占 15%,输入设备占 45%,输出设备占 30%,线路占 5%。前二项共 20% 故障属于 PLC 的内部故障,它可通过 PLC 本身的软、硬件实现检测、处理;而其余 80% 的故障属于 PLC 的外部故障。因此,PLC 生产厂家都致力于研制、发展用于检测外部故障的专用智能模块,进一步提高系统的可靠性。

5. 编程语言多样化

在 PLC 系统结构不断发展的同时,PLC 的编程语言也越来越丰富,功能也不断提高。除了大多数 PLC 使用的梯形图语言外,为了适应各种控制要求,出现了面向顺序控制的步进编程语言、面向过程控制的流程图语言、与计算机兼容的高级语言(BASIC、C 语言等)等。多种编程语言的并存、互补与发展是 PLC 进步的一种趋势。

五、可编程序控制器的基本组成

(一) PLC 的外形结构

图 1-1 是三菱 FX_{1N}-40MR 外形图,该型号 PLC 为整体式可编程序控制器。其电源、CPU、存储器(内置 8 千步 EEPROM)、I/O 输入输出接口组成一个基本单元。器件外形部分说明如下:

该单元上方为 AC 85 ~ 264V 交流电源输入,X0 ~ X27 共 24 点直流输入信号接线端子台;下方为 +24V 的 PLC 外接传感器供电电源和 Y0 ~ Y17 共 16 点继电器输出信号接线端子台。

左下方窗口内有内置开关,可以在 RUN/STOP 状态间切换。另有 GOT 编程设备圆形插口,可与计算机连接,使用 WINDOWS 版编程软件如 SWOPC - FXGP/WIN - C 和 GX

Developer 编程软件，进行编程、调试和运行监控等操作。

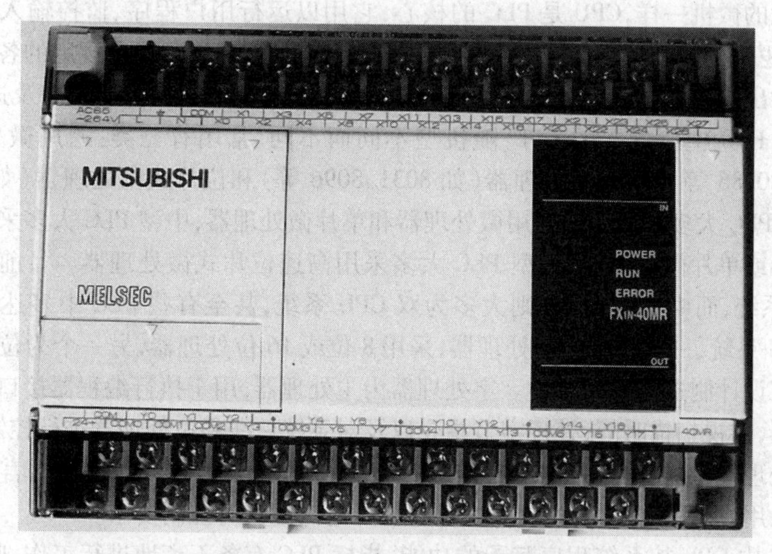

图 1-1　三菱 FX_{1N}-40MR 外形图

右侧分别为输入输出状态的 LED 指示以及 POWER LED、RUN LED、ERROR LED 状态显示。其中 ERROR LED 闪烁表示程序错误，常亮时，则为 CPU 错误。另外，还有可选件连接用插口（存储卡盒、功能扩展板、FX_{1N}-5DM 显示模块）和最右侧的扩展用外部连接插口。

（二）PLC 的硬件结构

PLC 作为一种新型的工业控制计算机，结构各种各样，但其组成的一般原理基本相同。从结构上来讲，PLC 可分为硬件结构和软件结构。

PLC 的类型繁多，功能和指令系统也不尽相同，但结构与工作原理则大同小异，通常由主机、输入/输出接口、电源、编程器扩展器接口和外部设备接口等几个主要部分组成。

PLC 的硬件结构主要由中央处理器（CPU）、存储器（RAM、ROM）、输入/输出单元（I/O 单元）、电源和编程器组成。其结构框图如图 1-2 所示。

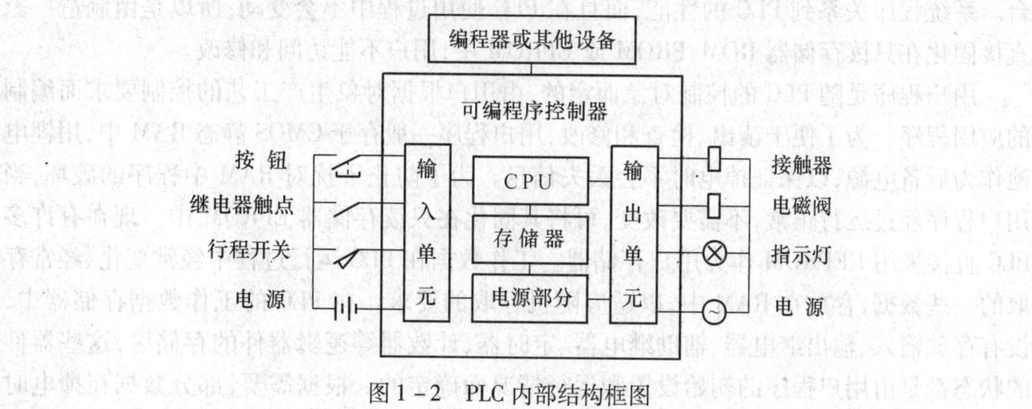

图 1-2　PLC 内部结构框图

1. 中央处理器(CPU)

同一般的微机一样,CPU 是 PLC 的核心,它用以运行用户程序、监控输入/输出接口状态、作出逻辑判断和进行数据处理,即读取输入变量、完成用户指令规定的各种操作,将结果送到输出端,并响应外部设备(如编程器、计算机、打印机等)的请求以及进行各种内部判断等。PLC 中所配置的 CPU 随机型不同而不同,常用有三类:通用微处理器(如 Z80、8086、80286 等)、单片微处理器(如 8031、8096 等)和位片式微处理器(如 AMD29W 等)。小型 PLC 大多采用 8 位通用微处理器和单片微处理器;中型 PLC 大多采用 16 位通用微处理器或单片微处理器;大型 PLC 大多采用高速位片式微处理器。目前,小型 PLC 为单 CPU 系统,而中、大型 PLC 则大多为双 CPU 系统,甚至有些 PLC 中多达 8 个 CPU。对于双 CPU 系统,一般一个为字处理器,采用 8 位或 16 位处理器,另一个为位处理器,采用由各厂家设计制造的专用芯片。字处理器为主处理器,用于执行编程器接口功能,监视内部定时器,监视扫描时间,处理字节指令以及对系统总线和位处理器进行控制等。位处理器为从处理器,主要用于处理位操作指令和实现 PLC 编程语言向机器语言的转换,位处理器的采用,提高了 PLC 的速度,使 PLC 更好地满足实时控制要求。

在 PLC 中 CPU 按系统程序赋予的功能,指挥 PLC 有条不紊地进行工作,归纳起来主要有以下几个方面:

(1) 接收从编程器输入的用户程序和数据。

(2) 诊断电源、PLC 内部电路的工作故障和编程中的语法错误等。

(3) 通过输入接口接收现场的状态或数据,并存入输入映像寄存器或数据寄存器中。

(4) 从存储器中逐条读取用户程序,经过解释后执行。

(5) 根据执行的结果,更新有关标志位的状态和输出映像寄存器的内容,通过输出单元实现输出控制。有些 PLC 还具有制表打印或数据通信等功能。

2. 存储器

PLC 的存储器主要有两种:系统程序存储器和用户存储器。在 PLC 中,存储器主要用于存放系统程序、用户程序及工作数据。

系统程序存储器有只读存储器 ROM、PROM、EPROM 和 EEPROM,用于存放系统程序。系统程序是由 PLC 的制造厂家编写的,和 PLC 的硬件组成有关,完成系统诊断、命令解释、功能子程序调用管理、逻辑运算、通信及各种参数设定等功能,提供 PLC 运行的平台。系统程序关系到 PLC 的性能,而且在 PLC 使用过程中不会变动,所以是由制造厂家直接固化在只读存储器 ROM、PROM 或 EPROM 中,用户不能访问和修改。

用户程序是随 PLC 的控制对象而定的,由用户根据对象生产工艺的控制要求而编制的应用程序。为了便于读出、检查和修改,用户程序一般存于 CMOS 静态 RAM 中,用锂电池作为后备电源,以保证掉电时不会丢失信息。为了防止干扰对 RAM 中程序的破坏,当用户程序经过运行正常,不需要改变,可将其固化在只读存储器 EPROM 中。现在有许多 PLC 直接采用 EEPROM 作为用户存储器。工作数据在 PLC 运行过程中经常变化、经常存取的一些数据,存放在 RAM 中,以适应随机存取的要求。在 PLC 的工作数据存储器中,设有存放输入、输出继电器、辅助继电器、定时器、计数器等逻辑器件的存储区,这些器件的状态都是由用户程序的初始设置和运行情况而确定的。根据需要,部分数据在掉电时用后备电池维持其现有的状态,这部分在掉电时可保存数据的存储区域称为保持数据区。

由于系统程序及工作数据与用户无直接联系，所以在 PLC 产品样本或使用手册中所列存储器的形式及容量是指用户程序存储器。当 PLC 提供的用户存储器容量不够用时，许多 PLC 还提供有存储器扩展功能。

3. 输入/输出单元

输入/输出单元通常也称 I/O 单元或 I/O 模块，是 PLC 与工业现场之间的连接部件。PLC 通过输入接口可以检测被控对象的各种数据，以这些数据作为 PLC 对被控制对象进行控制的依据，同时 PLC 又通过输出接口将处理结果送给被控制对象，以实现控制目的。

由于外部输入设备和输出设备所需的信号电平是多种多样的，而 PLC 内部 CPU 处理的信息只能是标准电平，所以 I/O 接口要实现这种转换。I/O 接口一般都具有光电隔离和滤波功能，以提高 PLC 的抗干扰能力；另外，I/O 接口上通常还有状态指示，工作状况直观，便于维护。

（1）PLC 提供了多种操作电平和驱动能力的 I/O 接口，有各种各样功能的 I/O 接口供用户选用。I/O 接口的主要类型有：数字量（开关量）输入、数字量（开关量）输出、模拟量输入、模拟量输出等。

图 1－3 是 FX_{1N}系列的输入电路和内部电路的示意图。PLC 可以为接近开关、光电开关之类的传感器提供 24V 电源。图中 PLC 外部的虚线框内是传感器的输出晶体管，COM 是 PLC 内各输入电路的公共端子。

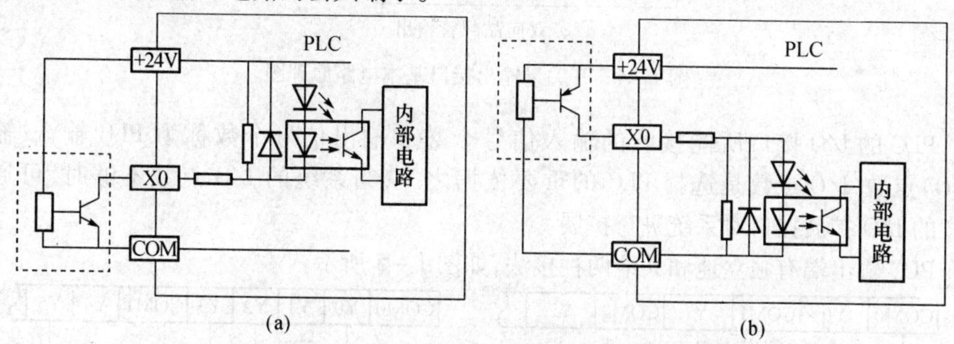

图 1－3　FX_{1N}系列的输入电路和内部电路的示意图

当图 1－3(a)中的外接触点接通或图中的 NPN 型晶体管饱和导通时，电流经 24V 电源的正极（24V 端子）、内部电路、X0 等输入端子和外部的触点或晶体管、COM 端子，从 0V 端子流回 24V 电源的负极，使光耦合器中发光二极管发光，光敏三极管饱和导通，CPU 在输入处理阶段读入的是数字 1；外接触点断开或 NPN 晶体管处于截止状态时，光耦合器中的发光二极管熄灭，光敏三极管截止，CPU 在输入阶段读入的是数字 0。

当图 1－3(b)中的外接触点接通，或图中的 PNP 型晶体管饱和导通时，电流经 24V 电源的正极（24V 端子）、外部的触点或晶体管、X0 等输入端子、内部电路和 COM 端子，从 0V 端子流回 24V 电源的负极，使光耦合器中的发光二极管发光，光敏三极管饱和导通。

输入电路中设有 RC 滤波电路，以防止由于输入触点抖动或外部干扰脉冲引起错误的输入信号。滤波电路延迟时间的典型值为 10～20ms（信号上升沿）和 20～50ms（信号下降沿），输入电流约 5～10mA。

（2）按输出开关器件不同，常用的开关量输出接口有三种类型：继电器输出、晶体管输出和双向晶闸管输出，其基本电路原理图如图 1－4 所示。继电器输出接口可驱动交流或直流负载，但其响应时间长，动作频率低；而晶体管输出和双向晶闸管输出接口的响应速度快，动作频率高，但前者只能用于驱动直流负载，后者只能用于驱动交流负载。

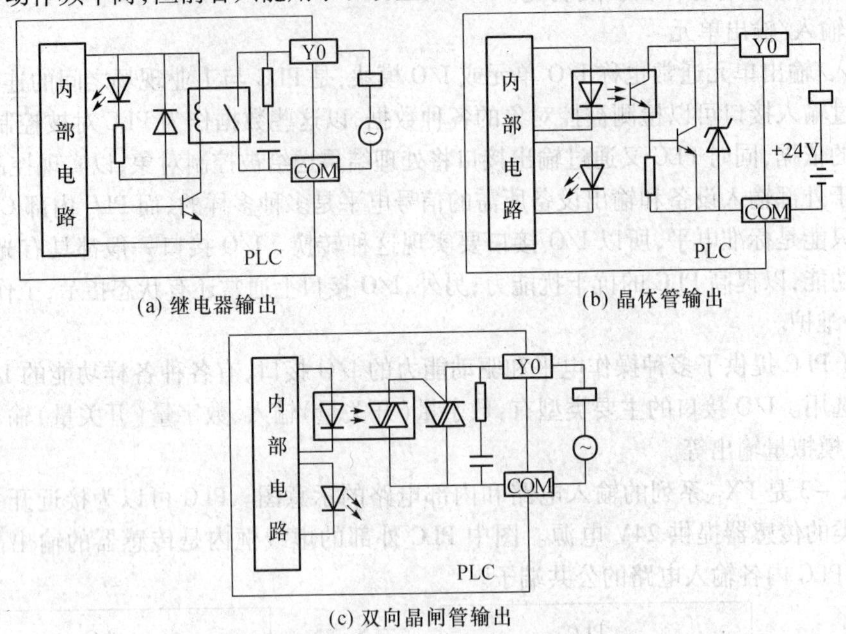

图 1－4　开关量输出接口基本电路原理图

PLC 的 I/O 接口所能接收的输入信号个数和输出信号个数称为 PLC 输入/输出(I/O)点数，I/O 点数是选择 PLC 的重要依据之一，当系统的 I/O 点数不够时，可通过 PLC 的 I/O 扩展接口对系统进行扩展。

PLC 输出端有独立地和共地两种接法，如图 1－5 所示。

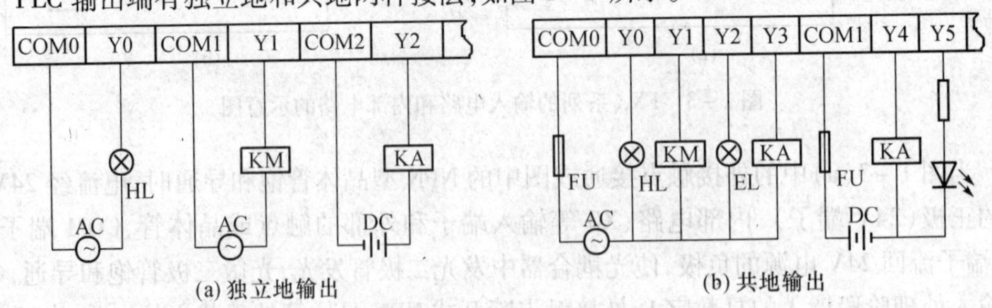

图 1－5　输出端的接法

4. 通信接口

PLC 配有各种通信接口，这些通信接口一般都带有通信处理器。PLC 通过这些通信接口可与监视器、打印机、其他 PLC、计算机等设备实现通信。PLC 与打印机连接，可将过程信息、系统参数等输出打印；与监视器连接，可将控制过程图像显示出来；与其他 PLC 连接，可组成多机系统或连成网络，实现更大规模控制；与计算机连接，可组成多级分布式控制系统，实现控制与管理相结合。远程 I/O 系统也必须配备相应的通信接口模块。

5. 智能接口模块

智能接口模块是一种独立的计算机系统，它有自己的CPU、系统程序、存储器以及与PLC系统总线相连的接口，它作为PLC系统的一个模块，通过总线与PLC相连进行数据交换，并在PLC的协调管理下独立地进行工作。

PLC的智能接口模块种类很多，如高速计数模块、闭环控制模块、运动控制模块、中断控制模块等。

6. 电源模块

PLC配有开关电源，以供内部电路使用。与普通电源相比，PLC电源的稳定性好、抗干扰能力强。对电网提供的电源稳定度要求不高，一般允许电源电压在其额定值±15%的范围内波动。许多PLC还向外提供直流24V稳压电源，用于对外部传感器供电。

7. 编程装置

编程装置的作用是编辑、调试、输入用户程序，也可在线监控PLC内部状态和参数，与PLC进行人机对话。它是开发、应用、维护PLC不可缺少的工具。编程装置可以是专用编程器，也可以是配有专用编程软件包的通用计算机系统。专用编程器是由PLC厂家生产，专供该厂家生产的某些PLC产品使用，它主要由键盘、显示器和外存储器接插口等部件组成。专用编程器有简易编程器和智能编程器两类。

简易型编程器只能联机编程，而且不能直接输入和编辑梯形图程序，需将梯形图程序转化为指令表程序才能输入。简易编程器体积小、价格便宜，它可以直接插在PLC的编程插座上，或者用专用电缆与PLC相连，以方便编程和调试。有些简易编程器带有存储盒，可用来储存用户程序，如图1-6所示即为三菱的FX-20P简易编程器。

图1-6 三菱FX-20P简易编程器

智能编程器又称图形编程器，本质上它是一台专用便携式计算机，如三菱的GP-80FX-E智能型编程器。它既可联机编程，又可脱机编程；可直接输入和编辑梯形图程序，使用更加直观、方便，但价格较高，操作也比较复杂。大多数智能编程器带有磁盘驱动器，提供录音机接口和打印机接口。

专用编程器只能对厂家指定的几种PLC进行编程，使用范围有限，价格较高。同时，由于PLC产品不断更新换代，所以专用编程器的生命周期也十分有限。因此，现在的趋势是使用以个人计算机为基础的编程装置，用户只要购买PLC厂家提供的编程软件和相应的硬件接口装置。这样，用户只用较少的投资即可得到高性能的PLC程序开发系统。基于个人计算机的程序开发系统功能强大，它既可以编制、修改PLC的梯形图程序，又可以监视系统运行、打印文件、系统仿真等，配上相应的软件还可实现数据采集和分析等许多功能。

8. 其他外部设备

除了以上所述的部件和设备外，PLC还有许多外部设备，如EPROM写入器、外存储器、人机接口装置等。

EPROM 写入器是用来将用户程序固化到 EPROM 存储器中的一种 PLC 外部设备。为了使调试好的用户程序不易丢失,经常用 EPROM 写入器将 PLC 内 RAM 保存到 EPROM 中。

PLC 内部的半导体存储器称为内存储器。有时可用外部的磁带、磁盘和用半导体存储器做成的存储盒等来存储 PLC 的用户程序,这些存储器件称为外存储器。外存储器一般是通过编程器或其他智能模块提供的接口,实现与内存储器之间相互传送用户程序。

人机接口装置是用来实现操作人员与 PLC 控制系统的对话。最简单、最普遍的人机接口装置由安装在控制台上的按钮、转换开关、拨码开关、指示灯、LED 显示器、声光报警器等器件构成。对于 PLC 系统,还可采用半智能型 CRT 人机接口装置和智能型终端人机接口装置。半智能型 CRT 人机接口装置,可长期安装在控制台上,通过通信接口接收来自 PLC 的信息,并在 CRT 上显示出来;而智能型终端人机接口装置有自己的微处理器和存储器,能够与操作人员快速交换信息,并通过通信接口与 PLC 相连,也可作为独立的节点接入 PLC 网络。

(三) PLC 的软件结构

PLC 的软件分为两大部分:系统监控程序和用户程序。

系统监控程序是由 PLC 的制造者编制的,用于控制 PLC 本身的运行。另一部分为用户程序,是由 PLC 的使用者编制的,用于控制被控装置的运行。

1. 系统监控程序

系统监控程序分成系统管理程序、用户指令解释程序、标准程序模块和系统调用几部分。

1) 系统管理程序

系统管理程序是系统监控程序中最重要的部分,整个 PLC 的运行都由它主管。

其一是运行管理,控制 PLC 何时输入、何时输出、何时运算、何时自检、何时通信等,进行时间上的分配管理。

其二是进行存储空间的管理,即生成用户环境,由它规定各种参数、程序的存放地址。将用户使用的数据参数,存储地址转化为实际的数据格式和物理存放地址。它将有限的资源变为用户可直接使用的诸多元件。通过这部分程序,用户看到的不是实际存储地址,而是按照用户数据结构排列的元件空间和程序存储空间。

其三是系统自检程序。它包括各种系统出错检验、用户程序语法检验、警戒时钟运行等。在系统管理程序的控制下,整个 PLC 就能有序地正确工作。

2) 用户指令解释程序

任何计算机最终都是根据机器语言来执行的,而机器语言的编制又是非常麻烦的。在 PLC 中可以采用梯形图编程,将人们易懂的梯形图程序变为机器能识别的机器语言程序,这就是解释程序的任务。

3) 标准程序模块和系统调用

这部分是由许多独立的程序块组成的,各自能完成不同的功能,有些完成输入、输出,有些完成特殊运算等,PLC 的各种具体工作都是由这部分程序来完成的。

整个系统监控程序是一个整体,它的质量好坏很大程度上影响 PLC 的性能,因为通过改进系统监控程序,就可在不增加任何硬件设备的条件下改善可编程序控制的性能。

2. 用户程序

用户程序是 PLC 的使用者编制的针对具体工程的应用程序。编程语言可以是语句表、梯形图、系统流程图。

用户程序线性地存储在系统监控程序指定的存储区间内,它的最大容量也由系统监控程序限制。

思考与练习

1. IEC《可编程序控制器标准草案》的第三稿对 PLC 是怎样定义的?
2. 与传统的接触器继电器控制系统相比,PLC 有哪些优点?
3. 简述 PLC 的发展方向是怎样的?
4. PLC 常用哪几种存储器?它们各有什么特点?分别用来存储什么信息?
5. PLC 的硬件结构主要由哪几部分组成?
6. PLC 有哪几种编程器?各有什么特点?

模块2　PLC基本指令及应用

项目1　PLC控制三相异步电动机连续运行

知识目标

(1) 了解PLC的编程语言。
(2) 理解PLC器件的工作原理。
(3) 掌握内部编程软元件X、Y、M。
(4) 掌握逻辑取、驱动线圈及触点串并联基本指令。

技能目标

(1) 熟悉常用编程软件的基本使用。
(2) 掌握电动机连续运行的PLC编程控制及安装接线方法。

任务一　PLC编程软件的基本使用

三菱SWOPC－FXGP/WIN－C编程软件是用于FX系列PLC的常用编程软件，下面以具体编程实例介绍其基本应用。

一、PLC编程软件的起动

双击计算机桌面图标FXGPWIN. EXE，打开SWOPC－FXGP/WIN－C软件，执行菜单"文件"→"新文件"后，显示的窗口如图2－1所示。

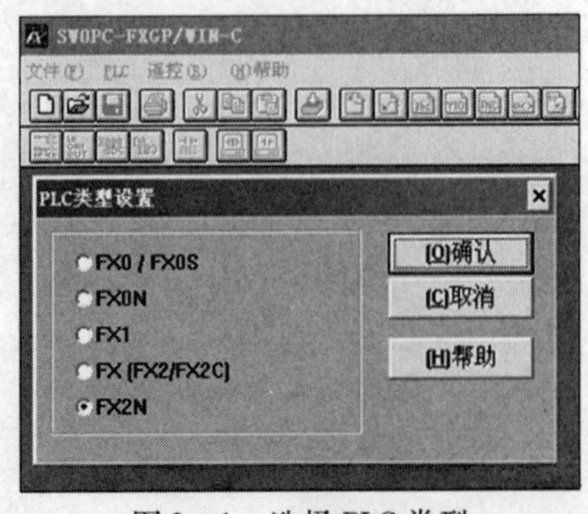

图2－1　选择PLC类型

在 PLC 类型设置对话框中选择 PLC 类型，例如选择默认 FX_{2N} 的 PLC 后，单击“确认”按钮，出现编辑梯形图程序窗口，如图 2－2 所示，即可编辑梯形图程序。

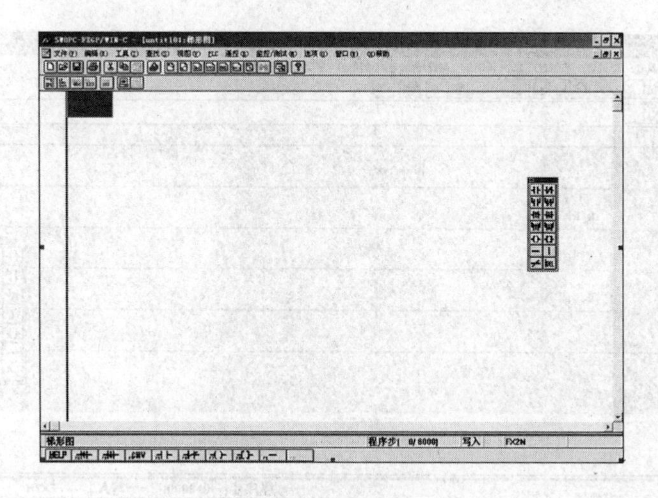

图 2－2　编辑梯形图程序窗口

二、编辑梯形图

1. 编辑操作

对于梯形图单元块的剪切、复制、粘贴、删除、块选择、行删除和行插入，可通过执行“编辑”下拉菜单实现，如图 2－3 所示。

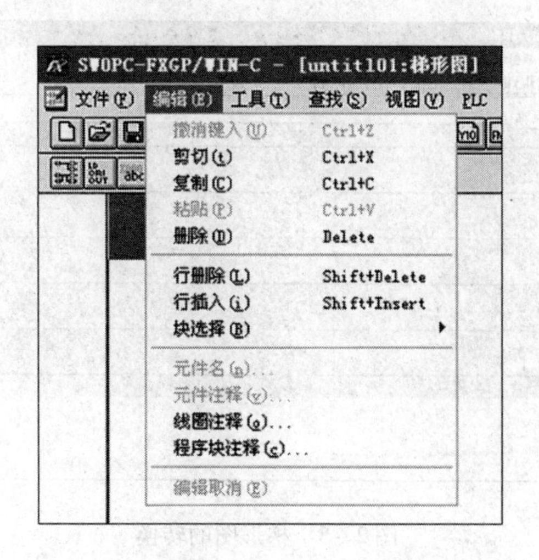

图 2－3　“编辑”下拉菜单

2. 梯形图中元件的输入方法

梯形图中元件的常用输入方法有三种：

(1) 编辑窗口右侧的浮动工具栏(功能图)输入法；

(2) 屏幕最下方的功能键(F5～F9)输入法；

(3) 指令输入法，此种输入法通过键盘键入指令，速度最快。这三种输入方法配合复制、粘贴和元件双击的修改则速度更快。

例如:间隔 1s 的 4 只彩灯闪烁控制梯形图如图 2 -4 所示。

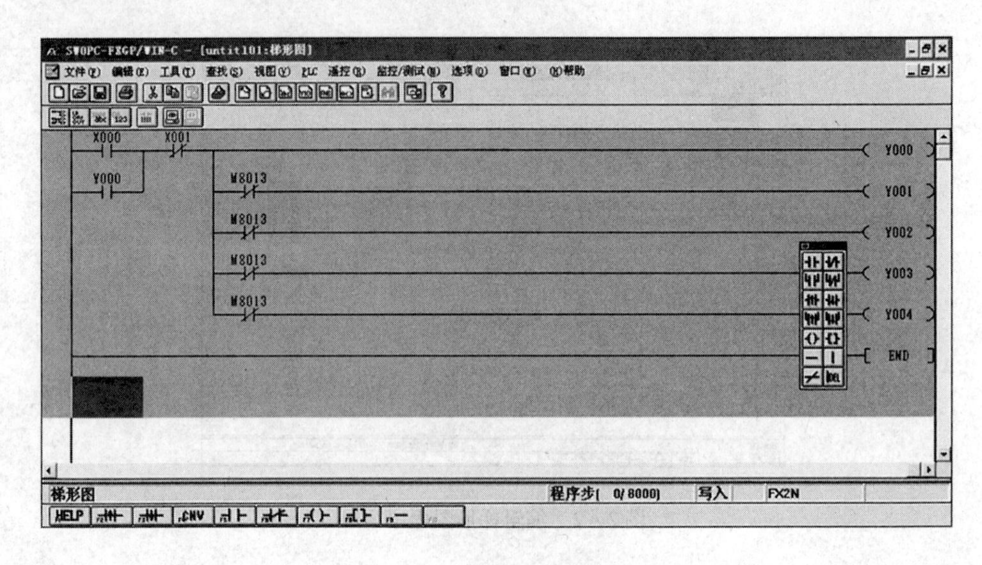

图 2 -4　编辑梯形图举例

3. 梯形图的转换

转换操作方法是:执行“工具”→“转换”菜单操作或按 F4 键,或单击快捷转换键实现,如图 2 -5 所示。

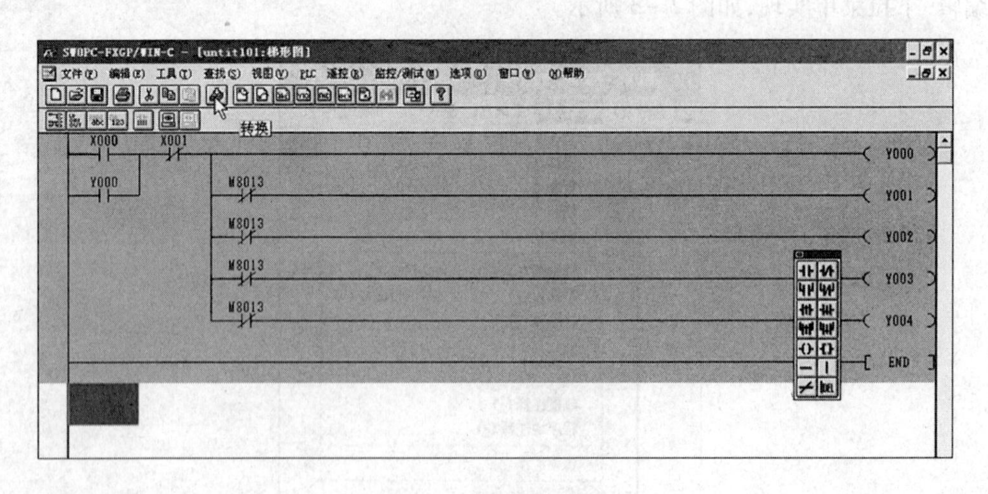

图 2 -5　梯形图的转换

梯形图转换后,梯形图程序转换为指令表程序,并显示梯形图的转换信息,如转换后的指令步数在最下方的状态栏中显示,由程序步[0/8000]变为程序步[17/8000],如图 2 -6所示。

梯形图经转换后,要显示程序的指令表形式,可通过执行菜单“视图”→“指令表”,或者使用梯形图、指令表快捷切换键切换,如图 2 -7 所示。

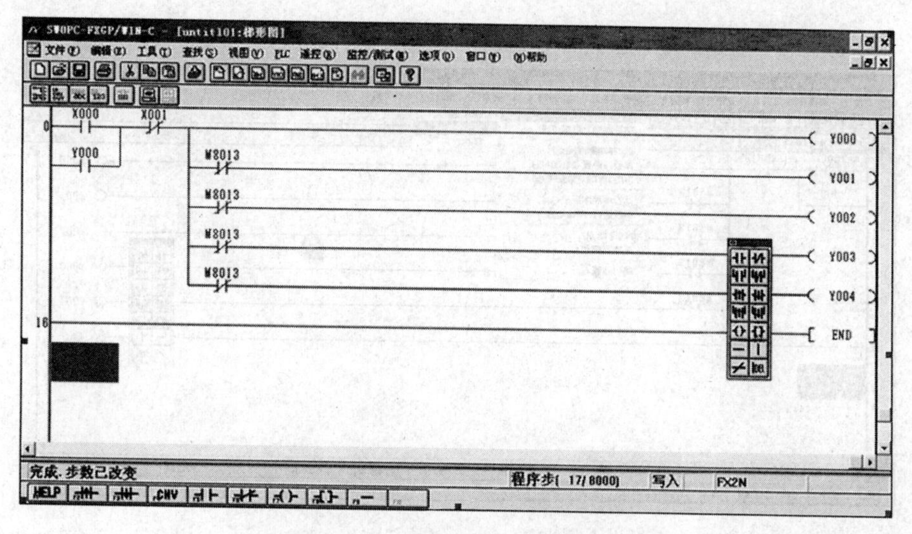

图 2-6　梯形图程序转换后

SWOPC-FXGP/WIN-C - [1.PMW:指令表]

文件(F)　编辑(E)　工具(T)　查找(S)　视图(V)

步	指令	元件
0	LD	X000
1	OR	Y000
2	ANI	X001
3	OUT	Y000
4	MPS	
5	ANI	M8013
6	OUT	Y001
7	MRD	
8	ANI	M8013
9	OUT	Y002
10	MRD	
11	ANI	M8013
12	OUT	Y003
13	MPP	
14	ANI	M8013
15	OUT	Y004
16	END	
17	NOP	
18	NOP	

图 2-7　指令表

三、程序的下载

在执行向 PLC 下载程序前,PLC 应停止运行。下载程序的操作方法:执行菜单"PLC"→"传送"→"写出",如图 2-8 所示。

在出现的图 2-9 所示"PLC 程序写入"对话框中,选中"范围设置",在起始步中填入 0,在终止步中填入稍大于实际使用步数的数值,即可缩短程序的下载时间。这样计算机中已编辑且转换后的程序,即可下载到 PLC 的用户程序存储器中。

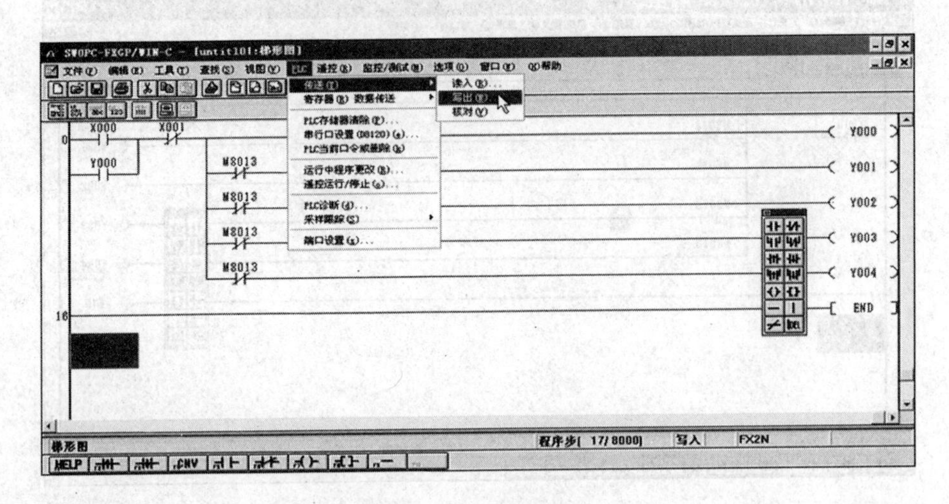

图 2－8　程序下载操作

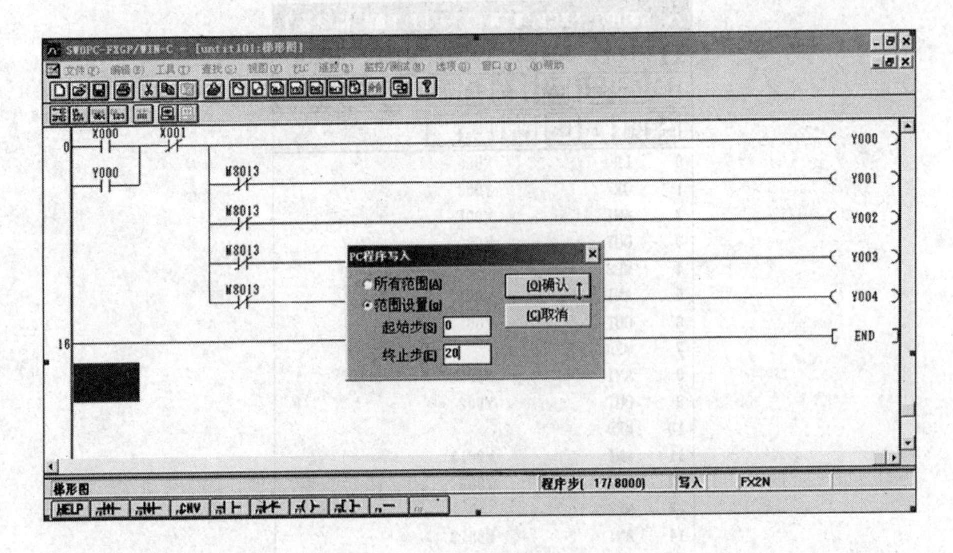

图 2－9　“PLC 程序写入”对话框

四、程序的运行、监控及调试

1. 运行程序

完成 PLC 外部接线后，操作 PLC 面板的微动开关，由下载程序时的 STOP 位置拨至 RUN 位置，即可运行程序。

2. 程序监控及调试

监控/测试的操作方法是执行“监控/测试”→“开始监控”菜单操作命令，屏幕显示监控窗口，绿色条覆盖处的触点或线圈表示处在接通状态，无绿色条覆盖处的触点或线圈表示处在断路状态。由此可进行程序控制过程的分析、故障检查及调试，如图 2－10所示。

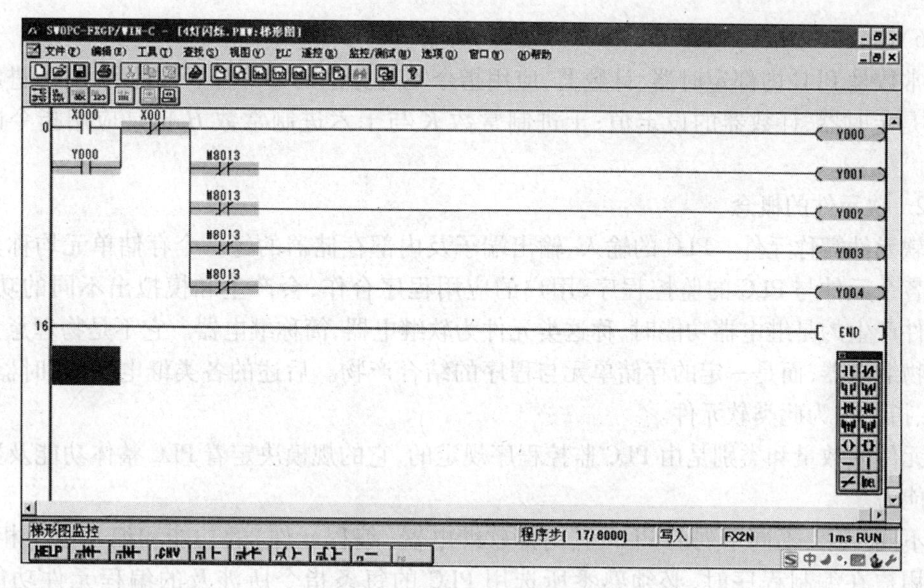

图 2-10　程序监控

任务二　PLC 的编程软元件及基本指令

一、三菱 FX 系列 PLC 的编程软元件

（一）数据结构和软元件

1. 数据结构

在 PLC 内部和用户应用程序中使用着大量的数据。这些数据在结构或数制上具有以下几种形式。

1）十进制数

十进制数在 PLC 中又称字数据。它主要存在于定时器和计数器的设定值 K，辅助继电器、定时器、计数器、状态继电器等的编号，定时器、计数器当前值等区域。

2）二进制数

十进制数、八进制数、十六进制数、BCD 码在 PLC 内部均是以二进制数的形式存在。但在使用外围设备进行系统运行监控显示时，会还原成原来的数制。

一位二进制数在 PLC 中又称位数据。它主要存在于各类继电器、定时器、计数器的触点和线圈。

3）八进制数

FX 系列 PLC 的输入继电器、输出继电器的地址编号采用八进制。

4）十六进制数

十六进制数用于指定应用指令中的操作数或指定动作。

5）BCD 码

BCD 码是以 4 位二进制数表示的十进制数各位 0 ~ 9 数值的方法。在 PLC 中常将十进制数以 BCD 码的形式存储，它还常用于 BCD 输出形式的数字式开关或 7 段码的显示器控制等方面。

6）常数 K、H

常数是 PLC 内部定时器、计数器、应用指令不可分割的一部分。如前所述，十进制常数 K 是定时器、计数器的设定值；十进制常数 K 与十六进制常数 H 也是应用指令的操作数。

2. 软元件的概念

软元件简称元件。PLC 的输入、输出端子及内部存储器的每一个存储单元均称为元件。各个元件与 PLC 的监控程序、用户的应用程序合作，会产生和模拟出不同的功能。当元件产生的是继电器功能时，称这类元件为软继电器，简称继电器。它不是物理意义上的实物继电器，而是一定的存储单元与程序的结合产物。后述的各类继电器、定时器、计数器、指针均为此类软元件。

元件的数量和类别是由 PLC 监控程序规定的，它的规模决定着 PLC 整体功能及数据处理能力。

不同厂家、不同系列的 PLC，其内部软继电器（编程元件）的功能和编号也不相同，因此用户在编制程序时，必须熟悉所选用 PLC 的每条指令所涉及的编程元件功能和编号。

为了能全面了解 FX 系列 PLC 的内部软继电器，下面以 FX_{2N} 为例进行介绍。

（二）输入继电器（X）

输入继电器与 PLC 输入端相连，它是专门用来接收 PLC 外部开关信号的元件。PLC 通过输入接口将外部输入信号状态（接通时为“1”，断开时为“0”）读入并存储在输入映像寄存器中。图 2－11 所示为输入继电器 X1 的等效电路。

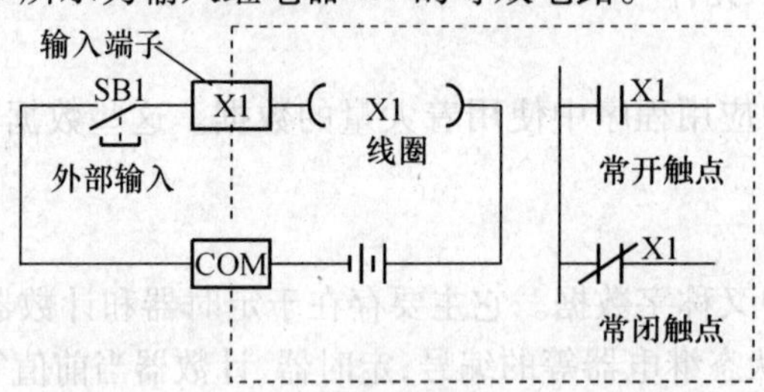

图 2－11　输入继电器 X1 的等效电路

输入继电器必须由外部信号驱动，不能用程序驱动，所以在程序中不可能出现其线圈。由于输入继电器（X）为输入映像寄存器中的状态，所以其触点的使用次数不限。

FX 系列 PLC 的输入继电器以八进制进行编号，FX_{2N} 输入继电器的编号范围为 X000～X267（184 点）。注意，基本单元输入继电器的编号是固定的，扩展单元和扩展模块是按与基本单元最靠近开始，顺序进行编号。例如：基本单元 FX_{2N}－64M 的输入继电器编号为 X000～X037（32 点），如果接有扩展单元或扩展模块，则扩展的输入继电器从 X040 开始编号。

（三）输出继电器（Y）

输出继电器是用来将 PLC 内部信号输出传送给外部负载（用户输出设备）。输出继电器线圈是由 PLC 内部程序的指令驱动，其线圈状态传送给输出单元，再由输出单元对应的实际硬触点来驱动外部负载。图 2－12 所示为输出继电器 Y0 的等效电路。

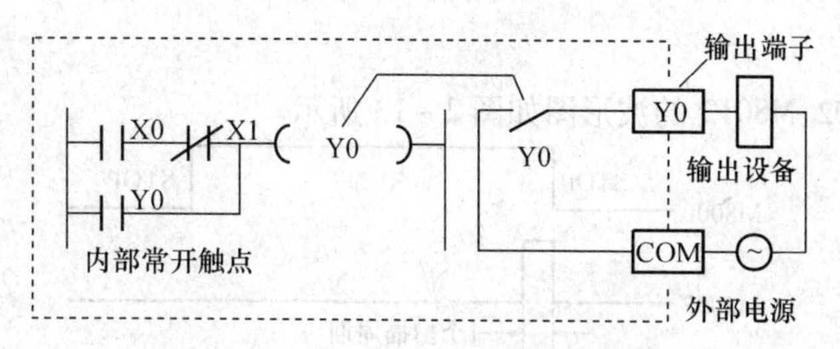

图 2-12　输出继电器 Y0 的等效电路

每个输出继电器在输出单元中都对应唯一的常开硬触点，但在程序中供编程的输出继电器，不管是常开还是常闭触点，都可以无限次使用。

FX 系列 PLC 的输出继电器也是八进制编号，其中 FX_{2N} 编号范围为 Y000 ~ Y267（184 点）。与输入继电器一样，基本单元的输出继电器编号是固定的，扩展单元和扩展模块也是按距离基本单元的远近顺序编号。

在实际使用中，输入、输出继电器的数量取决于具体系统的配置情况。

（四）辅助继电器（M）

辅助继电器是 PLC 中数量最多的一种继电器，一般的辅助继电器与继电器控制系统中的中间继电器相似。

辅助继电器不能直接驱动外部负载，负载只能由输出继电器（Y）的外部触点驱动。辅助继电器的常开与常闭触点在 PLC 内部编程时可无限次使用。

辅助继电器采用 M 与十进制数共同组成编号（只有输入、输出继电器才用八进制数）。

1. 通用辅助继电器（M0 ~ M499）

FX_{2N} 系列共有 500 点通用辅助继电器。通用辅助继电器在 PLC 运行时，如果电源突然断电，则全部线圈的状态均为 OFF。当电源再次接通时，除了因外部输入信号而变为 ON 的以外，其余的仍将保持 OFF 状态，它们没有断电保持功能。通用辅助继电器常在逻辑运算中用于辅助运算、状态暂存、移位等。

根据需要可通过程序设定，将 M0 ~ M499 变为断电保持辅助继电器。

2. 断电保持辅助继电器（M500 ~ M3071）

FX_{2N} 系列有 M500 ~ M3071 共 2572 个断电保持辅助继电器。它与普通辅助继电器的区别是具有断电保持功能，即能记忆电源中断瞬时的状态，并在重新通电后再现其状态。它之所以能在电源断电时保持其原有的状态，是因为电源中断时用 PLC 中的锂电池保持它们映像寄存器中的内容。其中 M500 ~ M1023 可由软件将其设定为通用辅助继电器。

3. 特殊辅助继电器

PLC 内有大量的特殊辅助继电器，它们都有各自的特殊功能。FX_{2N} 系列中有 256 个特殊辅助继电器，可分成触点型和线圈型两大类。

1）触点型

其线圈由 PLC 自动驱动，用户只可使用其触点。例如：

M8000：运行监视器（在 PLC 运行中接通），M8001 与 M8000 相反逻辑。

M8002：初始脉冲（仅在运行开始时瞬间接通），M8003 与 M8002 相反逻辑。

M8011、M8012、M8013 和 M8014 分别是产生 10ms、100ms、1s 和 1min 时钟脉冲的特

殊辅助继电器。

M8000、M8002、M8012 的波形图如图 2－13 所示。

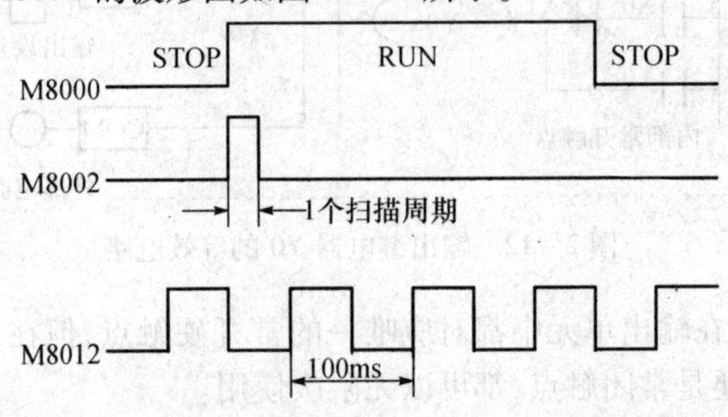

图 2－13　M8000、M8002、M8012 波形图

2）线圈型

由用户程序驱动线圈后 PLC 执行特定的动作。例如：

M8033：若使其线圈得电，则 PLC 停止时保持输出映像存储器和数据寄存器的内容。

M8034：若使其线圈得电，则将 PLC 的输出全部禁止。

M8039：若使其线圈得电，则 PLC 按 D8039 中指定的扫描时间工作。

二、基本指令系统的功能及应用

FX_{2N}系列 PLC 具有 27 条基本逻辑指令，用来编制基本逻辑控制、顺序控制等中规模的用户程序，仅用基本逻辑指令便可以编制出开关量控制系统的用户程序，同时也是编制复杂综合系统程序的基础指令。

下面以 FX_{2N}为例介绍这 27 条基本逻辑指令及其对应的基础训练。

（一）逻辑取及驱动线圈指令（LD、LDI、OUT）

LD（Load）：电路开始的常开触点（或常开触点逻辑运算开始）对应的指令，可以用于 X、Y、M、T、C 和 S。

LDI（Load Inverse）：电路开始的常闭触点（或常闭触点逻辑运算开始）对应的指令，可以用于 X、Y、M、T、C 和 S。

OUT（Out）：驱动线圈的输出指令，可以用于 Y、M、T、C 和 S。

LD 与 LDI 指令对应的触点一般与左侧母线相连，在使用 ANB、ORB 以及 MC、STL 指令时，用来定义与其他电路串并联的电路的起始触点。

OUT 指令不能用于输入继电器 X，线圈和输出类指令应放在梯形图的最右边。

OUT 指令可以连续使用若干次，相当于线圈的并联（见图 2－14）。定时器和计数器的 OUT 指令之后应设置以字母 K 开始的十进制常数，常数占一个步序。定时器实际的定时时间与定时器的种类有关，图中的 T0 是 100ms 定时器，K30 对应的定时时间为 $30 \times 100ms = 3s$。也可以指定数据寄存器的元件号，用它里面的数作为定时器和计数器的设定值。

计数器的设定值，用来表示计完多少个计数脉冲后计数器的位元件变为 1。

如果使用手持式编程器，输入指令“OUT T0”后，应按标有 SP（Space）的空格键，再输入设置的时间值常数。定时器和 16 位计数器的设定值为 1 ~ 32767，32 位计数器的设定值为 －2147483648 ~ 2147483647。

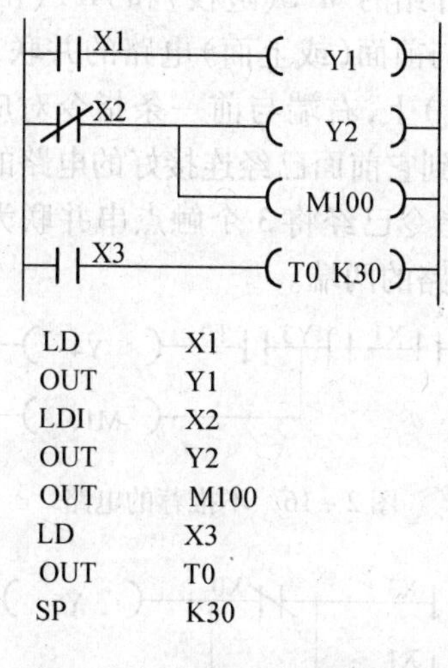


```
LD    X1
OUT   Y1
LDI   X2
OUT   Y2
OUT   M100
LD    X3
OUT   T0
SP    K30
```

图 2－14　LD、LDI、OUT 指令

（二）触点的串并联指令

AND(And):常开触点串联连接指令。

ANI(And Inverse):常闭触点串联连接指令。

OR(Or):单个常开触点并联连接指令。

ORI(Or Inverse):单个常闭触点并联连接指令。

AND、ANI 指令的应用如图 2－15 所示。串、并联指令可以用于 X、Y、M、T、C 和 S。

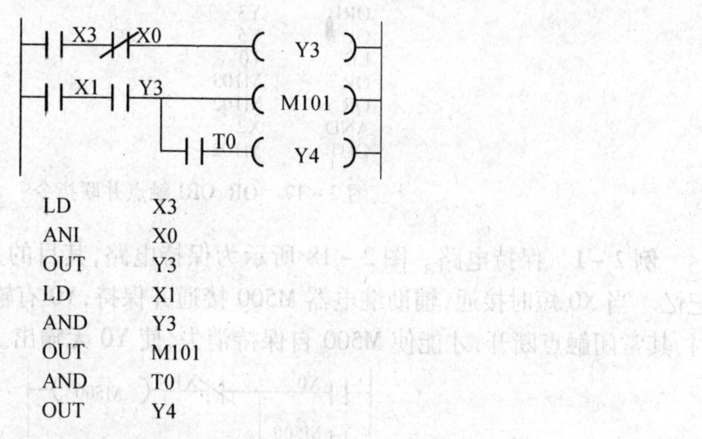


```
LD    X3
ANI   X0
OUT   Y3
LD    X1
AND   Y3
OUT   M101
AND   T0
OUT   Y4
```

图 2－15　AND、ANI 触点串联指令

AND、ANI 都是指单个触点串联连接的指令，串联次数没有限制，可反复使用。图 2－15中“OUT M101”指令之后通过 T0 的触点去驱动 Y4 称为连续输出。只要按正确的次序设计电路，就可以重复使用连续输出。

串联和并联指令是用来描述单个触点与别的触点或触点组成的电路的连接关系的。虽然 T0 的触点和 Y4 的线圈组成的串联电路与 M101 的线圈是并联关系，但是 T0 的常开触点与左边的电路是串联关系，所以对 T0 的触点应使用串联指令。

应该指出，图 2－15 中 M101 和 Y4 线圈所在的并联支路，如果改为图 2－16 中的电路(不推荐),必须使用后面要介绍的 MPS(进栈)和 MPP(出栈)指令。

OR 和 ORI 用于单个触点与前面(或上面)电路的并联,并联触点的左端接到该指令所在的电路块的起始点(LD 点)上,右端与前一条指令对应的触点的右端相连。OR 和 ORI 指令总是将单个触点并联到它前面已经连接好的电路的两端,以图 2-17 中的 Y3 的常闭触点为例,它前面的 3 条指令已经将 3 个触点串并联为一个整体,因此“ORI Y3”指令对应的常闭触点并联到该电路的两端。

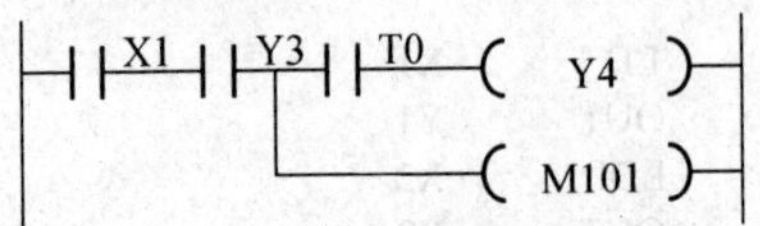

图 2-16 不推荐的电路

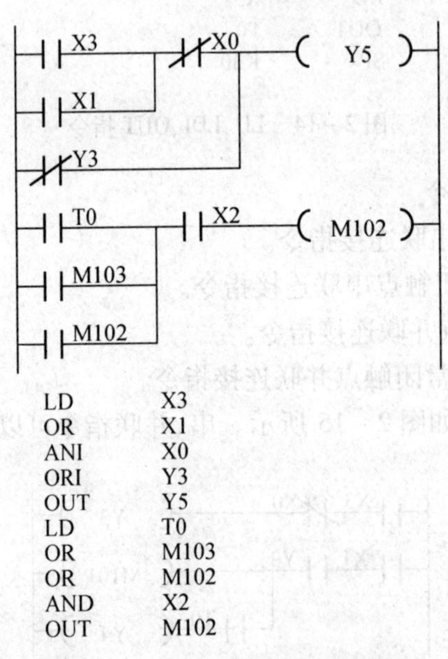

图 2-17 OR、ORI 触点并联指令

例 2-1 保持电路。图 2-18 所示为保持电路,其目的是将输入信号 X0 加以保持记忆。当 X0 短时接通,辅助继电器 M500 接通并保持,Y0 有输出。只有当 X1 触点为 ON 时,其常闭触点断开,才能使 M500 自保持消失,使 Y0 无输出。

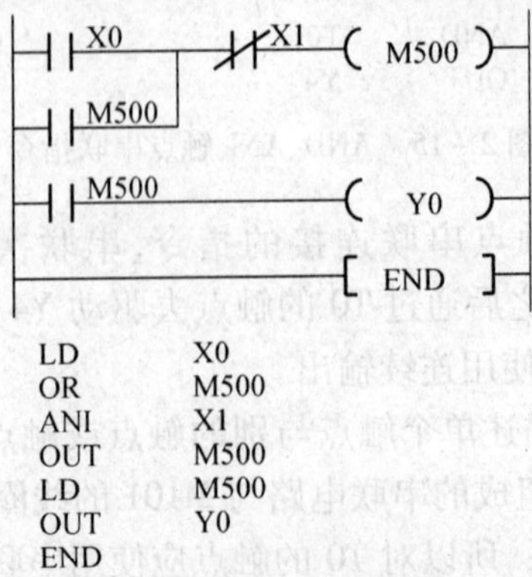

图 2-18 保持电路

例 2－2 优先电路。图 2－19 所示为一优先电路，A（输入信号 X0）或 B（输入信号 X1）中先到者将取得优先权，而后者无效。若 X0（输入 A）先接通，M100 线圈接通，则 Y0 有输出；同时由于 M100 的常闭触点断开，X1（输入 B）再接通时，亦无法使 M101 动作，Y1 无输出。若 X1（输入 B）先接通，则情况恰好相反。

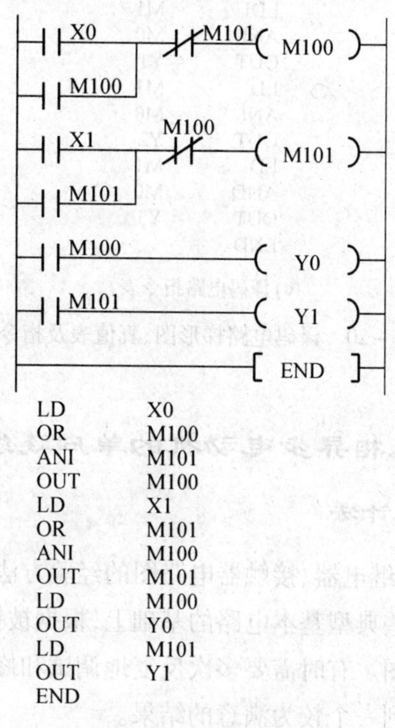

图 2－19 优先电路

例 2－3 译码电路。图 2－20（a）、（b）、（c）分别为某译码电路的梯形图、真值表及指令表，该电路对输入信号 X0（A）和输入信号 X1（B）进行译码，符合某一条件接通某一输出。当 X1、X0 皆不通，即都为 0 时，Y0 有输出；X1 不接通，X0 接通，Y1 有输出；X1 接通，X0 不接通，Y2 有输出；X1、X0 同时接通，即都为 1 时，Y3 有输出。这也是二进制译码电路。

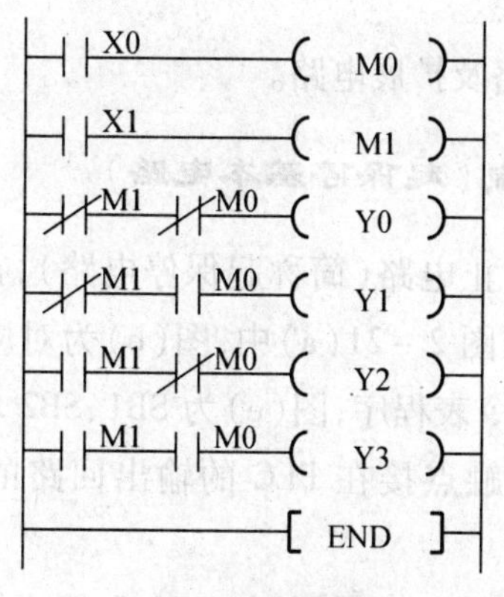

(a) 译码电路梯形图

X1	X0	M1	M0	输出
0	0	0	0	Y0
0	1	0	1	Y1
1	0	1	0	Y2
1	1	1	1	Y3

(b) 译码电路真值表

```
LD      X0
OUT     M0
LD      X1
OUT     M1
LDI     M1
ANI     M0
OUT     Y0
LDI     M1
AND     M0
OUT     Y1
LD      M1
ANI     M0
OUT     Y2
LD      M1
AND     M0
OUT     Y3
END
```

(c) 译码电路指令表

图 2－20　译码电路梯形图、真值表及指令表

任务三　三相异步电动机的单向连续运行控制

一、梯形图的经验设计法

经验设计法是利用设计继电器、接触器电路图的经验方法，来设计比较简单的开关量控制系统的梯形图，即在一些典型基本电路的基础上，根据被控对象对控制系统的具体要求，不断地修改和完善梯形图。有时需要多次反复地调试和修改梯形图，增加一些触点或中间编程元件，最后才能得到一个较为满意的结果。

经验设计法没有普遍的规律可以遵循，具有很大的试探性和随意性，最后的结果不是唯一的，设计所用的时间、设计的质量与设计者的经验有很大的关系，所以有人把这种设计方法叫做经验设计法，它一般用于较简单的梯形图（如手动程序）的设计。一些电工手册中给出了大量常用的继电器控制电路，在用经验法设计梯形图时，可以参考这些电路。经验设计法设计的电路，也是后面所述顺序功能图的几种梯形图设计方法中的局部基本电路，是后续设计的基础，是重要的基本设计方法。

下面介绍经验设计法中一些常用的基本电路及扩展电路。

二、三相异步电动机单向连续运行控制（起保停基本电路）

电气设备控制电路中使用的起动、保持和停止电路（简称起保停电路），在经验法设计梯形图中得到了广泛的应用，现在将它重画在图 2－21(a) 中，图(b) 为对应 PLC 控制的工作波形图，图(c) 为梯形图程序，图(d) 为指令表程序，图(e) 为 SB1、SB2 均以常开触点接入 PLC 输入端、手动复位热继电器的常闭触点接在 PLC 的输出回路的 PLC 外部接线图。

梯形图(c) 中的起动信号 X1 和停止信号 X2，对应起动按钮 SB1 和停止按钮 SB2 提供的信号，持续 ON 的时间一般都很短，这种信号称为短信号。起保停电路最主要的特点

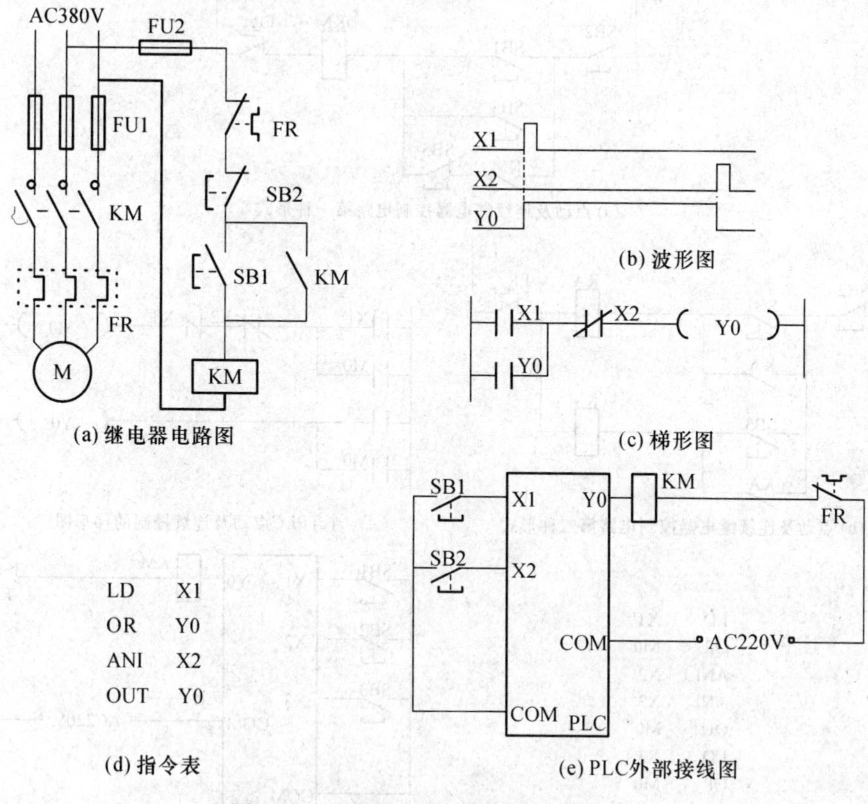

图 2－21　电动机单向连续运行控制电路

是具有“记忆”功能，当起动信号 X1 变为 ON 时（波形图中用高电平表示），X1 的常开触点接通，如果这时 X2 为 OFF，X2 的常闭触点接通，Y0 的线圈“通电”，它的常开触点同时接通。放开起动按钮，X1 变为 OFF（用低电平表示），其常开触点断开，“电流”经 Y0 的常开触点和 X2 的常闭触点流过 Y0 的线圈，Y0 仍为 ON，这就是所谓的“自锁”或“自保持”功能。

当 X2 为 ON 时，它的常闭触点断开，停止条件满足，使 Y0 的线圈“断电”，其常开触点断开。以后即使放开停止按钮，X2 的常闭触点恢复接通状态，Y0 的线圈仍然“断电”。

在实际控制的电路中，起动信号和停止信号也可能是由多个触点组成的串、并联电路提供。上述的“记忆”或“自保持”功能也可以用 SET（置位）和 RST（复位）指令来实现（见项目 2）。

三、三相异步电动机的点动及连续运行控制

在生产实际中，某些生产机械常要求既能正常起动，又能实现调整位置的点动操作。现在要求用 PLC 来实现电动机的点动及单方向连续运行控制。

如图 2－22(a)、(b)所示为传统电气控制的控制电路的两种实现形式，图中 SB1 为连续运行起动按钮、SB2 为停止按钮，SB3 为点动运行按钮，中间继电器 KA 实现连续运行时的自锁功能。

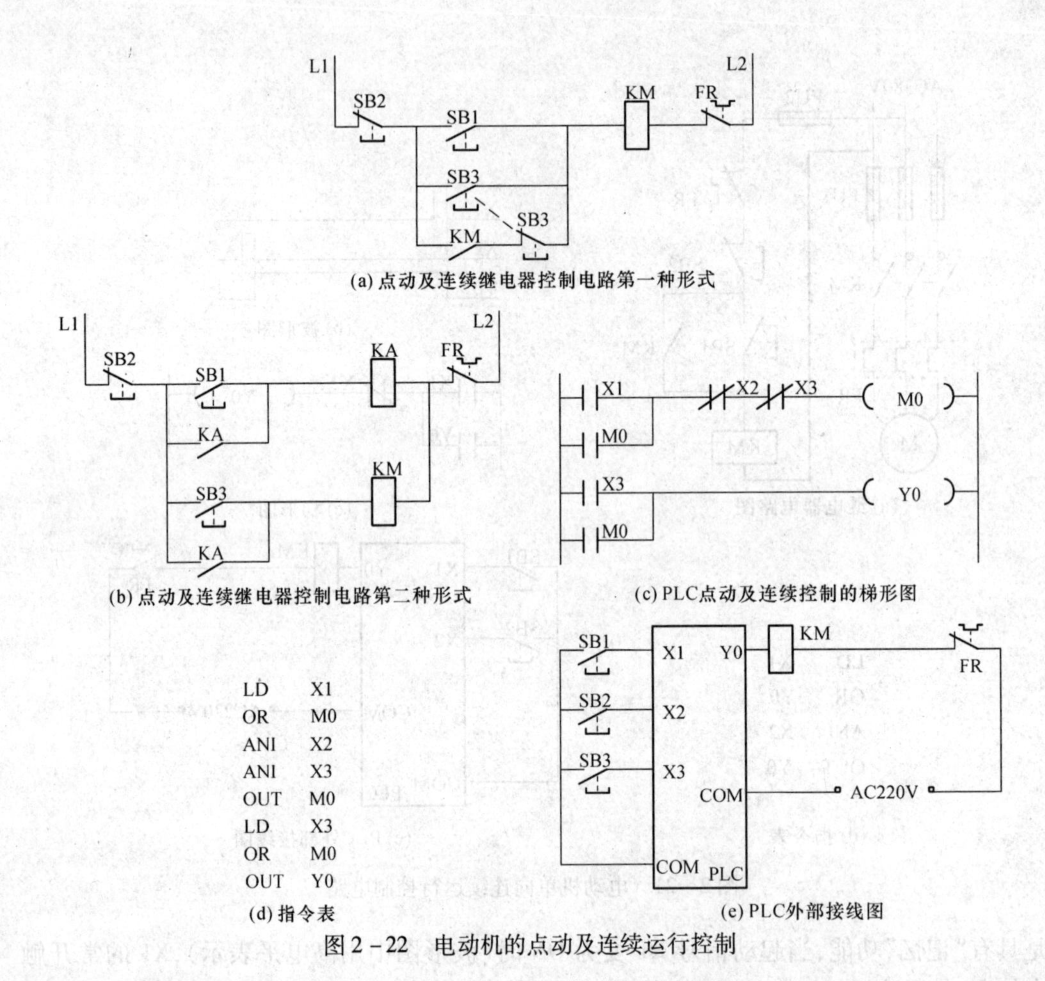

(a) 点动及连续继电器控制电路第一种形式

(b) 点动及连续继电器控制电路第二种形式

(c) PLC点动及连续控制的梯形图

(d) 指令表

(e) PLC外部接线图

图 2－22　电动机的点动及连续运行控制

图 2－22(c)为 PLC 控制时的梯形图。X1(SB1)为单方向连续运行起动，X2(SB2)为停止，X3(SB3)为点动控制按钮。辅助继电器 M0 相当于图 2－22(b)中的中间继电器 KA，但 M0 不需任何接线，其触点可无限次使用，它是 PLC 内部的软元件。

图 2－22(d)为指令表程序，图 2－22(e)为 SB1～SB3 均以常开触点接入时的 PLC 外部接线图。

任务四　拓展训练

例 2－4　使用起保停电路设计同时控制 4 个继电器线圈的梯形图如图 2－23(a)所示，指令表如图 2－23(b)所示。

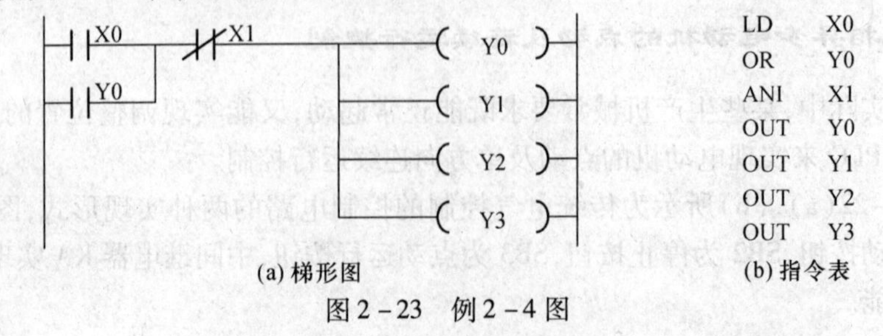

(a) 梯形图

(b) 指令表

图 2－23　例 2－4 图

例 2－5 间隔 1s 的 4 只彩灯闪烁控制梯形图如图 2－24 所示(指令表如图 2－7 所示,图中涉及的 MPS、MRD、MPP 指令在项目 2 中叙述)。图中是在基本起保停电路的基础上,增加多路负载的输出控制。

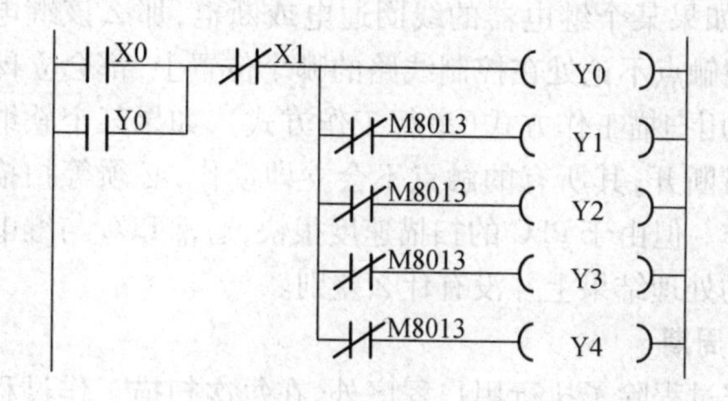

图 2－24　例 2－5 图

设计改进:

(1) 由于 PLC 的价格与 I/O 点数是成正比的,减少所需 I/O 点数是降低系统硬件费用的主要措施,设计时应尽量少占用实际输入输出端点 X、Y。上图中 Y0 可用辅助继电器 M0 取代,仍能实现四路彩灯控制,这也是辅助继电器的作用;

(2) 为减少指令条数、优化设计程序,梯形图的改进如图 2－25(a)所示,对应的指令表如图 2－25(b)所示。

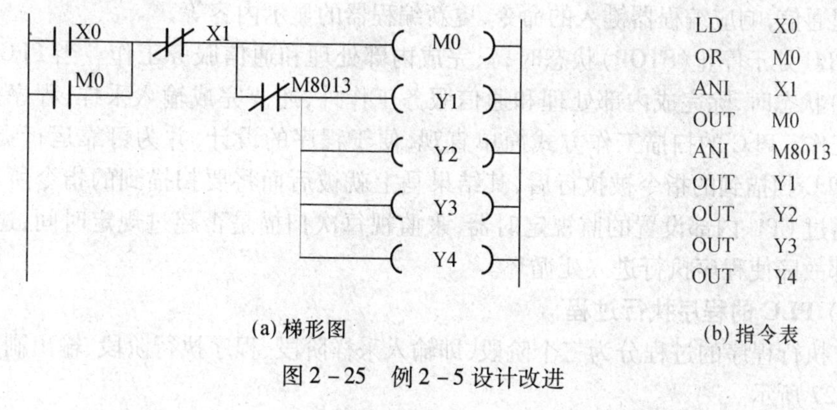

LD	X0
OR	M0
ANI	X1
OUT	M0
ANI	M8013
OUT	Y1
OUT	Y2
OUT	Y3
OUT	Y4

(a) 梯形图　　(b) 指令表

图 2－25　例 2－5 设计改进

任务五　知识链接

一、PLC 的工作原理

(一) 扫描工作方式

当 PLC 运行时,是通过执行反映控制要求的用户程序来完成控制任务的,需要执行众多的操作,但 CPU 不可能同时去执行多个操作,它只能按分时操作(串行工作)方式,每一次执行一个操作,按顺序逐个执行。由于 CPU 的运算处理速度很快,所以从宏观上来看,PLC 外部出现的结果似乎是同时(并行)完成的。这种串行工作过程称为 PLC 的扫描工作方式。

用扫描工作方式执行用户程序时,扫描是从第一条程序开始,在无中断或跳转控制的情况下，按程序存储顺序的先后，逐条执行用户程序，直到程序结束，然后再从头开始扫描执行，周而复始重复运行。

PLC 的扫描工作方式与继电器控制的工作原理明显不同。继电器控制装置采用硬逻辑的并行工作方式，如果某个继电器的线圈通电或断电，那么该继电器的所有常开和常闭触点不论处在控制线路的哪个位置上，都会立即同时动作；而 PLC 采用扫描工作方式（串行工作方式），如果某个软继电器的线圈被接通或断开，其所有的触点不会立即动作，必须等扫描到该触点时才会动作。但由于 PLC 的扫描速度很快，通常 PLC 与继电器控制装置在 I/O 的处理结果上并没有什么差别。

（二）PLC 扫描周期

PLC 的扫描工作过程除了执行用户程序外，在每次扫描工作过程中还要完成内部处理、通信服务工作。如图 2－26 所示，整个扫描工作过程包括内部处理、通信服务、输入采样、程序执行、输出刷新处理五个阶段。整个过程扫描执行一遍所需的时间称为扫描周期。扫描周期与 CPU 运行速度、PLC 硬件配置及用户程序长短有关，典型值为 1～100ms。

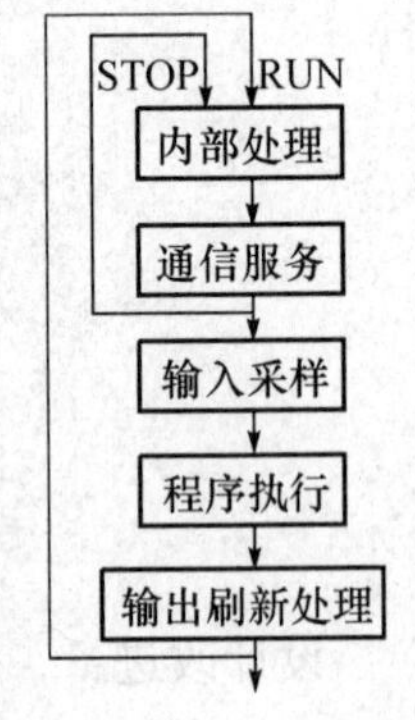

图 2－26　扫描过程示意图

在内部处理阶段，进行 PLC 自检，检查内部硬件是否正常，对监视定时器（WDT）复位以及完成其他一些内部处理工作。在通信服务阶段，PLC 与其他智能装置实现通信，响应编程器键入的命令，更新编程器的显示内容等。

当 PLC 处于停止（STOP）状态时，只完成内部处理和通信服务工作。当 PLC 处于运行（RUN）状态时，除完成内部处理和通信服务工作外，还要完成输入采样、程序执行、输出刷新工作。PLC 的扫描工作方式简单直观，便于程序的设计，并为可靠运行提供了保障。当 PLC 扫描到的指令被执行后，其结果马上就被后面将要扫描到的指令所利用，而且还可通过 CPU 内部设置的监视定时器，来监视每次扫描是否超过规定时间，避免由于 CPU 内部故障使程序执行进入死循环。

（三）PLC 的程序执行过程

PLC 执行程序的过程分为三个阶段，即输入采样阶段、程序执行阶段、输出刷新阶段，如图 2－27 所示。

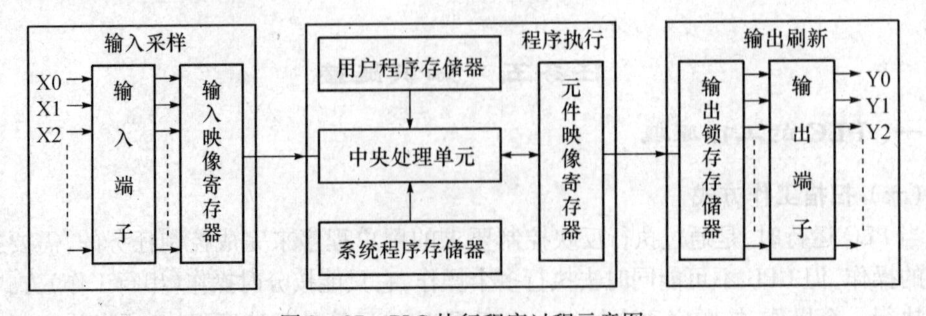

图 2－27　PLC 执行程序过程示意图

1. 输入采样阶段

在输入采样阶段，PLC 以扫描工作方式，按顺序对所有输入端的输入状态进行采样，并存入输入映像寄存器中，此时输入映像寄存器被刷新。接着进入程序处理阶段，在程序执行阶段或其他阶段，即使输入状态发生变化，输入映像寄存器的内容也不会改变，输入状态的变化只有在下一个扫描周期的输入处理阶段才能被读入。

2. 程序执行阶段

在程序执行阶段，PLC 对程序按顺序进行扫描执行。若程序用梯形图来表示，则总是按先上后下、先左后右的顺序进行。当遇到程序跳转指令时，则根据跳转条件是否满足来决定程序是否跳转。当指令中涉及输入、输出状态时，PLC 从输入映像寄存器和元件映像寄存器中读出，根据用户程序进行运算，运算的结果再存入元件映像寄存器中。对于元件映像寄存器来说，其内容会随程序执行的过程而变化。

3. 输出刷新阶段

当所有程序执行完毕后，进入输出处理阶段。在这一阶段里，PLC 将输出映像寄存器中与输出有关的状态（输出继电器状态）转存到输出锁存器中，并通过一定方式输出，驱动外部负载。

PLC 的输入端输入信号发生变化，到 PLC 输出端对该输入变化作出反应，需要一段时间，这种现象称为 PLC 输入/输出响应滞后。对一般的工业控制，这种滞后是完全允许的。应该注意的是，这种响应滞后不仅是由于 PLC 扫描工作方式造成的，更主要的是 PLC 输入接口的滤波环节带来的输入延迟，以及输出接口中驱动器件的动作时间带来输出延迟，同时还与程序设计有关，滞后时间是设计 PLC 应用系统时应注意把握的一个参数。

二、PLC 的编程语言

PLC 的用户程序是用户利用 PLC 的编程语言，根据控制要求编制的程序。在 PLC 的应用中，最重要的是用 PLC 的编程语言来编写用户程序，以实现控制目的。由于 PLC 是专门为工业控制而开发的装置，其主要使用者是广大电气技术人员，为了满足他们的传统习惯和掌握能力，PLC 的主要编程语言采用比计算机语言相对简单、易懂、形象的专用语言。PLC 编程语言是多种多样的，对于不同生产厂家、不同系列的 PLC 产品采用的编程语言的表达方式也不相同，以下简要介绍几种常见的 PLC 编程语言。

1. 梯形图语言

梯形图语言是在传统电气控制系统中常用的接触器、继电器等图形表达符号的基础上演变而来的，它与电气控制线路图相似，继承了传统电气控制逻辑中使用的框架结构、逻辑运算方式和输入输出形式，具有形象、直观、实用的特点。因此，这种编程语言为广大电气技术人员所熟知，是应用最广泛的 PLC 的编程语言，是 PLC 的第一编程语言。

图 2-28 所示是传统的继电器控制线路图、PLC 梯形图和两者符号对应关系表。

从图中可看出，两种图形逻辑含义是一致的，具体表达方式有一定区别。梯形图由触点、线圈和应用指令等组成。触点代表逻辑输入条件，如外部的开关、按钮和内部条件等。线圈通常代表逻辑输出结果，用来控制外部的指示灯、交流接触器和内部的输出标志位等。

(a) 继电器控制线路图　　　　(b) PLC梯形图

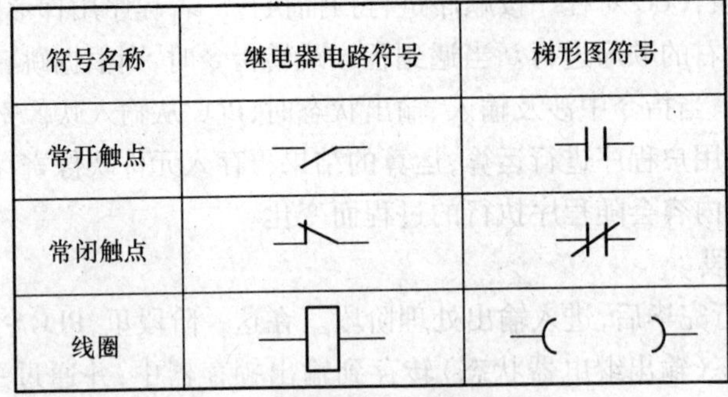

符号名称	继电器电路符号	梯形图符号
常开触点		
常闭触点		
线圈		

(c) 符号对应关系表

图 2－28　继电器控制线路图与梯形图

在分析梯形图中的逻辑关系时，为了借用继电器电路图的分析方法，可以想象左右两侧垂直母线之间有一个左正右负的直流电源电压（有时省略了右侧的垂直母线），当图 2－28（b）中 X0、X1 与 X2 的触点接通，或 Y0、X1 与 X2 的触点接通时，有一个假想的电流流过 Y0 的线圈。利用假想电流这一概念，可以更好地理解和分析梯形图。此假想电流只能从左向右流动。

梯形图的主要特点：

（1）PLC 梯形图中的某些编程元件沿用了继电器这一名称，如输入继电器、输出继电器、内部辅助继电器等，但是它们不是真实的物理继电器（即硬件继电器），而是在软件中使用的编程元件。每一编程元件与 PLC 存储器中元件映像寄存器的一个存储单元相对应。以辅助继电器为例，如果该存储单元为 0 状态，梯形图中对应的编程元件的线圈"断电"，其常开触点断开，常闭触点闭合，称该编程元件为 0 状态，或称该编程元件为 OFF（断开）。该存储单元如果为 1 状态，对应编程元件的线圈"通电"，其常开触点接通，常闭触点断开，称该编程元件为 1 状态，或称该编程元件为 ON（接通）。

（2）根据梯形图中各触点的状态和逻辑关系，求出与图中各线圈对应的编程元件的 ON/OFF 状态，称为梯形图的逻辑解算。逻辑解算是按梯形图中从上到下、从左至右的顺序进行的。解算的结果马上可以被后面的逻辑解算所利用。逻辑解算是根据输入映像寄存器中的值，而不是根据解算瞬时外部输入触点的状态来进行的。

（3）梯形图中各编程元件的常开触点和常闭触点均可以无限多次地使用。

（4）输入继电器的状态唯一地取决于对应的外部输入电路的通断状态，因此在梯形图中不能出现输入继电器的线圈。

2. 语句表语言

这种编程语言是一种与汇编语言类似的助记符编程表达方式。在 PLC 应用中，经常采用简易编程器，而这种编程器中没有 CRT 屏幕显示，或没有较大的液晶屏幕显示。因此,就用一系列PLC操作命令组成的语句表将梯形图描述出来,再通过简易编程器输入到PLC中。虽然各个PLC生产厂家的语句表形式不尽相同,但基本功能相差无几。表2-1是与图2-28(b)中梯形图对应的(FX系列PLC)语句表程序。

表2-1 语句表程序

程序步编号	操作符(指令)	操作数(数据)	说明
0	LD	X0	逻辑行开始,输入X0动合触点
1	OR	Y0	并联Y0动合触点
2	ANI	X1	串联X1的动断触点
3	ANI	X2	串联X2的动断触点
4	OUT	Y0	输出Y0,逻辑行结束

可以看出,语句是语句表程序的基本单元,每条语句由地址(步序号)、操作码(指令)和操作数(数据)三部分组成。

3. 逻辑图语言

逻辑图是一种类似于数字逻辑电路结构的编程语言,由与门、或门、非门、定时器、计数器、触发器等逻辑符号组成。有数字电路基础的电气技术人员较容易掌握,如图2-29所示。

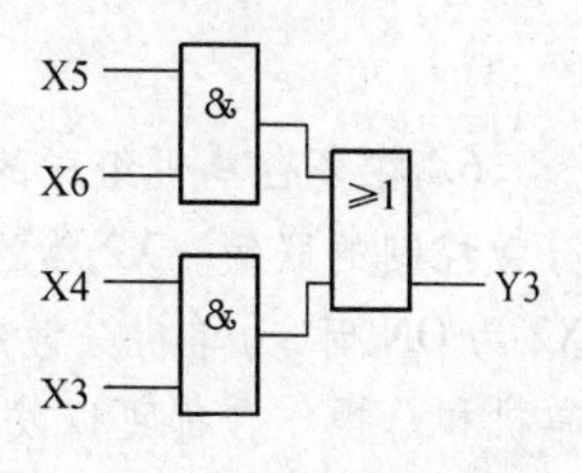

图2-29 逻辑图语言编程

4. 顺序功能图语言

顺序功能图语言(SFC语言)是一种较新的编程语言,它将一个完整的控制过程分为若干阶段,各阶段具有不同的动作,阶段间有一定的转换条件,转换条件满足就实现阶段转移,上一阶段动作结束,下一阶段动作开始。用顺序功能图的方式来表达一个控制过程,对于顺序控制系统特别适用,根据它可以很容易地画出顺序控制梯形图。

5. 高级语言

随着PLC技术的发展,为了增强PLC的运算、数据处理及通信等功能,以上编程语言无法很好地满足要求。近年来推出的PLC,尤其是大型PLC,都可用高级语言,如BASIC语言、C语言、PASCAL语言等进行编程。采用高级语言后,用户可以像使用普通微型计算机一样操作PLC,使PLC的各种功能得到更好的发挥。

思考与练习

1. 简述PLC程序的执行过程。

2. 简述梯形图的主要特点。

3. 填空:

(1) ________是初始化脉冲,在__________时,它ON一个扫描周期。当PLC处于

RUN 状态时，M8000 一直为________。

（2）________编程元件中只有________和________的元件号采用八进制数。

4. 简述特殊辅助继电器的两大类型，指出 M8000、M8002、M8011 ~ M8014 的功能。

5. 图 2－30 是两个地点控制单台电动机的梯形图程序。其中 X0 和 X1 是一个地方的起动和停止控制按钮，X2 和 X3 是另一个地方的起动和停止控制按钮，Y0 连接接触器（电动机）。写出如图所示梯形图对应的指令表程序。

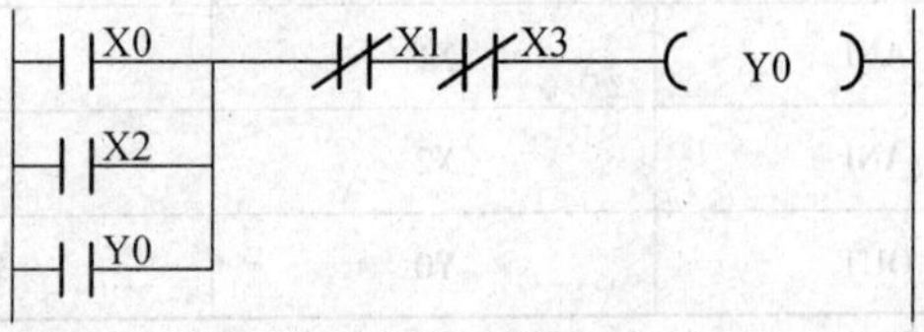

图 2－30　题 5 图

6. 在多台单机组成的自动生产线上，有在总操作台上的集中控制和在单机操作台上分散控制的联锁。X2 为选择开关，以其触点作为集中控制与分散控制的联锁触点。当 X2 为 ON 时，为单机分散起动控制；当 X2 为 OFF 时，为集中总起动控制。在两种情况下，单机和总操作台都可以发出停止命令。图 2－31 为集中与分散控制的梯形图，由梯形图分析控制原理并写出梯形图对应的指令表程序。

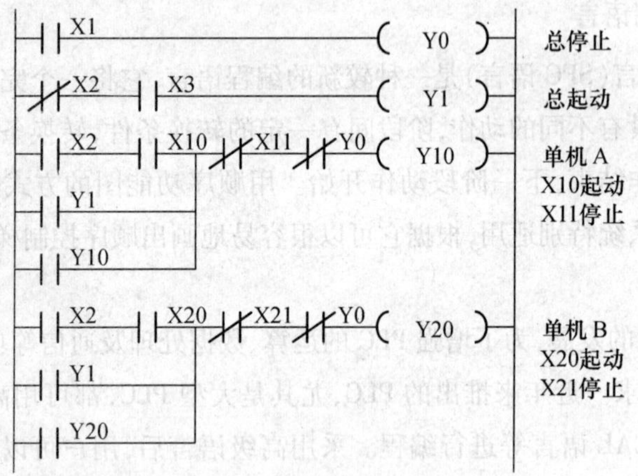

图 2－31　题 6 图

项目2　PLC控制三相异步电动机正反转

知识目标

（1）了解由传统继电器电路图设计梯形图的基本方法和注意事项。

（2）熟悉梯形图的编程规则、注意事项和优化设计方法。

（3）掌握电路块的串并联、栈指令和置位复位基本指令。

技能目标

（1）合理分配基本正反转控制的I/O接口。

（2）正确设计PLC外围硬件线路。

（3）掌握正反转控制的程序设计、监控及调试方法。

（4）掌握PLC正反转控制的安装接线工艺。

（5）掌握联机调试并进行故障检修及处理的方法。

（6）掌握常闭信号的输入处理和热继电器输入信号的几种处理方法。

任务一　基本指令系统的功能及应用

一、电路块的串并联指令

1. ORB(Or Block)

多触点电路块的并联连接指令(块并指令)如图2-32所示。

ORB指令将多触点电路块(一般是串联电路块)与前面(或上面)的电路块并联,它不带后续的元件号,相当于电路块间右侧的一段垂直连线。要并联的电路块的起始触点使用LD或LDI指令,完成了电路块的内部连接后,用ORB指令将它与前面的电路并联。

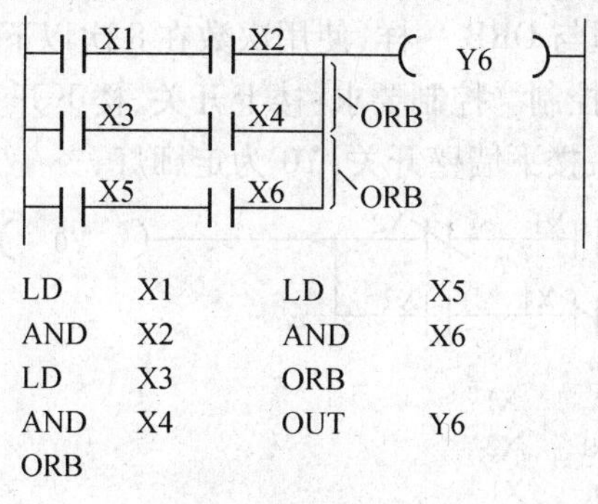


```
LD    X1      LD    X5
AND   X2      AND   X6
LD    X3      ORB
AND   X4      OUT   Y6
ORB
```

图2-32　ORB指令

ORB指令的使用说明:

（1）几个串联电路块并联连接时,每个串联电路块开始时都应该用LD或LDI指令;

（2）有多个电路块并联回路,如对每个电路块使用ORB指令,则并联的电路块数量没有限制；

（3）ORB 指令也可以连续使用，但这种程序写法不推荐使用，LD 或 LDI 指令的使用次数不得超过 8 次，也就是 ORB 只能连续使用 8 次以下。

2. ANB(And Block)

多触点电路块的串联连接指令（块串指令）用于两个或两个以上触点并联连接的电路之间的串联，如图 2－33 所示。

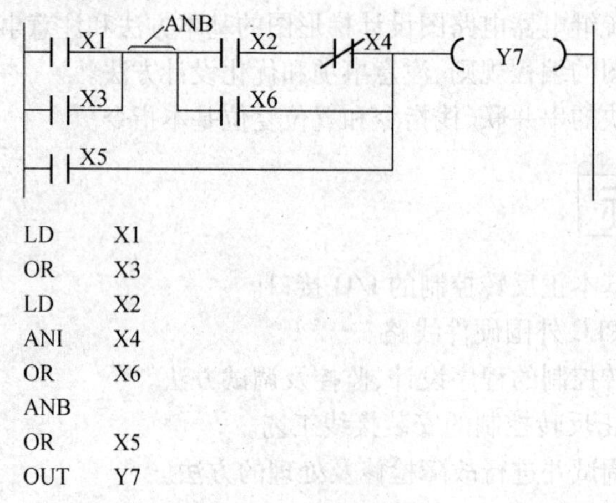

图 2－33　ANB 指令

ANB 指令将多触点电路块（一般是并联电路块）与前面的电路块串联，它不带后续元件号。ANB 指令相当于两个电路块之间的串联连线，该点也可以视为它右边的电路块的 LD 点。要串联的电路块的起始触点使用 LD 或 LDI 指令，完成了两个电路块的内部连接后，用 ANB 指令将它与前面的电路串联。类似于电阻的串并联求总电阻值的顺序。

ANB 指令的使用说明：

（1）几个并联电路块串联连接时，并联电路块开始时均用 LD 或 LDI 指令。

（2）多个并联回路块连接按顺序和前面的回路串联时，ANB 指令的使用次数没有限制。也可连续使用 ANB，但与 ORB 一样，使用次数在 8 次以下。

例 2－6　走廊灯两地控制。控制要求：楼上开关、楼下开关均能控制走廊灯的亮灭。图 2－34 中 X1、X2 为楼上、楼下墙壁开关，Y0 为走廊灯。

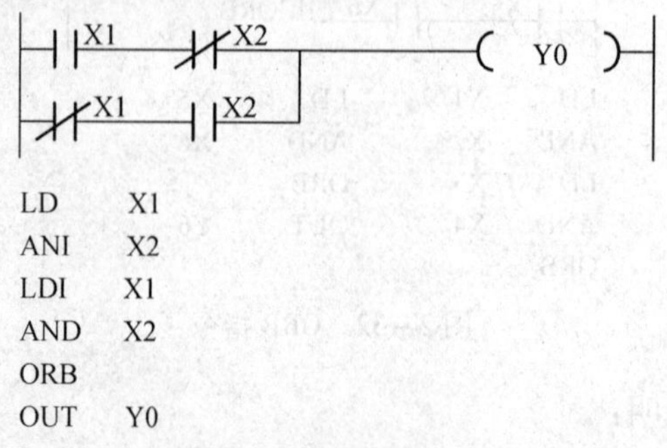

图 2－34　例 2－6 图

二、栈存储器与多重输出指令

MPS(Push),MRD(Read),MPP(Pop)指令分别是进栈、读栈和出栈指令,它们用于多重输出电路。

FX 系列有 11 个存储中间运算结果的堆栈存储器,堆栈采用先进后出的数据存取方式。MPS 指令用于储存电路中有分支处的逻辑运算结果,以便以后处理有线圈的支路时,可以调用该运算结果。使用一次 MPS 指令,当时的逻辑运算结果压入堆栈的第一层,堆栈中原来的数据依次向下一层推移。

MRD 指令读取存储在堆栈最上层的电路中分支点处的运算结果,将下一个触点强制性地连接在该点。读数后堆栈内的数据不会上移或下移。

MPP 指令弹出(调用并去掉)存储的电路中分支点的运算结果。首先将下一触点连接在该点,然后从堆栈中去掉该点的运算结果。使用 MPP 指令时,堆栈中各层的数据向上移动一层,最上层的数据在使用后从栈内消失。

图 2－35 和图 2－36 分别给出了使用一层栈和使用多层栈的例子。每一条 MPS 指令必须有一条对应的 MPP 指令,处理最后一条支路时必须使用 MPP 指令,而不是 MRD 指令。在一独立电路块中,用进栈指令同时保存在堆栈中的运算结果不能超过 11 个。

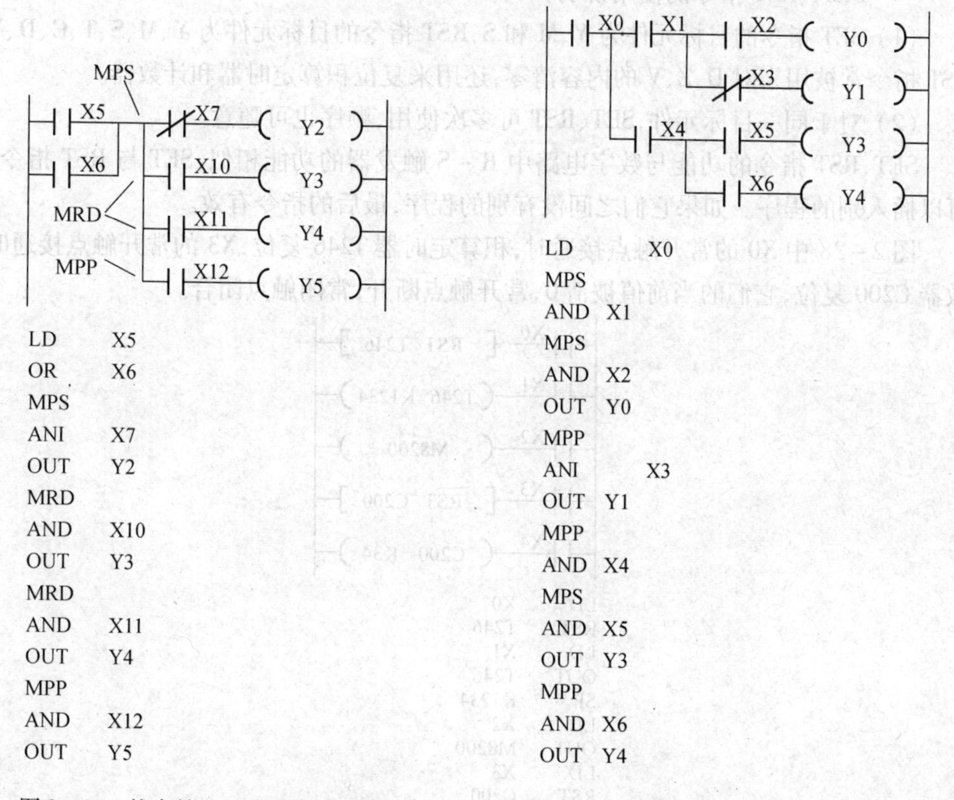

图 2－35　栈存储器与多重输出指令　　　　图 2－36　二层栈

用编程软件生成梯形图程序后,如果进行梯形图转换为指令表程序的操作,编程软件会在指令表程序列表中,自动加入 MPS、MRD 和 MPP 指令。但是,当先写入指令表程序时,必须由用户来键入 MPS、MRD 和 MPP 指令。

三、置位与复位指令(SET、RST)

SET(置位指令):使被操作的目标元件置位并保持。

RST(复位指令):使被操作的目标元件复位并保持清零状态。

使用 SET、RST 指令控制电动机单方向连续运行的波形图、梯形图如图 2-37 所示。当 X0 常开接通时,Y0 变为 ON 状态并一直保持该状态,即使 X0 断开,Y0 的 ON 状态仍维持不变;只有当 X1 的常开闭合时,Y0 才变为 OFF 状态并保持,即使 X1 常开断开,Y0 也仍为 OFF 状态。

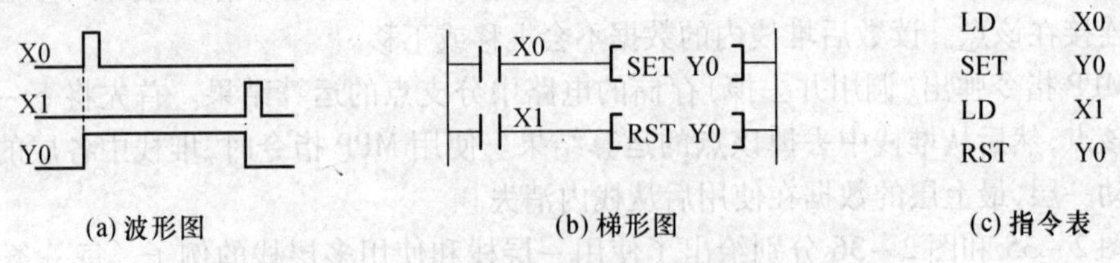

(a) 波形图　(b) 梯形图　(c) 指令表

图 2-37　SET、RST 指令控制电动机连续运行

SET 、RST 指令的使用说明:

(1) SET 指令的目标元件为 Y、M 和 S,RST 指令的目标元件为 Y、M、S、T、C、D、V、Z。RST 指令常被用来对 D、Z、V 的内容清零,还用来复位积算定时器和计数器。

(2) 对于同一目标元件,SET、RST 可多次使用,顺序也可随意。

SET、RST 指令的功能与数字电路中 R-S 触发器的功能相似,SET 与 RST 指令之间可以插入别的程序。如果它们之间没有别的程序,最后的指令有效。

图 2-38 中 X0 的常开触点接通时,积算定时器 T246 复位,X3 的常开触点接通时,计数器 C200 复位,它们的当前值被清 0,常开触点断开,常闭触点闭合。

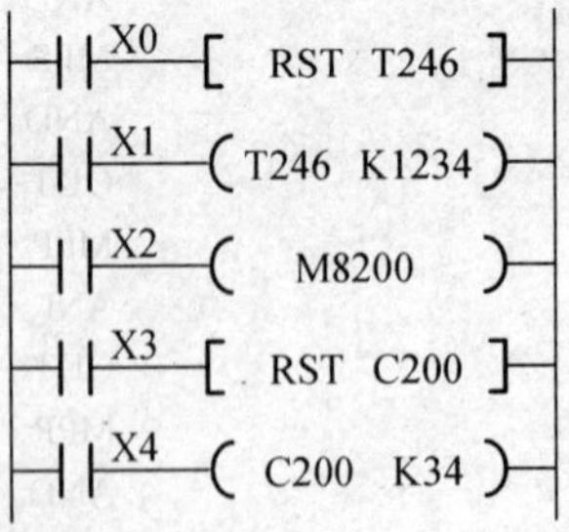

X0　[RST T246]
X1　(T246 K1234)
X2　(M8200)
X3　[RST C200]
X4　(C200 K34)

```
LD    X0
RST   T246
LD    X1
OUT   T246
SP    K1234
LD    X2
OUT   M8200
LD    X3
RST   C200
LD    X4
OUT   C200
SP    K34
```

图 2-38　定时器与计数器的复位

在任何情况下,RST 指令都优先执行。计数器处于复位状态时,输入的计数脉冲不起作用。

如果不希望计数器和积算定时器具有断电保持功能,可以在用户程序开始运行时用初始化脉冲 M8002 将它们复位。

例 2-7 利用置位、复位指令实现单台电动机的两地控制。

1. 控制要求

按下地点 1 的起动按钮 SB1(X0)或地点 2 的起动按钮 SB2(X1)均可起动电动机;按下地点 1 的停止按钮 SB3(X2)或地点 2 的停止按钮 SB4(X3)均可停止电动机运行。

2. PLC 输入、输出(I/O)分配

起动按钮 SB1:X0

起动按钮 SB2:X1

停止按钮 SB3:X2

停止按钮 SB4:X3

交流接触器 KM:Y0

3. 梯形图

梯形图程序的设计如图 2-39 所示。

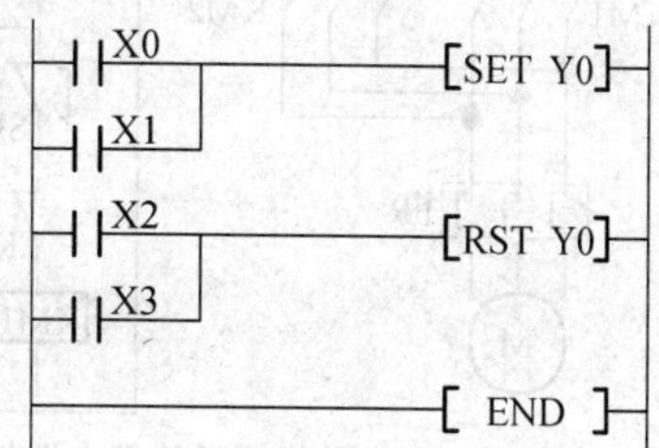

图 2-39 两地控制梯形图

任务二 三相异步电动机基本正反转控制

一、基本正反转的 PLC 控制

1. 控制要求

起动按钮 SB1 控制电机正转,按钮 SB2 控制反转,SB3 为停止按钮,热继电器 FR 实现电机过载保护。图 2-40(a)是三相异步电动机正反转控制的主电路和传统继电器、接触器控制电路图。

2. PLC 输入、输出(I/O)分配

正转起动 SB1:X1

反转起动 SB2:X2

停止 SB3:X3

交流接触器 KM1:Y1

交流接触器 KM2:Y2

3. 梯形图、PLC 外部接线图及实物图

图 2-40(b)、(d)分别是正反转控制的梯形图和 PLC 外部接线图。在梯形图中,用两个起保停电路来分别控制电动机的正转和反转。按下正转起动按钮 SB1,X1 变为 ON,其常开触点接通,Y1 的线圈“得电”并自保持,使 KM1 的线圈通电,电机开始正转运行。按下停止按钮 SB3,X3 变为 ON,其常闭触点断开,使 Y1 线圈“失电”电动机停止运行。按下反转起动按钮 SB2,X2 变为 ON,其常开触点接通,Y2 的线圈“得电”并自保持,使 KM2 的线圈通电,电机开始反转运行。

图 2－40(c)为对应的指令表程序，图 2－40(e)为三相异步电动机正反转控制的实物图，注意 PLC 输入、输出接地端应分别连接，不可共地。

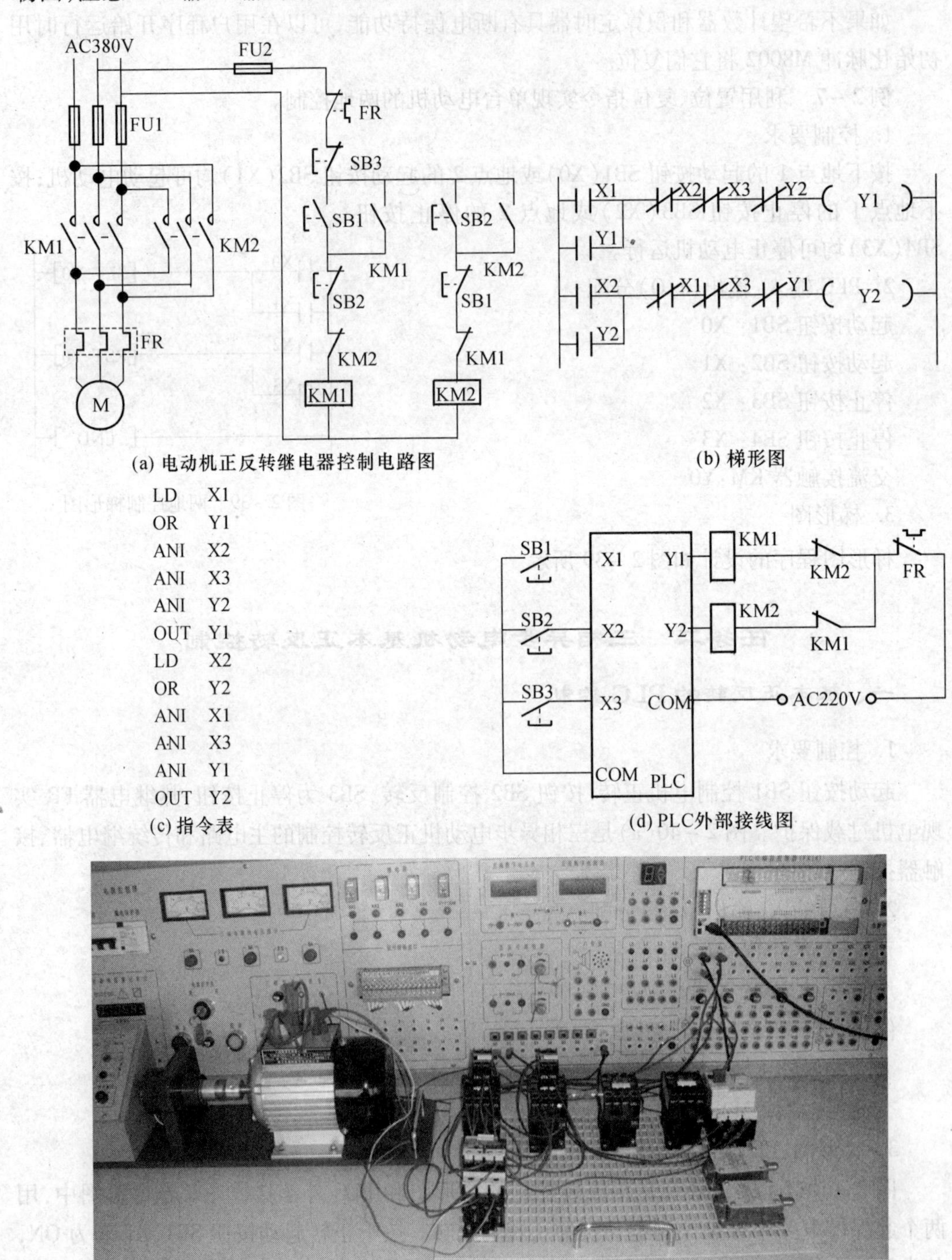

(e) 三相异步电动机正反转控制实物图

图 2－40 基本正反转的 PLC 控制

在梯形图中,将 Y1 和 Y2 的常闭触点分别与对方的线圈串联,可以保证它们不会同时为 ON,因此 KM1 和 KM2 的线圈不会同时通电,避免造成电源短路,这种安全措施在继电器电路中称为"互锁"。除此之外,为了方便直接正反转操作和保证 Y1 和 Y2 不会同时为 ON,在梯形图中还设置了"按钮联锁",即将反转起动按钮 X2 的常闭触点与控制正转的 Y1 的线圈串联,将正转起动按钮 X1 的常闭触点与控制反转的 Y2 的线圈串联。设 Y1 为 ON,电动机正转,这时如果想直接转换为反转运行,可以不按停止按钮 SB3,直接按反转起动按钮 SB2,X2 变为 ON,它的常闭触点断开,使 Y1 线圈"失电",同时 X2 的常开触点接通,使 Y2 的线圈"得电",电机由正转变为反转。

二、置位、复位指令控制的正反转

SET、RST 指令控制的电动机正反转梯形图及 PLC 外部接线图,如图 2-41 所示。若按正转按钮 X1,正转接触器 Y1 置位并自保持;若按反转按钮 X2,反转接触器 Y2 置位并自保持;若按停止按钮 X0 或热继电器 X3 过载动作,正转接触器 Y1 和反转接触器 Y2 复位并自保持;在此基础上再增加对方的常闭触点作电气软互锁。

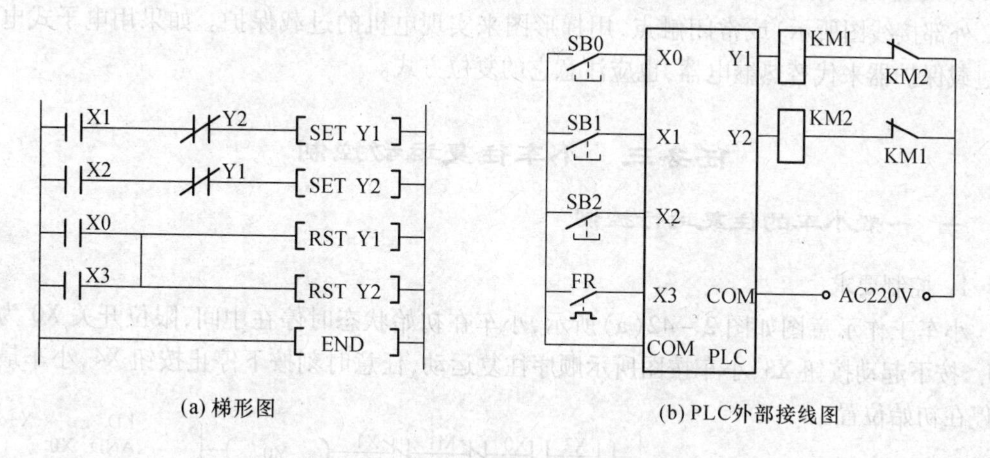

图 2-41　置位、复位指令控制的正反转

三、PLC 外部接触器互锁的重要性

梯形图中的输出互锁和按钮联锁电路,只能保证输出模块中与 Y1 和 Y2 对应的硬件继电器的常开触点不会同时接通。由于切换过程中电感的延时作用,可能会出现一个接触器还未断弧,另一个却已合上的现象,从而造成瞬间短路故障。可以用正反转切换时的延时来解决这一问题,但是这一方案会增加编程的工作量,也不能解决下述的接触器触点故障引起的电源短路事故。如果因主电路电流过大或接触器质量不好,某一接触器的主触点被断电时产生的电弧熔焊而被粘结,其线圈断电后主触点仍然是接通的,这时如果另一接触器的线圈通电,仍将造成三相电源短路事故。为了防止出现这种情况,应在 PLC 外部设置由 KM1 和 KM2 的辅助常闭触点组成的硬件互锁电路,如图 2-40(d)PLC 外部接线图所示,假设 KM1 的主触点被电弧熔焊,这时它与 KM2 线圈串联的辅助常闭触点处于断开状态,因此 KM2 的线路不可能得电。

四、热继电器辅助触点的处理

图 2－40 中的 FR 是作过载保护用的热继电器，异步电动机长时严重过载时，经过一定延时，热继电器的常闭触点断开，常开触点闭合。其常闭触点与接触器的线圈串联，过载时接触器线圈断电，电机停止运行，起到保护作用。

有的热继电器需要手动复位，即热继电器动作后要按一下它自带的复位按钮，其触点才会恢复原状，即常开触点断开，常闭触点闭合。这种热继电器的常闭触点可以如图 2－40(d)那样接在 PLC 的输出回路，仍然与接触器的线圈串联，这种方案可以节约 PLC 的一个输入点。

有的热继电器有自动复位功能，即热继电器动作后电机停转，串接在主回路中的热继电器的热元件冷却，热继电器的触点自动恢复原状。如果这种热继电器的常闭触点仍然接在 PLC 的输出回路，电机停转后过一段时间会因热继电器的触点恢复原状而自动重新运转，可能会造成设备和人身事故。因此有自动复位功能的热继电器的常闭触点不能接在 PLC 的输出回路，必须将它的触点接在 PLC 的输入端，可接常开触点（如图 2－41(b) PLC 外部接线图所示）或常闭触点，用梯形图来实现电机的过载保护。如果用电子式电机过载保护器来代替热继电器，也应注意它的复位方式。

任务三　小车往复运动控制

一、一般小车的往复运行控制

1. 控制要求

小车工作示意图如图 2－42(a)所示，小车在初始状态时停在中间，限位开关 X0 为 ON。按下起动按钮 X3，小车按图所示顺序往复运动，任意时刻按下停止按钮 X4，小车最终停在初始位置。

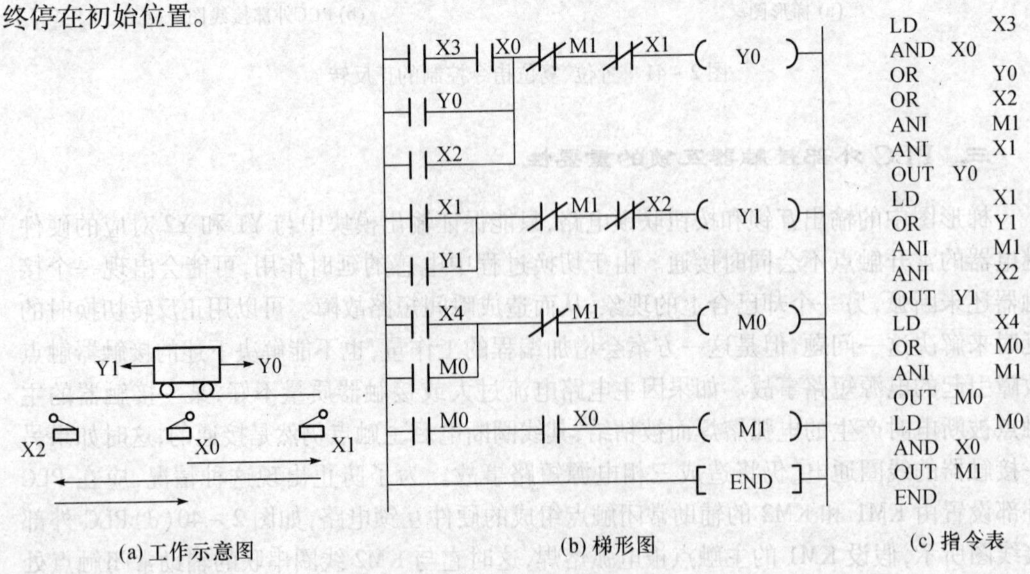

(a) 工作示意图　　(b) 梯形图　　(c) 指令表

图 2－42　小车往复运动控制

2. 梯形图设计

该小车的往复运动控制,是以正反转控制为基础,通过行程(限位)开关多次改变运动方向来实现的。需注意的是,所有的限位开关以及按钮开关均以常开触点接入 PLC 输入接线端。输出接口只有两点 Y0、Y1,对应正反转运行。图 2-42(b)、(c)分别为梯形图和指令表。梯形图中 X3 与 X0 串联,使起动在中间位置 X0 处开始;此处并联 X2 为再次起动 Y0 右行。辅助继电器 M0 起任意时刻停止的记忆功能,第四行 M0 串 X0 控制 M1 保证小车停在中间 X0 处。

二、能自起动的小车运行控制

具有断电保持功能的辅助继电器控制正反转的应用,下面通过又一例小车往复运动控制来说明,如图 2-43 所示。

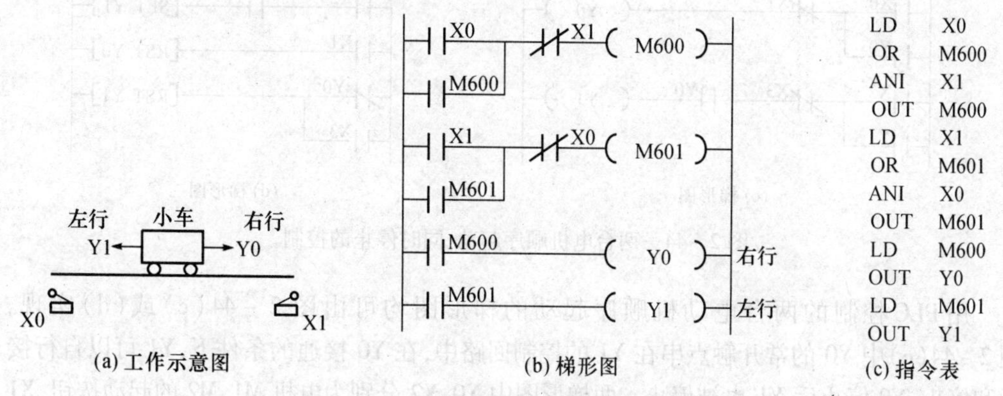

图 2-43　断电保持辅助继电器的作用

小车的正反向运动中,用 M600、M601 控制输出继电器驱动小车运动。X1、X0 为限位输入信号。运行的过程是 X0 = ON→M600 = ON→Y0 = ON→小车右行→若突然停电→小车中途停止→上电(M600 = ON→Y0 = ON)再右行→X1 = ON→M600 = OFF、M601 = ON→Y1 = ON(左行)。可见由于 M600 和 M601 具有断电保持功能,能记忆电源中断瞬时的状态,并在重新通电后再现其状态。所以小车在中途因停电停止运行后,一旦电源恢复,M600 或 M601 仍记忆原来的状态,将由它们控制相应的输出继电器,小车继续原方向运动。若不用断电保持辅助继电器,当小车中途断电后,再次得电小车也不能自起动运行。

任务四　拓展训练

例 2-8　两台电机顺序起动、同时停止(非延时)的控制。

两台电动机顺序起动、同时停止的控制电路如图 2-44 所示。顺序起动继电器电路图(a)中,利用 KM1 常开触点串入 KM2 回路,可实现顺序起动功能:M1 起动后 M2 通过 SB2、SB3 才能自行起动和停止;若 M1、M2 运行后,按下 SB4 可同时停止。

顺序起动继电器电路图(b)中,省掉串于 KM2 回路的常开触点 KM1,KM2 支路接于 KM1 自保持常开触点后,电路更简洁。

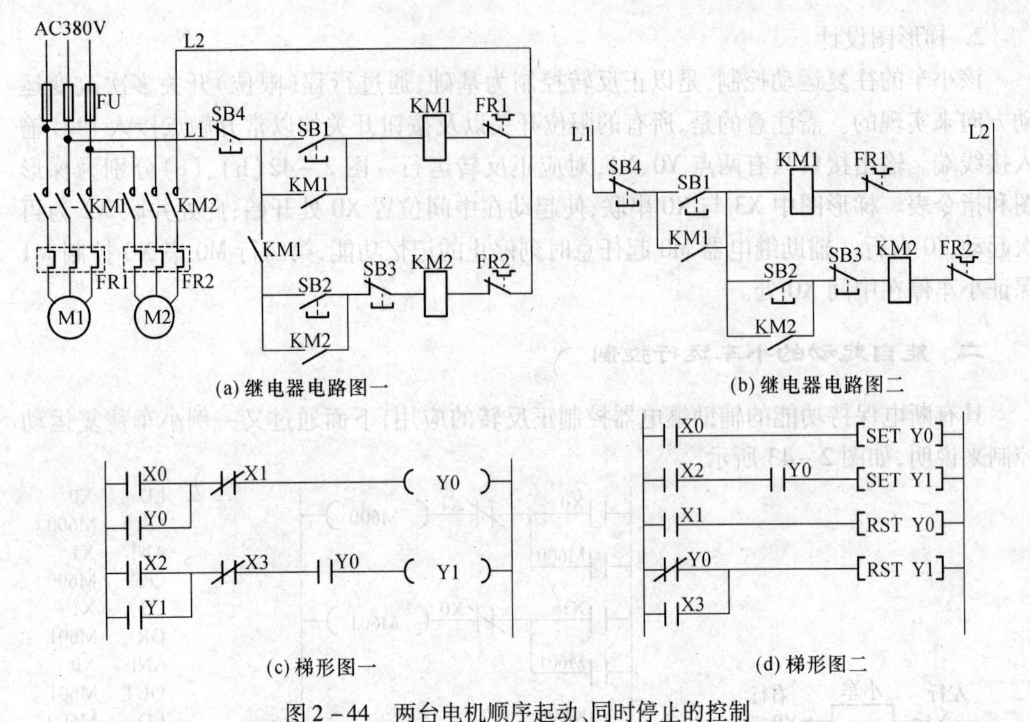

图 2－44　两台电机顺序起动、同时停止的控制

用 PLC 控制的两台电动机顺序起动的梯形图均可由图 2－44(c)或(d)实现。图 2－44(c)中 Y0 的常开触点串在 Y1 的控制回路中，在 Y0 接通的条件下，Y1 可以自行接通和停止，Y0 停止后 Y1 也被停止。两梯形图中 X0、X2 分别为电机 M1、M2 的起动按钮，X1 为两台电机同时停止按钮，X3 为 M2 单独停止按钮，四只按钮均以常开触点接入 PLC。

例 2－9　两台电机顺序起动、逆序停止(非延时)的控制。

可实现两台电动机顺序起动、逆序停止的控制电路如图 2－45 所示。继电器电路图 2－45(a)中，利用 KM1 常开触点串入 KM2 回路中，可实现 M1 起动后 M2 才能起动；在控制 KM1 中的停止按钮 SB3 上，并联先停止接触器 KM2 的常开触点 KM2，可实现 M2 停车后 M1 才能停车。PLC 控制的梯形图如图 2－45(b)所示。X1、X2 为起动按钮，X3、X4 为停止按钮，均以常开触点接入 PLC。

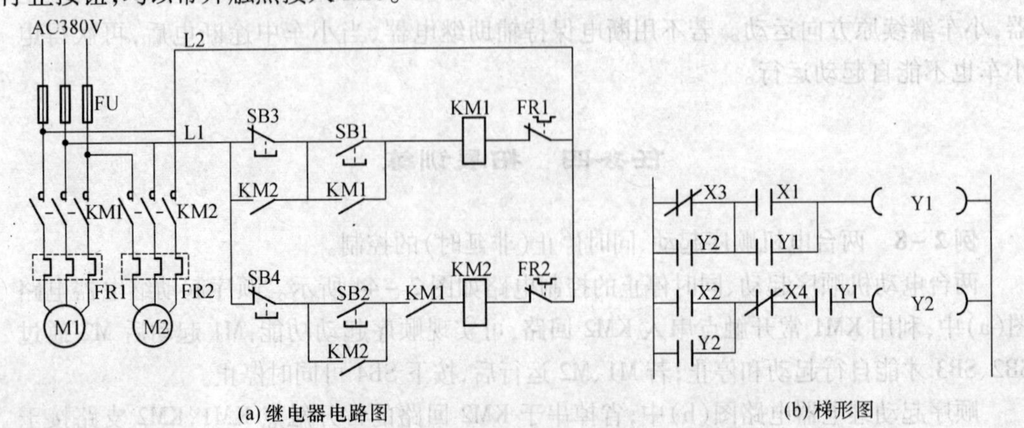

图 2－45　两台电机顺序起动、逆序停止的控制

任务五　知识链接

一、梯形图编程规则和注意事项

（一）梯形图编程规则及优化设计

（1）按自上而下，从左至右的方式编制，尽量减少程序步数。

（2）每一逻辑行总是起于左母线，然后是触点的连接，最后终止于线圈或右母线（右母线可以不画出）。

（3）设计并联电路时，应将单个触点的支路放在下面，如图2－46所示。

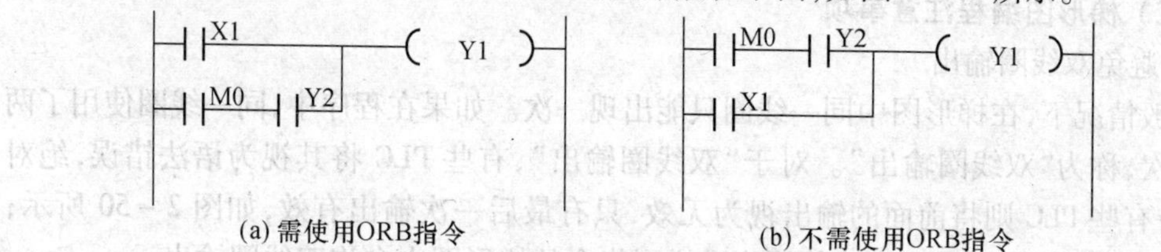

图2－46　并联触点的设计

（4）设计串联电路时，应将触点较多的并联电路块放在左边，将单个触点放在右边，如图2－47所示。这样所编制的程序简洁明了，语句较少。

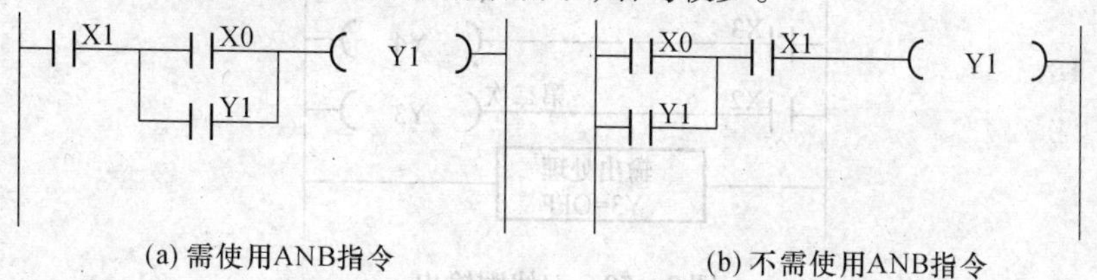

图2－47　并块的串联设计

（5）建议在有线圈的并联电路中将单个线圈放在上面，如图2－48（a）所示电路改为图2－48（b）所示电路，可以避免使用入栈指令MPS和出栈指令MPP，尽量优化设计。

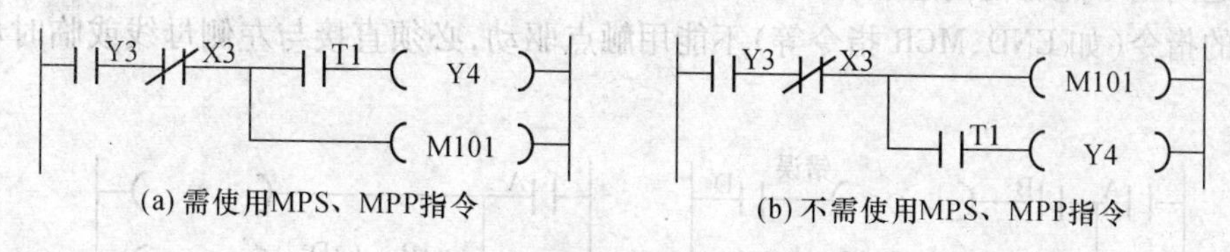

图2－48　多路并联输出的设计

（6）梯形图中的触点可以任意串联或并联，但继电器线圈只能并联而不能串联。

（7）触点的使用次数不受限制。但应减少实际所需X、Y的I/O点数，以降低系统硬件费用。

（8）触点应画在水平线上，不能出现在梯形图的垂直图线上（除使用主控指令MC的主控触点外）；若存在这种情况，必须经过等效变换，变为可以编程的梯形图，如图2－49所示。

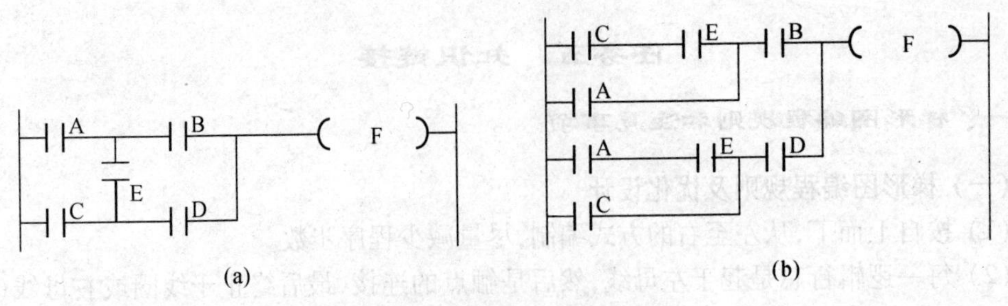

图 2-49　桥式电路的处理方法

(二) 梯形图编程注意事项

1. 避免双线圈输出

一般情况下,在梯形图中同一线圈只能出现一次。如果在程序中,同一线圈使用了两次或多次,称为“双线圈输出”。对于“双线圈输出”,有些 PLC 将其视为语法错误,绝对不允许;有些 PLC 则将前面的输出视为无效,只有最后一次输出有效,如图 2-50 所示;而有些 PLC 在含有跳转指令或使用步进梯形指令的梯形图中允许双线圈输出。

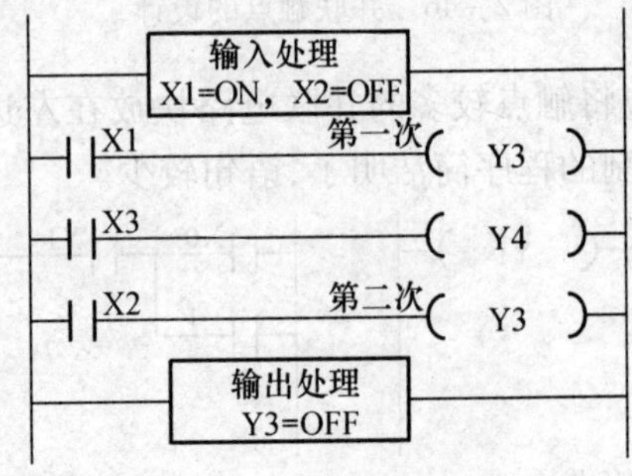

图 2-50　双线圈输出

2. 编程元件的位置

输出类元件(如 OUT、MC、SET、RST、PLS、PLF 和大多数应用指令)应放在梯形图的最右边,它们不能直接与左侧母线相连。注意:左母线与线圈之间一定要有触点,而线圈与右母线之间则不能有任何触点,如图 2-51 所示。

有的指令(如 END、MCR 指令等)不能用触点驱动,必须直接与左侧母线或临时母线相连。

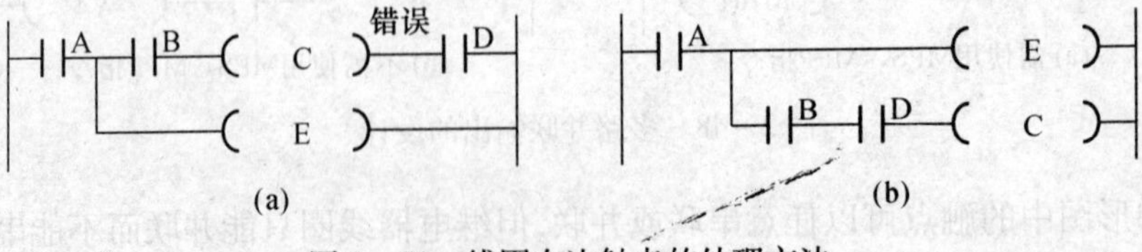

图 2-51　线圈右边触点的处理方法

二、PLC 用常闭触点输入时的梯形图设计

根据 PLC 的工作原理,PLC 在读取输入阶段,可编程序控制器把所有外部数字量,即输入电路的 ON/OFF(1/0)状态读入输入映像寄存器。外接的输入电路闭合时,对应的输

入映像寄存器为“1”状态，梯形图中对应的输入点的常开触点接通，常闭触点断开。外接的输入电路断开时，对应的输入映像寄存器为“0”状态，梯形图中对应的输入点的常开触点断开，常闭触点接通。

有些输入信号只能由常闭触点提供，例如有自动复位功能的热继电器，使用其常闭触点不能接在PLC的输出回路，只能接在PLC的输入端，如图2-52(b)所示，当FR的常闭触点断开时，X2在梯形图中的常开触点也断开。显然，为了在过载时断开Y0的线圈(也即交流接触器KM的线圈)，应如图2-52(c)所示将X2的常开触点而不是常闭触点与Y0的线圈串联；当PLC通电工作读取FR的状态时，对应的输入映像寄存器为“1”状态，梯形图中对应的常开触点X2是接通的，同图2-52(a)状态一样，不会影响正常起动。这样梯形图中X2的触点类型与继电器电路中及PLC输入端FR的触点类型刚好相反。

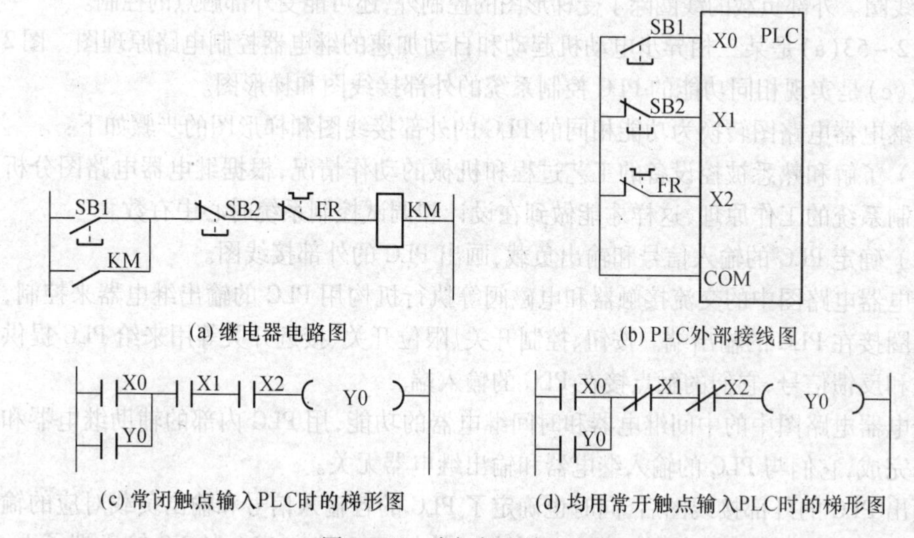

(a) 继电器电路图　(b) PLC外部接线图

(c) 常闭触点输入PLC时的梯形图　(d) 均用常开触点输入PLC时的梯形图

图2-52　常闭触点输入电路

为了使梯形图和继电器电路图中触点的类型相同，建议尽可能地用常开触点作为可编程控制器的输入信号，如图2-52(d)所示，这使得梯形图和继电器电路图基本一致，容易理解和掌握。如果某些信号只能用常闭触点输入，可以按输入全部为常开触点来设计，然后将梯形图中相应的输入继电器的触点改为相反的触点，即常开触点改为常闭触点，常闭触点改为常开触点。

三、由继电器电路图设计梯形图

1. 概述

用PLC改造继电器控制系统时，因为原有的继电器控制系统经过长期使用和考验，已经被证明能完成系统要求的控制功能，而继电器电路图与梯形图在表示方法和分析方法上有很多相似之处，因此可以根据继电器电路图来设计梯形图，即将继电器电路图“转换”为具有相同功能的PLC的外部硬件接线图和梯形图。因此，根据继电器电路图来设计梯形图是一条捷径。使用这种设计方法时应注意梯形图是PLC的程序，是一种软件，而继电器电路是由硬件元件组成的。梯形图和继电器电路有很大的本质区别，例如在继电器电路图中，各继电器可以同时动作，而 PLC 的 CPU 是串行工作的，即 CPU 只能同时处理 1 条指令，根据继电器电路图设计梯形图时，有很多需要注意的地方。

这种设计方法一般不需要改动控制面板，保持了系统原有的外部特性，操作人员不用改变长期形成的操作习惯。

2. 基本方法

在分析 PLC 控制系统的功能时，可以将它想象成一个继电器控制系统中的控制箱，其外部接线图描述了这个控制箱的外部接线，梯形图是这个控制箱的内部“线路图”，梯形图中的输入继电器和输出继电器是这个控制箱与外部世界联系的“接口继电器”，这样就可以用分析继电器电路图的方法来分析 PLC 控制系统。在分析时可以将梯形图中输入继电器的触点，想象成对应的外部输入器件的触点或电路，将输出继电器的线圈想象成对应的外部负载的线圈。外部负载的线圈除了受梯形图的控制外，还可能受外部触点的控制。

图 2－53(a)是某三相异步电动机起动和自动加速的继电器控制电路原理图。图 2－53(b)、(c)是实现相同功能的 PLC 控制系统的外部接线图和梯形图。

将继电器电路图转换为功能相同的 PLC 的外部接线图和梯形图的步骤如下：

(1) 了解和熟悉被控设备的工艺过程和机械的动作情况，根据继电器电路图分析和掌握控制系统的工作原理，这样才能做到在设计和调试控制系统时心中有数。

(2) 确定 PLC 的输入信号和输出负载，画出 PLC 的外部接线图。

继电器电路图中的交流接触器和电磁阀等执行机构用 PLC 的输出继电器来控制，它们的线圈接在 PLC 的输出端。按钮、控制开关、限位开关、接近开关等用来给 PLC 提供控制命令和反馈信号，它们的触点接在 PLC 的输入端。

继电器电路图中的中间继电器和时间继电器的功能，用 PLC 内部的辅助继电器和定时器来完成，它们与 PLC 的输入继电器和输出继电器无关。

画出 PLC 的外部接线图后，同时也确定了 PLC 的各输入信号和输出负载对应的输入继电器和输出继电器的元件号。例如图中起动按钮 SB1 接在 PLC 的 X0 输入端子上，该控制信号在梯形图中对应的输入继电器的元件号为 X0。在梯形图中，可以将 X0 的触点想象为 SB1 的触点。同样 SB2 对应 X1，交流接触器 KM1、KM2 和 KM3 分别对应 Y1、Y2 和 Y3。

(3) 确定与继电器电路图的中间继电器、时间继电器对应的梯形图中的辅助继电器(M)和定时器(T)的元件号。在图中 KA、KT1 和 KT2 分别对应 M0、T1 和 T2。

第(2)步和第(3)步建立了继电器电路图中的元件和梯形图中的元件号之间的对应关系，为梯形图的设计打下了基础。

(4) 根据上述对应关系画出梯形图。

3. 设计注意事项

根据继电器电路图设计梯形图时应注意以下问题。

1) 应遵守梯形图语言中的语法规定

例如在继电器电路图中，触点可以放在线圈的左边，也可以放在线圈的右边，但是在梯形图中，线圈和输出类指令(如 RST、SET 和应用指令等)必须放在电路的最右边。

2) 设置中间单元

在梯形图中，若多个线圈都受某一触点串并联电路的控制，为了简化电路，在梯形图中可设置用该电路控制的辅助继电器，如图 2－53 中的 M0 和 M1 等，它们类似于继电器电路中的中间继电器。

3）分离交织在一起的电路

在继电器电路中，为了减少使用的器件和少用触点，从而节省硬件成本，各个线圈的控制电路往往互相关联，交织在一起，如图 2－53 中 KM1 与 KT1、KM2 与 KT2 那样输出并联的电路。如果将原图不加改动地直接转换为梯形图，要使用大量的进栈（MPS）、读栈（MRD）和出栈（MPP）指令，转换和分析这样的电路都比较麻烦。可以将各线圈的控制电路分离开来设计，这样处理可能会多用一些触点，因为没有用堆栈指令，与直接转换的方法相比，所用的指令条数相差不会太大。即使多用一些指令，也不会增加硬件成本，对系统的运行也不会有什么影响。

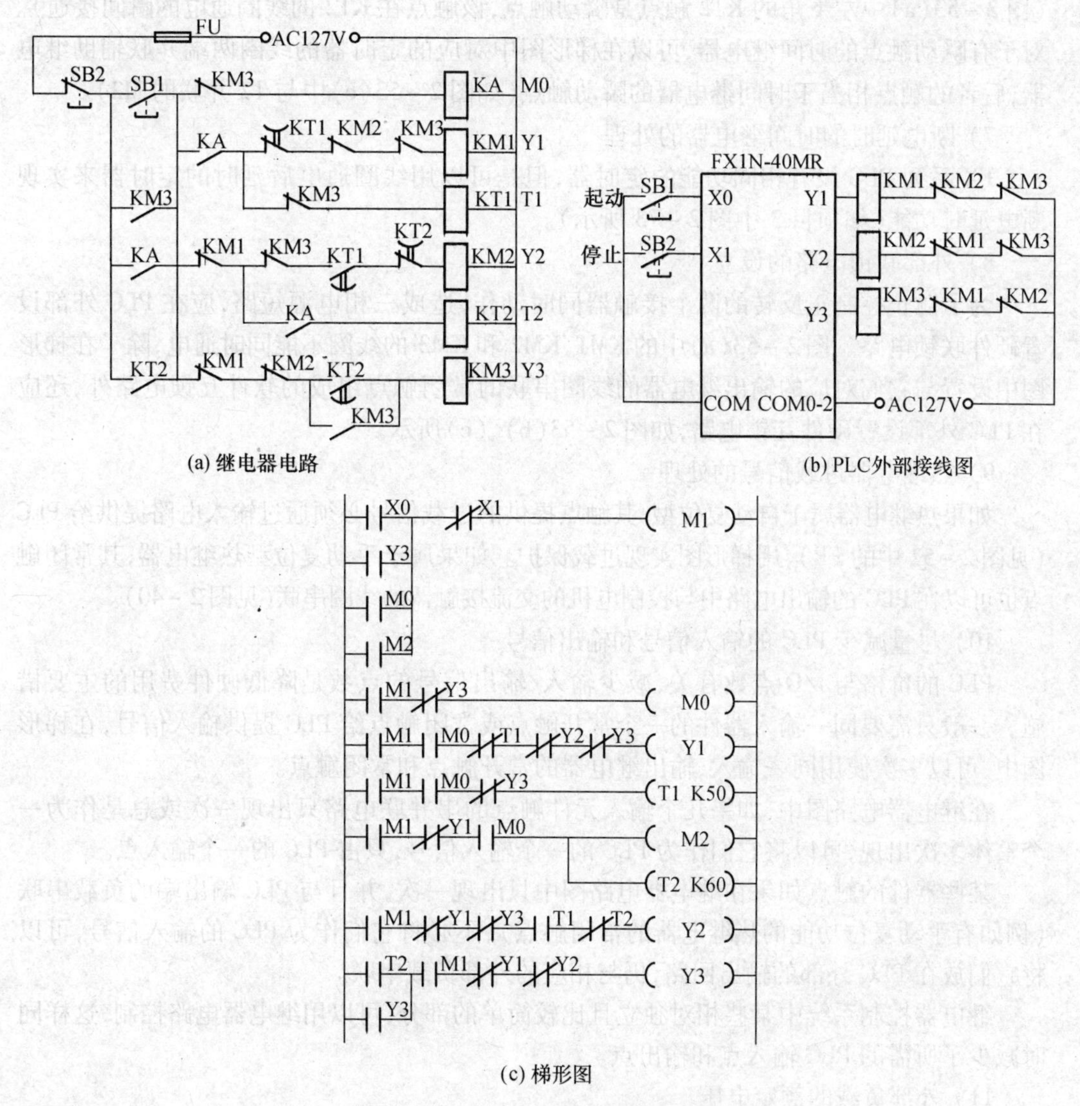

(a) 继电器电路

(b) PLC外部接线图

(c) 梯形图

图 2－53　异步电动机起动、加速电路

设计梯形图时以线圈为单位，分别考虑继电器电路图中每个线圈，受到哪些触点和电路的控制，然后画出相应的等效梯形图电路。

4）常闭触点提供的输入信号的处理

设计输入电路时，应尽量采用常开触点，如果只能使用常闭触点，梯形图中对应触点的常开/常闭类型应与继电器电路图中的相反。

5）梯形图电路的优化设计

为了减少语句表指令的指令条数，在串联电路中，单个触点应放在电路块的右边，在并联电路中，单个触点应放在电路块的下面。

6）时间继电器瞬动触点的处理

除了延时动作的触点外，时间继电器还有在线圈通电或断电时马上动作的瞬动触点（图2－53(a)中左下角的KT2触点是瞬动触点，该触点在KT2的线圈通电的瞬间接通）。对于有瞬动触点的时间继电器，可以在梯形图中对应的定时器的线圈两端并联辅助继电器，后者的触点相当于时间继电器的瞬动触点（如图2－53(c)中与T2并联的M2）。

7）断电延时的时间继电器的处理

FX系列PLC没有相同功能的定时器，但是可以用线圈通电后延时的定时器来实现断电延时功能（如项目3中图2－73所示）。

8）外部联锁电路的设立

为了防止控制正反转的两个接触器同时动作，造成三相电源短路，应在PLC外部设置硬件联锁电路。图2－53(a)中的KM1、KM2和KM3的线圈不能同时通电，除了在梯形图中设置与它们对应的输出继电器的线圈串联的常闭触点组成的软件互锁电路外，还应在PLC外部设置硬件互锁电路，如图2－53(b)、(c)所示。

9）热继电器过载信号的处理

如果热继电器属于自动复位型，其触点提供的过载信号必须通过输入电路提供给PLC（见图2－52中的FR），用梯形图实现过载保护。如果属于手动复位型热继电器，其常闭触点也可以在PLC的输出电路中与控制电机的交流接触器的线圈串联（见图2－40）。

10）尽量减少PLC的输入信号和输出信号

PLC的价格与I/O点数有关，减少输入/输出信号的点数是降低硬件费用的主要措施。一般只需要同一输入器件的一个常开触点或常闭触点给PLC提供输入信号，在梯形图中，可以多次使用同一输入、输出继电器的常开触点和常闭触点。

在继电器电路图中，如果几个输入元件触点的串并联电路只出现一次或总是作为一个整体多次出现，可以将它们作为PLC的一个输入信号，只占PLC的一个输入点。

某些器件的触点如果在继电器电路图中只出现一次，并且与PLC输出端的负载串联（例如有手动复位功能的热继电器的常闭触点），不必将它们作为PLC的输入信号，可以将它们放在PLC外部的输出回路，仍与相应的外部负载串联。

继电器控制系统中某些相对独立且比较简单的部分，可以用继电器电路控制，这样同时减少了所需的PLC输入点和输出点。

11）外部负载的额定电压

PLC的继电器输出模块和双向晶闸管输出模块一般只能驱动额定电压AC 220V的负载，如果系统原来的交流接触器的线圈电压为380V的，应将线圈换成220V的，或在

PLC 外部设置中间继电器。

思考与练习

1. 画出下面的指令表程序对应的梯形图(按列方向分析)。

(1)

LDI	X0	ORI	M113
OR	X1	ANB	
ANI	X2	ORI	M101
OR	M100	OUT	Y0
LD	X3	END	
AND	X4		

(2)

LD	X0	ORB	
AND	X1	ANB	
LDI	X2	LD	M100
ANI	X3	AND	M101
ORB		ORB	
LDI	X4	AND	M102
AND	X5	OUT	Y1
LD	X6	END	
AND	X7		

2. 画出图 2-54 所示梯形图的输出波形。

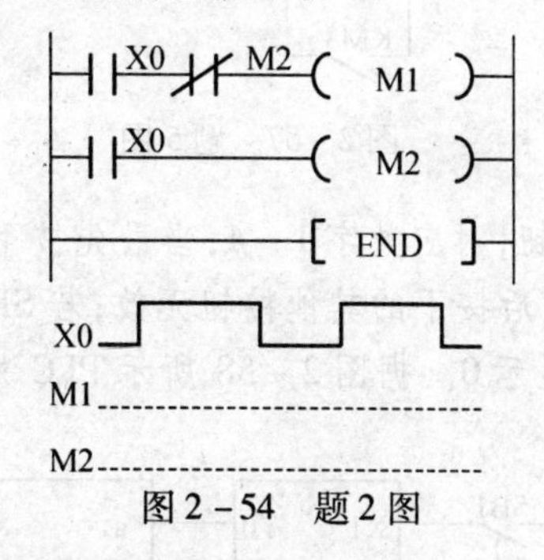

图 2-54 题 2 图

3. 写出图 2-55 所示梯形图对应的指令表程序。

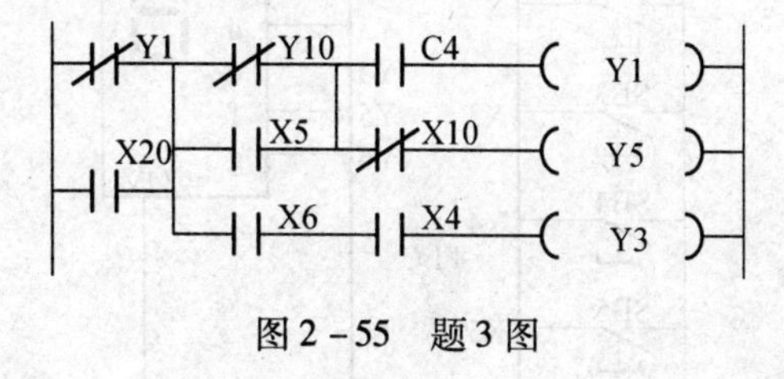

图 2-55 题 3 图

4. 图 2-56 是抢答器三路输出的互锁电路。其中 X0、X1 和 X2 是三个竞赛队的抢答起动按钮,X3 是停止按钮。由于 Y0、Y1、Y2 每次只能有一个接通,所以将 Y0、Y1、Y2

的常闭触点分别串联到其他两路的控制电路中。写出梯形图对应的指令表程序。

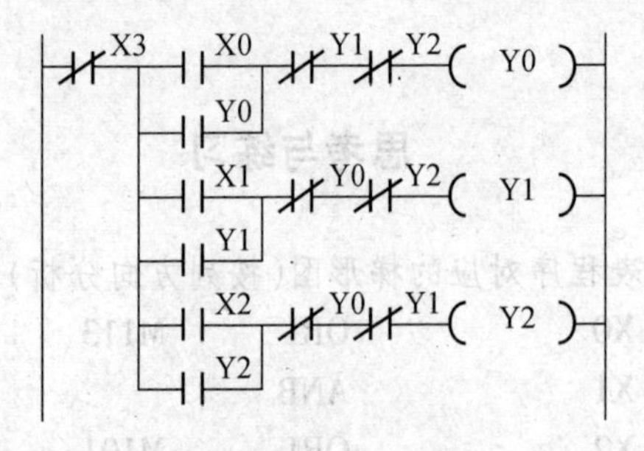

图 2-56 题4图

5. 手动控制三相异步电动机Y/△起动的继电器接触器电路图,如图 2-57 所示。SB1 为Y起动,SB2 为△运行,SB3 为停止按钮,FR 为具有自动复位功能的热继电器的常闭触点,试设计出具有相同功能的 PLC 控制梯形图。

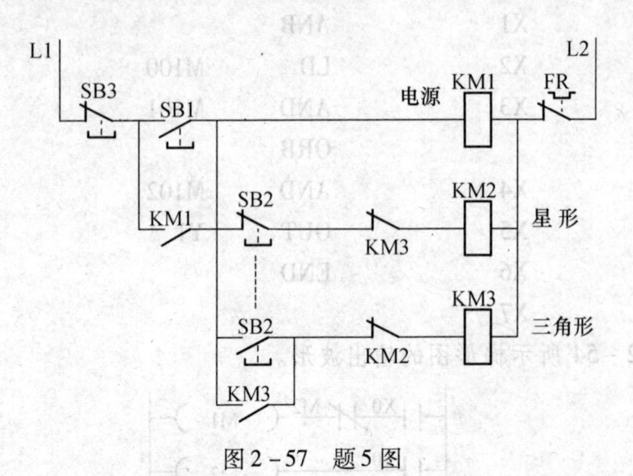

图 2-57 题5图

6. 有 SB1~SB4 四个按钮,对应数字 1~4,当最先按下 SB1~SB4 中的某个按钮时,七段数码管显示相应的数字,后按下的其他按钮无效;若 SB1~SB4 四个按钮均不按或按下 SB5 停止按钮时,数码管显示 0。据图 2-58 所示 PLC 外部接线图和七段数码管显示真值表,设计出梯形图程序。

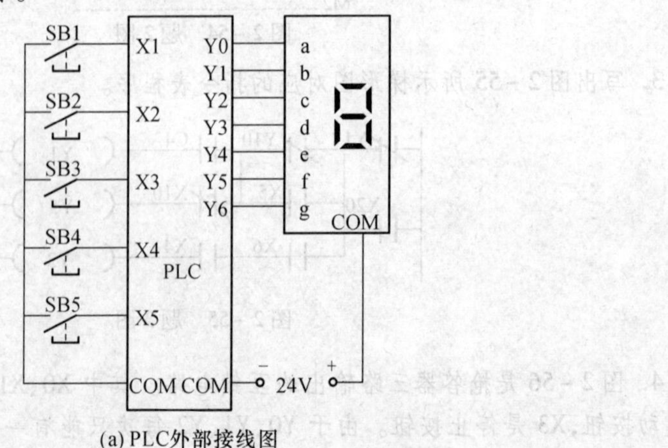

(a) PLC外部接线图

	Y0(a)	Y1(b)	Y2(c)	Y3(d)	Y4(e)	Y5(f)	Y6(g)
X1(1)	0	1	1	0	0	0	0
X2(2)	1	1	0	1	1	0	1
X3(3)	1	1	1	1	0	0	1
X4(4)	0	1	1	0	0	1	1
X5(0/停)	1	1	1	1	1	1	0

(b) 七段数码管显示真值表

图 2－58　题 6 图

项目3 PLC控制三相异步电动机Y/△起动

知识目标

(1) 了解FX系列PLC的型号及性能指标。

(2) 掌握通用定时器(T)、计数器(C)编程软元件。

(3) 熟悉主控指令、边沿检测的触点指令、微分输出指令。

(4) 熟练掌握通用定时器、振荡器基本电路。

技能目标

(1) 掌握电动机Y/△起动的多种程序设计、监控及调试方法。

(2) 掌握电动机Y/△起动的安装接线工艺。

(3) 掌握Y/△起动电路故障检查及处理方法。

任务一 三菱FX系列PLC的编程软元件

一、定时器(T)

PLC中的定时器(T)相当于继电器控制系统中的通电型时间继电器。它可以提供无限对常开、常闭延时触点。定时器中有一个设定值寄存器(一个字长)、一个当前值寄存器(一个字长)和一个用来存储其输出触点的映像寄存器(一个二进制位),这三个量使用同一地址编号,但使用场合不一样,意义也不同。

FX_{2N}系列中的定时器,可分为通用定时器、积算定时器两种。它们是通过对一定周期的时钟脉冲进行的累计而实现定时的,时钟脉冲有周期为1ms、10ms、100ms三种,当所计数值达到设定值时触点动作。设定值可用常数K或数据寄存器D的内容来设置。

1. 通用定时器

通用定时器的特点是不具备断电保持功能,即当输入电路断开或停电时定时器复位。通用定时器有100ms和10ms定时器两种。

(1) 100ms通用定时器(T0~T199)共200点,其中T192~T199为子程序和中断服务程序专用定时器。这类定时器是对100ms时钟累积计数,设定值为1~32767,所以其定时范围为0.1~3276.7s。

(2) 10ms通用定时器(T200~T245)共46点。这类定时器是对10ms时钟累积计数,设定值为1~32767,所以其定时范围为0.01~327.67s。

下面举例说明通用定时器的工作原理。如图2-59所示,当输入X0接通时,定时器T6的计数器从0开始对100ms时钟脉冲进行累积计数,当该值与设定值K30相等时,定时器的常开触点接通,常闭触点断开,经过的时间为30×0.1s=3s。当X0断开或停电时,定时器复位,计数值变为0,其常开触点恢复断开,常闭触点恢复闭合。

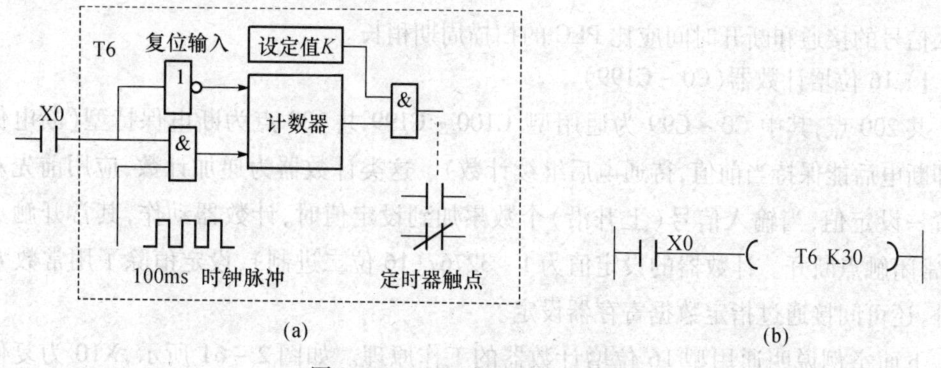

图 2-59　通用定时器工作原理

2. 积算定时器

积算定时器具有计数累积的功能。在定时过程中如果停电或定时器线圈 OFF,积算定时器将保持当前的计数值(当前值)。输入 X1 再接通或复电时,计数继续进行,其累积时间到达设定值时触点才动作。当复位输入 X2 接通时,计数器就复位,输出触点也复位。

(1) 1ms 积算定时器(T246 ~ T249)共 4 点,是对 1ms 时钟脉冲进行累积计数的,定时的时间范围为 0.001 ~32.767s。

(2) 100ms 积算定时器(T250 ~ T255)共 6 点,是对 100ms 时钟脉冲进行累积计数的,定时的时间范围为 0.1 ~3276.7s。

如图 2-60 所示,当 X1 接通时,T250 的当前值计数器开始累积 100ms 的时钟脉冲的个数,当 X1 经 t_0 后断开,而 T250 的当前值计数器尚未计数到设定值 K200 时,其计数的当前值保留。当 X1 再次接通,T250 从保留的当前值开始继续累积,经过 t_1 时间,当前值达到 K200 时,定时器的触点动作。累积的时间为 $t_0 + t_1 = 0.1 \times 200 = 20$s。当复位输入 X2 接通时,定时器才复位,当前值变为 0,触点也跟随复位。

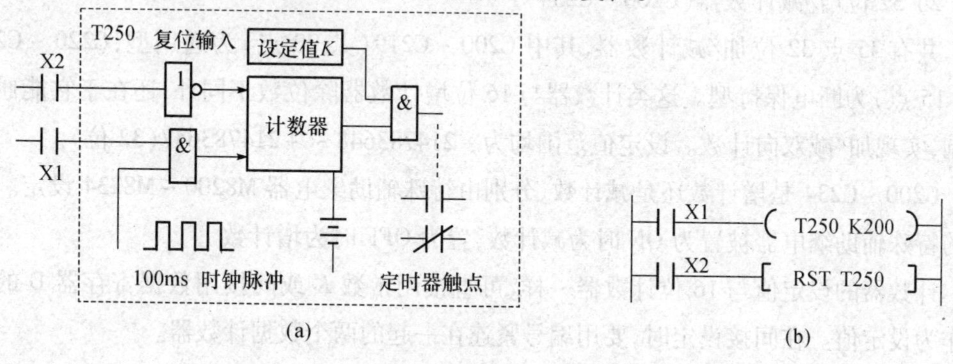

图 2-60　积算定时器工作原理

二、计数器(C)

FX_{2N}系列计数器分为内部计数器和高速计数器两类。

1. 内部计数器

内部计数器是在执行扫描操作时对内部信号(如 X、Y、M、S、T、C 等)进行计数。内部输入信号的接通和断开时间应比 PLC 的扫描周期稍长。

1）16 位增计数器（C0 ~ C199）

共 200 点，其中 C0 ~ C99 为通用型，C100 ~ C199 共 100 点为断电保持型（断电保持型即断电后能保持当前值，待通电后继续计数）。这类计数器为递加计数，应用前先对其设置一设定值，当输入信号（上升沿）个数累加到设定值时，计数器动作，其常开触点闭合，常闭触点断开。计数器的设定值为 1 ~ 32767（16 位二进制），设定值除了用常数 *K* 设定外，还可间接通过指定数据寄存器设定。

下面举例说明通用型 16 位增计数器的工作原理。如图 2－61 所示，X10 为复位信号，当 X10 为 ON 时 C0 被复位。X11 是计数输入，每当 X11 接通一次计数器当前值增加 1（注意 X10 断开，计数器不会复位）。当计数器计数当前值为设定值 5 时，计数器 C0 的输出触点动作，Y0 被接通。此后即使输入 X11 再接通，计数器的当前值也保持不变。当复位输入 X10 接通时，执行 RST 复位指令，计数器复位，输出触点也复位，Y0 被断开。

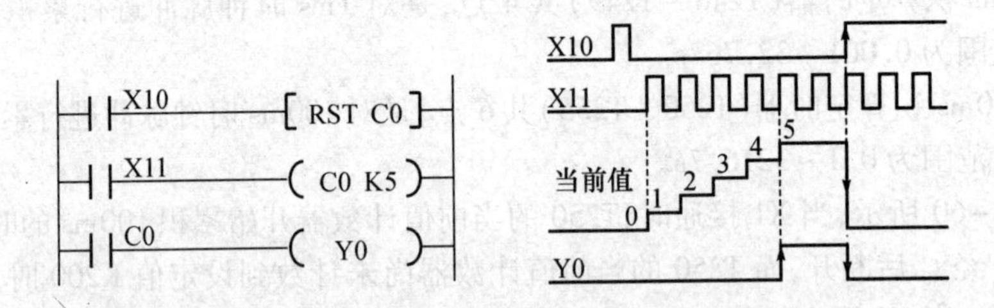

图 2－61　通用型 16 位增计数器梯形图和时序图

2）32 位增/减计数器（C200 ~ C234）

共有 35 点 32 位加/减计数器，其中 C200 ~ C219（共 20 点）为通用型，C220 ~ C234（共 15 点）为断电保持型。这类计数器与 16 位增计数器除位数不同外，还在于它能通过控制，实现加/减双向计数。设定值范围均为 －214783648 ~ ＋214783647（32 位）。

C200 ~ C234 是增计数还是减计数，分别由特殊辅助继电器 M8200 ~ M8234 设定。对应的特殊辅助继电器被置为 ON 时为减计数，置为 OFF 时为增计数。

计数器的设定值与 16 位计数器一样，可直接用常数 *K* 或间接用数据寄存器 D 的内容作为设定值。在间接设定时，要用编号紧连在一起的两个数据计数器。

2. 高速计数器（C235 ~ C255）

高速计数器与内部计数器相比除允许输入频率高之外，应用也更为灵活，高速计数器均有断电保持功能，通过参数设定也可变成非断电保持。FX_{2N} 有 C235 ~ C255 共 21 点高速计数器。适合用来作为高速计数器输入的 PLC 输入端口有 X0 ~ X7。X0 ~ X7 不能重复使用，即当某一个输入端已被某个高速计数器占用，它就不能再用于其他高速计数器，也不能用做它用。各高速计数器对应的输入端如表 2－2 所示。

表 2-2　高速计数器简表

计数器 ＼ 输入		X0	X1	X2	X3	X4	X5	X6	X7
单相单计数输入	C235	U/D							
	C236		U/D						
	C237			U/D					
	C238				U/D				
	C239					U/D			
	C240						U/D		
	C241	U/D	R						
	C242			U/D	R				
	C243				U/D	R			
	C244	U/D	R					S	
	C245			U/D	R				S
单相双计数输入	C246	U	D						
	C247	U	D	R					
	C248				U	D	R		
	C249	U	D	R				S	
	C250				U	D	R		S
双相	C251	A	B						
	C252	A	B	R					
	C253				A	B	R		
	C254	A	B	R				S	
	C255				A	B	R		S

注:U 为加计数输入,D 为减计数输入,B 为 B 相输入,A 为 A 相输入,R 为复位输入,S 为起动输入。X6、X7 只能用作起动信号,而不能用作高速计数信号

高速计数器可分为三类。

1）单相单计数输入高速计数器(C235 ~ C245)

其触点动作与 32 位增/减计数器相同,可进行增或减计数(取决于 M8235 ~ M8245 的状态)。

2）单相双计数输入高速计数器(C246 ~ C250)

这类高速计数器具有两个输入端,一个为增计数输入端,另一个为减计数输入端。利用 M8246 ~ M8250 的 ON/OFF 动作可监控 C246 ~ C250 的增计数/减计数动作。

3）双相高速计数器(C251 ~ C255)

A 相和 B 相信号决定计数器是增计数还是减计数。当 A 相为 ON 时,B 相由 OFF 到 ON,则为增计数;当 A 相为 ON 时,若 B 相由 ON 到 OFF,则为减计数。

注意:高速计数器的计数频率较高,其输入信号的频率受两方面的限制:一是全部高

速计数器的处理时间,因它们采用中断方式,所以计数器用的越少,则可计数频率就越高;二是输入端的响应速度,其中 X0、X2、X3 最高频率为 10kHz,X1、X4、X5 最高频率为 7kHz。

三、内部状态继电器(S)

内部状态继电器简称状态器,用来记录系统运行中的状态,是编制顺序控制程序的重要编程元件,它与后述的步进顺控指令 STL 配合应用。

如图 2-62 所示,我们用机械手动作简单介绍状态器 S 的作用。当起动信号 X0 有效时,机械手下降,到下降限位 X1 时,开始夹紧工件,夹紧到位信号 X2 为 ON 时,机械手上升,到上限 X3 则停止。整个过程可分为三步,每一步都用一个状态器 S20、S21、S22 记录。每个状态器都有各自的置位和复位信号(如 S21 由 X1 置位,X2 复位),并有各自要做的操作(驱动 Y0、Y1、Y2)。从起动开始由上至下随着状态动作的转移,下一状态动作,则前一状态自动复位。这样使每一步的工作互不干扰,不必考虑不能同步工作元件之间的互锁,使设计清晰简洁。状态器有五种类型:初始状态器 S0 ~ S9 共 10 点;回零状态器 S10 ~ S19 共 10 点;通用状态器 S20 ~ S499 共 480 点;具有状态断电保持的状态器有 S500 ~ S899,共 400 点;供报警用的状态器(可用作外部故障诊断输出)S900 ~ S999 共 100 点。

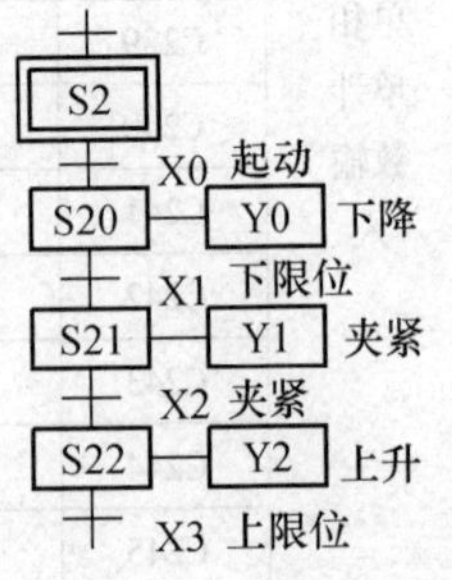

图 2-62 顺序功能图

使用状态器时应注意:

(1) 状态器与辅助继电器一样有无数的常开和常闭触点;

(2) 状态器不与步进顺控指令 STL 配合使用时,可作为辅助继电器使用;

(3) FX_{2N}系列 PLC 可通过程序设定将 S0 ~ S499 设置为有断电保持功能的状态器。

四、数据寄存器(D)

PLC 在进行输入输出处理、模拟量控制、位置控制时,需要许多数据寄存器存储数据和参数。数据寄存器为 16 位,最高位为符号位。可用两个数据寄存器来存储 32 位数据,最高位仍为符号位。数据寄存器有以下几种类型。

1. 通用数据寄存器(D0 ~ D199)

共 200 点,若 M8033 为 OFF,当 PLC 由 RUN →STOP 或停电时,数据全部清零。当 M8033 为 ON 时,D0 ~ D199 有断电保持功能。

2. 断电保持数据寄存器(D200 ~ D7999)

共 7800 点,其中 D200 ~ D511(共 312 点)有断电保持功能,除非改写,否则原有数据不会丢失。可以利用外部设备的参数设定,改变通用数据寄存器与有断电保持功能数据寄存器的分配;D490 ~ D509 供通信用;D512 ~ D7999 的断电保持功能不能用软件改变,但可用指令清除它们的内容。根据参数设定可以将 D1000 以上作为文件寄存器。

3. 特殊数据寄存器(D8000 ~ D8255)

共 256 点,特殊数据寄存器的作用是监控 PLC 的运行状态,如扫描时间、电池电压等。未加定义的特殊数据寄存器,用户不能使用。具体可参见用户手册。

4. 变址寄存器(V/Z)

FX_{2N}系列 PLC 有 V0 ~ V7 和 Z0 ~ Z7 共 16 个变址寄存器,它们都是 16 位的寄存器。变址寄存器 V/Z 实际上是一种特殊用途的数据寄存器,其作用相当于微机中的变址寄存器,用于改变元件的编号(变址),例如 V0 = 5,则执行 D20V0 时,被执行的编号为 D25(D20 + 5)。变址寄存器可以像其他数据寄存器一样进行读写,需要进行 32 位操作时,可将 V、Z 串联使用(Z 为低位,V 为高位)。

五、内部指针(P、I)

在 FX 系列中,指针用来指示分支指令的跳转目标和中断程序的入口标号,分为分支用指针、输入中断用指针、定时器中断用指针和计数器中断用指针。

1. 分支用指针(P0 ~ P127)

FX_{2N}有 P0 ~ P127 共 128 点分支用指针。分支用指针用来指示跳转指令(CJ)的跳转目标或子程序调用指令(CALL)调用子程序的入口地址。

如图 2 - 63 所示,当 X1 常开接通时,执行跳转指令 CJ P0,程序跳转到标号为 P0 的位置并向下执行。

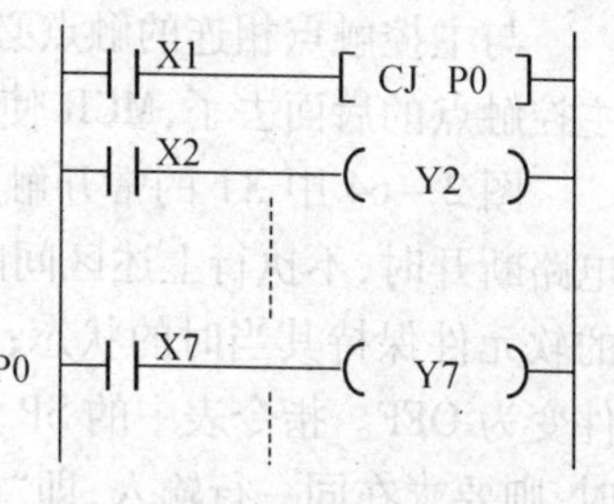

图 2 - 63 分支用指针

2. 中断指针(I0□□ ~ I8□□)

中断指针是用来指示某一中断程序的入口位置。执行中断后遇到 IRET(中断返回)指令,则返回主程序。中断用指针有以下三种类型。

1) 输入中断用指针(I00□ ~ I50□)

共 6 点,用来指示由特定输入端 X0 ~ X5 的输入信号,而产生中断的中断服务程序的入口位置,这类中断不受 PLC 扫描周期的影响,可以及时处理外界信息。输入中断用指针的编号格式如下:

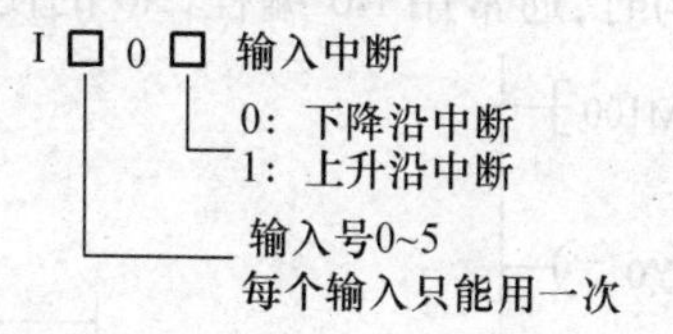

例如:I101 为当输入 X1 从 OFF→ON 变化时,执行以 I101 为标号后面的中断程序,并依据 IRET 指令返回。

2) 定时器中断用指针(I6□□ ~ I8□□)

共 3 点,用来指示周期定时中断的中断服务程序的入口位置,这类中断的作用是 PLC 以指定的周期定时执行中断服务程序,定时循环处理某些任务。处理的时间也不受 PLC 扫描周期的限制。□□表示定时范围,可在 10 ~ 99ms 中选取。具体意义如下:

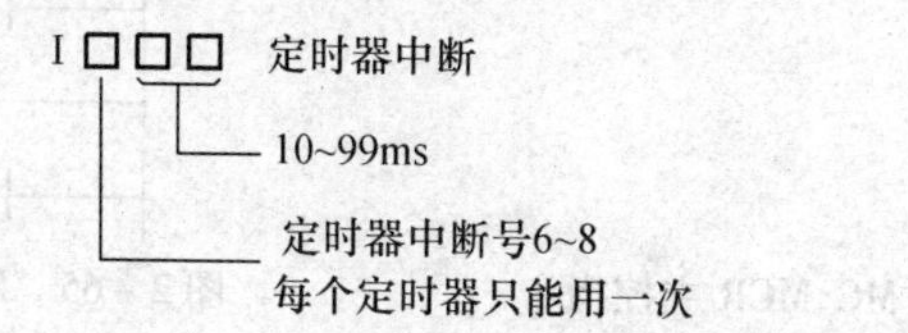

3）计数器中断用指针（I010～I060）

共6点，用在PLC内置的高速计数器中。根据高速计数器的计数当前值与计数设定值之关系确定是否执行中断服务程序，常用于利用高速计数器优先处理计数结果的场合。

任务二　基本指令系统的功能及应用

一、主控指令（MC、MCR）

MC（Master Control）主控指令，或称公共触点串联连接指令，用于表示主控区的开始。MC指令只能用于输出继电器Y和辅助继电器M（不包括特殊辅助继电器）。

MCR（Master Control Reset）主控MC指令的复位指令，用来表示主控区的结束。

在编程时，经常会遇到许多线圈同时受一个或一组触点控制的情况，如果在每个线圈的控制电路中都串入同样的触点，将占用很多存储单元，主控指令可以解决这一问题。使用主控指令的触点称为主控触点，它在梯形图中与一般的触点垂直。主控触点是控制一组电路的总开关。

与主控触点相连的触点必须用LD或LDI指令，换句话说，执行MC指令后，母线移到主控触点的后面去了，MCR使母线（LD或LDI点）又回到原来的位置。

图2－64中X1的常开触点接通时，执行从MC到MCR之间的指令，MC指令的输入电路断开时，不执行上述区间的指令，其中的积算定时器、计数器、用复位/置位指令驱动的软元件保持其当时的状态；其余的元件被复位，非积算定时器和用OUT指令驱动的元件变为OFF。指令表中的SP为手持式编程器的空格键。在使用有些编程软件键入指令时，则要求在同一行输入，即“MC　N0　M100”，又如输入时间继电器设定值等。

在MC指令区内再使用MC指令称为嵌套（见图2－65）。MC和MCR指令中包含嵌套的层数N0～N7，N0为最高层，最低层为N7，嵌套级数最多为8级，编号按N0→N1→N2→N3→N4→N5→N6→N7顺序增大，每级的返回用对应的MCR指令，从编号大的嵌套级开始复位。在没有嵌套结构时，通常用N0编程，N0的使用次数没有限制。

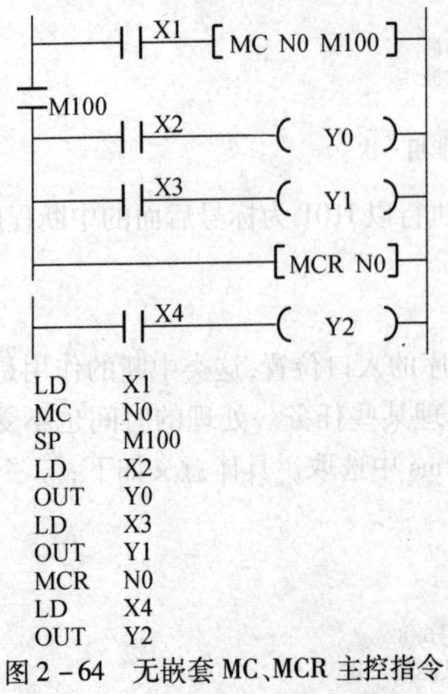

图2－64　无嵌套MC、MCR主控指令

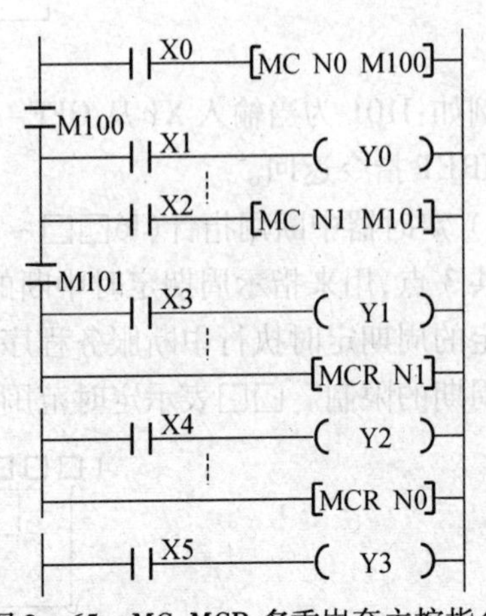

图2－65　MC、MCR多重嵌套主控指令

在有嵌套时，MCR 指令将同时复位低的嵌套层，例如指令“MCR　N2”将复位 2 ~ 7 层。

二、LDP、LDF，ANDP、ANDF，ORP 和 ORF 指令（边沿检测的触点指令）

LDP、ANDP 和 ORP 是用来作上升沿检测的触点指令，触点的中间有一个向上的箭头，对应的触点仅在指定位元件的上升沿（由 OFF 变为 ON）时接通一个扫描周期。

LDF、ANDF 和 ORF 是用来作下降沿检测的触点指令，触点的中间有一个向下的箭头，对应的触点仅在指定位元件的下降沿（由 ON 变为 OFF）时接通一个扫描周期。

上述指令可以用于 X、Y、M、T、C 和 S。在图 2 - 66 中，Y1 仅在 X0 与 X1 的上升沿（OFF 至 ON）时接通一个扫描周期，在 X3 的上升沿或 X4 的下降沿，M1 仅在一个扫描周期为 ON。

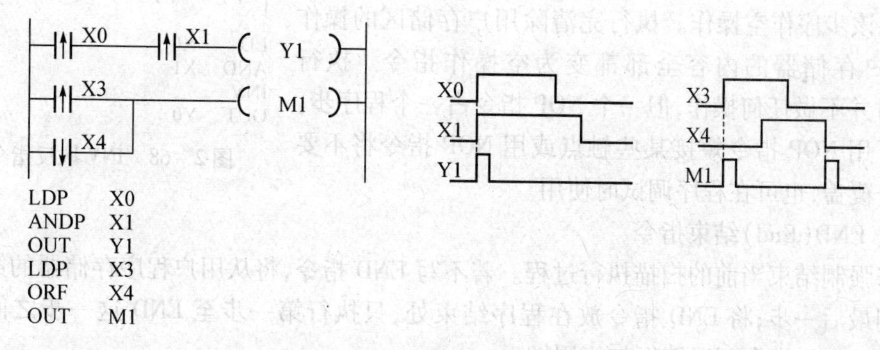

图 2 - 66　边沿检测触点指令

三、PLS 与 PLF 指令

PLS（Pulse）：上升沿微分输出指令。

PLF：下降沿微分输出指令。

PLS 和 PLF 指令只能用于输出继电器 Y 和辅助继电器 M（不包括特殊辅助继电器）。图 2 - 67 中，M0 仅在 X0 的常开触点由断开变为接通（即 X0 的上升沿）时的一个扫描周期内为 ON，M1 仅在 X1 的常开触点由接通变为断开（即 X1 的下降沿）时的一个扫描周期内为 ON。

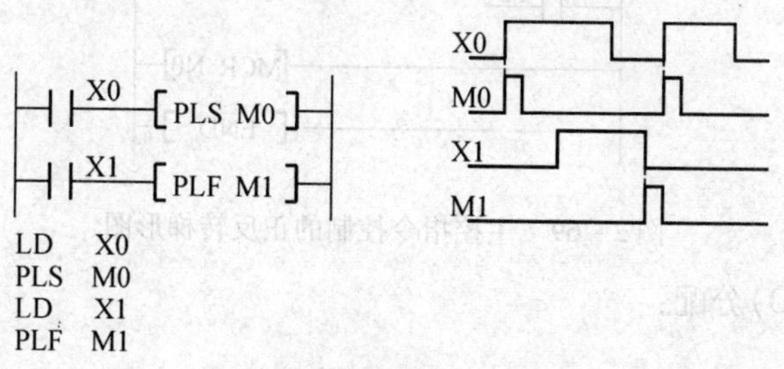

图 2 - 67　微分输出指令

当 PLC 从 RUN 到 STOP，然后又由 STOP 进入 RUN 状态时，其输入信号仍然为 ON，PLS　M0 指令将输出一个脉冲。然而，如果用电池后备（锁存）的辅助继电器代替 M0，其

PLS 指令在这种情况下不会输出脉冲。

四、逻辑取反、空操作与结束指令(INV、NOP、END)

1. INV(Inverse)取反指令

INV 指令在梯形图中用一条 45°的短斜线来表示,它将执行该指令之前的运算结果取反,运算结果如为 0 将它变为 1,运算结果为 1 则变为 0。在图 2-68 中,如果 X0 和 X1 同时为 ON,则 Y0 为 OFF;反之,如果 X0 或者 X1 断开,则 Y0 为 ON。INV 指令也可以用于 LDP、LDF、ANDP 等脉冲触点指令。使用时应注意 INV 不能像指令表的 LD、LDI、LDP、LDF 那样与母线连接,也不能像指令表中的 OR、ORI、ORP、ORF 指令那样单独使用。

用手持式编程器输入 INV 指令时,先按 NOP 键,再按 P/I 键。

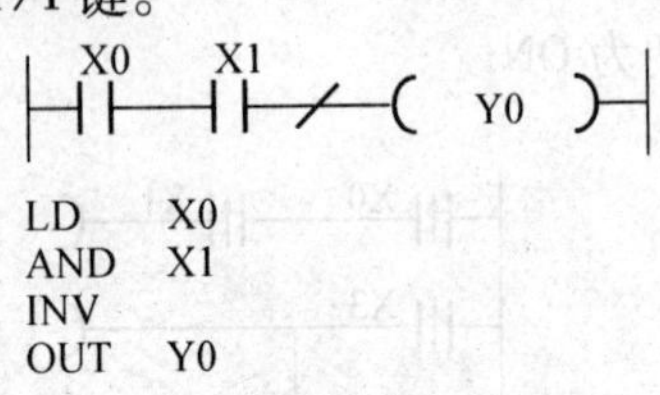

图 2-68 INV 取反指令

2. NOP(None processing)空操作指令

使该步序作空操作。执行完清除用户存储区的操作后,用户存储器的内容全部都变为空操作指令。执行 NOP 时并不做任何操作,但一个 NOP 指令占一个程序步。有时可用 NOP 指令短接某些触点或用 NOP 指令将不要的指令覆盖,也可在程序调试时使用。

3. END(End)结束指令

将强制结束当前的扫描执行过程。若不写 END 指令,将从用户程序存储器的第一步执行到最后一步;将 END 指令放在程序结束处,只执行第一步至 END 这一步之间的程序,使用 END 指令可以缩短扫描周期。

在调试程序时可以将 END 指令插在各段程序之后,从第一段开始分段调试,调试好以后必须删去程序中间的 END 指令,这种方法对程序的查错也很有用处。

例 2-10 主控指令控制的电动机正反转梯形图如图 2-69 所示。

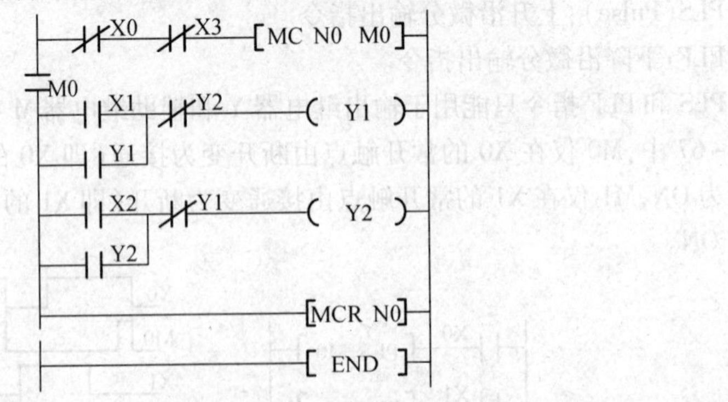

图 2-69 主控指令控制的正反转梯形图

输入、输出(I/O)分配:

正转起动:X1

反转起动:X2

停　　止:X0

热继电器:X3

正转运行:Y1

反转运行：Y2

例 2－11 二分频电路，如图 2－70 所示。第一个脉冲到来一个扫描周期后，M10 断开，Y0 接通，第二个支路使 Y0 保持接通。当第二个脉冲到来时，M10 再产生一个扫描周期的单脉冲，使得 Y0 的状态由接通变为断开。通过分析可知，X0 每送入两个脉冲，Y0 产生一个脉冲，完成对输入 X0 信号的二分频。

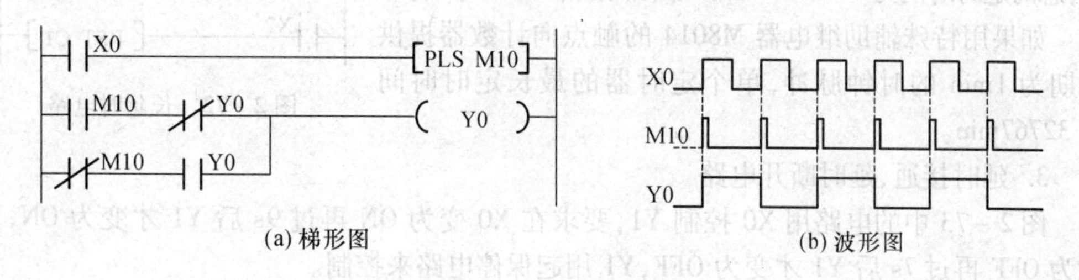

图 2－70 二分频电路

任务三 时序控制基本电路

一、延时控制电路

1. 定时器接力控制电路

图 2－71 是三台电动机顺序延时起动、同时停止电路。要求从 Y1 至 Y3 相隔 5s 起动，共同运行后由 X2 控制一同停止，如时序图所示。由于是三台电机联合起停，仅用一只起动按钮 X1 和一只停止按钮 X2 就够了，但延时功能需用两只定时器 T1、T2 接力控制。

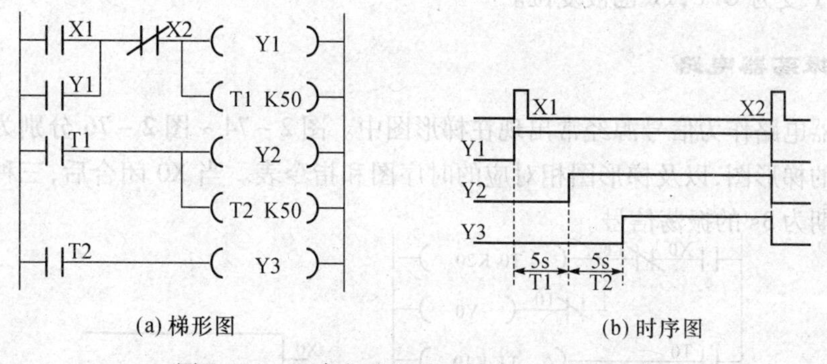

图 2－71 三台电动机延时起动同时停止电路

2. 定时器、计数器长延时电路

FX 系列的定时器的最长定时时间为 3276.7s，如果需要更长的定时时间，可使用图 2－72所示的电路。当 X1 为 OFF、X2 为 ON 时，T1 和 C1 处于复位状态，它们不能工作。当 X1 为 ON、X2 为 OFF 时，X1 常开触点接通，T1 开始定时，60s 后 100ms 定时器 T1 的定时时间到，其当前值等于设定值，它的常闭触点断开，使它自己复位，复位后 T1 的当前值变为 0，同时它的常闭触点接通，使它自己的线圈又重新“通电”，又开始定时。定时器 T1 的当前值等于设定值时，其常开触点接通一次，计数器 C1 累加一次。T1 将这样周而复始地工作，直到 X1 变为 OFF。从上面的分析可知，梯形图中最上面一行电路是一个脉冲信号发生器，脉冲周期等于 T1 的设定值。

产生的脉冲序列送给 C1 计数，计满 60 个数（即 1h）后，C1 的当前值等于设定位，它的常开触点闭合，控制 Y0 工作。设 T1 和 C1 的设定值分别为 K_T 和 K_C，对于 100ms 定时器，总的定时时间为 $T=0.1 \cdot K_T \cdot K_C(s)$，图中 $T=1$ 小时。

如果用特殊辅助继电器 M8014 的触点向计数器提供周期为 1min 的时钟脉冲，单个定时器的最长定时时间为 32767min。

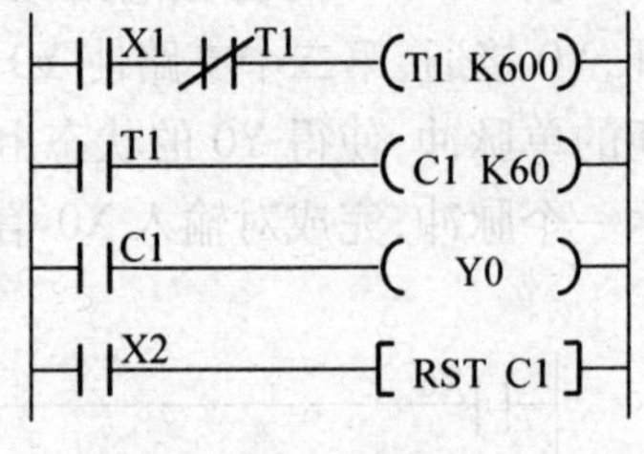

图 2－72　长延时电路

3. 延时接通、延时断开电路

图 2－73 中的电路用 X0 控制 Y1，要求在 X0 变为 ON 再过 9s 后 Y1 才变为 ON，X0 变为 OFF 再过 7s 后 Y1 才变为 OFF，Y1 用起保停电路来控制。

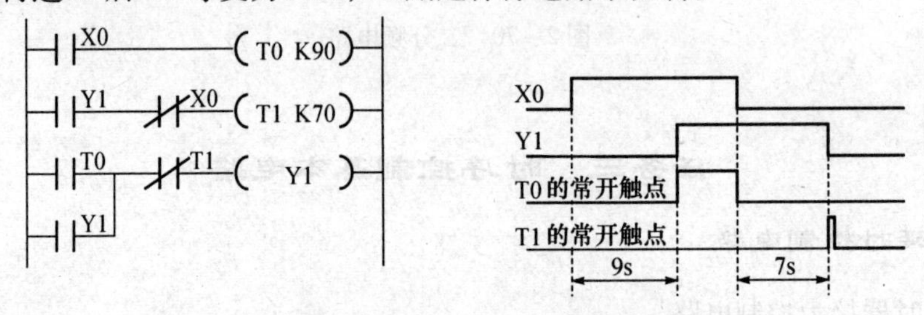

图 2－73　延时接通、延时断开电路

X0 的常开触点接通后，T0 开始定时，9s 后 T0 的常开触点接通，使 Y1 变为 ON。X0 为 ON 时其常闭触点断开，使 T1 复位，X0 变为 OFF 后 T1 开始定时，7s 后 T1 的常闭触点断开，使 Y1 变为 OFF，T1 也被复位。

二、振荡器电路

振荡器电路作为信号源经常出现在梯形图中。图 2－74～图 2－76 分别为三种不同控制方式的梯形图，以及梯形图相对应的时序图和指令表。当 X0 闭合后，三种振荡电路均产生周期为 3s 的振荡信号。

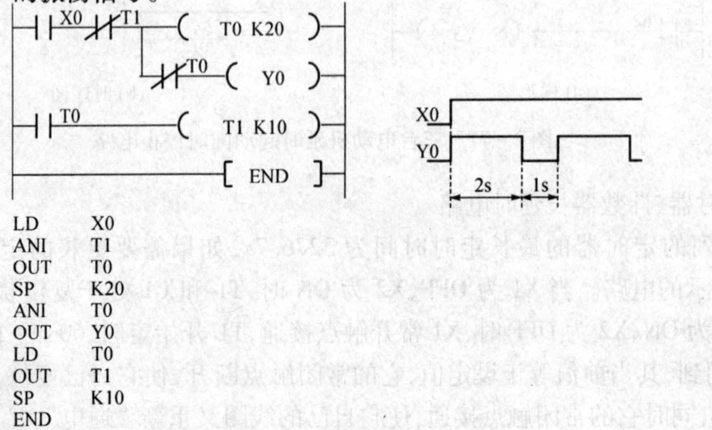


```
LD    X0
ANI   T1
OUT   T0
SP    K20
ANI   T0
OUT   Y0
LD    T0
OUT   T1
SP    K10
END
```

图 2－74　振荡电路一

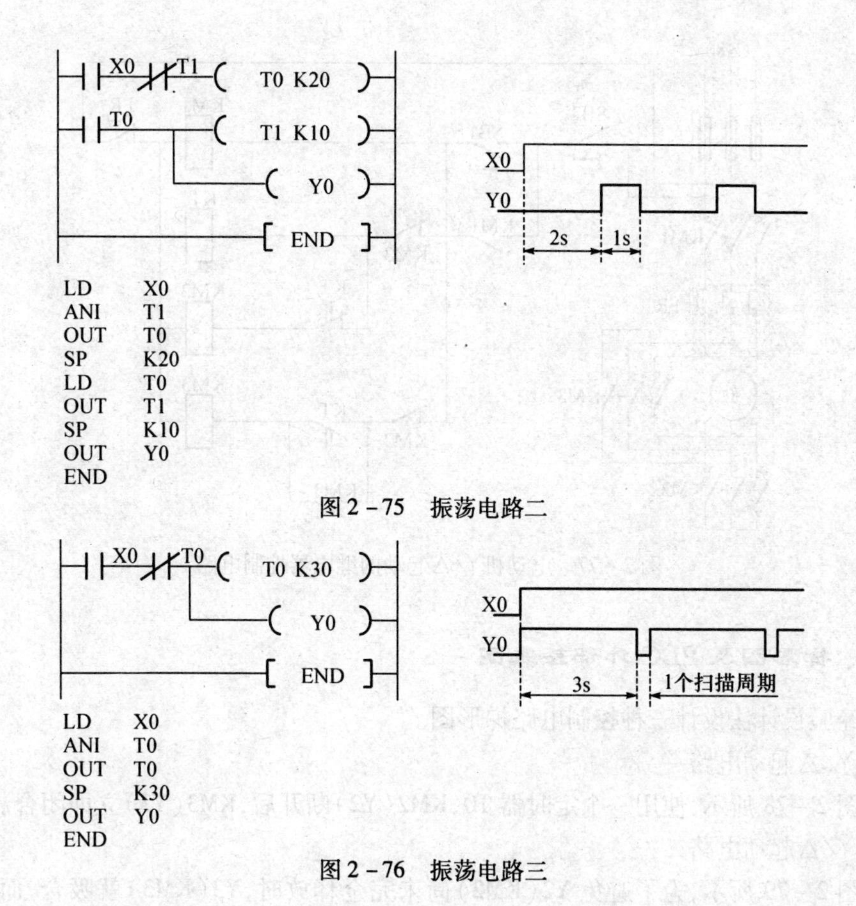

图 2－75　振荡电路二

图 2－76　振荡电路三

任务四　PLC 控制三相异步电动机Y/△起动

一、控制要求

当按下起动按钮 SB1 时，交流接触器 KM1 和 KM2 的线圈通电，电动机的定子绕组接成星形，开始起动。延时 8s 后，电动机的转速接近额定转速时，KM2 的线圈断开，KM3 的线圈通电，定子绕组改接为三角形。按下停止按钮 SB2 后电机停止运行。起动过程中，KM2 和 KM3 的主触点不能同时闭合，否则将造成电源短路事故。图 2－77 是三相异步电动机Y/△起动传统继电器控制电路。

二、PLC 输入、输出（I/O）分配

起动 SB1：X0
停止 SB2：X1
热继电器 FR：X2
接触器 KM1：Y1
接触器 KM2：Y2
接触器 KM3：Y3

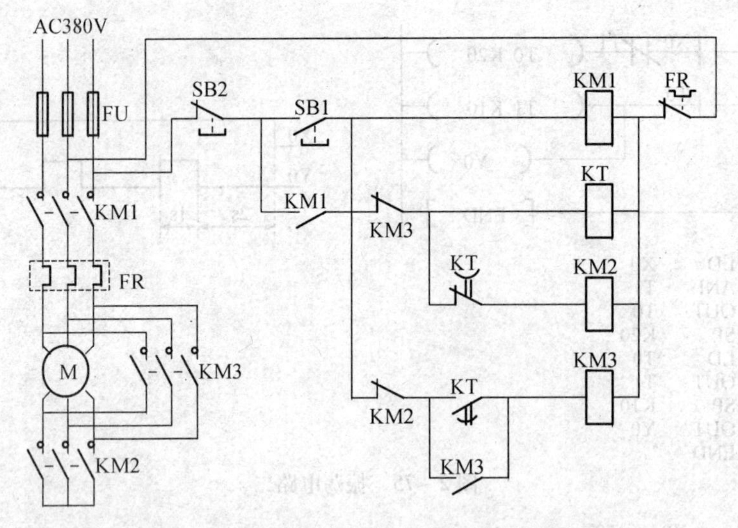

图 2-77　电动机Y/△起动的继电器控制电路

三、梯形图及 PLC 外部接线图

用经验设计法设计三种控制电路梯形图。

1. Y/△起动电路一

如图 2-78 所示，使用一个定时器 T0，KM2(Y2)断开后，KM3(Y3)立即闭合。

2. Y/△起动电路二

如图 2-79 所示，为了避免 Y2(KM2)尚未完全释放时，Y3(KM3)就吸合，而造成的电源短路故障，可在 KM2 释放后再经一级 T1 延时才使 KM3 吸合，然后电动机定子绕组接成三角形长期正常运行。

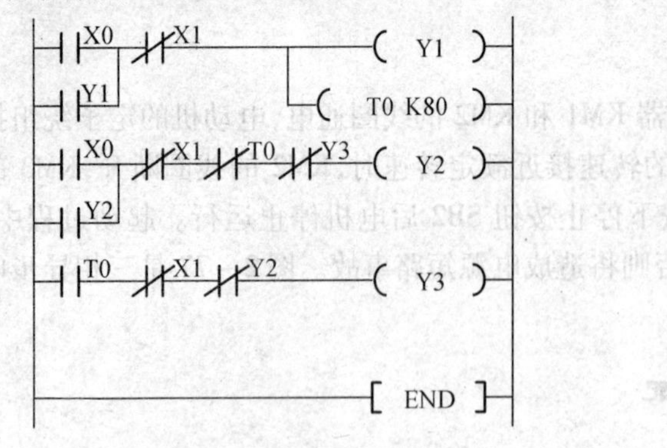

图 2-78　Y/△起动电路一

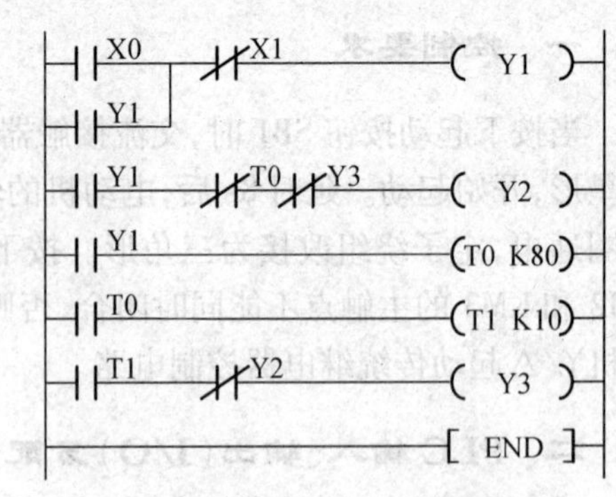

图 2-79　Y/△形起动电路二

3. Y/△起动电路方法一、二的 PLC 外部接线图

在 PLC 外部接线中，若使用具有手动复位功能的热继电器，其常闭触点既可以接在 PLC 的输入端，也可以接在 PLC 的输出回路；若使用具有自动复位功能的热继电器，其常开或常闭触点，只能接在 PLC 的输入端。如图 2-80 所示，使用具有手动复位功能的热继电器，其常闭触点接在 PLC 的输出回路，节省了 PLC 的输入端子。

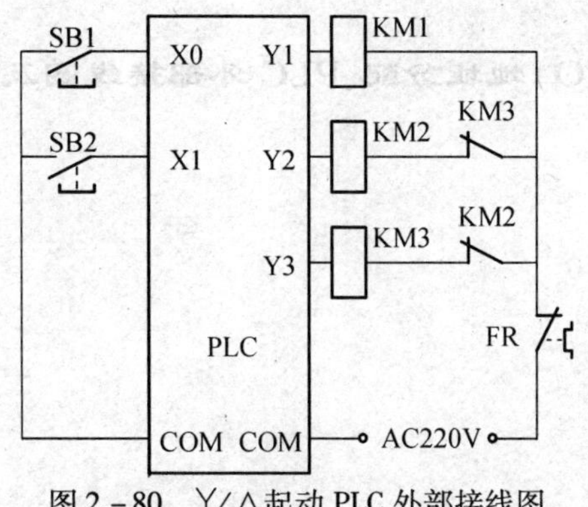

图 2-80 Y/△起动 PLC 外部接线图

4. Y/△起动电路三

如图 2-81 所示，使用主控 MC、MCR 指令设计梯形图。图 2-81(a)为 PLC 外部接线图，使用了具有自动复位功能的热继电器，其常开触点接入 PLC 的输入端；图 2-81(b)梯形图中的 X2 为热继电器触点。

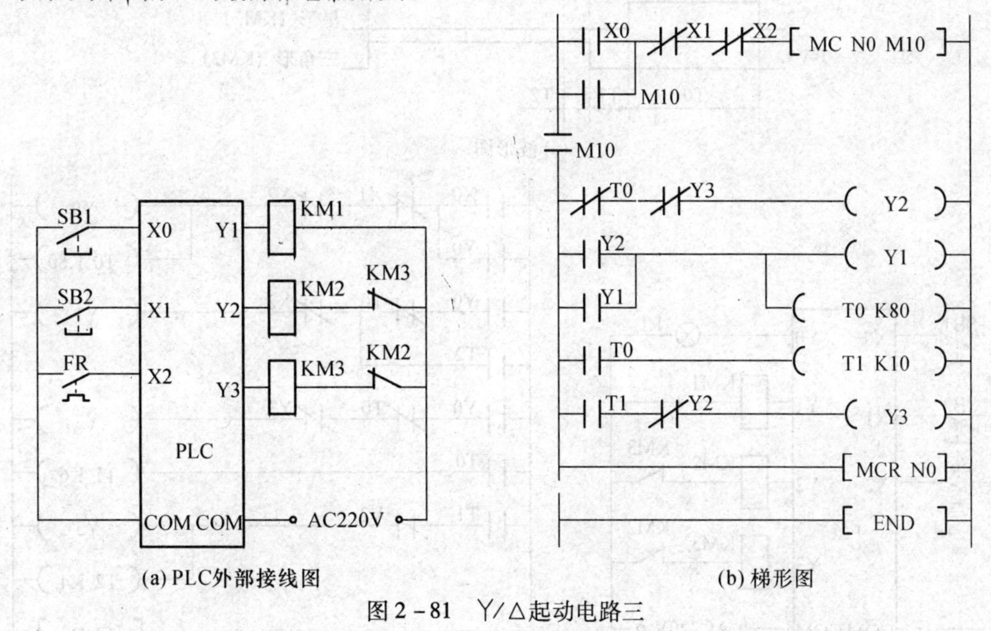

图 2-81 Y/△起动电路三

任务五 拓展训练

三相异步电动机Y/△起动三延时的 PLC 控制

一、任务分析及要求

继电器控制电路仍然如图 2-77 所示，控制时序图如图 2-82(a)所示。由时序图可以看出，在主电源断开的情况下，再进行星形/三角形换接，待定子绕组由 KM3 接成三角形后，主电源才后接通，可靠避免了 KM2 还未完全断开时 KM3 带电吸合而造成的电源短路故障。Y0 输出作为电机起动和运行指示。

二、输入/输出(I/O)地址分配、PLC外部接线图及梯形图的设计

起动 SB1:X0
停止 SB2:X1
热继电器 FR: X2
运行指示 HL:Y0
电源引入 KM1: Y1
星形起动 KM2: Y2
三角运行 KM3: Y3

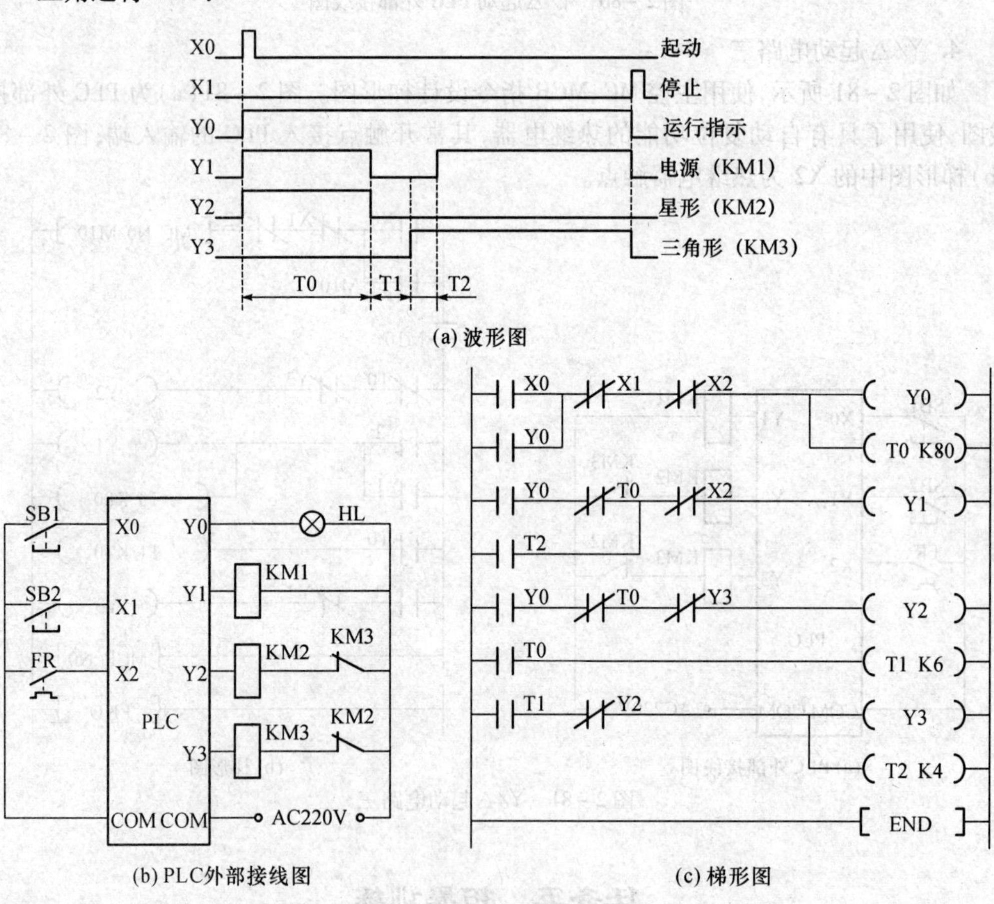

(a) 波形图

(b) PLC外部接线图

(c) 梯形图

图 2-82 Y/△起动改进电路

任务六 知识链接

一、FX系列PLC的型号及性能指标

FX系列PLC是三菱公司近年来推出的高性能小型可编程控制器,以逐步替代三菱公司原F、F_1、F_2系列PLC产品。其中FX_2是1991年推出的产品,FX_0是在FX_2之后推出的超小型PLC,近几年来又连续推出了将众多功能凝集在超小型机壳内的FX_{0S}、FX_{1S}、FX_{0N}、

FX_{1N}、FX_{2N}、FX_{2NC}等系列 PLC，具有较高的性能价格比，应用更广泛，它们采用整体式和模块式相结合的叠装式结构。

（一）FX 系列 PLC 型号的说明

FX 系列 PLC 型号的含义如下：

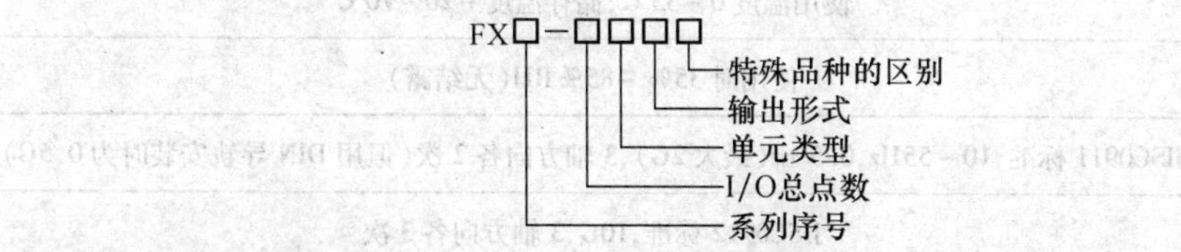

各组成部分含义如下：

系列序号：如 0、2、0S、1S、0N、1N、2N、2NC 等。

单元类型：M——基本单元；

E——输入输出混合扩展单元；

EX——扩展输入模块；

EY——扩展输出模块。

输出方式：R——继电器输出；

S——晶闸管输出；

T——晶体管输出。

特殊品种：D——DC 电源，DC 输入；

A1——AC 电源，AC 输入；

H——大电流输出扩展模块（1A/1 点）；

V——立式端子排的扩展模块；

C——接插口输入输出方式；

F——输入滤波时间常数为 1ms 的扩展模块。

如果特殊品种一项无符号，为交流电源、直流输入、横式端子排；继电器输出，2A/1 点；晶体管输出，0.5A/1 点；晶闸管输出，0.3A/1 点。

例如 FX_{1N} -40MR 表示 FX_{1N}系列，使用交流电源、直流输入、横式端子排。40 个 I/O 点，单元类型：基本单元；输出方式：继电器输出。

（二）FX 系列 PLC 的性能指标

在使用 FX 系列 PLC 之前，需对其主要性能指标进行认真查阅，只有选择了符合要求的产品，才能达到既可靠又经济的要求。

1. FX 系列 PLC 性能比较

尽管 FX 系列中 FX_{0S}、FX_{1S}、FX_{1N}、FX_{2N}等在外形尺寸上相差不多，但在性能上有较大的差别，其中 FX_{2N}和 FX_{2NC}子系列，在 FX 系列 PLC 中功能最强、性能最好。FX 系列 PLC 主要产品的性能比较如表 2-3 所示。

表 2-3 FX 系列 PLC 主要产品的性能比较

型号	I/O 点数	基本指令执行时间	功能指令	模拟量模块	通信
FX_{0S}	10~30	1.6~3.6μs	50	无	无
FX_{0N}	24~128	1.6~3.6μs	55	有	较强
FX_{1N}	14~128	0.55~0.7μs	177	有	较强
FX_{2N}	16~256	0.08μs	298	有	强

2. FX 系列 PLC 的环境指标

FX 系列 PLC 的环境指标要求如表 2－4 所示。

表 2－4　FX 系列 PLC 的环境指标

环境温度	使用温度 0～55℃，储存温度－20～70℃
环境湿度	使用时 35%～85% RH（无结露）
防震性能	JISC0911 标准，10～55Hz，0.5 mm（最大 2G），3 轴方向各 2 次（但用 DIN 导轨安装时为 0.5G）
抗冲击性能	JISC0912 标准，10G，3 轴方向各 3 次
抗噪声能力	用噪声模拟器产生电压为 1000V（峰－峰值）、脉宽 1μs、30～100Hz 的噪声
绝缘耐压	AC1500V，1min（接地端与其他端子间）
绝缘电阻	5MΩ 以上（DC500V 兆欧表测量，接地端与其他端子间）
接地电阻	第三种接地，如接地有困难，可以不接
使用环境	无腐蚀性气体，无尘埃

3. FX 系列 PLC 的输入技术指标

FX 系列 PLC 对输入信号的技术要求如表 2－5 所示。

表 2－5　FX 系列 PLC 的输入技术指标

项目 \ 输入端	X0～X3（FX_{0S}）	X4～X17（FX_{0S}） X0～X7（$FX_{0N、1S、1N、2N}$）	X10～X17（$FX_{0N、1S、1N、2N}$）	X0～X3（FX_{0S}）	X4～X17（FX_{0S}）
输入电压	DC24V（±10%）			DC12V（±10%）	
输入电流	8.5mA	7mA	5mA	9mA	10mA
输入阻抗	2.7kΩ	3.3 kΩ	4.3 kΩ	1 kΩ	1.2 kΩ
输入 ON 电流	4.5mA 以上	4.5mA 以上	3.5mA 以上	4.5mA 以上	4.5mA 以上
输入 OFF 电流	1.5mA 以下	1.5mA 以下	1.5mA 以下	1.5mA 以下	1.5mA 以下
输入响应时间	约 10ms，其中：FX_{0S}、FX_{1N} 的 X0～X17 和 FX_{0N} 的 X0～X7 为 0～15ms 可变，FX_{2N} 的 X0～X17 为 0～60ms 可变				
输入信号形式	无电压触点，或 NPN 集电极开路晶体管				
电路隔离	光电耦合器隔离				
输入状态显示	输入 ON 时 LED 灯亮				

4. FX 系列 PLC 的输出技术指标

FX 系列 PLC 对输出信号的技术要求如表 2－6 所示。

表 2-6　FX 系列 PLC 的输出技术指标

项目	继电器输入	晶闸管输出	晶体管输出
外部电源	AC250V 或 DC30V 以下	AC85～240V	DC5V～30V
最大电阻负载	2A/1 点、8A/4 点、8A/8 点	0.3A/点、0.8A/4 点 (1A/1 点 2A/4 点)	0.5A/1 点、0.8A/4 点 (0.1A/1 点、0.4A/4 点) (1A/1 点、2A/4 点) (0.3A/1 点、1.6A/16 点)
最大感性负载	80VA	15VA/AC100V、 30VA/AC200V	12W/DC24V
最大灯负载	100W	30W	1.5W/DC24V
开路漏电流	—	1mA/AC100V 2mA/AC200V	0.1mA 以下
响应时间	约 10ms	ON:1ms,OFF:10ms	ON: <0.2ms、OFF: <0.2ms 大电流 OFF 为 0.4ms 以下
电路隔离	继电器隔离	光电晶闸管隔离	光电耦合器隔离
输出动作显示	输出 ON 时 LED 亮		

二、基本指令小结

FX_{2N}系列 PLC 基本逻辑指令 27 条及其简单说明见表 2-7。

表 2-7　基本逻辑指令

名　称	助记符	目 标 元 件	说 明
取指令	LD	X、Y、M、S、T、C	常开接点逻辑运算起始
取反指令	LDI	X、Y、M、S、T、C	常闭接点逻辑运算起始
线圈驱动指令	OUT	Y、M、S、T、C	驱动线圈的输出
与指令	AND	X、Y、M、S、T、C	单个常开接点的串联
与非指令	ANI	X、Y、M、S、T、C	单个常闭接点的串联
或指令	OR	X、Y、M、S、T、C	单个常开接点的并联
或非指令	ORI	X、Y、M、S、T、C	单个常闭接点的并联
或块指令	ORB	无	串联电路块的并联连接
与块指令	ANB	无	并联电路块的串联连接
进栈、读栈和出栈指令	MPS、MRD、MPP	无	
主控指令	MC	Y、M	公共串联接点的连接
主控复位指令	MCR	Y、M	MC 的复位
置位指令	SET	Y、M、S	使动作保持
复位指令	RST	Y、M、S、D、V、Z、T、C	使操作保持复位

（续）

名　称	助记符	目 标 元 件	说 明
上升沿检测的触点指令	LDP、ANDP、ORP	X、Y、M、T、C、S	对应的触点仅在指定位元件的上升沿时接通一个扫描周期
下降沿检测的触点指令	LDF、ANDF、ORF	X、Y、M、T、C、S	对应的触点仅在指定位元件的下降沿时接通一个扫描周期
上升沿微分输出指令	PLS	Y、M	输入信号上升沿产生脉冲输出
下降沿微分输出指令	PLF	Y、M	输入信号下降沿产生脉冲输出
取反指令	INV	无	将执行该指令之前的运算结果取反
空操作指令	NOP	无	使步序作空操作
程序结束指令	END	无	程序结束

三、FX 系列 PLC 的编程元件及编号汇总表

在 FX 系列中，几种常用型号 PLC 的编程元件及编号如表 2－8 所示。FX 系列 PLC 编程元件的编号由字母和数字组成，其中输入继电器和输出继电器用八进制数字编号，其他均采用十进制数字编号。

表 2－8　FX 系列 PLC 的内部软继电器及编号

元件 \ PLC 型号		FX_{0S}	FX_{1S}	FX_{0N}	FX_{1N}	FX_{2N}（FX_{2NC}）
输入继电器 X		X0 ~ X17	X0 ~ X17	X0 ~ X43	X0 ~ X43	X0 ~ X77
输出继电器 Y		Y0 ~ Y15	Y0 ~ Y15	Y0 ~ Y27	Y0 ~ Y27	Y0 ~ Y77
辅助继电器 M	通用	M0 ~ M495	M0 ~ M383	M0 ~ M383	M0 ~ M383	M0 ~ M499
	保持	M496 ~ M511	M384 ~ M511	M384 ~ M511	M384 ~ M1535	M500 ~ M3071
	特殊	M8000 ~ M8255（具体见使用手册）				
状态寄存器 S	初始化	S0 ~ S9	S0 ~ S9	S0 ~ S9	S0 ~ S9	S0 ~ S9
	回原点	—	—	—	—	S10 ~ S19
	通用	S10 ~ S63	S10 ~ S127	S10 ~ S127	S10 ~ S999	S20 ~ S499
	保持	—	S0 ~ S127	S0 ~ S127	S0 ~ S999	S500 ~ S899
	报警	—	—	—	—	S900 ~ S999
定时器 T	100ms	T0 ~ T49	T0 ~ T62	T0 ~ T62	T0 ~ T199	T0 ~ T199
	10ms	T24 ~ T49	T32 ~ T62	T32 ~ T62	T200 ~ T245	T200 ~ T245
	1ms	—	—	T63	—	—
	1ms 累积	—	T63	—	T246 ~ T249	T246 ~ T249
	100ms 累积	—	—	—	T250 ~ T255	T250 ~ T255

（续）

元件 \ PLC 型号		FX_{0S}	FX_{1S}	FX_{0N}	FX_{1N}	FX_{2N}（FX_{2NC}）
计数器 C	16 位增（通用）	C0 ~ C13	C0 ~ C15	C0 ~ C15	C0 ~ C15	C0 ~ C99
	16 位增（保持）	C14、C15	C16 ~ C31	C16 ~ C31	C16 ~ C199	C100 ~ C199
	32 位可逆（通用）	—	—	—	C200 ~ C219	C200 ~ C219
	32 位可逆（保持）	—	—	—	C220 ~ C234	C220 ~ C234
	高速	C235 ~ C255（具体见使用手册）				
数据寄存器 D	16 位通用	D0 ~ D29	D0 ~ D127	D0 ~ D127	D0 ~ D127	D0 ~ D199
	16 位保持	D30、D31	D128 ~ D255	D128 ~ D255	D128 ~ D7999	D200 ~ D7999
	16 位特殊	D8000 ~ D8069	D8000 ~ D8255	D8000 ~ D8255	D8000 ~ D8255	D8000 ~ D8195
	16 位变址	V Z	V0 ~ V7 Z0 ~ Z7	V Z	V0 ~ V7 Z0 ~ Z7	V0 ~ V7 Z0 ~ Z7
指针 P、I	嵌套	N0 ~ N7	N0 ~ N7	N0 ~ N7	N0 ~ N7	N0 ~ N7
	跳转	P0 ~ P63	P0 ~ P63	P0 ~ P63	P0 ~ P127	P0 ~ P127
	定时中断	—	—	—	—	I6 * * ~ I8 * *
	计数中断	—	—	—	—	I010 ~ I060
常数 K、H	16 位	K：-32768 ~ 32767 H：0 ~ FFFFH				
	32 位	K：-2147483648 ~ 2147483647 H：0 ~ FFFFFFFF				

思考与练习

1. FX_{2N}-48MR 是基本单元还是扩展单元？有多少个输入点、多少个输出点？输出是什么类型？

2. 填空

（1）定时器的线圈____时开始定时，定时时间到时其常开触点____，常闭触点____。

（2）通用定时器的____时被复位，复位后其常开触点____，常闭触点____，当前值为____。

（3）计数器的复位输入电路____、计数输入电路________，当前值____设定值时，计数器的当前值加 1。计数当前值等于设定值时，其常开触点____，常闭触点____。再来计数脉冲时当前值____。复位输入电路____时，计数器被复位，复位后其常开触点____，常闭触点____，当前值为____。

3. 写出图 2-83 所示梯形图的指令表程序。

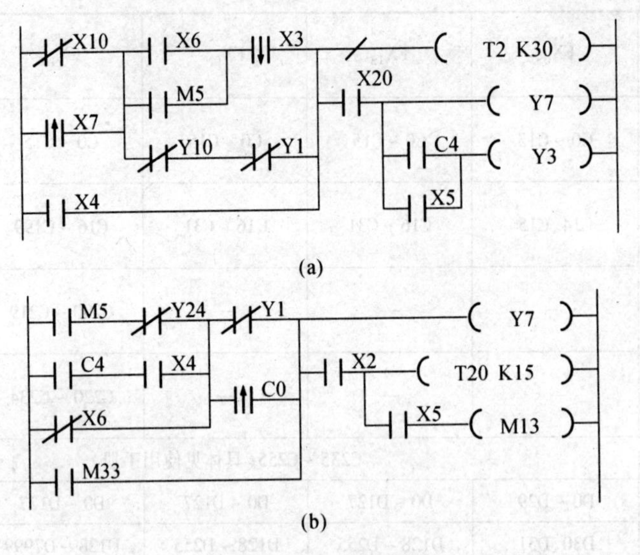

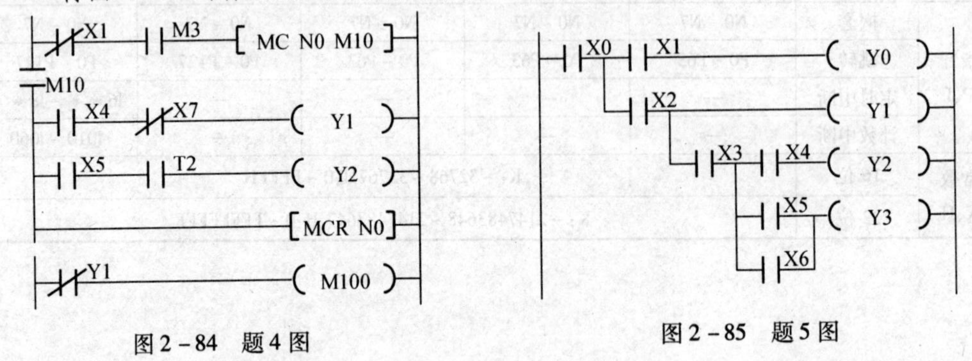

图 2-83　题 3 图

4. 写出图 2-84 所示梯形图对应的指令表程序。

5. 将图 2-85 的梯形图改画成用主控指令编程的梯形图。

图 2-84　题 4 图

图 2-85　题 5 图

6. 指出图 2-86 中的错误。

7. 用经验法设计满足图 2-87 所示波形的梯形图。

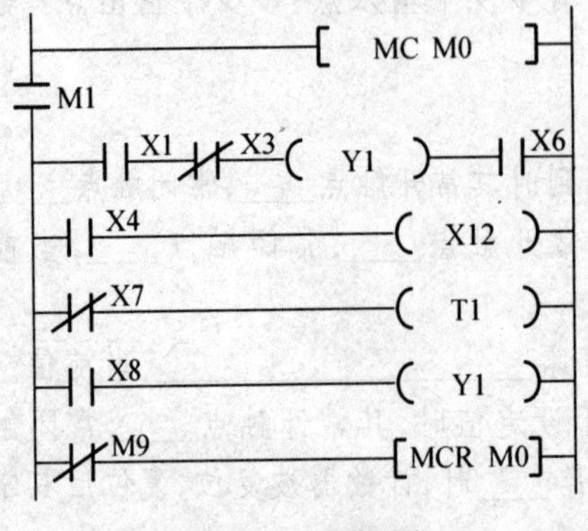

图 2-86　题 6 图

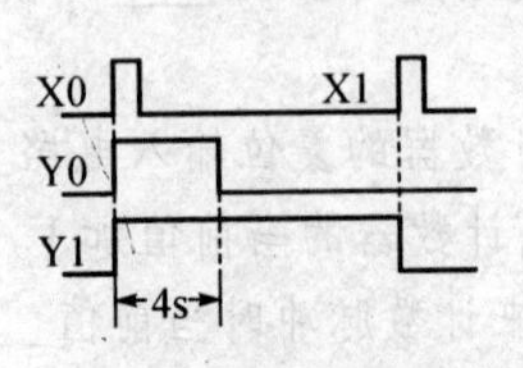

图 2-87　题 7 图

8. 用时序控制电路设计图2-88要求的输入输出关系的梯形图。

9. 某锅炉的引风机和鼓风机系统，要求鼓风机Y2比引风机Y1延迟5s起动，引风机Y1比鼓风机Y2延迟10s停止，波形图如图2-89所示。X1、X2分别为系统起动、停止按钮，用时序控制电路设计出PLC控制的梯形图。

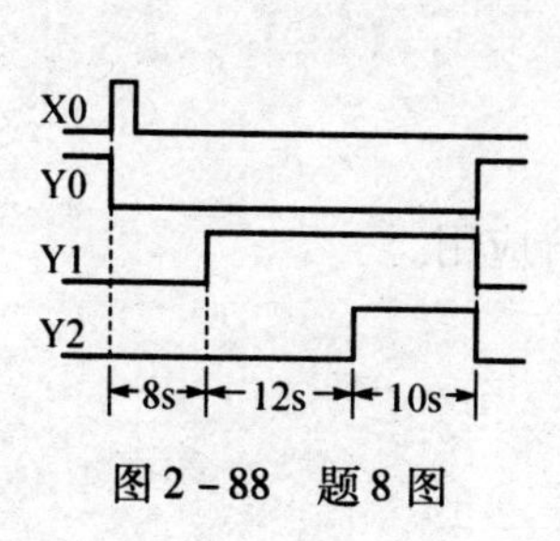

图2-88 题8图

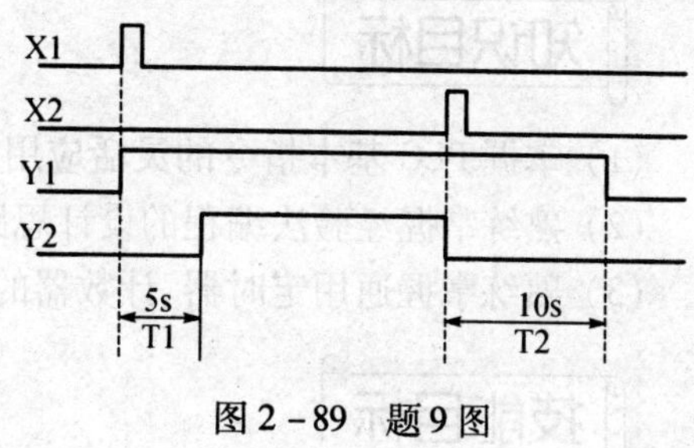

图2-89 题9图

项目4 综合实例及洗衣机的PLC时序控制

知识目标

(1) 掌握PLC基本指令的灵活应用。

(2) 熟练掌握经验法编程的设计思路、技巧及综合应用。

(3) 熟练掌握通用定时器、计数器的综合应用。

技能目标

(1) 掌握编程软件的各种功能操作。

(2) 掌握交通信号灯、洗衣机的系统安装接线、编程及调试。

(3) 掌握各种机床电气主电路、PLC外围硬件电路的接线、PLC的编程及调试。

任务一 变频闪光电路

一、任务分析及要求

应用主控指令与振荡器配合,根据主控指令的执行特点和使用方法,编制不同振荡频率的闪光程序。控制要求:前一程序段A为每2s一次闪光输出,而后一程序段B为每4s一次闪光输出。要求X0导通时执行A程序段,否则执行B程序段。

二、PLC的I/O地址分配及梯形图的设计

X0作为输入控制信号,Y1输出信号1,Y2输出信号2。控制梯形图如图2-90所示。

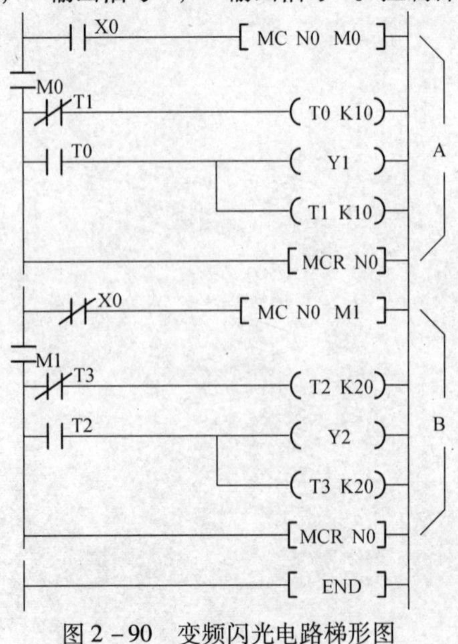

图2-90 变频闪光电路梯形图

任务二　三相异步电动机延时正反转

一、电动机基本延时正反转

（一）任务分析及要求

PLC 采用的是周期性循环扫描的工作方式，在一个扫描周期中，其输出刷新是集中进行的，即输出 Y1、Y2 控制的交流接触器的状态变换是同时进行的，对于电动机容量较大且为电感性负载，在电动机正反转换接时，有可能在正转或反转触点断开，电弧尚未熄灭时，反转或正转的触点已闭合，极易造成相间短路。

用 PLC 控制的电动机延时正反转，则可避免这些问题。如图 2－91 所示，增加两个定时器，只是在正反向切换时起延时作用，使被切断的接触器瞬时动作，被接通的接触器延时一段时间才动作，避免了两个接触器同时切换造成的电源相间短路。

（二）PLC 的 I/O 地址分配及梯形图的设计

正转起动：X1
反转起动：X2
停　　止：X3
正转输出：Y1
反转输出：Y2

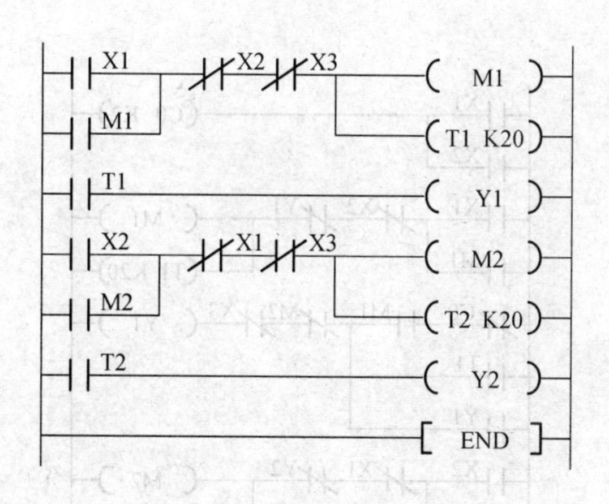

图 2－91　基本延时正反转梯形图

二、具有系统起停控制功能的延时正反转

下面的梯形图程序中，X1、X2 分别为系统的起动、停止按钮，通过辅助继电器 M1，使该电机同时受总系统的控制；X3、X4 分别为电机正、反转起动按钮，Y1、Y2 输出分别控制正、反转交流接触器。控制梯形图如图 2－92 所示。

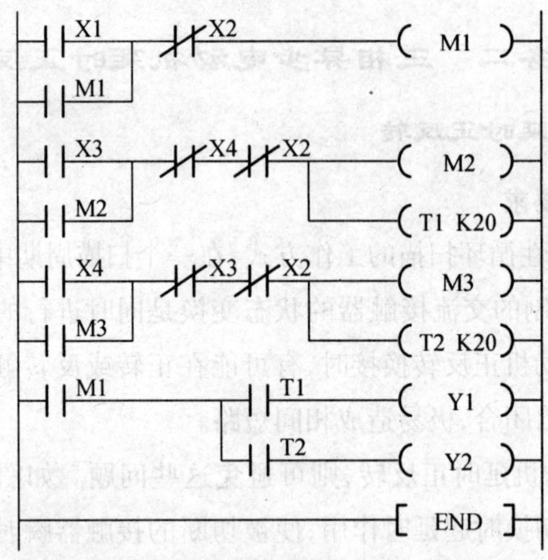

图 2-92　系统起停控制的延时正反转梯形图

三、初次起动无延时的电动机延时正反转

(一) 任务分析及要求

上面的两个程序解决了正反向切换时可能出现的电源相间短路问题,但也存在以下问题:电机初次起动时,不论按下正向起动还是反向起动按钮,电动机都不能马上起动运行,需经过一段延时才能起动。解决的办法是在程序中增加一个计数器。

(二) PLC 的 I/O 地址分配及梯形图的设计(如图 2-93 所示)

正转起动:X1

反转起动:X2

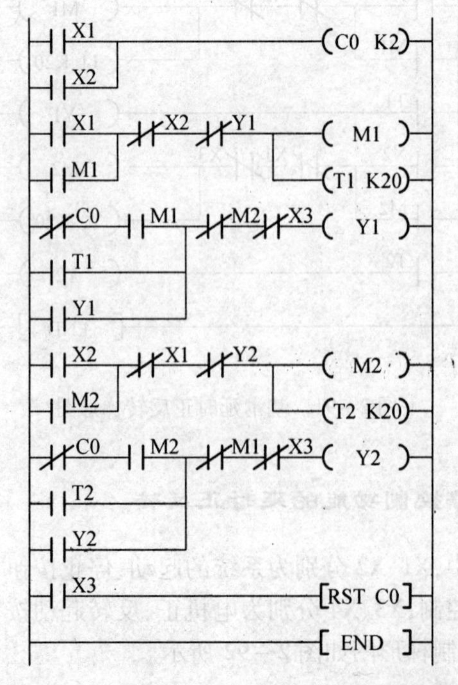

图 2-93　初次起动无延时的电机延时正反转梯形图

停　　止：X3
正转输出：Y1
反转输出：Y2

任务三　三台电动机顺序延时起动、逆序延时停止的 PLC 控制

一、任务分析及要求

电动机 M1 起动 5s 后电动机 M2 起动，电动机 M2 起动 5s 后电动机 M3 起动；按下停止按钮时，三台电动机间隔 3s 逆序停止运行，故障时按下急停按钮，三台电动机同时停止。接触器 KM1 ~ KM3 分别控制电机 M1 ~ M3。

二、PLC 的 I/O 地址分配、外部接线图及梯形图的设计

起动 SB1：X0
停止 SB2：X1
急停 SB3：X2
接触器 KM1：Y1
接触器 KM2：Y2
接触器 KM3：Y3

PLC 外部接线图及梯形图如图 2 - 94 所示，图中 FR1 ~ FR3 为三台电机热继电器常闭触点，串联后控制输出回路，节省了 PLC 的输入端子。

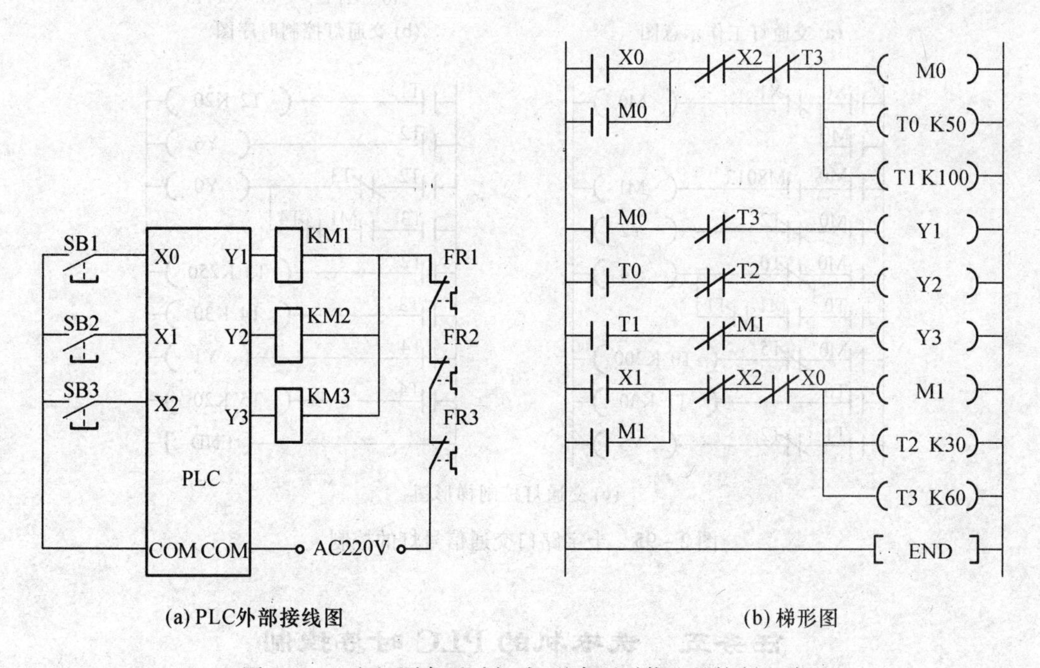

(a) PLC外部接线图　　(b) 梯形图

图 2 - 94　电机顺序延时起动、逆序延时停止的控制电路

任务四　十字路口交通信号灯的控制

一、任务分析及要求

图 2－95(a)是十字路口交通信号灯工作示意图。在十字路口的东、西、南、北方向装有红、黄、绿交通灯 12 盏，东西、南北方向分别将相同颜色的交通灯两两并联。这样，PLC 只需要 6 路输出。要求它们按照图 2－95(b)所示的时序图轮流点亮。

二、PLC 的 I/O 地址分配及梯形图的设计

X0、X1 分别为系统的起动、停止按钮。Y2、Y1、Y0 分别驱动南、北方向的红、黄、绿交通灯。Y6、Y5、Y4 分别驱动东、西方向的红、黄、绿交通灯。控制梯形图如图 2－95(c)所示。

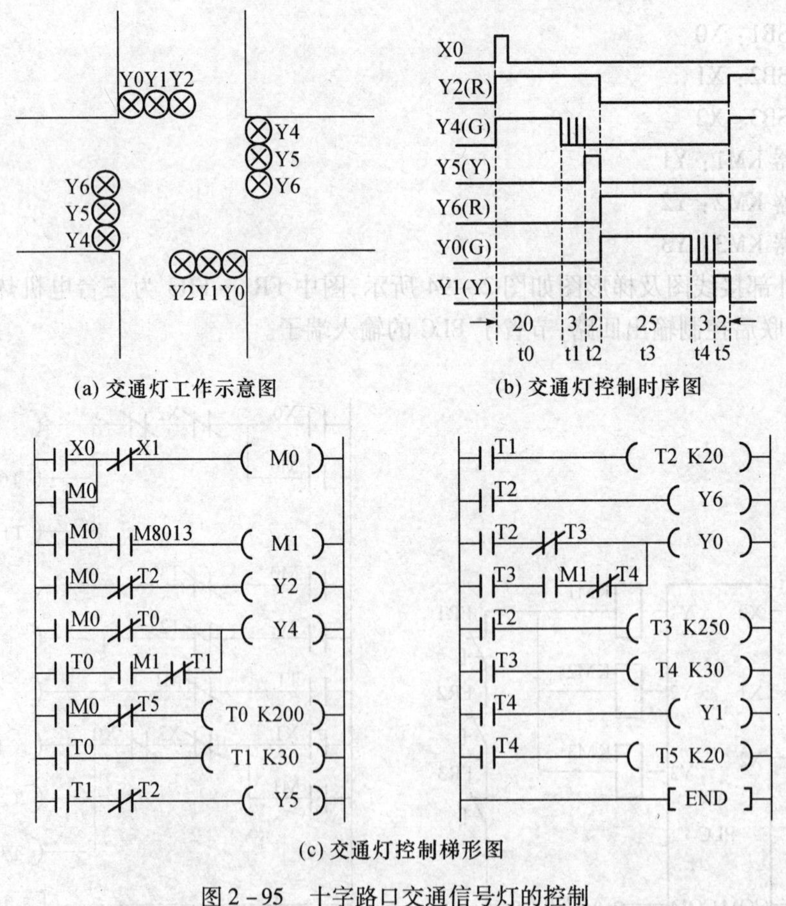

(a) 交通灯工作示意图　　(b) 交通灯控制时序图

(c) 交通灯控制梯形图

图 2－95　十字路口交通信号灯的控制

任务五　洗衣机的 PLC 时序控制

一、任务分析及要求

设计一个用 PLC 的基本指令来控制洗衣机循环正反转的控制系统。其控制要求如下：

(1) 按下起动按钮,电动机正转5s,停3s,反转5s,停3s,如此循环6个周期,然后自动停止;

(2) 运行中,可随时按下停止按钮停机,具有自动复位功能的热继电器常闭触点过载动作时也应停机。

二、PLC的I/O地址分配、外部接线图及梯形图的设计

起动SB1:X0

停止SB2:X1

热继电器FR:X2

正向运行KM1:Y1

反向运行KM2:Y2

图2-96(a)为控制洗衣机电机的PLC外部接线图,FR热继电器常闭触点控制输入X2,在梯形图中应串入常开触点X2。图2-96(b)为方法(一)的定时器接力控制的梯形图。图2-96(c)为方法(二)的定时器累加计时控制的梯形图。

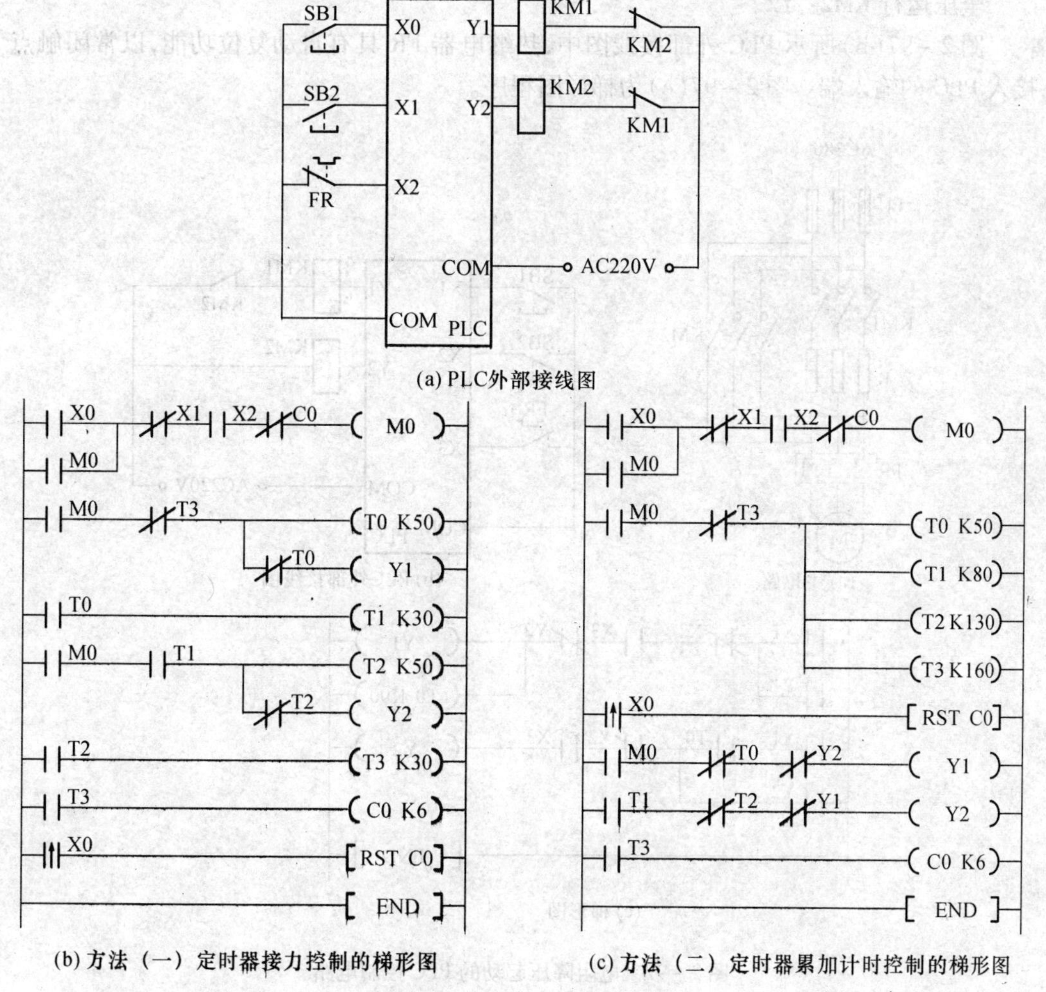

(b) 方法(一) 定时器接力控制的梯形图　　(c) 方法(二) 定时器累加计时控制的梯形图

图2-96　洗衣机自动控制电路

任务六 拓展训练

一、三相异步电动机电阻降压起动的 PLC 控制

(一) 任务分析及要求

三相交流异步电动机的降压起动,用于大容量三相交流异步电动机空载和轻载起动时减小起动电流。图 2-97(a)为异步电动机定子串电阻降压起动的主电路,要求起动时通过 KM1 串入电阻降压起动,9s 后接通 KM2 长期运行,同时断开起动电阻。

(二) PLC 的 I/O 地址分配、外部接线图及梯形图的设计

起动 SB1:X1

停止 SB2:X2

热继电器 FR:X3

降压起动 KM1:Y1

全压运行 KM2:Y2

图 2-97(b)所示 PLC 外部接线图中,热继电器 FR 具有自动复位功能,以常闭触点接入 PLC 的输入端。图 2-97(c)为梯形图程序。

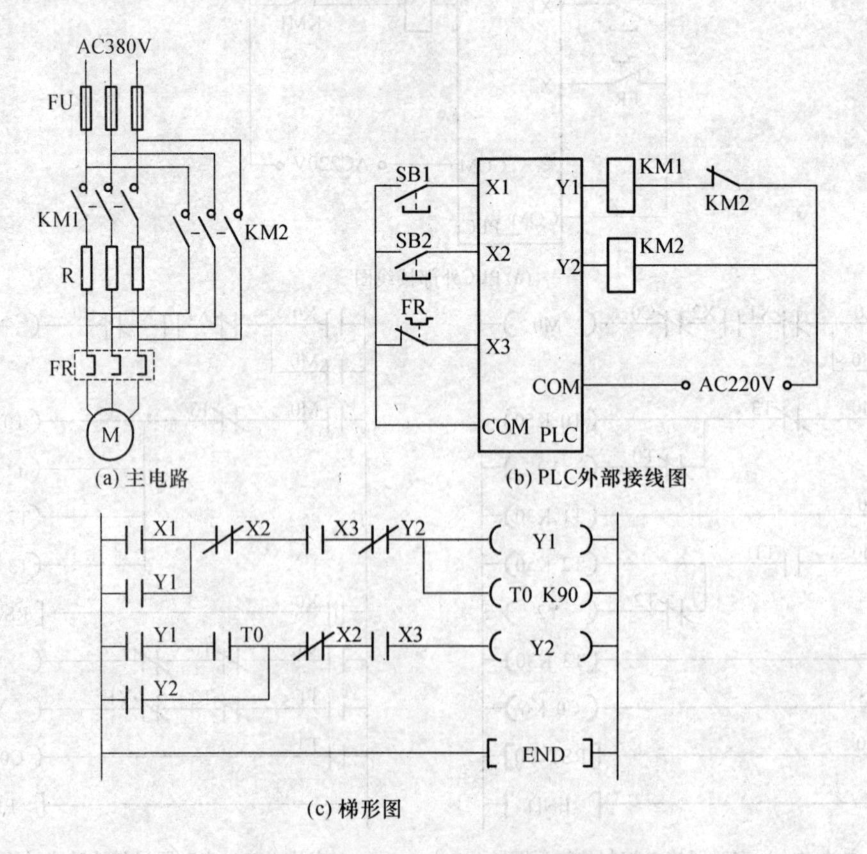

图 2-97 电阻降压起动的 PLC 控制电路

二、三相异步电动机能耗制动的 PLC 控制

(一) 任务分析及要求

三相异步电动机停车制动,在切除三相交流电源的同时,给三相定子绕组通入直流电流产生制动,以实现快速停车。主电路如图 2－98(a)所示。

(二) PLC 的 I/O 地址分配、外部接线图及梯形图的设计

起动 SB1：X1

停止 SB2：X2

热继电器 FR：X3

正常运行 KM1：Y1

停车制动 KM2：Y2

图 2－98(b)为 PLC 外部接线图,热继电器 FR 具有自动复位功能,以常闭触点接入。图 2－98(c)为梯形图程序,制动时间设置为 6s。

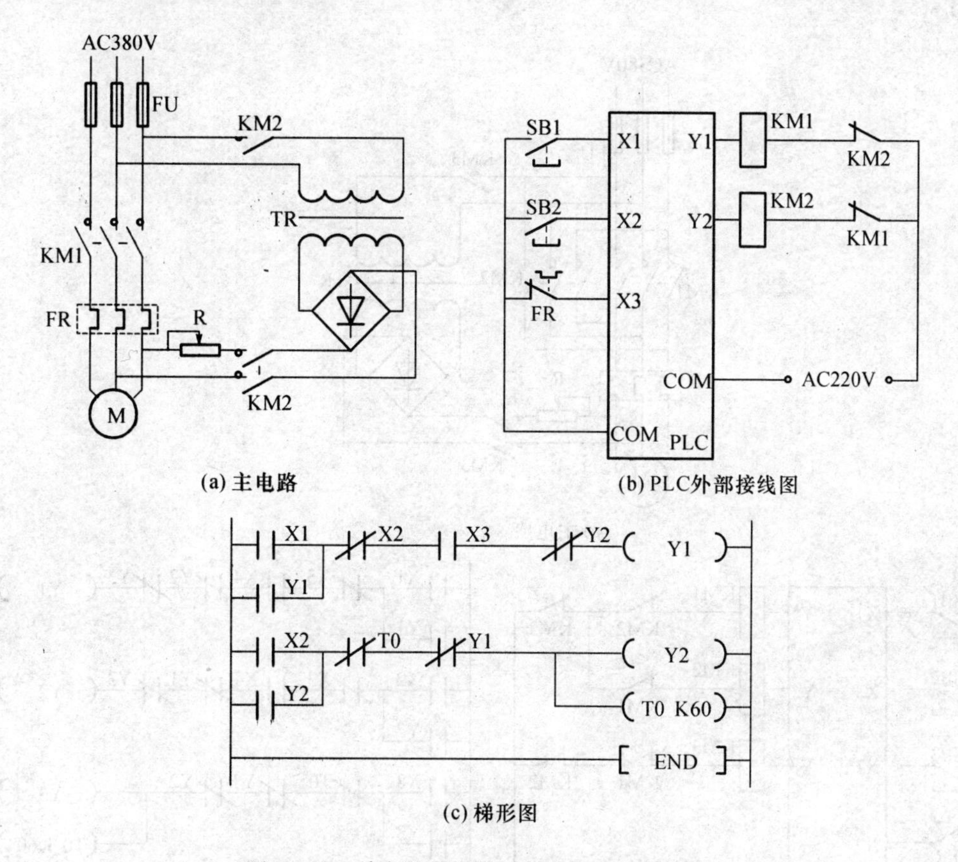

图 2－98　单向运行能耗制动的 PLC 控制电路

三、三相异步电动机可逆运行双向能耗制动的 PLC 控制

(一) 任务分析及要求

三相异步电动机无论正转还是反转,在切断三相交流电源的同时,给三相定子绕组通

入直流电流,均产生停车制动作用。主电路如图2-99(a)所示。

(二) PLC的I/O地址分配、外部接线图及梯形图的设计

I/O地址分配:

正向起动SB1:X1

反向起动SB2:X2

停止SB3:X3

热继电器FR:X4

正向运行KM1:Y1

反向运行KM2:Y2

停车制动KM3:Y3

图2-99(b)为PLC外部接线图,热继电器FR具有自动复位功能,以常闭触点接入,正反转交流接触器输出硬件互锁,正常运行与停车制动硬件互锁。图2-99(c)为梯形图程序。

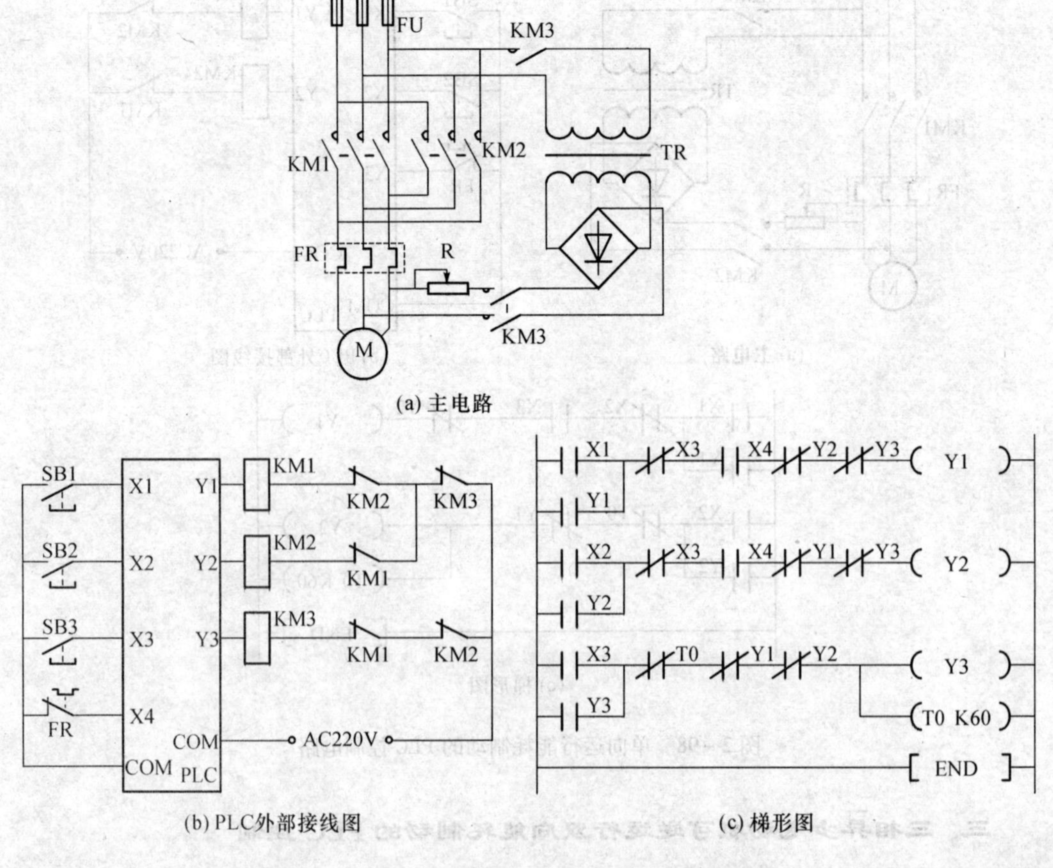

图2-99 可逆运行双向能耗制动PLC控制电路

四、5 盏彩灯单灯正、逆序循环点亮的 PLC 控制

(一) 任务分析及要求

按下起动按钮 SB1 后,5 盏彩灯单灯间隔 2s 正序 L1 ~ L5、逆序 L5 ~ L1 逐个点亮并循环,按下停止按钮 SB2 即停。

(二) PLC 的梯形图的设计

起动 SB1:X0

停止 SB2:X1

彩灯 L1 ~ L5: Y0 ~ Y4

梯形图如图 2 - 100 所示,正、逆序采用两组定时器累加定时控制。

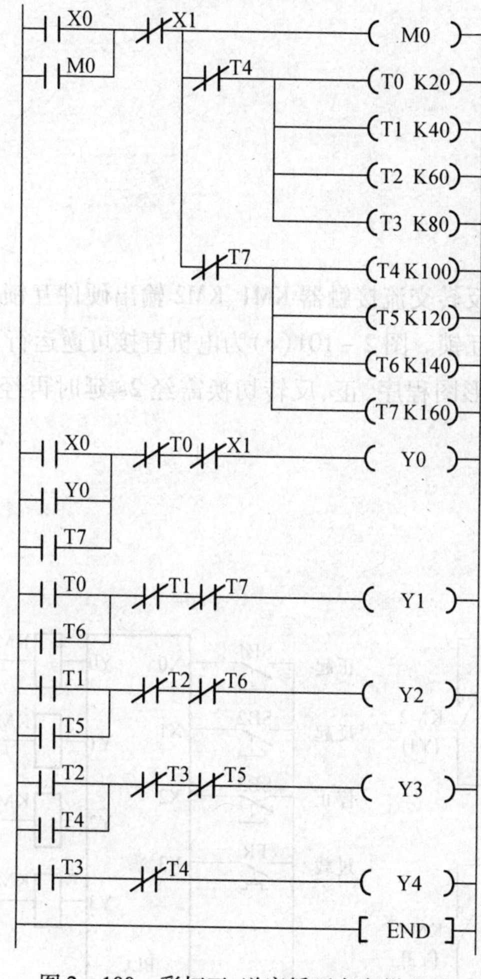

图 2 - 100　彩灯正、逆序循环点亮梯形图

五、电动机可逆运行、Y/△起动的 PLC 控制

(一) 任务分析及要求

电动机 M 能实现正转、反转的可逆运行控制,同时正转和反转时要求Y/△起动,如图

2－101(a)主电路所示。

(1) 按动正向起动按钮SB1,KM1 和 KM3 闭合(星形起动),经过5s后,KM3 断开,再经1s延时后,KM4 闭合实现正向三角形运行;

(2) 按动反向起动按钮SB2,KM2 和 KM3 闭合(星形起动),经过5s后,KM3 断开,再经1s延时后,KM4 闭合实现反向三角形运行;

(3) 按停止按钮 SB3 或热继电器 FR 过载时,电动机 M 停止工作。

(二) PLC 的 I/O 地址分配、外部接线图及梯形图的设计

正向起动 SB1：X0

反向起动 SB2：X1

停止 SB3：X2

热继电器 FR：X3

正转运行 KM1：Y0

反转运行 KM2：Y1

星形起动 KM3：Y2

三角运行 KM4：Y3

图2－101(b)为正反转交流接触器 KM1、KM2 输出硬件互锁,星形、三角形交流接触器 KM3、KM4 输出硬件互锁。图2－101(c)为电机直接可逆运行Y/△起动的梯形图。图2－101(d)为改进的梯形图程序,正、反转切换需经 2s 延时再经Y/△起动,以减小切换电流。

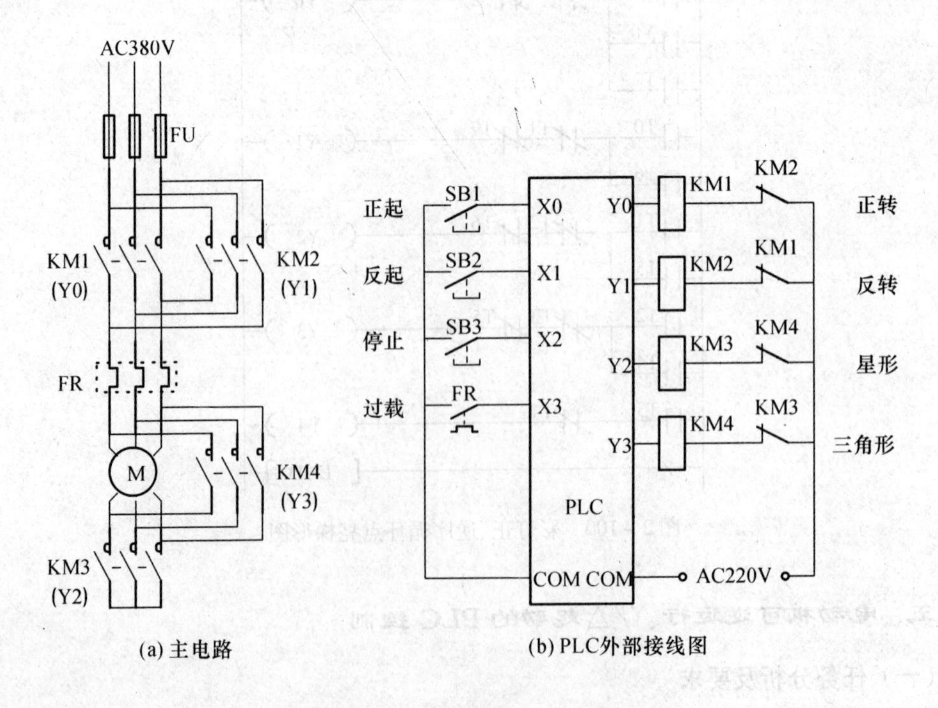

(a) 主电路　　(b) PLC外部接线图

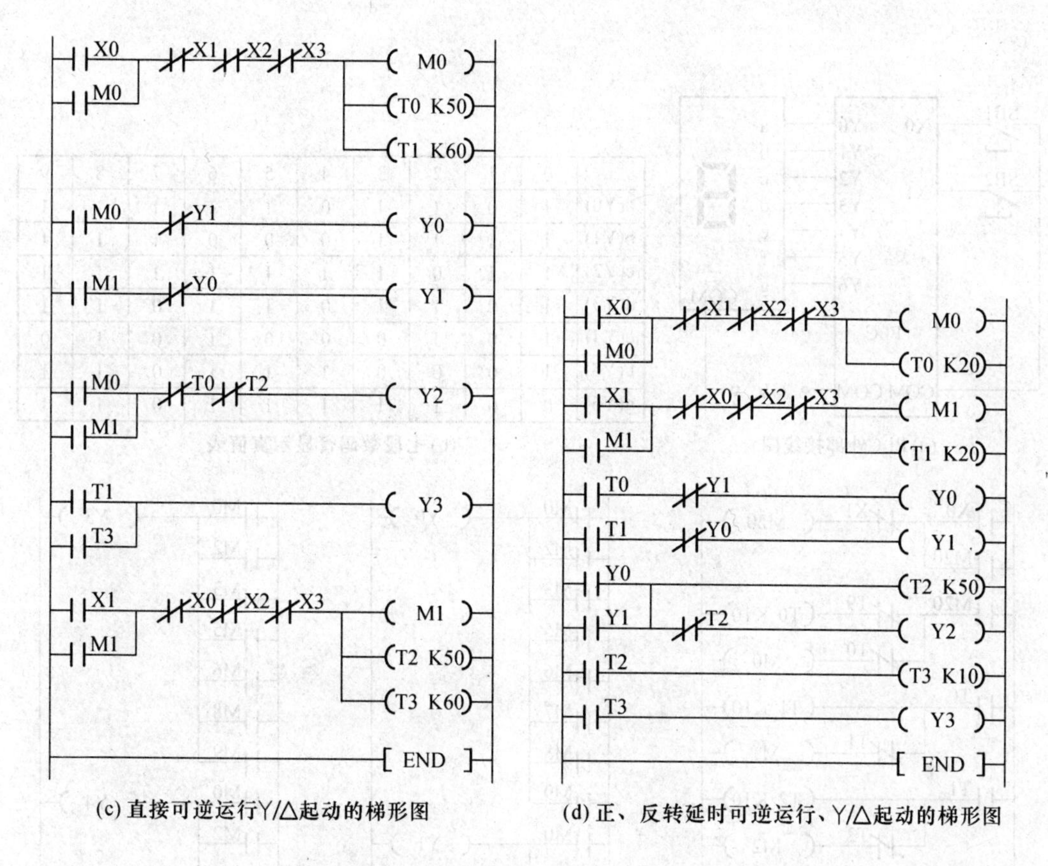

(c) 直接可逆运行Y/△起动的梯形图　　(d) 正、反转延时可逆运行、Y/△起动的梯形图

图 2－101　可逆运行Y/△起动电路

六、数码管循环显示的 PLC 控制

（一）任务分析及要求

LED 数码管由 7 段条形发光二极管和一个小圆点发光二极管组成，根据各段管的亮暗可以显示 0～9 的 10 个数字和许多字符。用经验法设计数码管间隔 1s 循环显示数字 0、1、2、…、9 的控制系统。PLC 输出占用 7 个输出点 Y0～Y6，对应数码管 a～g 的 7 段。图 2－102(b)为七段数码管显示真值表。

（二）PLC 的 I/O 地址分配、外部接线图及梯形图的设计

起动按钮 SB1：X0

停止按钮 SB2：X1

数码管 a～g：Y0～Y6

图 2－102(a)为 PLC 外部接线图。图 2－102(b)为七段数码管显示真值表。图 2－102(c)为梯形图设计方法（一）：定时器接力定时与辅助继电器组合控制的梯形图。图 2－102(d)为梯形图设计方法（二）：定时器累加定时控制的梯形图。

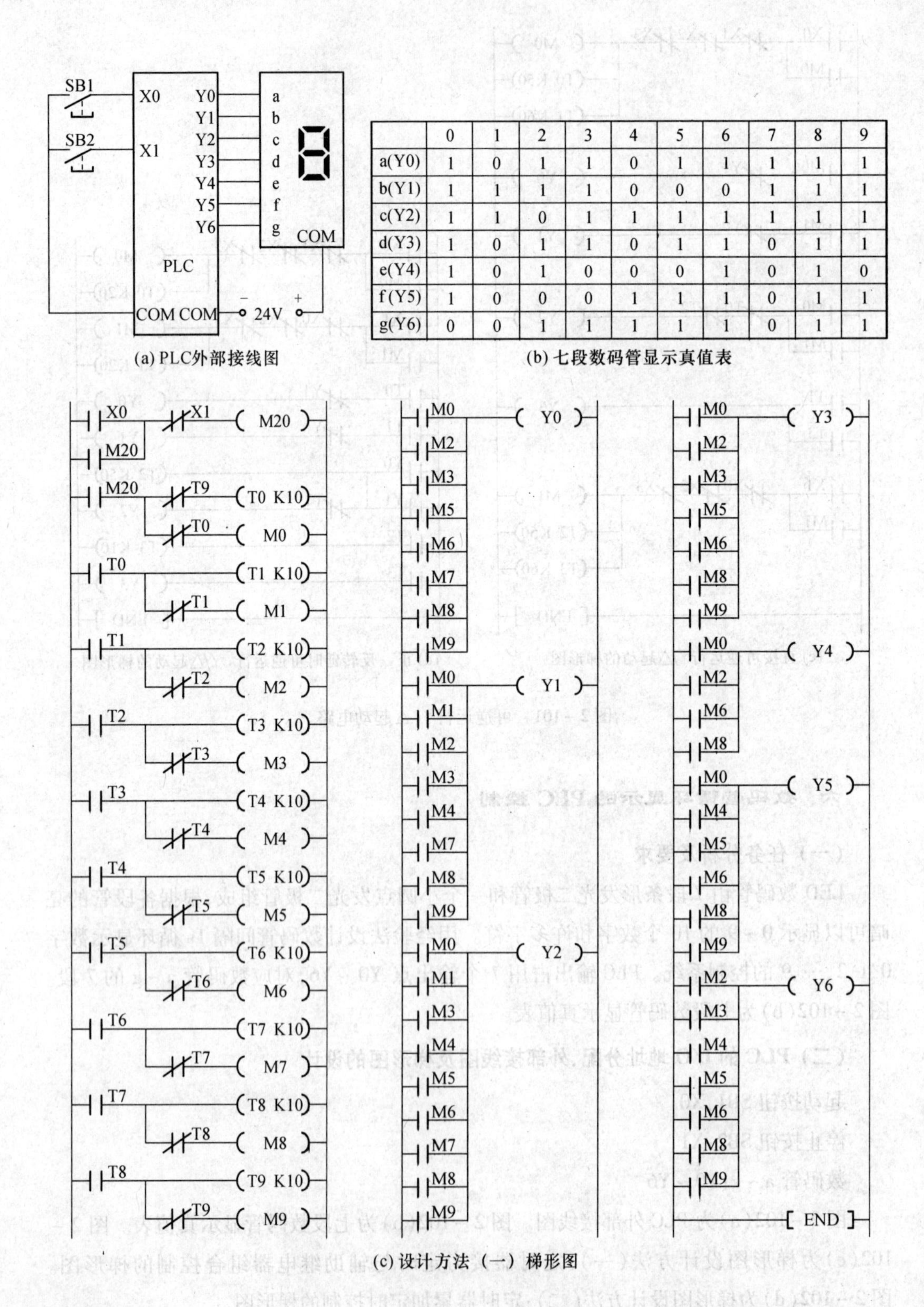

(a) PLC外部接线图

	0	1	2	3	4	5	6	7	8	9
a(Y0)	1	0	1	1	0	1	1	1	1	1
b(Y1)	1	1	1	1	0	0	0	1	1	1
c(Y2)	1	1	0	1	1	1	1	1	1	1
d(Y3)	1	0	1	1	0	1	1	0	1	1
e(Y4)	1	0	1	0	0	0	1	0	1	0
f(Y5)	1	0	0	0	1	1	1	0	1	1
g(Y6)	0	0	1	1	1	1	1	0	1	1

(b) 七段数码管显示真值表

(c) 设计方法（一）梯形图

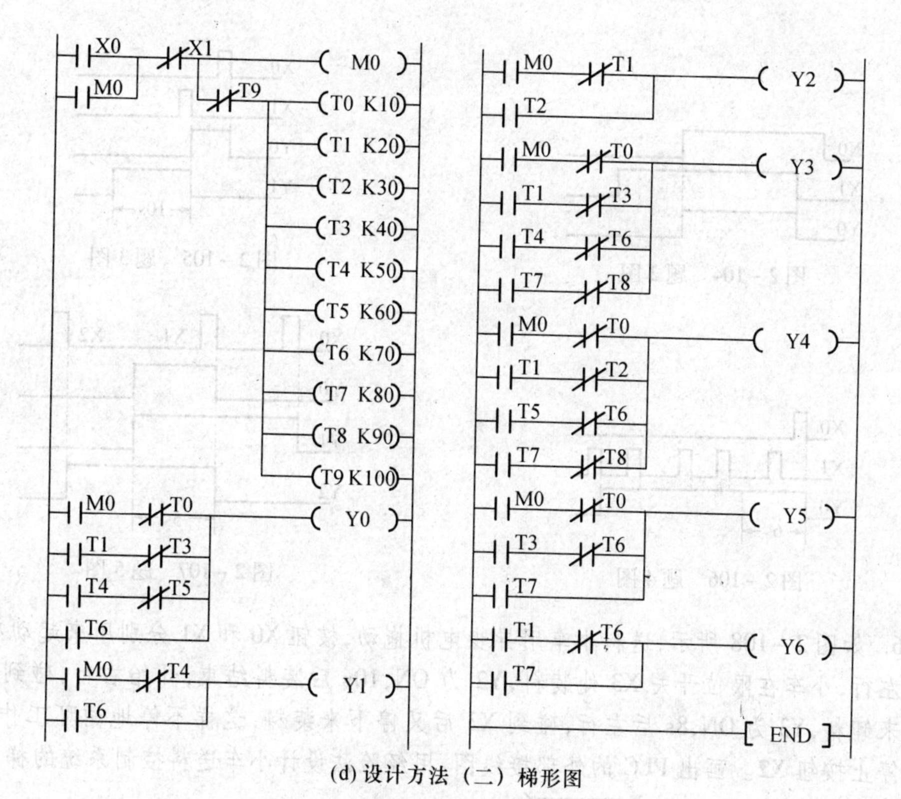

(d) 设计方法（二）梯形图

图 2－102　数码管循环显示电路

思考与练习

1. 画出图 2－103 所示梯形图的输出波形。

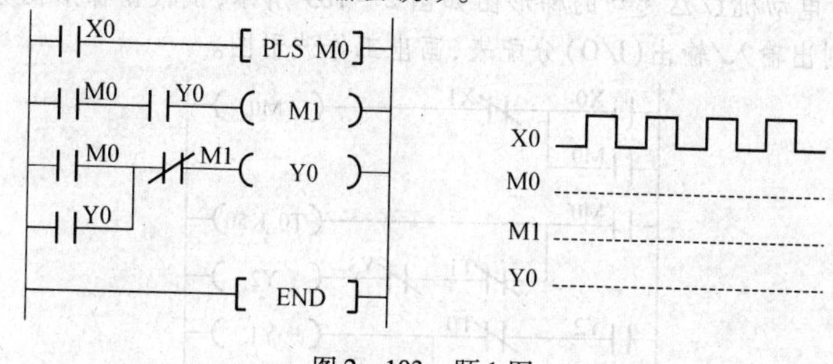

图 2－103　题 1 图

2. 用 SET、RST 和 PLS、PLF 指令，设计满足图 2－104 所示波形图的梯形图。

3. 用经验法设计满足图 2－105 所示波形的梯形图。

4. 如图 2－106 所示波形图，按下按钮 X0 后，Y0 变为 ON 并自保持，T0 定时 6s 后，用 C0 对 X1 输入的脉冲计数，计满 4 个脉冲后，Y0 变为 OFF，同时 C0 和 T0 被复位，在 PLC 刚开始执行用户程序时，C0 也被复位，设计出梯形图。

5. 用经验法设计图 2－107 要求的输入输出关系的梯形图。

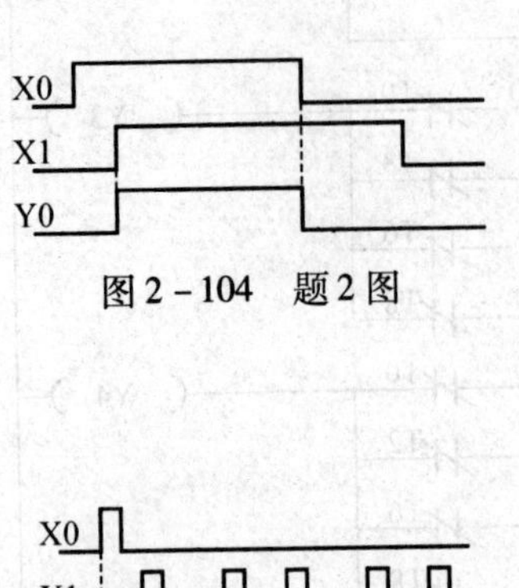

图 2－104　题 2 图

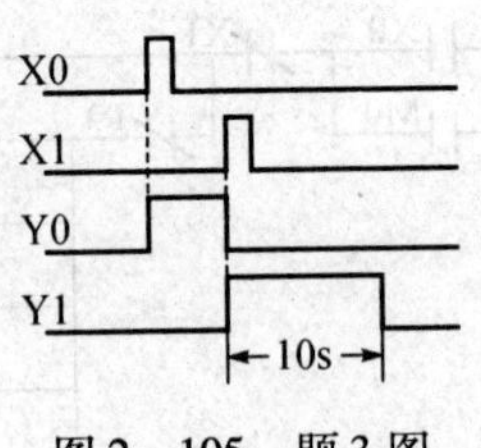

图 2－105　题 3 图

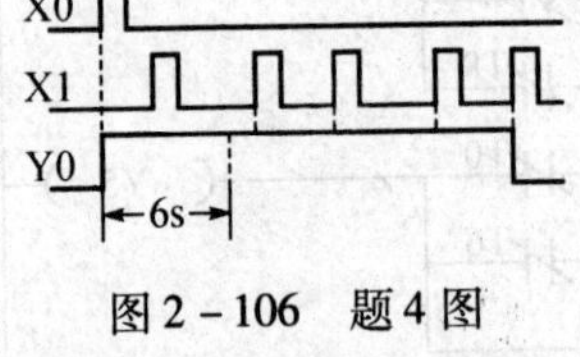

图 2－106　题 4 图

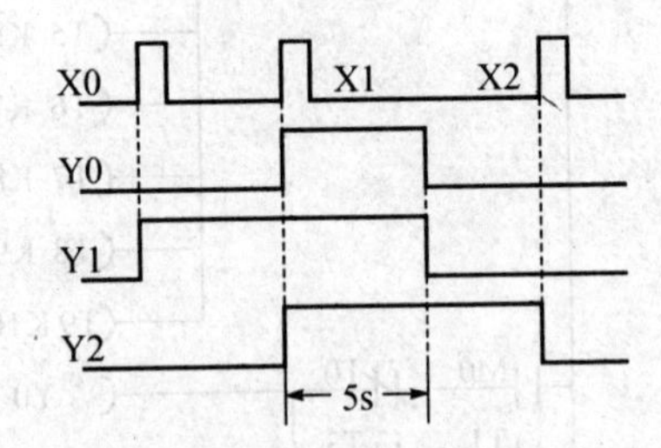

图 2－107　题 5 图

6. 如图 2－108 所示，送料小车用异步电机拖动，按钮 X0 和 X1 分别用来起动小车右行和左行，小车在限位开关 X3 处装料，Y2 为 ON，10s 后装料结束，开始右行，碰到 X4 后停下来卸料，Y3 为 ON，8s 后左行，碰到 X3 后又停下来装料，这样不停地循环工作，直到按下停止按钮 X2。画出 PLC 的外部接线图，用经验法设计小车送料控制系统的梯形图。

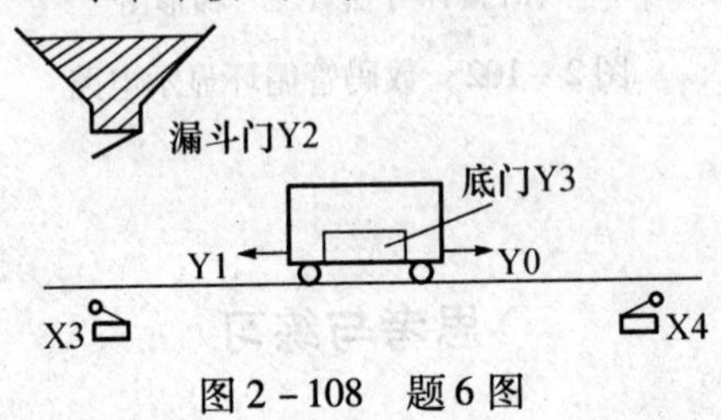

图 2－108　题 6 图

7. 一异步电动机Y/△起动的梯形图如图 2－109 所示，试根据梯形图分析电动机的起动过程，并列出输入/输出(I/O)分配表，画出工作波形图。

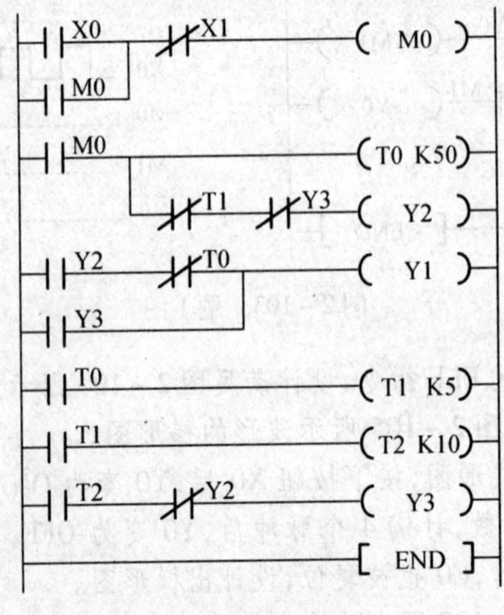

图 2－109　题 7 图

模块 3 PLC 顺序控制指令及应用

项目 1 液体混合的 PLC 控制

模块 2 介绍了 PLC 程序的经验设计法,为后面的设计奠定了基础;本模块介绍顺序控制设计法。顺序控制设计法首先设计顺序功能图,然后根据顺序功能图,使用顺序控制指令设计梯形图。利用顺序控制指令设计梯形图的方法主要有三种:步进梯形指令 STL 设计法、SET 与 RST 指令设计法和起保停电路设计法。

本项目学习顺序功能图、单序列功能图及 STL 指令设计法。

学习目标

(1) 掌握顺序控制功能图的设计方法。

(2) 掌握单序列顺序功能图,以及使用步进梯形指令设计梯形图的方法。

(3) 掌握液体混合的系统安装接线、编程及调试方法。

任务一 顺序控制功能图的设计

一、顺序控制功能图的特点

用经验法设计梯形图时,没有固定的方法和步骤可以遵循,具有很大的试探性和随意性,对于不同的控制系统,没有一种通用的容易掌握的设计方法。在设计复杂系统的梯形图时,用大量的中间单元来完成记忆、联锁和互锁等功能,由于需要考虑的因素很多,它们往往又前后交织在一起,分析起来非常困难,并且很容易遗漏一些应该考虑的问题。修改某一局部电路时,可能对系统的其他部分产生意想不到的影响,因此梯形图的修改也很麻烦,花了很长的时间还得不到一个满意的结果。用经验法设计出的梯形图往往很难阅读,给系统的维护和改进带来了很大的困难。

所谓顺序控制,就是按照生产工艺预先规定的顺序,在各个输入信号的作用下,根据内部状态和时间的先后顺序,在生产过程中各个执行机构自动地、有秩序地进行操作。使用顺序控制设计法时,首先根据系统的工艺过程,画出顺序功能图(或称为状态转移图、方框图、流程图等),然后根据顺序功能图设计梯形图。有的 PLC 编程软件为用户提供了顺序功能图语言,在编程软件中生成顺序功能图后,便完成了编程工作。

顺序功能图(Sequential Function Chart,SFC)是描述控制系统的控制过程、功能和特性的一种图形。顺序控制设计法是一种先进的设计方法,很容易被初学者接受,对于有经验的工程师也会提高设计效率,程序的调试、修改和阅读也很方便。顺序功能图并不涉及所描述的控制功能的具体技术,它是一种通用的技术语言,可以供进一步设计和不同专业的人员之间进行技术交流之用。

二、顺序控制功能图的组成

顺序控制功能图主要由步（或状态）、有向连线、转换、转换条件和动作（或命令）组成。

1. 步

顺序控制设计法最基本的思想是将系统的一个工作周期划分为若干个顺序相连的阶段，这些阶段称为步（step）或状态（state），可以用编程元件（例如辅助继电器 M 和顺序控制的状态继电器 S）来代表各步（或状态）。步是根据输出量的状态变化来划分的，在任何一步之内，各输出量的 ON/OFF 状态不变，但是相邻两步输出量总的状态是不同的，步的这种划分方法使代表各步的编程元件的状态与各输出量的状态之间有着极为简单的逻辑关系。

例如图 3－1 的送料小车开始停在左侧限位开关 X2 处，按下起动按钮 X0，Y2 变为 ON，打开储料斗的闸门，开始装料，同时用定时器 T0 定时，10s 后关闭储料斗的闸门，Y0 变为 ON，开始右行，碰到限位开关 X1 后停下来卸料（Y3 为 ON），同时用定时器 T1 定时，5s 后 Y1 变为 ON，开始左行，碰到限位开关 X2 后返回初始状态，停止运行。

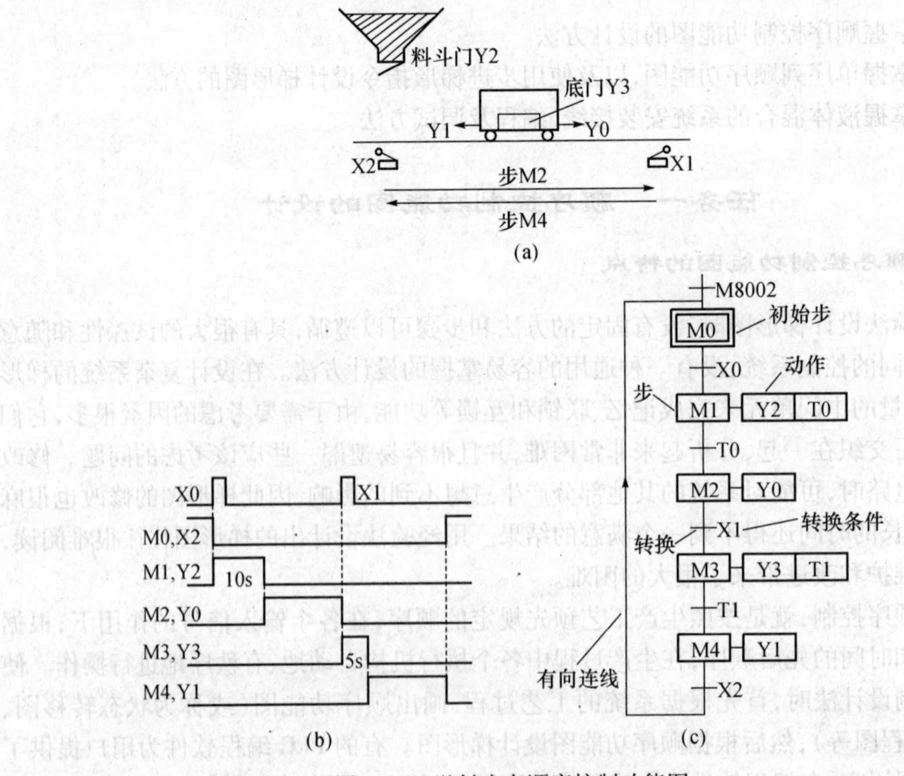

图 3－1 送料小车顺序控制功能图

根据 Y0～Y3 的 ON/OFF 状态的变化，显然一个工作周期可以分为装料、右行、卸料、左行这 4 步，另外还应设置等待起动的初始步，分别用 M0～M4 来代表这 5 步。图 3－1（a）是小车运动的空间示意图，图 3－1（b）是有关编程元件的波形图（时序图），图 3－1

(c)是描述该系统的顺序功能图,图中用矩形方框表示步,方框中可以用数字表示该步的编号,一般用代表该步的编程元件的元件号作为步的编号,如 M0 等,这样在根据顺序功能图设计梯形图时较为方便。

1) 初始步

与系统的初始状态相对应的步称为初始步,初始状态一般是系统等待起动命令的相对静止的状态。初始步用双线方框表示,每一个顺序功能图至少应该有一个初始步。

2) 活动步

当系统正处于某一步所在的阶段时,该步处于活动状态,称该步为"活动步"。步处于活动状态时,相应的动作被执行;处于不活动状态时,相应的非存储型动作被停止执行。

2. 与步对应的动作或命令

可以将一个控制系统划分为被控系统和施控系统,例如在数控车床系统中,数控装置是施控系统,而车床是被控系统。对于被控系统,在某一步中要完成某些"动作"(action);对于施控系统,在某一步中则要向被控系统发出某些"命令"(command)。为了叙述方便,下面将命令或动作统称为动作,并用矩形框中的文字或符号表示,该矩形框应与相应的步的符号相连。

如果某一步有几个动作,可以用图 3-2 中的两种画法来表示,但是并不隐含这些动作之间的任何顺序。说明命令的语句应清楚地表明该命令是存储型的还是非存储型的。例如某步的存储型命令"打开 1 号阀并保持",是指该步为活动步时 1 号阀打开,该步为不活动步时继续打开;非存储型命令"打开 1 号阀",是指该步为活动步时打开,为不活动步时关闭。

图 3-2 多个动作的表示方法

在图 3-1 中,定时器 T0 的线圈应在 M1 为活动步时"通电",M1 为不活动步时断电,从这个意义上来说,T0 的线圈相当于步 M1 的一个动作,所以将 T0 作为步 M1 的动作来处理。步 M1 下面的转换条件 T0 由在指定时间到时闭合的 T0 的常开触点提供。因此动作框中的 T0 对应的是 T0 的线圈,转换条件 T0 对应的是 T0 的常开触点。

3. 有向连线与转换条件

1) 有向连线

在顺序功能图中,随着时间的推移和转换条件的实现,将会发生步的活动状态的进展,这种进展按有向连线规定的路线和方向进行。在画顺序功能图时,将代表各步的方框按它们成为活动步的先后次序排列,并用有向连线将它们连接起来。步的活动状态习惯的进展方向是从上到下或从左至右,在这两个方向有向连线上的箭头可以省略。如果不是上述的方向,应在有向连线上用箭头注明进展方向。在可以省略箭头的有向连线上,为了更易于理解也可以加箭头。

如果在画图时有向连线必须中断(例如在复杂的图中,或用几个图来表示一个顺序功能图时),应在有向连线中断之处标明下一步的标号和所在的页数,如步 83、12 页。

2）转换

转换是用有向连线上与有向连线垂直的短划线来表示，转换将相邻两步分隔开。状态的进展是由转换的实现来完成的，并与控制过程的发展相对应。

3）转换条件

使系统由当前步（或状态）进入下一步的信号称为转换条件，转换条件可以是外部的输入信号，按钮、指令开关、限位开关的接通/断开等；也可以是 PLC 内部产生的信号，如定时器、计数器常开触点的接通等，转换条件还可能是若干个信号的与、或、非逻辑组合。

顺序控制设计法用转换条件控制代表各步的编程元件，让它们的状态按一定的顺序变化，然后用代表各步的编程元件去控制 PLC 的各输出继电器。

转换条件是与转换相关的逻辑命题，转换条件可以用文字语言、布尔代数表达式或图形符号标注在表示转换的短线的旁边，使用得最多的是布尔代数表达式，如图 3－3 所示。

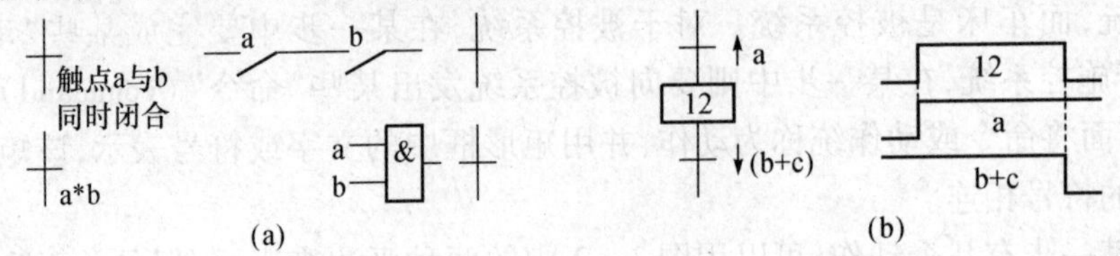

图 3－3　转换与转换条件

转换条件 X0 和 $\overline{X0}$ 分别表示当输入信号 X0 为 ON 和 OFF 时转换实现。↑X0 和↓X0 分别表示当 X0 从 0→1 状态和从 1→0 状态时转换实现。图 3－3(b) 中用高电平表示步 12 为活动步，反之则用低电平表示。转换条件 X0 * $\overline{C0}$ 表示 X0 的常开触点与 C0 的常闭触点同时闭合，在梯形图中则用两个触点的串联来表示这样一个“与”转换条件。

为了便于将顺序功能图转换为梯形图，最好用代表各步的编程元件的元件号作为步的代号，并用编程元件的元件号来标注转换条件和各步的动作或命令。

4. 初始化脉冲 M8002

系统在进入初始状态之前，还应将与顺序功能图的初始步对应的编程元件置位，为转换的实现作好准备，并将其余各步对应的编程元件置为 OFF 状态，这是因为在没有并行序列或并行序列未处于活动状态时，同时只能有一个活动步。在图 3－1 功能图中，利用初始化脉冲 M8002 将初始步置位，为系统起动作好准备。

三、顺序控制功能图的基本结构

1. 单序列

单序列由一系列相继激活的步组成，每一步的后面仅有一个转换，每一个转换的后面只有一个步，如图 3－4(a) 所示。

2. 选择序列

选择序列的开始称为选择性分支，如图 3－4(b)，转换符号只能标在水平连线之下。如果步 5 是活动步，并且转换条件 h＝1，将发生步 5→步 8 的进展。如果步 5 是活动步，并且 k＝1，将发生步 5→步 10 的进展。如果将选择条件 k 改为 k$\overline{h}$，则当 k 和 h 同时为 ON 时，将优先选择 h 对应的序列，一般只允许同时选择一个序列，即选择序列中的各序列是互相排斥的，其中的任何两个序列都不会同时执行。

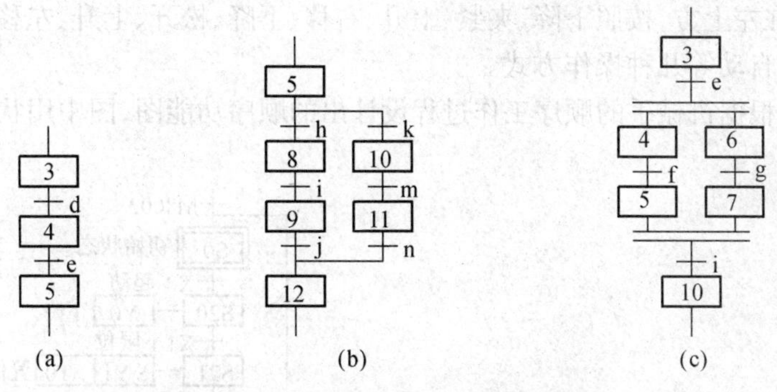

图 3-4　单序列、选择序列与并行序列

选择序列的结束称为选择性合并，如图 3-4(b)，几个选择序列合并到一个公共序列时，用需要重新组合的序列相同数量的转换符号和水平连线来表示，转换符号只允许标在水平连线之上。如果步 9 是活动步，并且转换条件 j=1，将发生由步 9→步 12 的进展。如果步 11 是活动步，并且 n=1，将发生由步 11→步 12 的进展。

3. 并行序列

并行序列的开始称为并行性分支，如图 3-4(c)，当转换的实现导致几个序列同时激活时，这些序列称为并行序列。当步 3 是活动步，并且转换条件 e=1，4 和 6 这两步同时变为活动步，同时步 3 变为不活动步。为了强调转换的同步实现，水平连线用双线表示。步 4，6 被同时激活后，每个序列中活动步的进展将是独立的。在表示同步的水平双线之上，只允许有一个转换符号。并行序列用来表示系统的几个同时工作的独立部分的工作情况。

并行序列的结束称为并行性合并，如图 3-4(c)，在表示同步的水平双线之下，只允许有一个转换符号。当直接连在双线上的所有前级步(步 5，7)都处于活动状态，并且转换条件 i=1 时，才会发生步 5，7 到步 10 的进展，即步 5，7 同时变为不活动步，而步 10 变为活动步。

在每一个分支点，最多允许 8 条支路，每条支路的步数不受限制。

4. 子步(microstep)

在顺序功能图中，某一步可以包含一系列子步和转换(如图 3-5)，通常这些序列表示系统的一个完整的子功能。子步的使用使系统的设计者在总体设计时容易抓住系统的主要矛盾，用更加简洁的方式表示系统的整体功能和概貌，而不是一开始就陷入某些细节之中。设计者可以从最简单的对整个系统的全面描述开始，然后画出更详细的顺序功能图，子步中还可以包含更详细的子步。这种设计方法的逻辑性很强，可以减少设计中的错误，缩短总体设计和查错需要的时间。

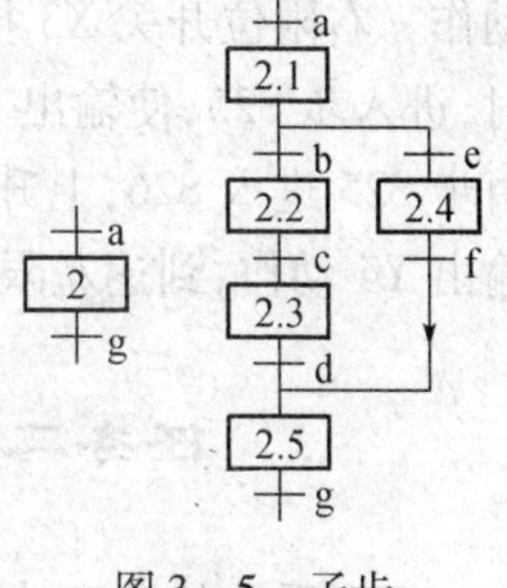

图 3-5　子步

四、单序列顺序功能图设计举例

图 3-6 是某机械手工作示意图，机械手将工件从 A 点向 B 点移送。机械手的上升、下降与左移、右移都是由双线圈两位电磁阀驱动汽缸来实现的。抓手对物件的加紧、松开是由一个单线圈两位电磁阀驱动汽缸完成，只有在电磁阀通电时抓手才能夹紧。该机械

手的工作原点在左上方，按照下降、夹紧、上升、右移、下降、松开、上升、左移的顺序依次运行。它有手动、自动等几种操作方式。

图 3-7 为根据机械手的顺序工作过程设计出的顺序功能图，图中用状态继电器 S 来代表各步。

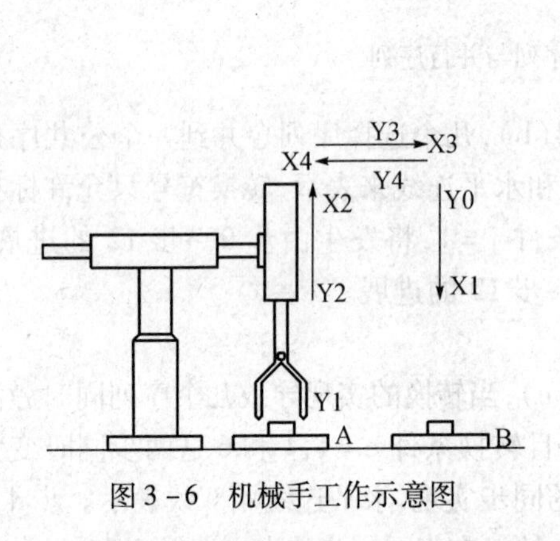

图 3-6 机械手工作示意图

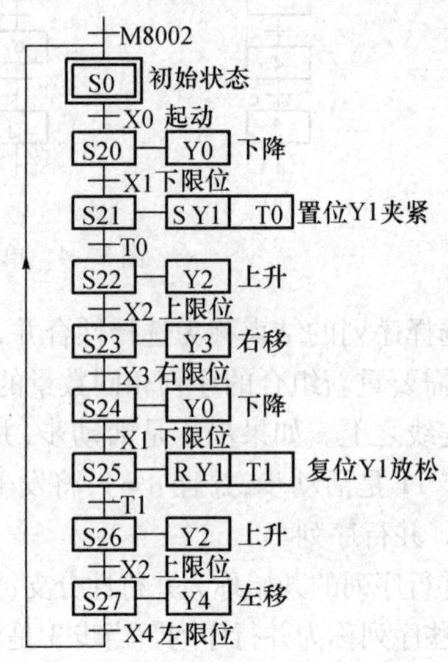

图 3-7 机械手自动方式顺序功能图

图 3-7 中 S0 为初始状态或初始步，用双线框表示，是 PLC 从 STOP 到 RUN 切换瞬间使特殊辅助继电器 M8002 接通，从而使 S0 置 1，即变为活动步。当起动条件 X0 接通时，由步 S0 向步 S20 转移，S0 变为不活动步，S20 变为活动步，S20 相应的下降输出 Y0 动作。当下限位开关 X1 接通时，步 S20 向 S21 转移，下降输出 Y0 切断，夹紧输出 Y1 接通并保持；同时定时器 T0 开始定时（使用 T0 是为了可靠抓住工件），1s 后定时器 T0 的接点动作，转至 S22，上升输出 Y2 动作。当上限位开关 X2 动作时，转移到 S23，右移输出 Y3 动作。右限位开关 X3 接通，转到 S24，下降输出 Y0 再次动作。当下限位开关 X1 又接通时，进入步 S25，使输出 Y1 复位，即夹钳松开，同时定时器 T1 延时（为了可靠松开），1s 后由步 S25 进入 S26，上升输出 Y2 动作。到上限位开关 X2 接通时，又转移到步 S27，左移输出 Y4 动作，到达左限位开关 X4 接通，返回初始状态 S0，又进入下一个循环。

任务二 梯形图的步进梯形指令 STL 设计法

根据系统的顺序功能图设计梯形图的方法，称为顺序控制梯形图的编程方法。步进梯形指令 STL 设计法是用于三菱系列的 PLC 设计顺序控制梯形图程序的专用指令，该指令易于理解，使用方便。如果读者使用三菱系列的 PLC，建议优先采用 STL 指令来设计顺序控制梯形图程序。

一、步进梯形指令 STL

步进梯形指令（Step Ladder Instruction）简称为 STL 指令，三菱 FX 系列 PLC 还有一条

使 STL 指令复位的 RET 指令。利用这两条指令，可以很方便地编制顺序控制梯形图程序。

STL 指令使编程者可以生成流程和工作与顺序功能图非常接近的程序。顺序功能图中的每一步对应一小段程序，每一步与其他步是完全隔离开的。使用者根据要求将这些程序段按一定的顺序组合在一起，就可以完成控制任务。这种编程方法可以节约编程的时间，并能减少编程错误。

用 FX 系列 PLC 的状态继电器(S)编制顺序控制程序时，一般应与 STL 指令一起使用。S0 ~ S9 用于初始步，S10 ~ S19 用于自动返回原点。使用 STL 指令的状态继电器的常开触点称为 STL 触点，它有几种符号形式，有一种类似电解电容符号的双矩形条触点，从图 3 - 8 可以看出顺序功能图与梯形图之间的对应关系，STL 触点驱动的电路块具有三个功能，即对负载的驱动处理、指定转换条件和指定转换目标。

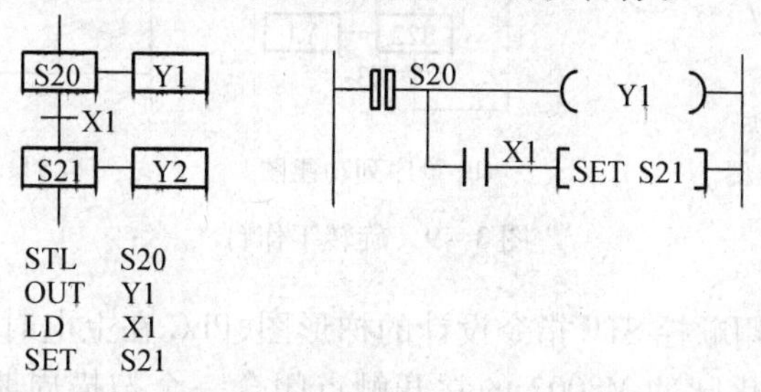

图 3 - 8　功能图与梯形图及 STL 指令之间的对应关系

STL 触点一般是与左侧母线相连的常开触点，当某一步为活动步时，对应的 STL 触点接通，它右边的电路被处理，直到下一步被激活。STL 程序区内可以使用标准梯形图的绝大多数指令和结构，包括后续的应用指令。某一 STL 触点闭合后，该步的负载线圈被驱动。当该步后面的转换条件满足时，转换实现，即后续步对应的状态继电器被 SET 或 OUT 指令置位，后续步变为活动步，同时与原活动步对应的状态继电器被系统程序自动复位，原活动步对应的 STL 触点断开。

系统的初始步应使用初始状态继电器 S0 ~ S9，它们应放在顺序功能图的最上面，在由 STOP 状态切换到 RUN 状态时，可用此时只 ON 一个扫描周期的初始化脉冲 M8002 来将初始状态继电器置为 ON，为以后步的活动状态的转换作好准备。需要从某一步返回初始步时，应对初始状态继电器使用 OUT 指令。在 STOP→RUN 状态时，应使用 M8002 的常开触点和区间复位指令(ZRST)来将除初始步以外的其余各步的状态继电器复位。

二、单序列功能图的 STL 指令编程方法

图 3 - 9(a)为旋转工作台工作示意图，用凸轮和限位开关来实现运动控制，在初始状态时左限位开关 X3 为 ON，按下起动按钮 X0，Y0 变为 ON，电机驱动工作台沿顺时针正转，转到右限位开关 X4 所在位置时暂停 5s(用 T0 定时)，定时时间到时 Y1 变为 ON，工作台反转，回到限位开关 X3 所在的初始位置时停止转动，系统回到初始状态。

图 3 - 9(b)为根据旋转工作台的工作过程设计的单序列顺序功能图。工作台在一个周期内的运动，分为初始状态→正传(起动)→暂停 5s→反转→返回初始状态(停止)4 个状态，即由图 3 - 9(b)中自上而下的 4 步组成，它们分别对应于 S0、S20 ~ S22，步 S0 是初始步。

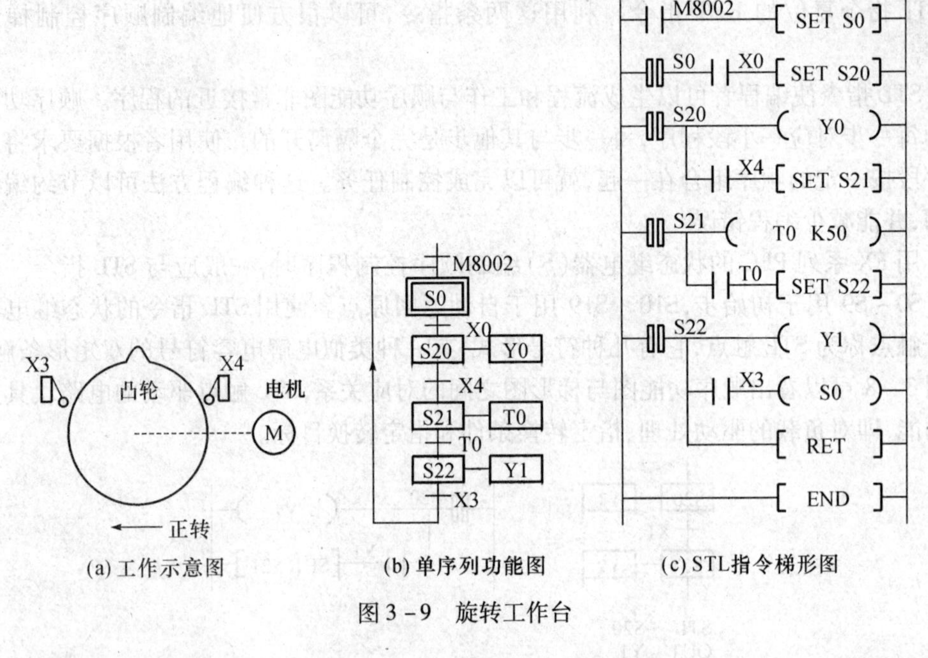

图 3－9　旋转工作台

图 3－9(c)为使用顺控 STL 指令设计的梯形图，PLC 在上电时(由 STOP 转为 RUN)进入 RUN 状态，初始化脉冲 M8002 的常开触点闭合一个扫描周期，梯形图中第一行的 SET 指令将初始步 S0 置为活动步。

在梯形图的第二行中，S0 的 STL 触点和 X0 的常开触点组成的串联电路代表转换实现的两个条件，S0 的 STL 触点闭合表示转换 X0 的前级步 S0 是活动步，X0 的常开触点闭合表示转换条件满足。在初始步时按下起动按钮 X0，两个触点同时闭合，转换实现的两个条件同时满足。此时置位指令 SET S20 被执行，后续步 S20 变为活动步，同时系统程序自动地将前级步 S0 复位为不活动步。

S20 的 STL 触点闭合后，该步的负载被驱动，Y0 的线圈通电，工作台正转。限位开关 X4 动作时，转换条件得到满足，下一步的状态继电器 S21 被置位，进入暂停步，同时前级步的状态继电器 S20 被自动复位，系统将这样一步一步地工作下去，在最后一步，工作台反转，返回限位开关 X3 所在的位置时，用 OUT S0 指令使初始步对应的 S0 变为 ON 并保持，系统返回并停止在初始步。

在图 3－9 中梯形图的结束处，一定要使用 RET 指令，才能使 LD 点回到左侧母线上，否则系统将不能正常工作。

使用 STL 指令应注意以下问题：

(1) 与 STL 触点相连的触点应使用 LD 或 LDI 指令，即 LD 点移到 STL 触点的右侧，该点成为临时母线。下一条 STL 指令的出现意味着当前 STL 程序区的结束和新的 STL 程序区的开始。RET 指令意味着整个 STL 程序区的结束，LD 点返回左侧母线。各 STL 触点驱动的电路一般放在一起，最后一个 STL 电路结束时一定要使用 RET 指令，否则将出现“程序错误”信息，PLC 不能执行用户程序。

(2) STL 触点可以直接驱动或通过别的触点驱动 Y、M、S、T 等元件的线圈和应用指令。STL 触点右边不能使用入栈(MPS)指令。

(3) 由于 CPU 只执行活动步对应的电路块,使用 STL 指令时允许双线圈输出,即不同的 STL 触点可以分别驱动同一编程元件的一个线圈。但是同一元件的线圈不能在可能同时为活动步的 STL 区内出现,在有并行序列的顺序功能图中,应特别注意这一问题。

(4) 在步的活动状态的转换过程中,相邻两步的状态继电器会同时 ON 一个扫描周期,可能会引发瞬时的双线圈问题。为了避免不能同时接通的两个输出(如控制异步电动机正反转的交流接触器线圈)同时动作,除了在梯形图中设置软件互锁电路外,还应在 PLC 外部设置由常闭触点组成的硬件互锁电路。

定时器在下一次运行之前,首先应将它复位。同一定时器的线圈可以在不同的步使用,但是如果用于相邻的两步,在步的活动状态转换时,该定时器的线圈不能断开,当前值不能复位,将导致定时器的非正常运行。

(5) OUT 指令与 SET 指令均可用于步的活动状态的转换,将原来的活动步对应的状态寄存器复位,此外还有自保持功能。

SET 指令用于将 STL 状态继电器置位为 ON 并保持,以激活对应的步。如果 SET 指令在 STL 区内,一旦当前的 STL 步被激活,原来的活动步对应的 STL 线圈被系统程序自动复位。SET 指令一般用于驱动状态继电器的元件号比当前步的状态继电器元件号大的 STL 步。

在 STL 区内的 OUT 指令用于顺序功能图中的闭环和跳步,如果想跳回已经处理过的步,或向前跳过若干步,可对状态继电器使用 OUT 指令(如图 3-10)。OUT 指令还可以用于远程跳步,即从顺序功能图中的一个序列跳到另外一个序列(如图 3-11)。以上情况虽然可以使用 SET 指令,但最好使用 OUT 指令。

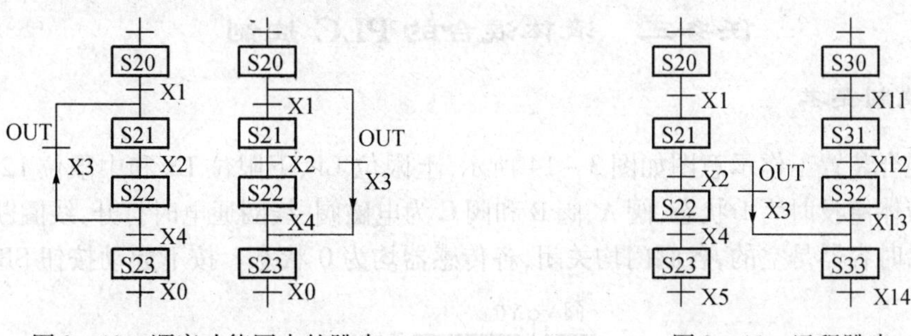

图 3-10　顺序功能图中的跳步　　　　图 3-11　远程跳步

(6) STL 指令不能与 MC/MCR 指令一起使用。在 FOR/NEXT 结构中、子程序和中断程序中,不能有 STL 程序块,STL 程序块不能出现在 FEND 指令之后。

STL 程序块中可使用最多 4 级嵌套的 FOR/NEXT 指令,虽然并不禁止在 STL 触点驱动的电路块中使用 CJ 指令,但是可能引起附加的和不必要的程序流程混乱。为了保证程序易于维护和快速查错,建议不要在 STL 程序中使用跳步 CJ 指令。

(7) 并行序列或选择序列中分支处的支路数不能超过 8 条,总的支路数不能超过 16 条。

(8) 在转换条件对应的电路中,不能使用 ANB、ORB、MPS、MRD 和 MPP 指令。可用转换条件对应的复杂电路来驱动辅助继电器,再用后者的常开触点来作转换条件。

(9) 与条件跳步指令(CJ)类似,CPU 不执行处于断开状态的 STL 触点驱动的电路块中的指令,在没有并行序列时,同时只有一个 STL 触点接通,因此使用 STL 指令可以显著地缩短用户程序的执行时间,提高 PLC 的输入、输出响应速度。

（10）M2800～M3071 是单操作标志，当图 3－12 中 M2800 的线圈通电时，只有它后面第一个 M2800 的边沿检测触点（2 号触点）能工作，而 M2800 的 1 号和 3 号脉冲触点不会动作。M2800 的 4 号触点是使用 LD 指令的普通触点，M2800 的线圈通电时，该触点闭合。

借助单操作标志可以用一个转换条件实现多次转换。在图 3－13 中，当 S20 为活动步，X0 的常开触点闭合时，M2800 的线圈通电，M2800 的第一个上升沿检测触点闭合一个扫描周期，实现了步 S20 到步 S21 的转换。X0 的常开触点下一次由断开变为接通时，因为 S20 是不活动步，没有执行图中的第一条 LDP　M2800 指令，S21 的 STL 触点之后的触点是 M2800 的线圈之后遇到的它的第一个上升沿检测触点，所以该触点闭合一个扫描周期，系统由步 S21 转换到步 S22。

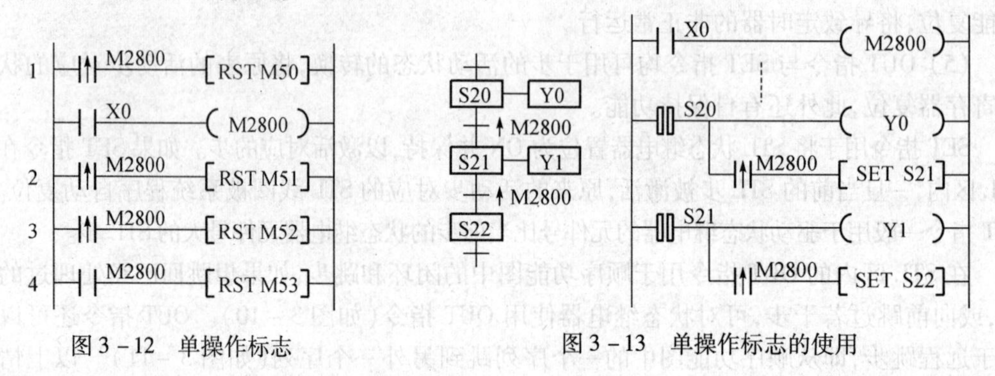

图 3－12　单操作标志　　　　图 3－13　单操作标志的使用

任务三　液体混合的 PLC 控制

一、控制要求

液体混合装置工作示意图如图 3－14 所示，上限位 L1、下限位 L3 和中限位 L2 液位传感器被液体淹没时为 1 状态，阀 A、阀 B 和阀 C 为电磁阀，线圈通电时打开，线圈断电时关闭。开始时容器是空的，各阀门均关闭，各传感器均为 0 状态。按下起动按钮 SB1 后，

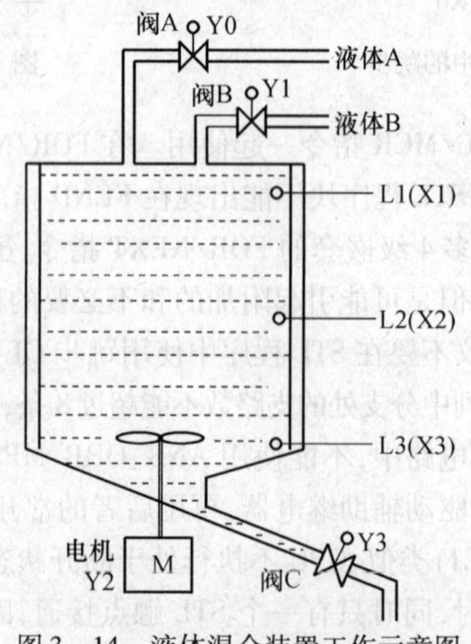

图 3－14　液体混合装置工作示意图

打开阀 A,液体 A 注入容器,中限位开关 L2 变为 ON 时,关闭阀 A,打开阀 B,液体 B 注入容器。当液面到达上限位开关 L1 时,关闭阀 B,电机 M 开始运行,搅拌液体,60s 后停止搅拌,打开阀 C,放出混合液,当液面降至下限位开关 L3 之后再延时 30s,容器充分放空,关闭阀 C,本工作周期结束;若再次按下起动按钮 SB1,下一工作周期开始。

二、PLC 输入、输出地址分配及外部接线图

起动 SB1:X0
停止 SB2:X4
上限位 L1:X1
中限位 L2:X2
下限位 L3: X3
电磁阀 A:Y0
电磁阀 B:Y1
电磁阀 C:Y3
搅拌电机 M: Y2
PLC 外部接线图如图 3-15 所示。

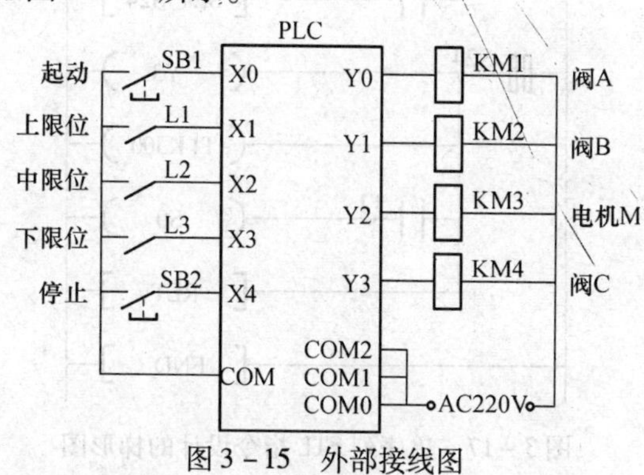

图 3-15　外部接线图

三、单序列顺序功能图及 STL 梯形图的设计

根据液体混合的控制要求设计的单序列顺序功能图如图 3-16 所示,使用单序列 STL 指令设计的梯形图如图 3-17 所示。

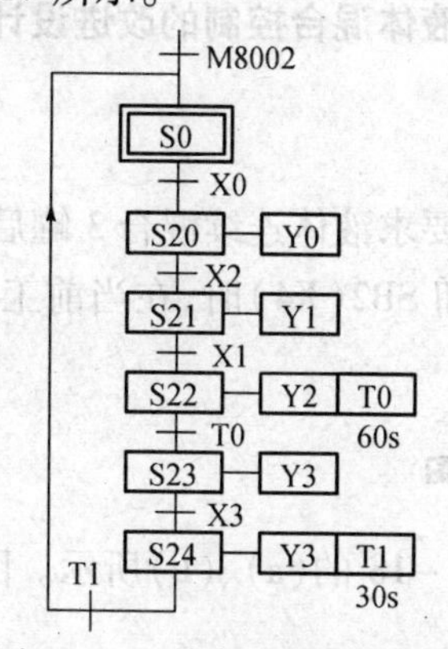

图 3-16　单序列顺序功能图

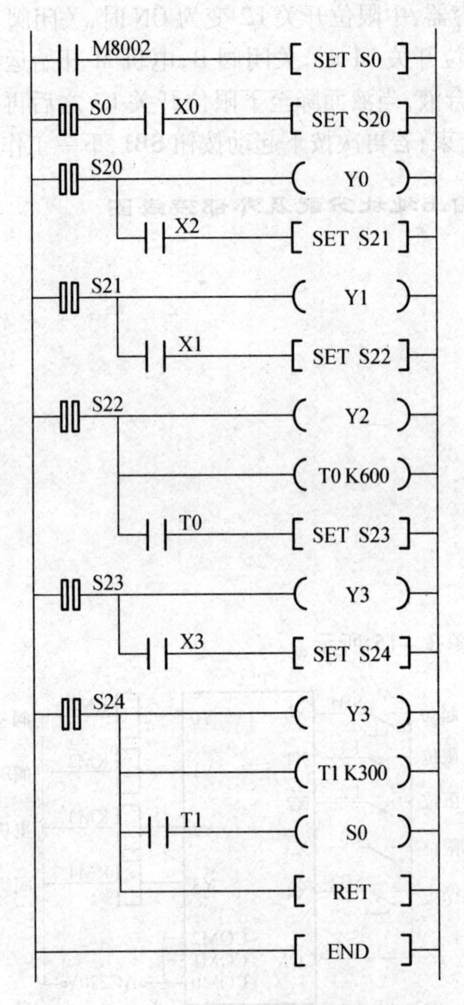

图 3-17 单序列 STL 指令设计的梯形图

任务四 拓展训练

液体混合控制的改进设计

一、控制要求

在原控制要求的基础上,若要求液体连续混合 3 罐后即自动停止工作,或在完成混合 3 罐之前,任意时刻按下停止按钮 SB2(X4)时,在当前工作周期结束后,才停止工作。现进行改进设计。

二、顺序功能图及梯形图

功能图及梯形图分别如图 3-18 的(a)、(b)所示。图中增加的选择性分支在下一个项目中分析。

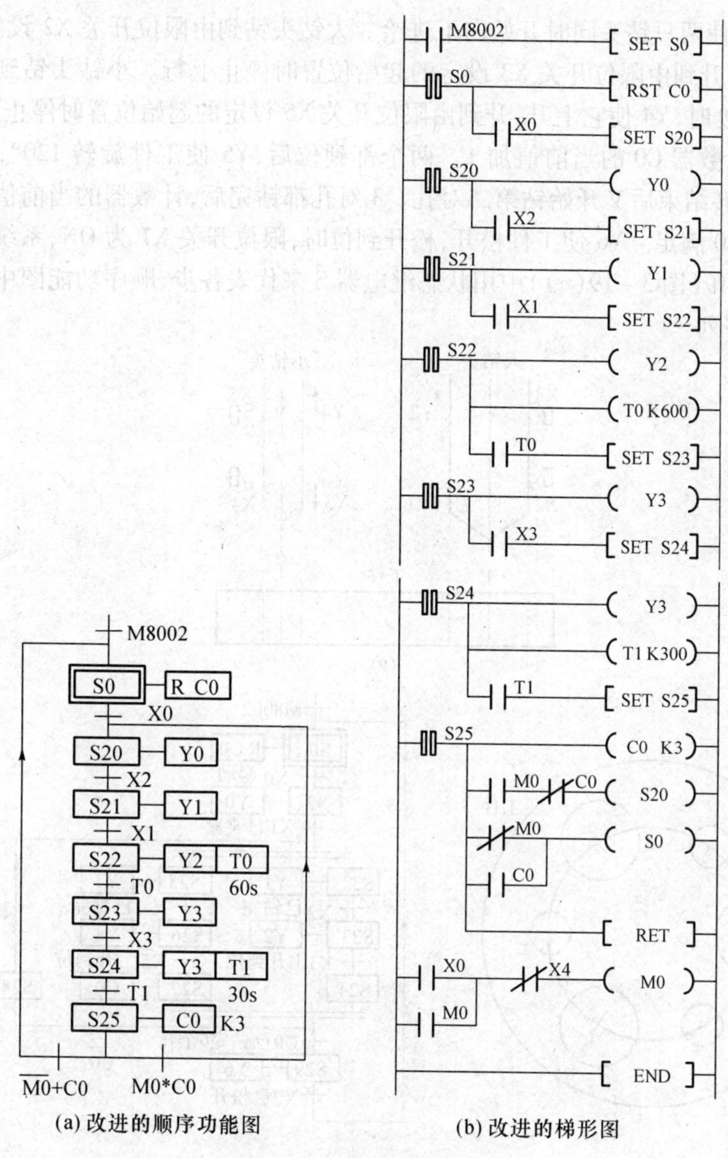

(a) 改进的顺序功能图　　(b) 改进的梯形图

图 3－18　液体混合的改进

任务五　知识链接

顺序功能图设计举例

使用顺序控制设计法设计复杂系统的梯形图时，首先根据对系统的控制要求设计出功能图，这是设计的重要工作和关键所在。下面通过几例，练习顺序控制功能图的设计。

例 3－1　某专用钻床用来加工圆盘状零件上均匀分布的 6 个孔（如图 3－19）。操作人员放好工件后，按下起动按钮 X0，Y0 变为 ON，工件被夹紧，夹紧后压力继电器 X1 为

ON,Y1 和 Y3 使两只钻头同时开始向下进给。大钻头钻到由限位开关 X2 设定的深度时，Y2 使它上升，升到由限位开关 X3 设定的起始位置时停止上行。小钻头钻到由限位开关 X4 设定的深度时，Y4 使它上升，升到由限位开关 X5 设定的起始位置时停止上行，同时设定值为 3 的计数器 C0 的当前值加 1。两个都到位后，Y5 使工件旋转 120°，旋转到位时 X6 为 ON，旋转结束后又开始钻第二对孔。3 对孔都钻完后，计数器的当前值等于设定值 3，转换条件 C0 满足。Y6 使工件松开，松开到位时，限位开关 X7 为 ON，系统返回初始状态。在图 3-19(图 3-19(c))中用状态继电器 S 来代表各步，顺序功能图中包含了选择序列和并行序列。

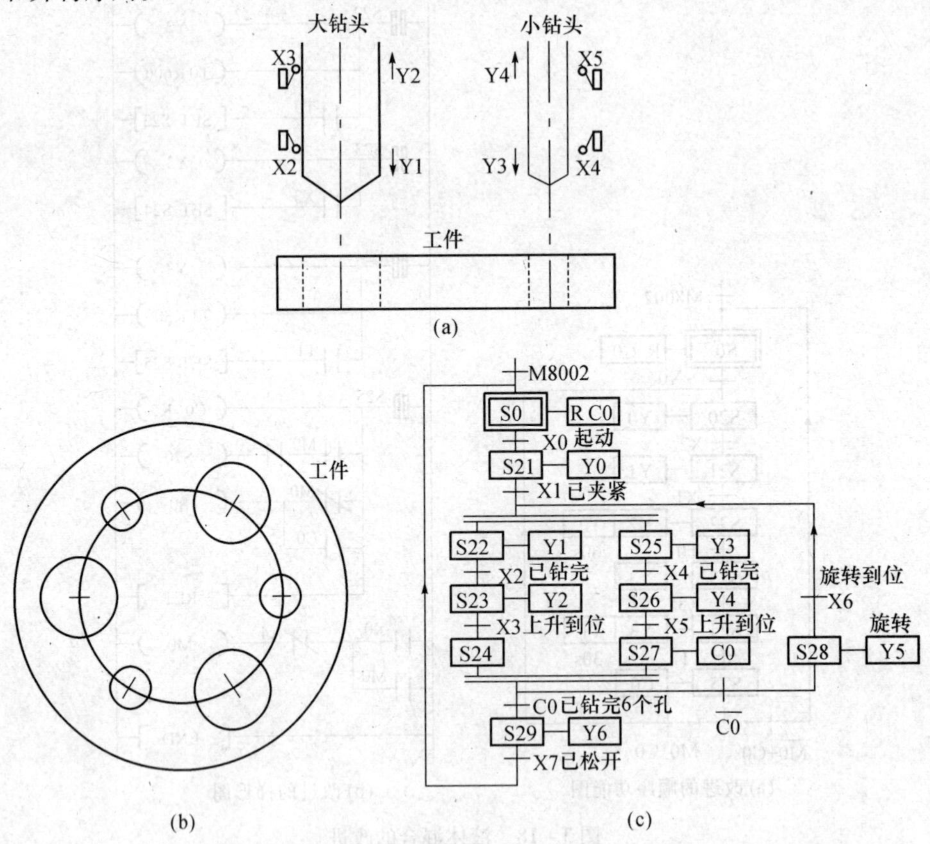

图 3-19　组合钻床顺序功能图

在步 S21 之后，有一个选择序列的合并，还有一个并行序列的分支。在步 S29 之前，有一个并行序列的合并，还有一个选择序列的分支。在并行序列中，两个子序列中的第一步 S22 和 S25 是同时变为活动步的，两个子序列中的最后一步 S24 和 S27 是同时变为不活动步的。

因为两个钻头上升到位有先有后，设置了步 S24 和步 S27 作为等待步(或称为虚步)，它们用来同时结束两个并行序列。当两个钻头均上升到位，限位开关 X3 和 X5 分别为 ON，大、小钻头两个子系统分别进入两个等待步，并行序列将会立即结束。每钻完一对孔，计数器 C0 加 1，没钻完 3 对孔时 C0 的当前值小于设定值，其常闭触点闭合，转换条件 $\overline{C0}$ 满足，将从步 S24 和 S27 转换到步 S28。如果已钻完 3 对孔，C0 的当前值等于设定值，其常开触点闭合，转换条件 C0 满足，将从步 S24 和 S27 转换到步 S29。

例 3-2 设计剪板机顺序功能图。初始状态时，图 3-20 中左边的压钳和右边的剪刀在上限位置，X0 和 X1 为 1 状态。按下起动按钮 X10，工作过程如下：首先板料右行（Y0 为 1 状态）至限位开关 X3 为 1 状态，然后压钳下行（Y1 为 1 状态并保持）。压紧板料后，压力继电器 X4 为 1 状态，压钳保持压紧，剪刀开始下行（Y2 为 1 状态）。剪断板料后，X2 变为 1 状态，压钳和剪刀同时上行（Y3 和 Y4 为 1 状态，Y1 和 Y2 为 0 状态），它们分别碰到限位开关 X0 和 X1 后，分别停止上行。均停止后，又开始下一周期的工作，剪完 5 块料后停止工作，并停在初始状态。

图 3-21 顺序功能图中包括并行性序列和选择性序列两种结构，转换条件 X2 后为两路并行性序列；步 M8 后为选择性序列的两个分支，它们合并于步 M1。两路并行序列中设置了步 M5、M7 作为虚步，它们用来同时结束两个并行序列。两个并行序列结束后的转换条件“=1”相当于逻辑代数中的常数 1，即表示转换条件总是满足的，只要进入步 M5 和 M7，将马上转换到 M8 去。

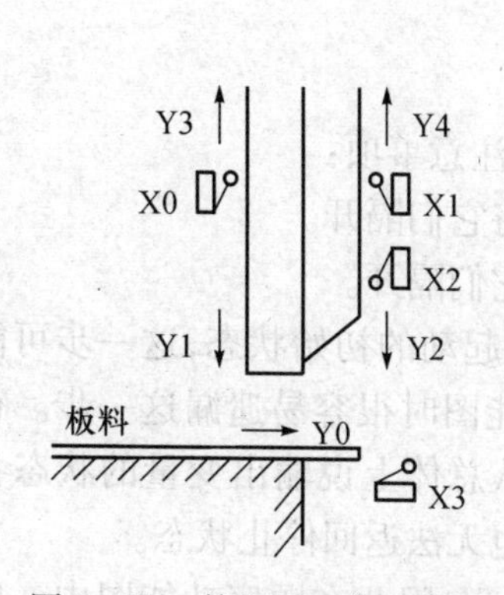

图 3-20 剪板机工作示意图

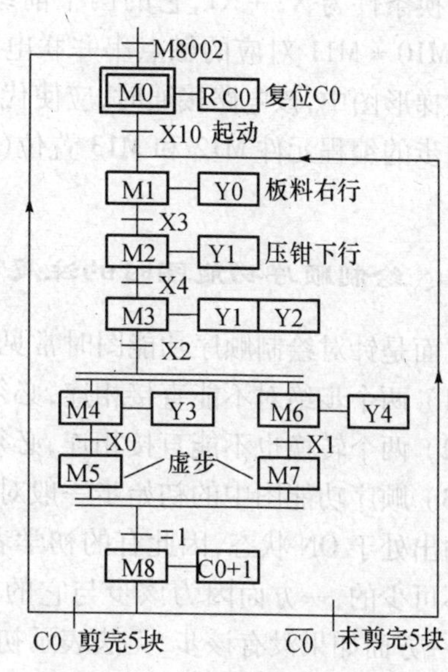

图 3-21 剪板机顺序功能图

功能图设计基本规则及注意事项

一、功能图中转换实现的基本规则

1. 转换实现的条件

在顺序功能图中，步的活动状态的进展是由转换的实现来完成的。转换实现必须同时满足两个条件：

（1）该转换所有的前级步都是活动步。

（2）相应的转换条件得到满足。

如果转换的前级步或后续步不止一个，转换的实现称为同步实现（如图 3-22）。为了强调同步实现，有向连线的水平部分用双线表示。

2. 转换实现时应完成的操作

转换实现时应完成以下两个操作：

(1) 使所有由有向连线与相应转换符号相连的后续步都变为活动步。

(2) 使所有由有向连线与相应转换符号相连的前级步都变为不活动步。

转换实现的基本规则是根据顺序功能图设计梯形图的基础,它适用于顺序功能图中的各种基本结构和后面介绍的各种顺序控制梯形图的编程方法。

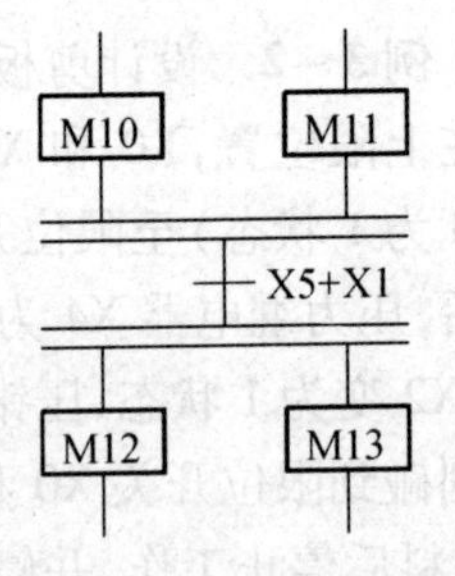

图 3-22　转换的同步实现

在梯形图中,用编程元件(如 M 和 S)代表步,当某步为活动步时,该步对应的编程元件为 ON。当该步之后的转换条件满足时,转换条件对应的触点或电路接通,因此可以将该触点或电路与代表所有前级步的编程元件的常开触点串联,作为与转换实现的两个条件同时满足对应的电路。例如图 3-22 中的转换条件为 X5 + X1,它的两个前级步为步 M10 和步 M11,应将逻辑表达式(X5 + X1) * M10 * M11 对应的触点串并联电路,作为转换实现的两个条件同时满足对应的电路。在梯形图中,该电路接通时,应使代表前级步的编程元件 M10 和 M11 复位,同时使代表后续步的编程元件 M12 和 M13 置位(变为 ON 并保持),完成以上任务的电路将在后面介绍。

二、绘制顺序功能图时的注意事项

下面是针对绘制顺序功能图时常见的错误提出的注意事项:

(1) 两个步绝对不能直接相连,必须用一个转换将它们隔开。

(2) 两个转换也不能直接相连,必须用一个步将它们隔开。

(3) 顺序功能图中的初始步一般对应于系统等待起动的初始状态,这一步可能没有什么输出处于 ON 状态,因此有的初学者在画顺序功能图时很容易遗漏这一步。初始步是必不可少的,一方面因为该步与它的相邻步相比,从总体上说输出变量的状态各不相同,另一方面如果没有该步,无法表示初始状态,系统也无法返回停止状态。

(4) 自动控制系统应能多次重复执行同一工艺过程,因此在顺序功能图中一般应由步和有向连线组成的闭环,即在完成一次工艺过程的全部操作之后,应从最后一步返回初始步,系统停留在初始状态,如单周期操作;在连续循环工作方式时,将从最后一步返回下一工作周期开始运行的第一步。

(5) 在顺序功能图中,只有当某一步的前级步是活动步时,该步才有可能变成活动步。如果用没有断电保持功能的编程元件代表各步,进入 RUN 工作方式时,它们均处于 OFF 状态,必须用初始化脉冲 M8002 的常开触点作为转换条件,将初始步预置为活动步,否则因顺序功能图中没有活动步,系统将无法工作。如果系统有自动、手动两种工作方式,顺序功能图是用来描述自动工作过程的,这时还应在系统由手动工作方式进入自动工作方式时,用一个适当的信号将初始步置为活动步(见后面多种工作方式的编程)。

三、顺序控制设计法的本质

经验设计法实际上是试图用输入信号 X 直接控制输出信号 Y,如图 3-23(a),如果无法直接控制,或为了实现记忆、联锁、互锁等功能,只好被动地增加一些辅助元件和辅助触点。由于不同的系统的输出量 Y 与输入量 X 之间的关系各不相同,以及它们对联锁、互锁的要求千变万化,不可能找出一种简单通用的设计方法。

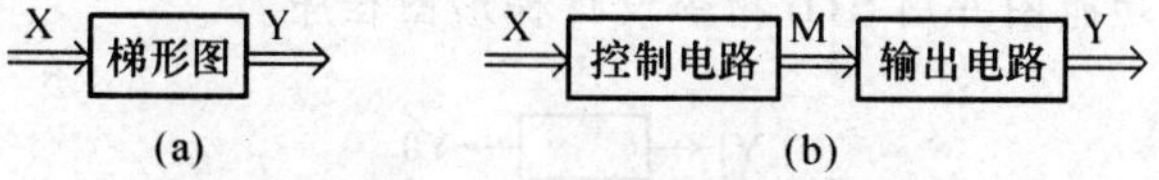

X ⟹ 梯形图 ⟹ Y　　　X ⟹ 控制电路 ⟹ M ⟹ 输出电路 ⟹ Y

(a)　　　(b)

图 3－23　信号关系图

顺序控制设计法则是用输入量 X 控制代表各步的编程元件(如辅助继电器 M),再用它们控制输出量 Y,如图 3－23(b)。任何复杂系统的代表步的辅助继电器的控制电路,其设计方法都是相同的,并且很容易掌握。由于代表步的辅助继电器是依次顺序变为 ON/OFF 状态的,实际上已经基本上解决了经验设计法中的记忆、联锁等问题。

不同的控制系统的输出电路都有其特殊性,因为步 M 是根据输出量 Y 的 ON/OFF 状态划分的,M 与 Y 之间具有很简单的相等或“与”的逻辑关系,输出电路的设计极为简单。由于以上原因,顺序控制设计法具有简单、规范、通用的优点。

思考与练习

1. 使用步进梯形指令(STL)设计法,设计出图 3－24 所示单序列顺序功能图的梯形图程序,并写出对应的指令表程序。

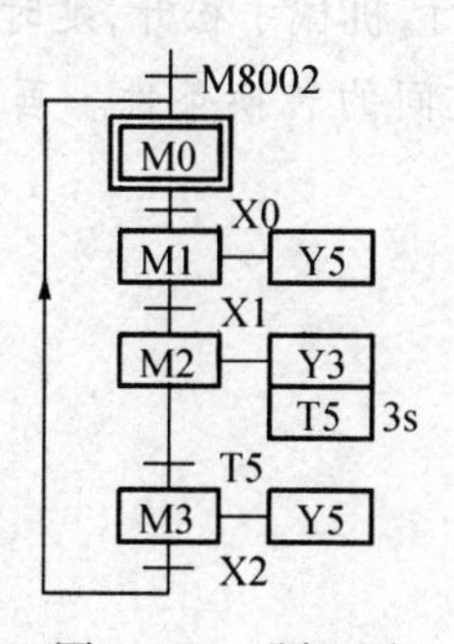

图 3－24　题 1 图

2. 三节传送带顺序相连,如图 3－25 所示,按下起动按钮 X0,3 号传送带 Y3 开始起动,10s 后 2 号传送带 Y2 起动,再过 10s 后 1 号传送带 Y1 起动。停机的顺序与起动的顺序刚好相反,间隔时间为 8s。设计出此单序列的功能图并使用步进梯形指令(STL)设计法设计梯形图。

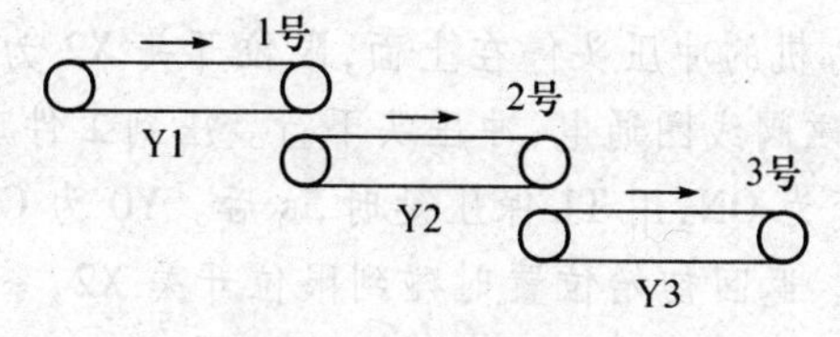

图 3－25　题 2 图

3. 小车开始停在左边,限位开关 X2 为 1 状态。按下起动按钮 X0,小车按图 3-26 所示路线连续运行,任意时刻按下停止按钮 X1,要求小车本次循环结束后,最终停在左边 X2 处。设计出顺序功能图并用 STL 指令设计梯形图程序。

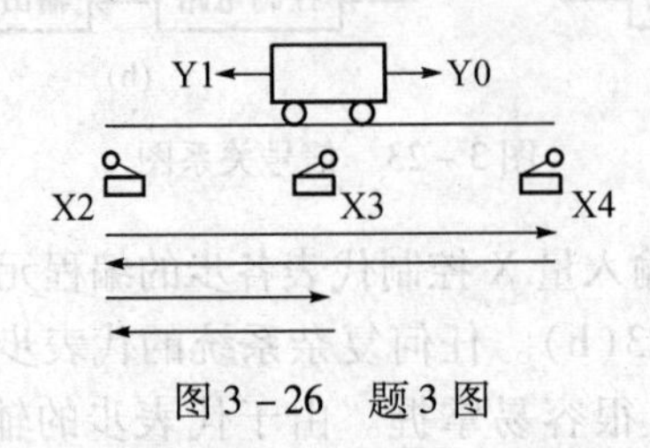

图 3-26　题 3 图

4. 某组合机床动力头进给运动示意图和输入输出信号时序图如图 3-27 所示,为了节省篇幅,将各限位开关提供的输入信号和 M8002 提供的初始化脉冲信号画在一个波形图中。设动力头在初始状态时停在左边,限位开关 X3 为 ON,Y0～Y2 是控制动力头运动的 3 个电磁阀。按下起动按钮 X0 后,动力头向右快速进给(简称快进),碰到限位开关 X1 后变为工作进给(简称工进),加工至碰到限位开关 X2 后快速退回(简称快退),返回初始位置后停止运动。画出 PLC 的外部接线图和控制系统的顺序功能图。

5. 冲床机械手运动的示意图如图 3-28 所示。初始状态时机械手在最左边,X4 为 ON;冲头在最上面,X3 为 ON;机械手松开(Y0 为 OFF)。按下起动按钮 X0,Y0 变为 ON,工件被夹紧并保持,2s 后 Y1 被置位,机械手右行,直到碰到 X1,以后将顺序完成以下动作:冲头下行,冲头上行,机械手左行,机械手松开,延时 1s 后,系统返回初始状态,各限位开关和定时器提供的信号是各步之间的转换条件。画出 PLC 的外部接线图和控制系统的顺序功能图。

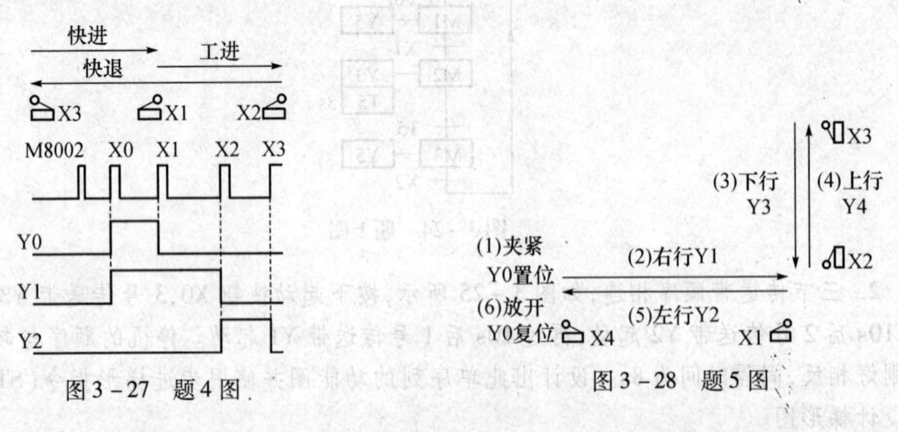

图 3-27　题 4 图　　　　图 3-28　题 5 图

6. 初始状态时某压力机的冲压头停在上面,限位开关 X2 为 ON,按下起动按钮 X0,输出继电器 Y0 控制的电磁阀线圈通电,冲压头下行。压到工件后压力升高,压力继电器动作,使输入继电器 X1 变为 ON,用 T1 保压延时 5s 后。Y0 为 OFF,Y1 为 ON,上行电磁阀线圈通电,冲压头上行。返回初始位置时碰到限位开关 X2,系统回到初始状态,Y1 为 OFF,冲压头停止上行。画出控制系统的顺序功能图。

项目2 四节传送带的PLC控制

本项目介绍选择序列功能图及STL指令设计法。

(1) 掌握选择序列功能图的设计方法。

(2) 掌握由选择序列功能图使用STL指令设计梯形图的方法。

(3) 掌握四节传送带的系统安装接线、编程及调试方法。

任务一 选择序列功能图的STL指令编程方法

复杂的控制系统的顺序功能图多数由单序列、选择序列和并行序列共同组成。对于选择序列和下一个项目中要介绍的并行序列编程的关键,在于对它们的分支与合并的处理,转换实现的基本规则是设计复杂系统梯形图的基本准则。

图3-29是自动门控制系统的顺序功能图和梯形图。人靠近自动门时,感应器X0为ON,Y0驱动电机高速开门,碰到开门减速开关X1时,变为低速开门。碰到开门极限开关X2时电机停转,开始延时。若在0.5s内感应器检测到无人,Y2起动电机高速关门。碰到关门减速开关X4时,改为低速关门,碰到关门极限开关X5时电机停转。

在关门期间若感应器检测到有人,停止关门,T1延时0.5s后自动转换为高速开门。

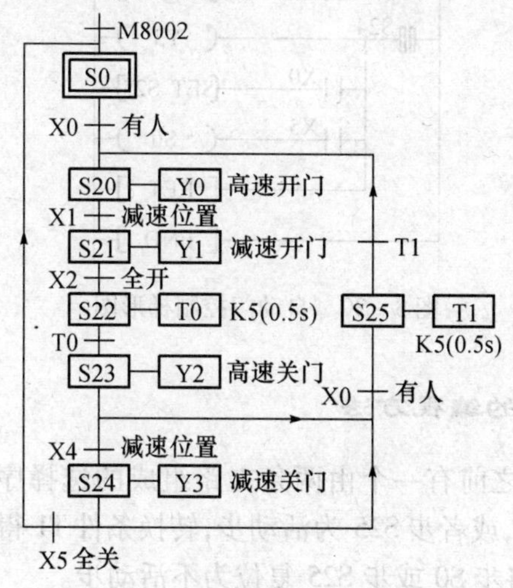

图3-29 自动门顺序功能图

一、选择序列分支的编程方法

图3-29中的步S23之后有一个选择序列的分支。当步S23是活动步(S23为ON)时,如果转换条件X0为ON(检测到有人),将转换到步S25;如果转换条件X4为ON,将进入步S24。

如果在某一步的后面有 *N* 条选择序列的分支，则该步的 STL 触点开始的电路块中应有 *N* 条分别指明各转换条件和转换目标的并联电路。例如步 S23 之后有两条支路，两个转换条件分别为 X4 和 X0，可能分别进入步 S24 和步 S25，在 S23 的 STL 触点开始的电路块中（如图 3-30），有两条分别由 X4 和 X0 作为置位条件的并联支路。

STL 触点具有与主控指令（MC）相同的特点，即 LD 点移到了 STL 触点的右端，对于选择序列的分支对应的电路的设计是很方便的。用 STL 指令设计复杂系统的梯形图时更能体现其优越性。

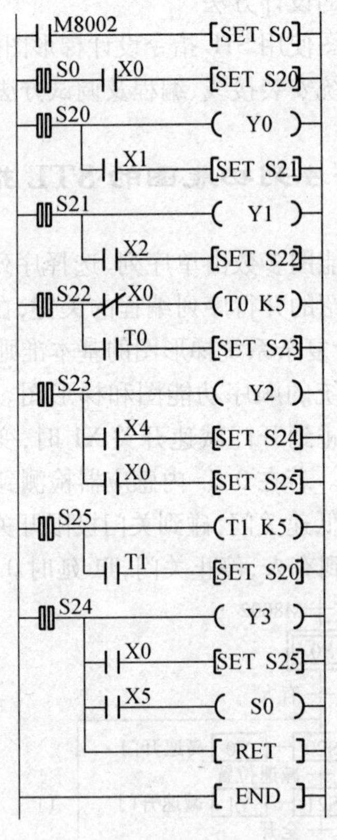

图 3-30　自动门控制梯形图

二、选择序列合并的编程方法

图 3-29 中的步 S20 之前有一个由两条支路组成的选择序列的合并，当 S0 为活动步，转换条件 X0 得到满足，或者步 S25 为活动步，转换条件 T1 得到满足，都将使步 S20 变为活动步，同时系统程序将步 S0 或步 S25 复位为不活动步。

在梯形图中（如图 3-30），由 S0 和 S25 的 STL 触点驱动的电路块中均有转换目标 S20，对它们的后续步 S20 的置位（将它变为活动步）是用 SET 指令实现的，对相应前级步的复位（将它变为不活动步）是由系统程序自动完成的。其实在设计梯形图时，没有必要特别留意选择序列的合并，只要正确地确定每一步的转换条件和转换目标，就能"自然地"实现选择序列的合并。

三、选择序列 STL 指令编程举例

使用顺序控制法设计复杂系统的梯形图时,首先根据对系统的控制要求设计出功能图,这是设计工作的关键所在。下面通过例子,练习选择序列顺序控制功能图的设计。

大小工件分拣的选择序列功能图设计及编程方法。

图 3-31 是将大小钢质工件分拣传送的示意图,图中左上方为原点,动作顺序为下降、吸引、上升、右行、下降、释放、上升、左行。此外,机械臂下降时,若电磁铁吸住大工件,下限开关 SQ2 断开;若吸住小工件,SQ2 接通。

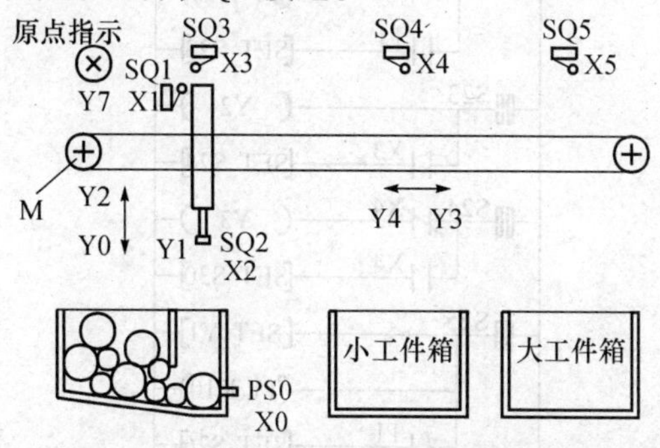

图 3-31 大小工件分拣传送示意图

图 3-32 为大小工件分拣传送的顺序功能图。本例中设定机械手初始位置为原点位置,大小工件区分由下降时间继电器 T0 的时间设定值和下限位开关 X2(SQ2)决定。当定时时间 T0 到,且 X2 = ON 时,机械手触抓小工件,反之触抓为大工件。图中步 S21 之后,就是选择是小工件还是大工件的 S22、S25 两条分支;S30 之前就是两条支路组成的选择序列的合并。其梯形图如图 3-33 所示。

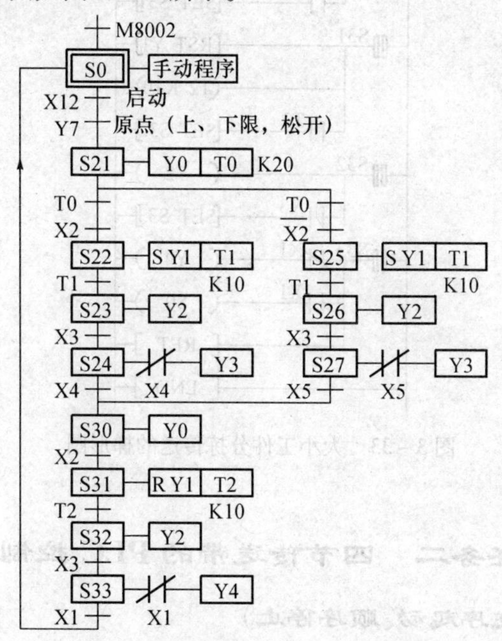

图 3-32 大小工件分拣传送的顺序功能图

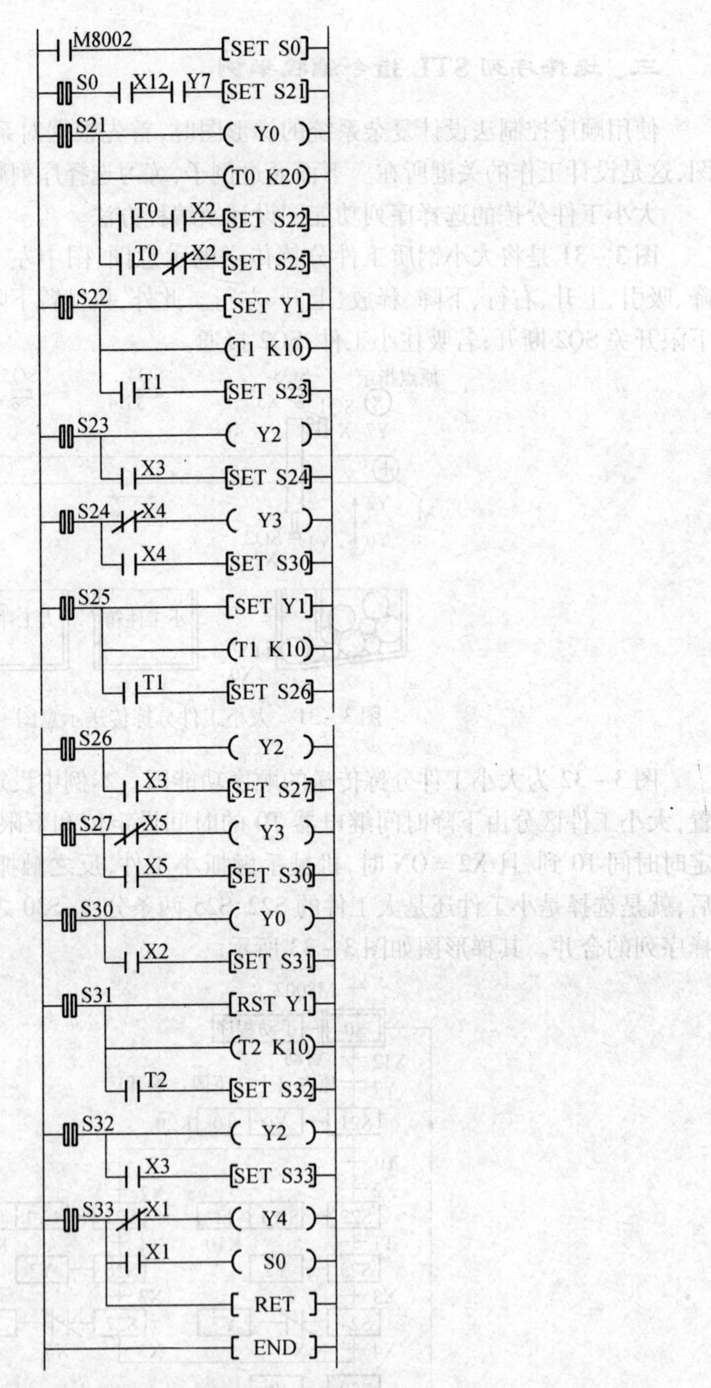

图 3－33　大小工件分拣传送的梯形图

任务二　四节传送带的 PLC 控制

一、控制要求(逆序起动、顺序停止)

(1) 图 3－34 为四节传送带控制示意图。起动时,先起动最末的皮带电机 M4,间隔

5s 再依次逆序起动其他的皮带电机。

（2）停止时，按停止按钮应先停止皮带电机 M1，间隔 3s 再依次顺序停止 M2、M3 及 M4 电机。

（3）在起动过程中，若需停机也应能完成顺序停止。例如当在 M3 起动过程中、M2 起动之前需要停机时，按下停止按钮，M3 立即停止，3s 后 M4 再停止。

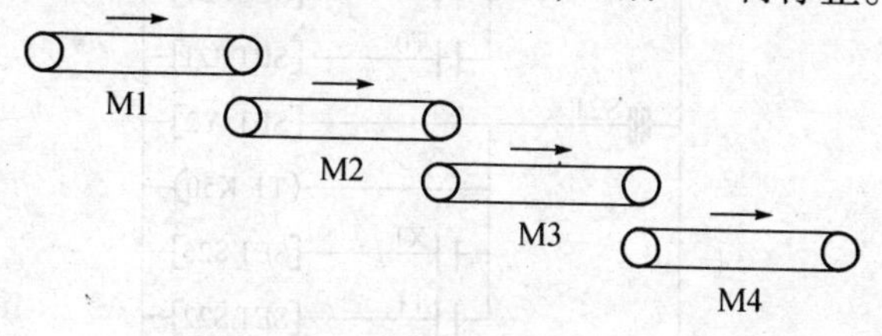

图 3-34　四节传送带控制示意图

二、PLC 输入、输出地址分配及外部接线图

起动 SB1：X0

停止 SB2：X1

皮带机 M4：Y3

皮带机 M3：Y2

皮带机 M2：Y1

皮带机 M1：Y0

PLC 外部接线图如图 3-35 所示。

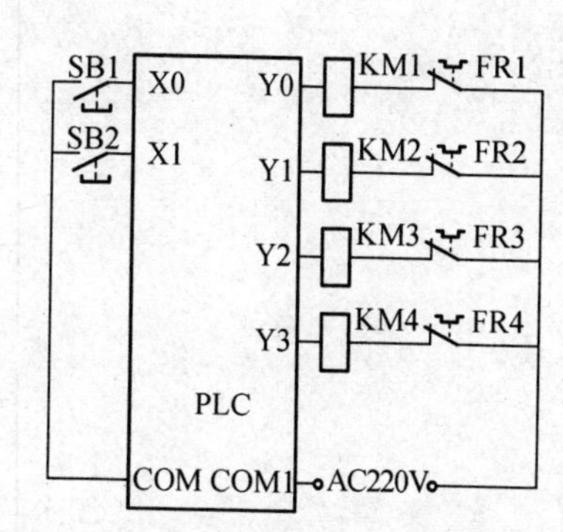

图 3-35　传送带 PLC 外部接线图

三、选择序列功能图及 STL 指令梯形图

功能图及 STL 指令梯形图如图 3-36(a)、(b)所示。

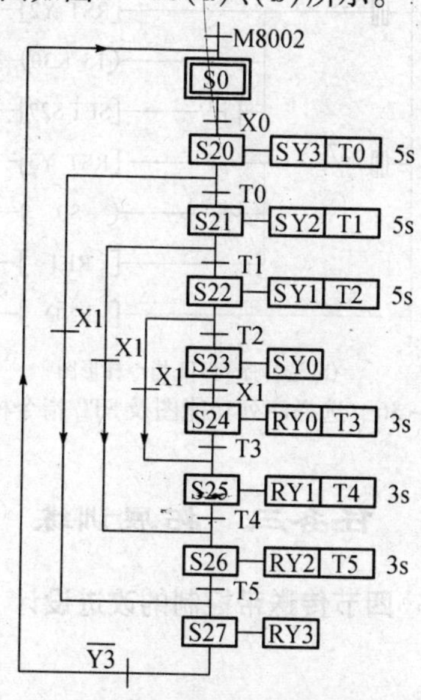

(a) 选择序列顺序功能图

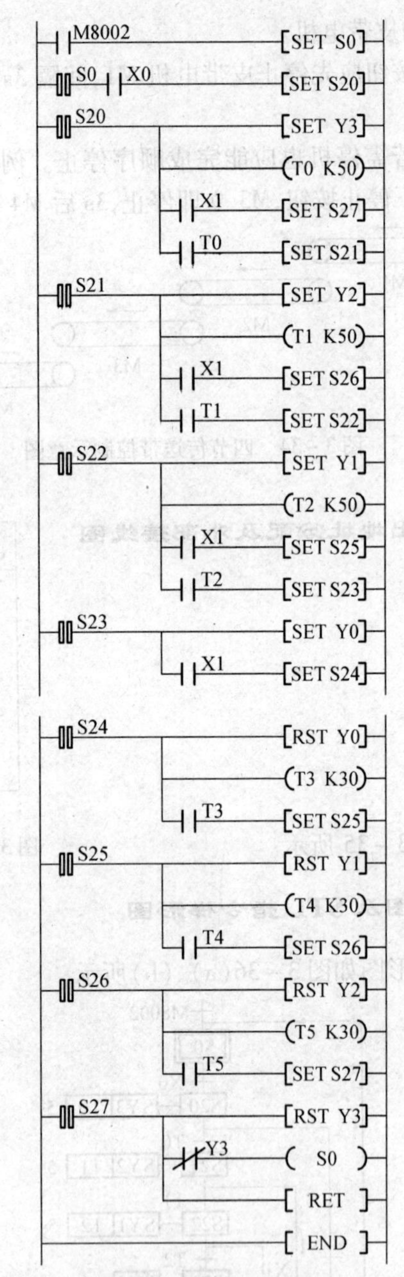

(b) 选择序列STL指令梯形图

图 3－36　选择序列功能图及 STL 指令梯形图

任务三　拓展训练

四节传送带控制的改进设计

一、控制要求

(1) 图 3－34 为四节传送带控制示意图。起动时,先起动最末的皮带电机 M4,间隔

5s 再依次逆序起动其他的皮带电机。

(2) 停止时,按停止按钮应先停止皮带电机 M1,间隔 3s 再依次顺序停止 M2、M3 及 M4 电机。

(3) 在运行过程中,若其中一节传送带故障也应能完成顺序停止。例如在运行时 M2 故障则 M1、M2 应立即停止,3s 后 M3 停止,再 3s 后 M4 停止。

二、PLC 输入、输出地址分配及外部接线图

起动 SB1:X0
停止 SB2:X1
皮带机 M1 故障:X2
皮带机 M2 故障:X3
皮带机 M3 故障:X4
皮带机 M4 故障:X5
皮带机 M4:Y3
皮带机 M3:Y2
皮带机 M2:Y1
皮带机 M1:Y0
PLC 外部接线图如图 3-37 所示。

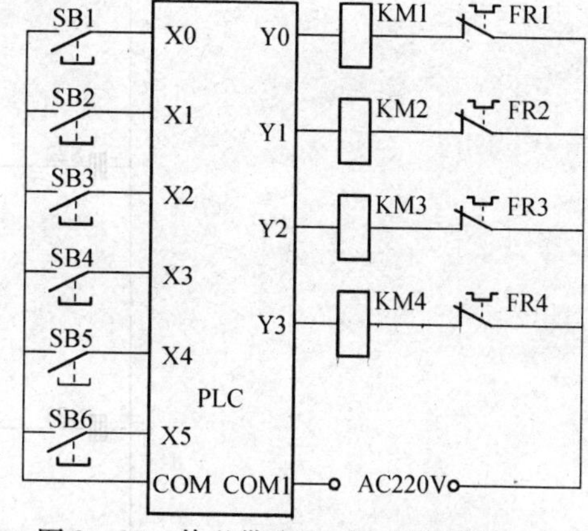

图 3-37 传送带改进 PLC 外部接线图

三、选择序列功能图及 STL 指令梯形图

功能图和 STL 指令梯形图分别如图 3-38 的图(a)、(b)所示。

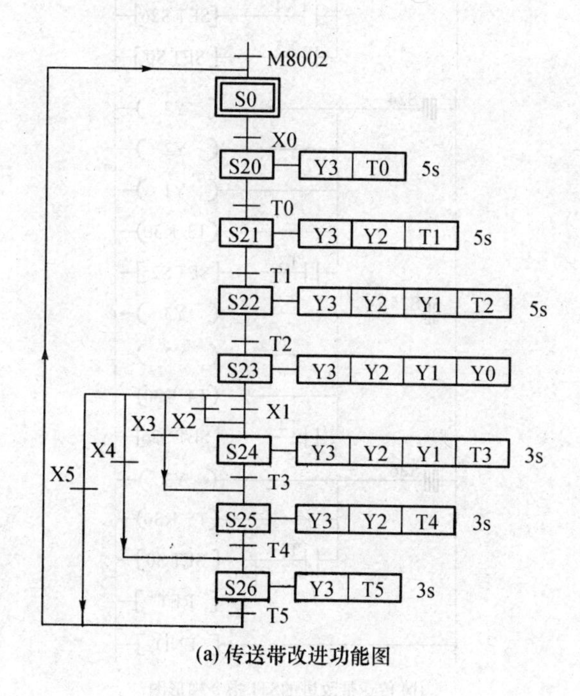

(a) 传送带改进功能图

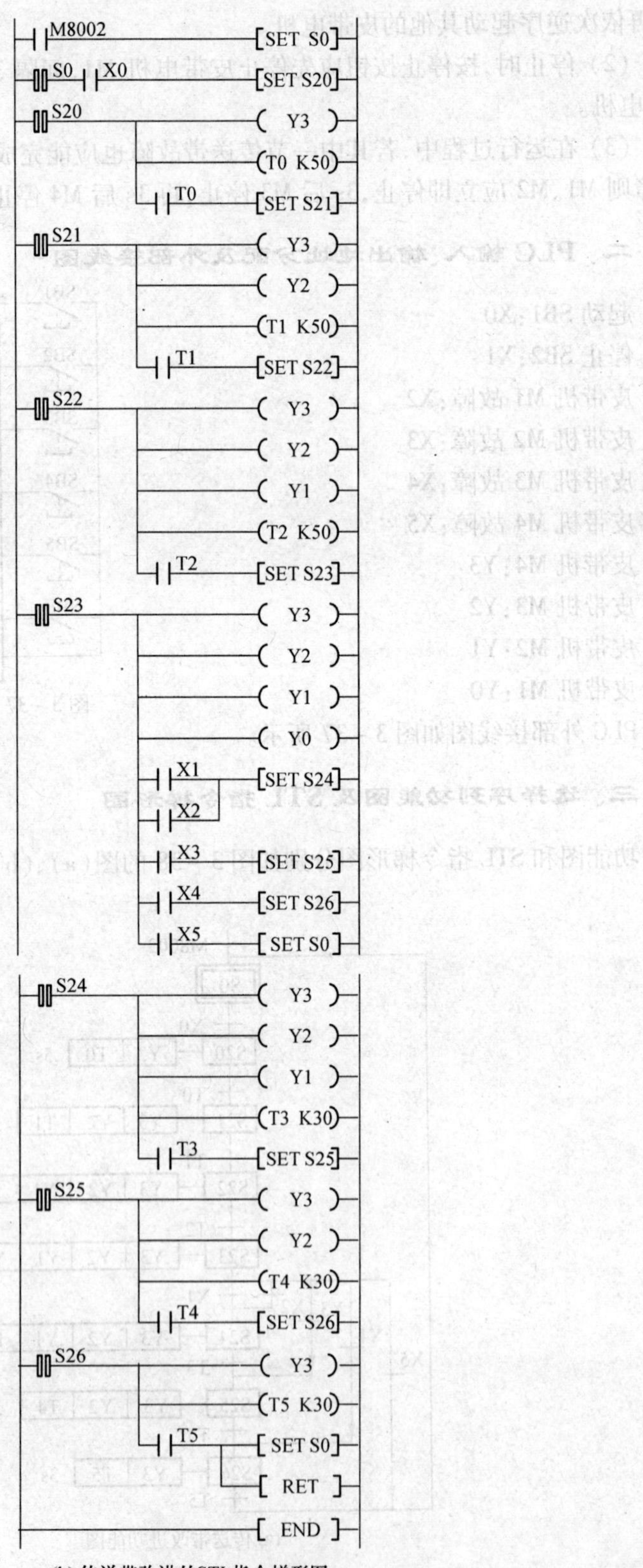

(b) 传送带改进的STL指令梯形图

图3－38　传送带改进功能图和STL指令梯形图

思考与练习

1. 使用步进梯形指令(STL)设计法,设计出图3-39所示选择序列顺序功能图的梯形图程序,并写出对应的指令表程序。

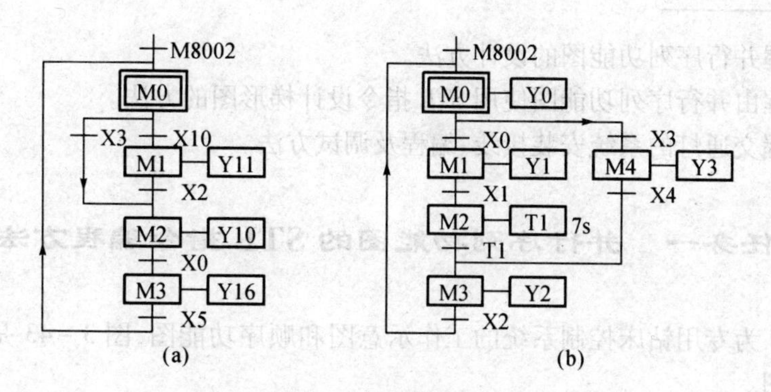

图3-39 题1图

2. 指出图3-40(a)、(b)所示的顺序功能图中的错误。

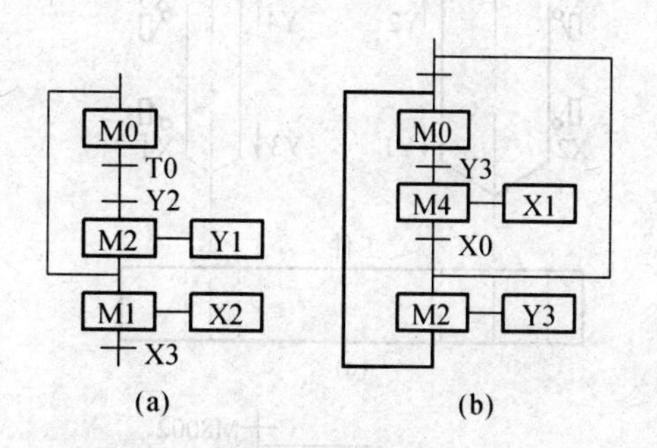

图3-40 题2图

3. 三节传送带顺序相连,如图3-41所示,按下起动按钮X0,3号传送带Y3开始起动,10s后2号传送带Y2起动,再过10s后1号传送带Y1起动。停机的顺序与起动的顺序刚好相反,间隔时间为8s。并且在起动过程中,若需停机也应能完成顺序停止,例如当在Y2起动过程中、Y1起动之前需要停机时,按下停止按钮,Y2立即停止,3s后Y3再停止。设计出此选择序列功能图并用STL指令设计梯形图程序。

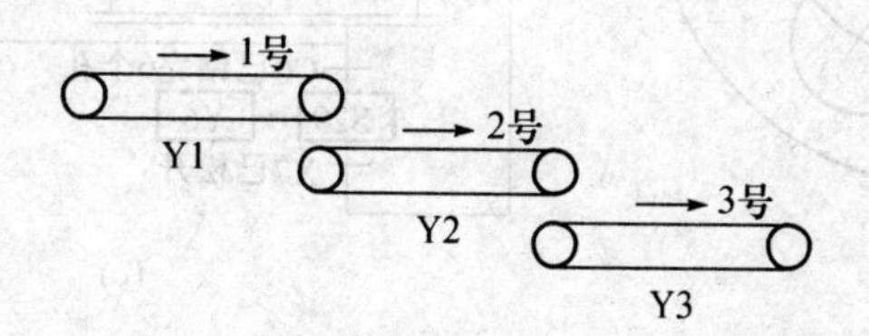

图3-41 题3图

项目3　十字路口交通灯的 PLC 控制

本项目介绍并行序列功能图及 STL 指令设计法。

(1) 掌握并行序列功能图的设计方法。

(2) 掌握由并行序列功能图使用 STL 指令设计梯形图的方法。

(3) 掌握交通灯的系统安装接线、编程及调试方法。

任务一　并行序列功能图的 STL 指令编程方法

图 3－42 为专用钻床控制系统的工作示意图和顺序功能图，图 3－43 是用 STL 指令编制的梯形图。

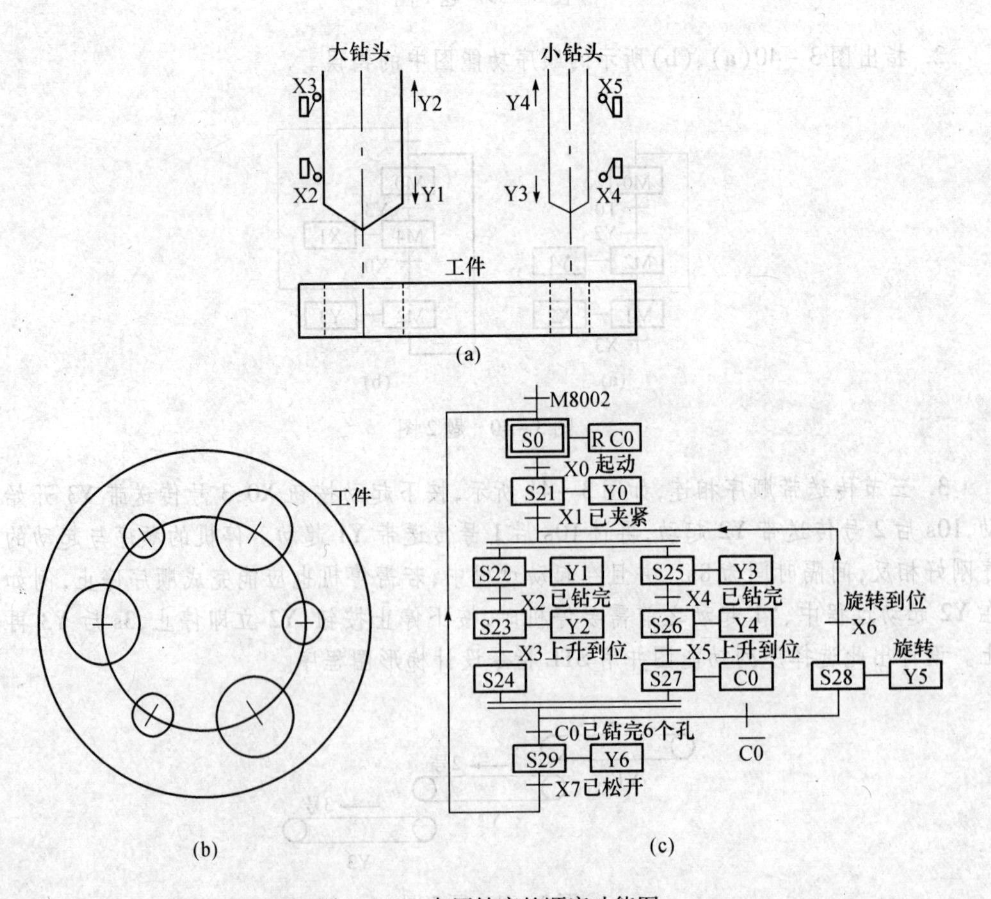

图 3－42　专用钻床的顺序功能图

功能图中分别由 S22 ~ S24 和 S25 ~ S27 组成的两个单序列是并行工作的,设计梯形图时应保证这两个序列同时开始工作和同时结束,即两个序列的第一步 S22 和 S25 应同时变为活动步,两个序列的最后一步 S24 和 S27 应同时变为不活动步(其中步 S24 为增加的一个等待步,它不进行任何操作,只是为了两个并行的子序列同时结束)。

一、并行序列分支的编程

并行序列分支的处理是很简单的,在图 3 - 42 中,当步 S21 是活动步,并且转换条件 X1 为 ON 时,步 S22 和 S25 同时变为活动步,两个序列开始同时工作。在图 3 - 43 的梯形图中,用 S21 的 STL 触点和 X1 的常开触点组成的串联电路来控制 SET 指令对 S22 和 S25 同时置位,系统程序自动地将前级步 S21 变为不活动步。

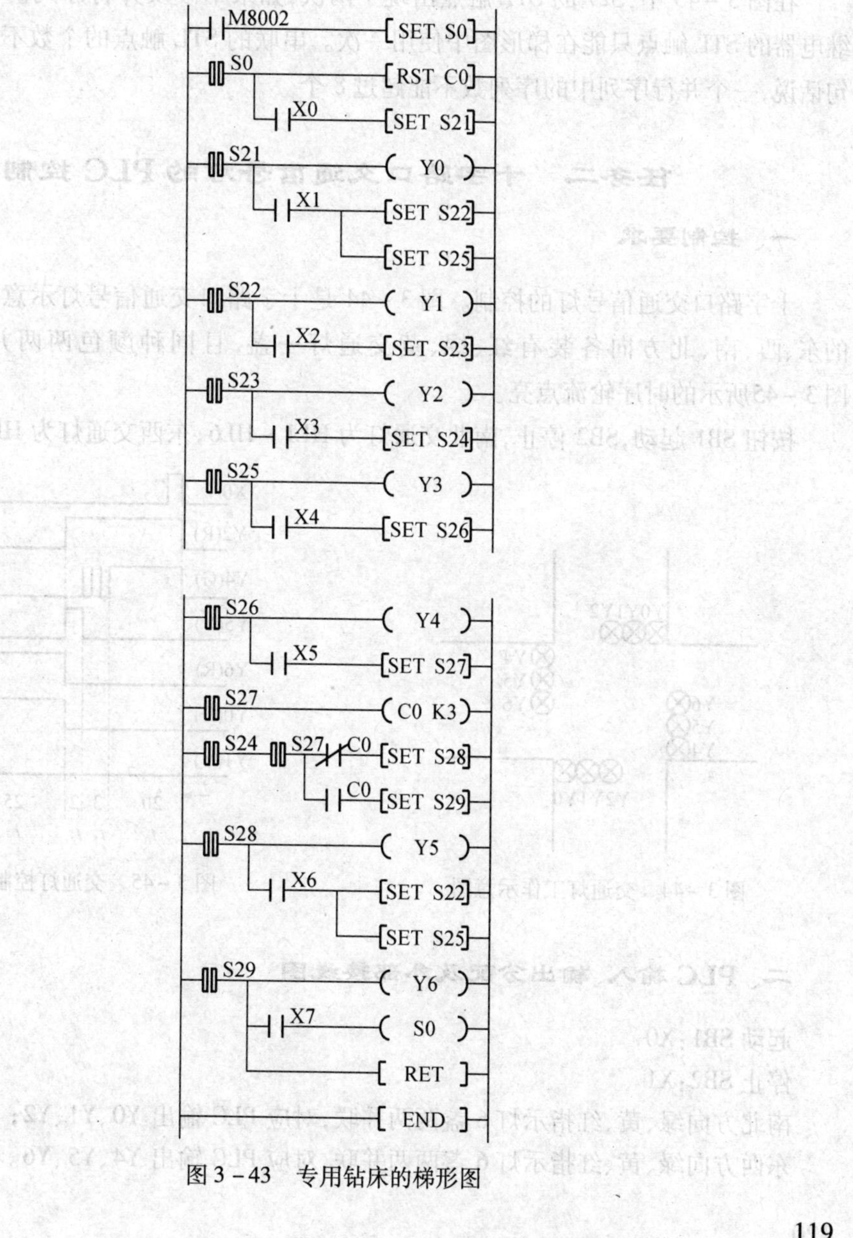

图 3 - 43　专用钻床的梯形图

二、并行序列合并的编程

图 3－42 中并行序列合并处的转换有两个前级步 S24 和 S27，根据转换实现的基本规则，当它们均为活动步并且转换条件满足，将实现并行序列的合并。未钻完 3 对孔时，C0 的常闭触点闭合，转换条件$\overline{\text{C0}}$满足，将转换到 S28，即该转换的后续步 S28 变为活动步（S28 被置位），系统程序自动地将该转换的前级步 S24 和 S27 同时变为不活动步。在梯形图中，用 S24，S27 的 STL 触点（均对应 STL 指令）和 C0 的常闭触点组成的串联电路使 S28 置位。当钻完 3 对孔时，C0 的常开触点闭合，转换条件 C0 满足，将转换到步 S29。

在图 3－43 中，S27 的 STL 触点出现了两次，如果不涉及并行序列的合并，同一状态继电器的 STL 触点只能在梯形图中使用一次。串联的 STL 触点的个数不能超过 8 个，换句话说，一个并行序列中的序列数不能超过 8 个。

任务二　十字路口交通信号灯的 PLC 控制

一、控制要求

十字路口交通信号灯的控制。图 3－44 是十字路口交通信号灯示意图，在十字路口的东、西、南、北方向各装有红、绿、黄交通灯一盏，且同种颜色两两并联，它们按照图 3－45所示的时序轮流点亮。

按钮 SB1 起动，SB2 停止，南北交通灯为 HL1～HL6；东西交通灯为 HL7～HL12。

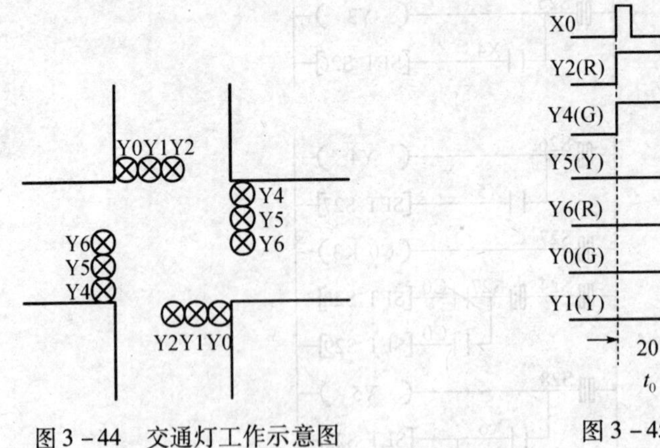

图 3－44　交通灯工作示意图　　图 3－45　交通灯控制时序图

二、PLC 输入、输出分配及外部接线图

起动 SB1：X0

停止 SB2：X1

南北方向绿、黄、红指示灯 6 盏两两并联，对应 PLC 输出 Y0、Y1、Y2；

东西方向绿、黄、红指示灯 6 盏两两并联，对应 PLC 输出 Y4、Y5、Y6。

交通灯 PLC 控制的外部接线图如图 3－46 所示。

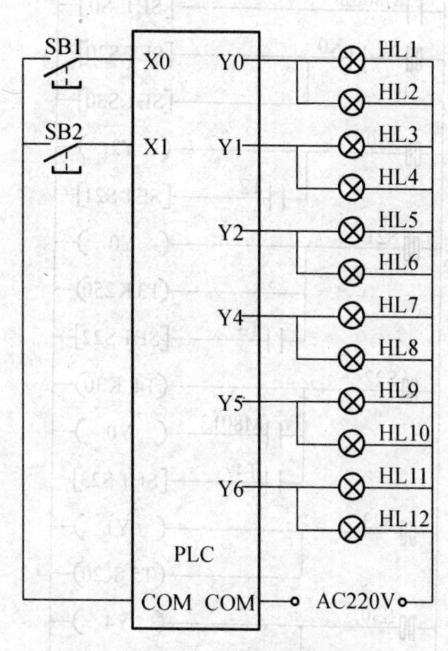

图 3－46　PLC 外部接线图

三、并行序列功能图及 STL 指令梯形图

交通灯控制并行序列顺序功能图如图 3－47 所示。并行序列功能图由 STL 指令设计的梯形图如图 3－48 所示。

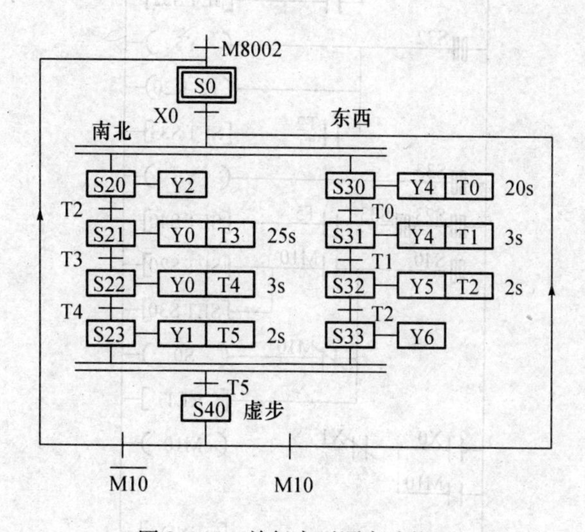

图 3－47　并行序列顺序功能图

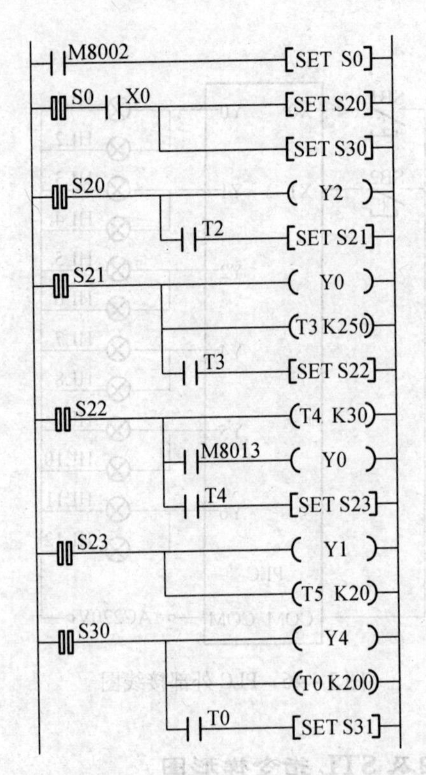

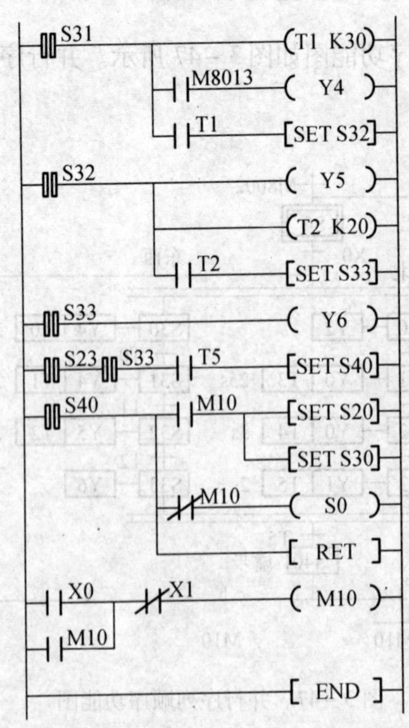

图 3-48　并行序列 STL 指令设计的梯形图

思考与练习

1. 使用步进梯形指令(STL)设计法,设计出图3－49所示并行序列顺序功能图的梯形图程序,并写出对应的指令表程序。

2. 指出图3－50所示的顺序功能图中的错误。

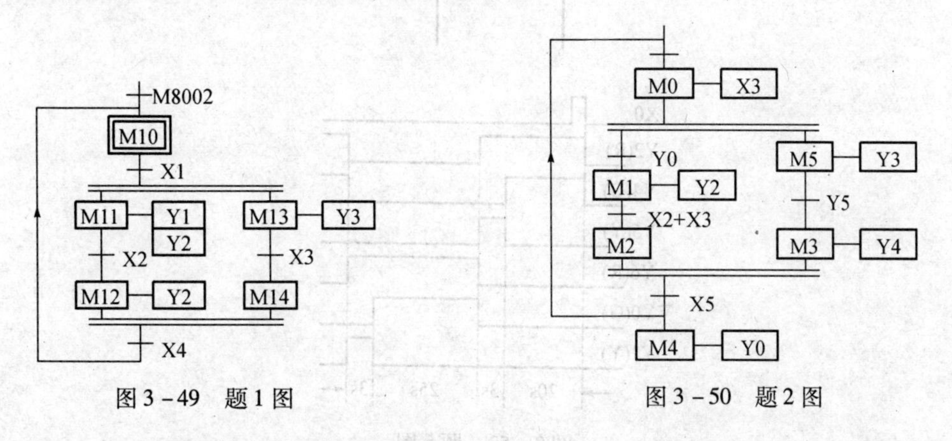

图3－49　题1图　　图3－50　题2图

3. 写出图3－51所示梯形图对应的指令表程序,并设计出局部的顺序功能图。

4. 使用步进梯形指令(STL)设计法,设计出图3－52所示顺序功能图的梯形图程序,并写出对应的指令表程序。

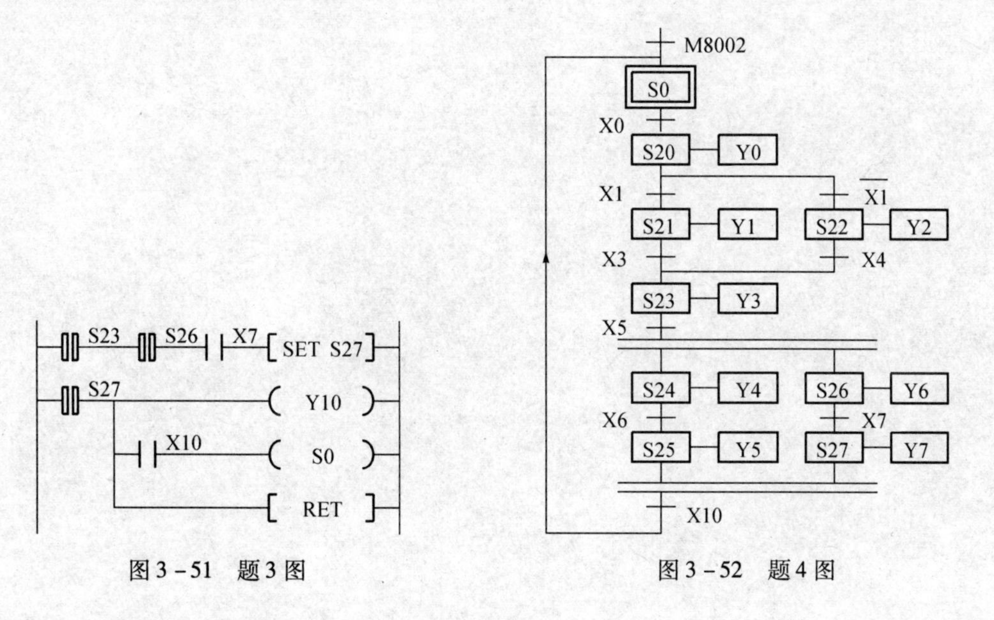

图3－51　题3图　　图3－52　题4图

5. 在十字路口的东、西、南、北方向装有红、绿、黄交通灯,它们按照图3－53所示的时序轮流点亮。使用步进梯形指令(STL)设计法,设计出顺序功能图及对应的梯形图程序。

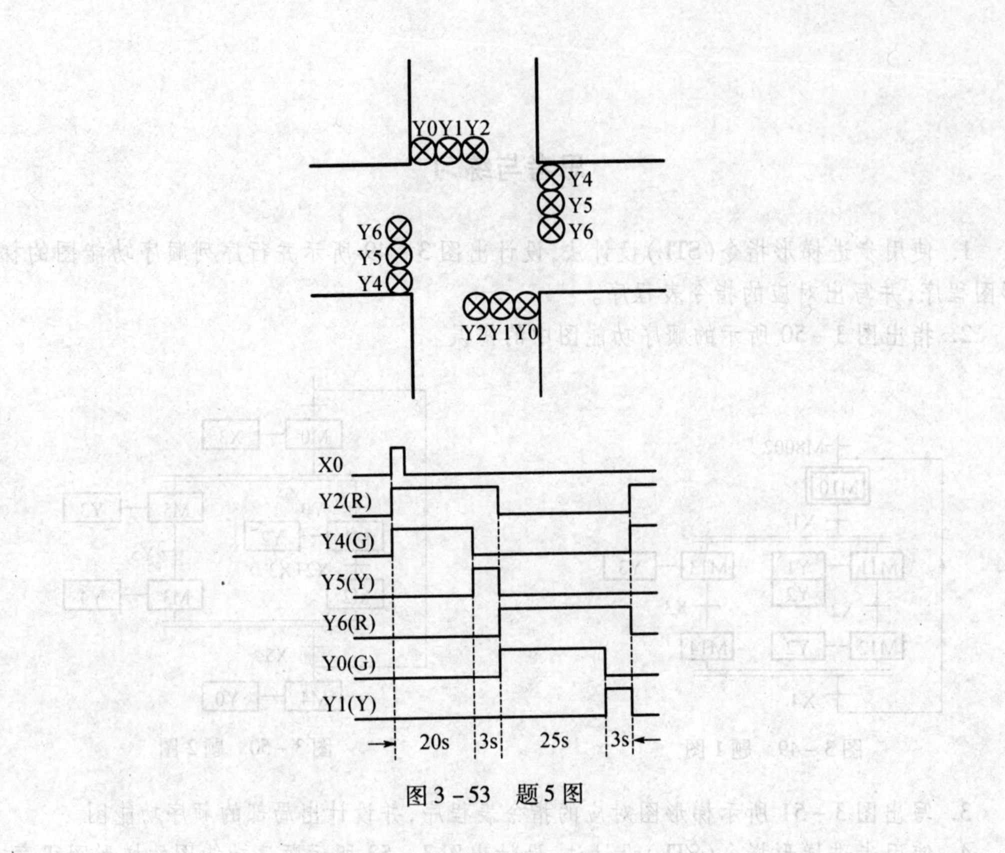
Y0Y1Y2
Y4
Y5
Y6
Y6
Y5
Y4
Y2Y1Y0

X0
Y2(R)
Y4(G)
Y5(Y)
Y6(R)
Y0(G)
Y1(Y)
20s
3s
25s
3s

图 3-53　题 5 图

项目4　运料小车的PLC控制

本项目根据单序列、选择序列的功能图,介绍使用SET、RST设计梯形图的方法。

(1) 掌握梯形图的SET、RST指令设计法。
(2) 掌握单序列、选择序列的功能图,使用SET、RST指令设计梯形图的方法。
(3) 掌握运料小车的系统安装接线、编程及调试方法。

任务一　梯形图的SET、RST指令设计法

根据顺序功能图来设计梯形图时,可以用辅助继电器M来代表步。某一步为活动步时,对应的辅助继电器为ON,某一转换实现时,该转换的后续步变为活动步,前级步变为不活动步。图3-54给出了使用SET、RST指令编程的顺序功能图与梯形图的对应关系。实现图中X1对应的转换需要同时满足两个条件,即该转换的前级步是活动步(M1=1)和转换条件满足(X1=1)。在梯形图中,可以用M1和X1的常开触点组成的串联电路来表示上述条件。该电路接通时,两个条件同时满足,此时应完成两个操作,即将该转换的后续步变为活动步(用SET　M2指令将M2置位)和将该转换的前级步变为不活动步(用RST　M1指令将M1复位)。

这种编程方法与转换实现的基本规则之间有着严格的对应关系,用它编制复杂的顺序功能图的梯形图时,更能显示出它的优越性。

现在学习的SET、RST指令的编程方法和使用起保停电路(后面介绍)的编程方法,这两种编程方法的通用性很强,可用于各个厂家的PLC。

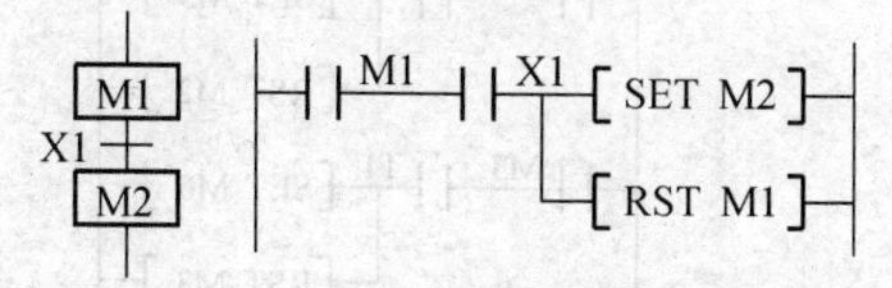

图3-54　SET、RST指令编程方式

一、单序列功能图SET、RST指令设计法

图3-55(a)中的两条运输带顺序相连,为了避免运送的物料在2号运输带上堆积,按下起动按钮后,2号运输带开始运行,5s后1号运输带自动起动。停机的顺序与起动的顺序刚好相反,间隔仍然为5s。

图3-55(b)、(c)分别为顺序功能图和梯形图。在顺序功能图中,如果某一转换所有的前级步都是活动步并且相应的转换条件满足,则转换可实现。即所有由有向连线与相应转换符号相连的后续步都变为活动步,而所有由有向连线与相应转换符号相连的前级步都变为不活动步。在SET、RST的编程方法中,用该转换所有前级步对应的

辅助继电器的常开触点与转换对应的触点或电路串联，作为使所有后续步对应的辅助继电器置位（使用 SET 指令）和使所有前级步对应的辅助继电器复位（使用 RST 指令）的条件。在任何情况下，代表步的辅助继电器的控制电路都可以用这一原则来设计，每一个转换对应一个这样的控制置位和复位的电路块，有多少个转换就有多少个这样的电路块。这种设计方法特别有规律，在设计复杂的顺序功能图的梯形图时，既容易掌握，又不容易出错。

使用这种编程方法时，不能将输出继电器的线圈与 SET 和 RST 指令并联，这是因为图 3－55(c)中前级步和转换条件对应的串联电路接通的时间相当短（只有一个扫描周期），转换条件满足后前级步马上被复位，在下一扫描周期控制置位、复位的串联电路被断开，而输出继电器的线圈至少应该在某一步对应的全部时间内被接通。所以应根据顺序功能图，用代表步的辅助继电器的常开触点或它们的并联电路来驱动输出继电器的线圈。

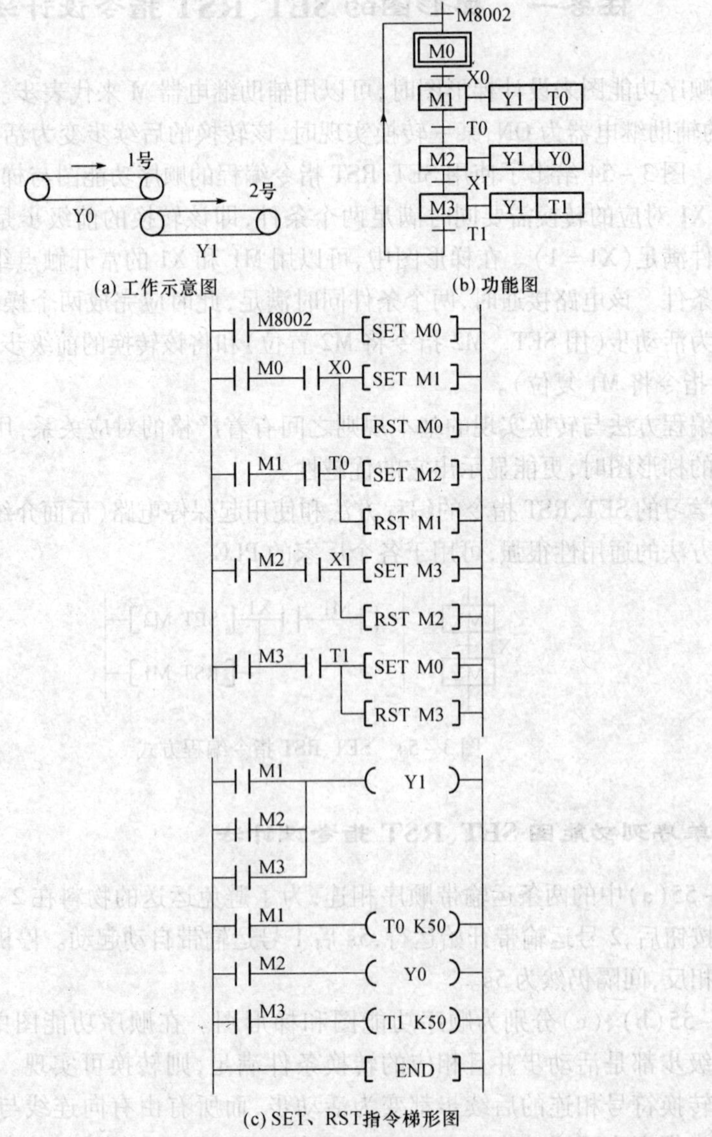

图 3－55　两节传送带的 PLC 控制

二、选择序列功能图 SET、RST 指令设计法

如果某一转换与并行序列的分支、合并无关，它的前级步和后续步都只有一个，需要复位、置位的辅助继电器也只有一个，因此对选择序列的分支与合并的编程方法实际上与对单序列的编程方法完全相同。

本模块的项目 1 中液体混合装置的改进控制，使用 SET、RST 指令设计法时的功能图和梯形图如图 3－56 所示。

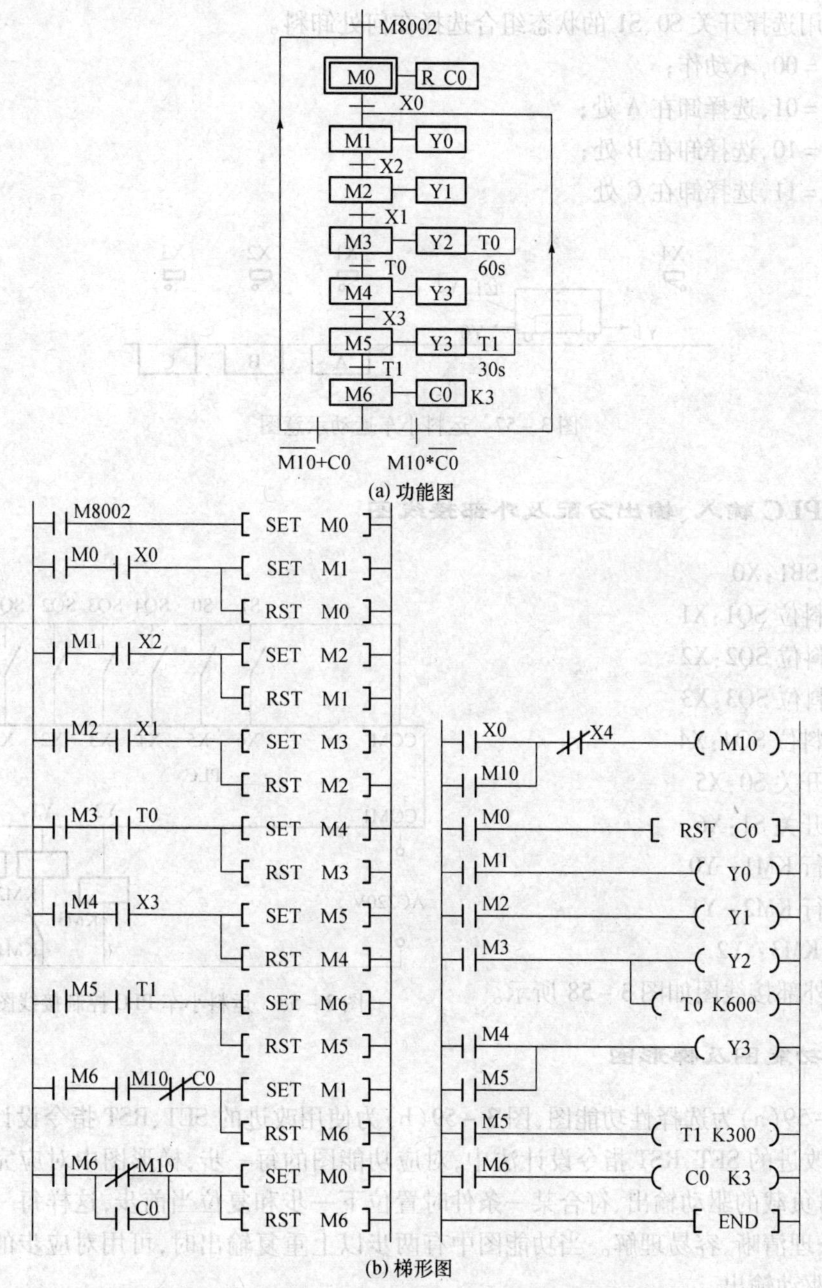

图 3－56　SET、RST 指令设计的功能图和梯形图

任务二　运料小车的PLC控制——改进的SET、RST指令设计法

一、控制要求

(1) 运料小车运送三种原料的运动示意图如图3－57所示。运料小车在左侧装料处,从a、b、c三种原料中选择一种装入,然后右行送料,到相应位置A、B、C处,仓门打开5s卸料,再左行返回装料处。

(2) 用选择开关S0、S1的状态组合选择在何处卸料。

S1S0＝00,不动作;

S1S0＝01,选择卸在A处;

S1S0＝10,选择卸在B处;

S1S0＝11,选择卸在C处。

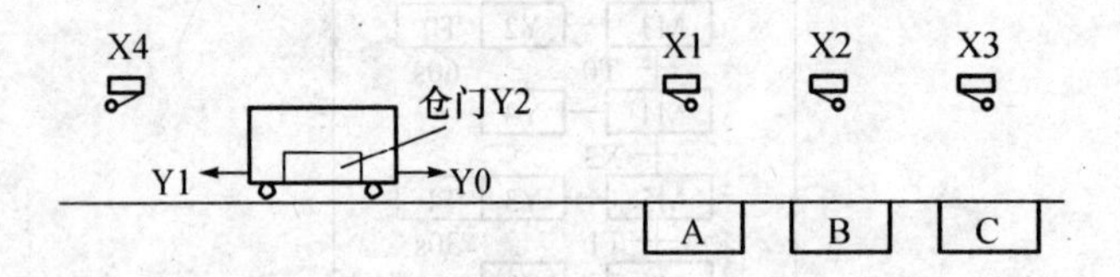

图3－57　运料小车运动示意图

二、PLC输入、输出分配及外部接线图

起动SB1:X0

A卸料位SQ1:X1

B卸料位SQ2:X2

C卸料位SQ3:X3

左装料位SQ4:X4

选择开关S0:X5

选择开关S1:X6

车右行KM1: Y0

车左行KM2: Y1

仓门KM3: Y2

PLC外部接线图如图3－58所示。

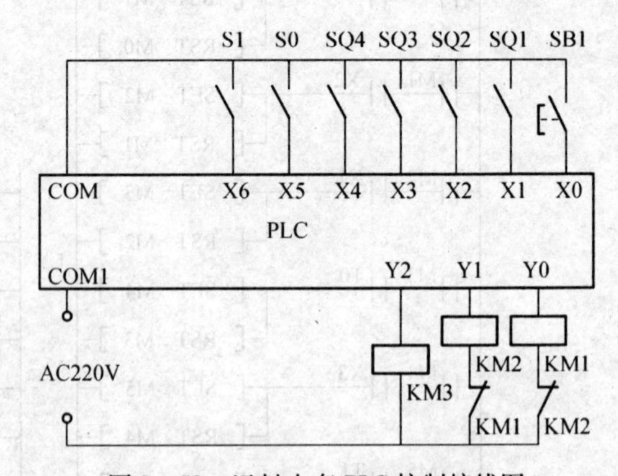

图3－58　运料小车PLC控制接线图

三、功能图及梯形图

图3－59(a)为选择性功能图,图3－59(b)为使用改进的SET、RST指令设计的梯形图。这种改进的SET、RST指令设计法中,对应功能图的每一步,梯形图中对应完成四个任务,即对负载的驱动输出、符合某一条件时置位下一步和复位当前步,这样每一步的任务完整、条理清晰、容易理解。当功能图中有两步以上重复输出时,可用对应步的辅助继电器并联驱动输出。

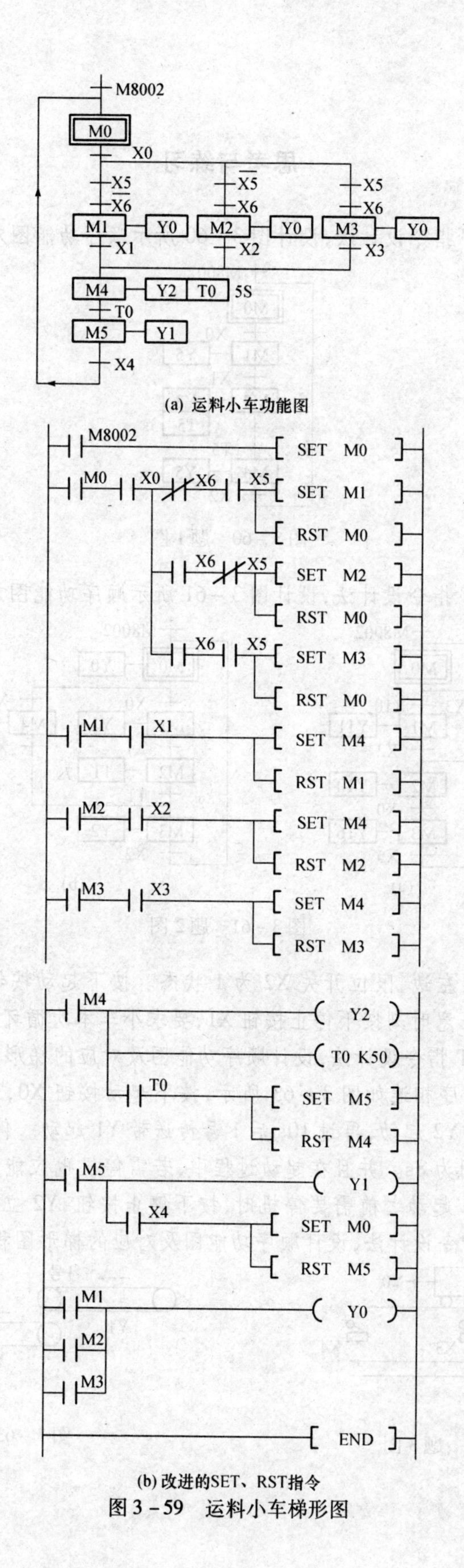

(a) 运料小车功能图

(b) 改进的SET、RST指令

图 3－59　运料小车梯形图

思考与练习

1. 使用 SET、RST 指令设计法,设计图 3-60 所示顺序功能图对应的梯形图程序。

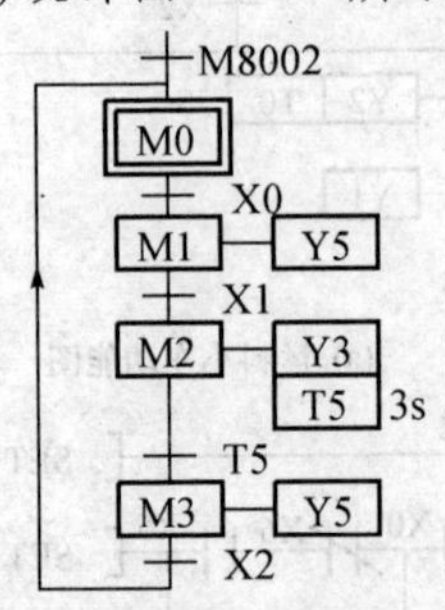

图 3-60 题 1 图

2. 使用 SET、RST 指令设计法,设计图 3-61 所示顺序功能图对应的梯形图程序。

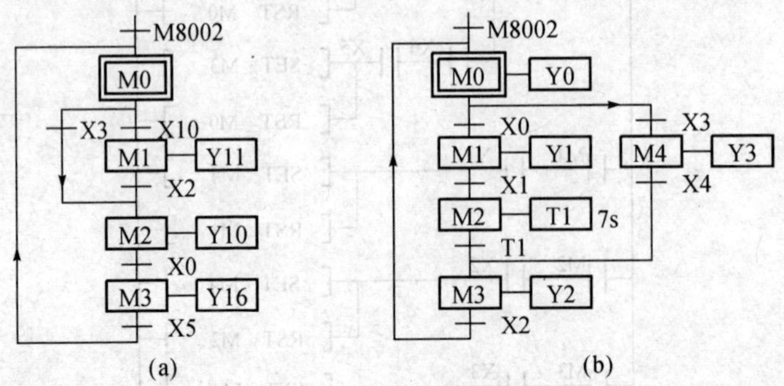

图 3-61 题 2 图

3. 小车开始停在左边,限位开关 X2 为 1 状态。按下起动按钮 X0,小车按图 3-62 所示路线连续运行,任意时刻按下停止按钮 X1,要求小车本次循环结束后,最终停在左边 X2 处。使用 SET、RST 指令设计法,设计顺序功能图及对应的梯形图程序。

4. 三节传送带顺序相连如图 3-63 所示,按下起动按钮 X0,3 号传送带 Y3 开始起动,10s 后 2 号传送带 Y2 起动,再过 10s 后 1 号传送带 Y1 起动。停机的顺序与起动的顺序刚好相反,间隔时间为 8s。并且在起动过程中,若需停机也应能完成顺序停止,例如当在 Y2 起动过程中、Y1 起动之前需要停机时,按下停止按钮,Y2 立即停止,3s 后 Y3 再停止。使用 SET、RST 指令设计法,设计顺序功能图及对应的梯形图程序。

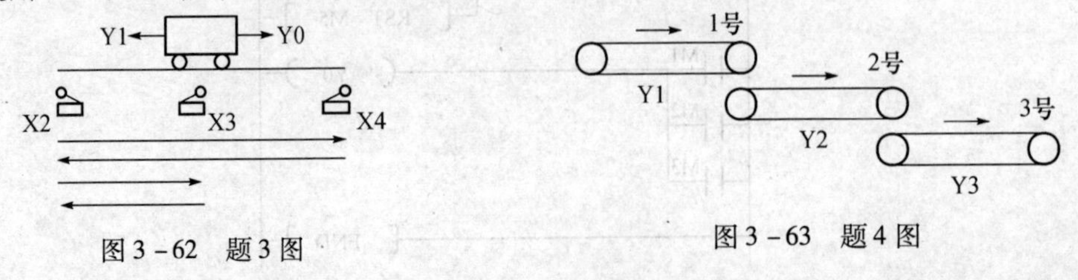

图 3-62 题 3 图

图 3-63 题 4 图

项目5　剪板机的PLC控制

本项目根据并行序列的功能图,介绍使用SET、RST设计梯形图的方法。

(1) 掌握由并行序列的功能图,使用SET、RST指令设计梯形图的方法。
(2) 掌握剪板机的系统安装接线、编程及调试方法。

任务一　并行序列功能图SET、RST指令设计法

组合机床是针对特定工件和特定加工要求设计的自动化加工设备,通常由标准通用部件和专用部件组成,PLC是组合机床电气控制系统中的主要控制设备。

图3-64是双面钻孔组合机床工作示意图,机床在工件左右相对的两面钻孔,机床由动力滑台提供进给运动,刀具电动机固定在动力滑台上。工件装入夹具后,按下起动按钮X0,工件被夹紧,限位开关X1变为ON,两侧的左、右动力滑台同时进行快速进给、工作进给和快速退回的加工循环,同时刀具电机也起动工作。两侧的加工均完成后,工件被松开,限位开关X10变为ON,动力滑台退回原位,一次加工的工作循环结束。

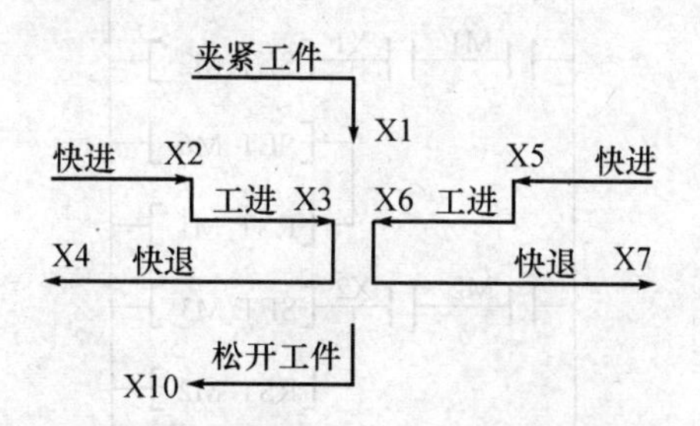

图3-64　双面钻孔组合机床工作示意图

在图3-65的顺序功能图中,有两个子序列构成的并行序列,两个子序列分别用来表示左、右侧滑台的进给运动,两个子序列应同时开始工作和同时结束。实际上左、右滑台的工作是先后结束的,为了保证并行序列中的各子序列同时结束,在各子序列的末尾增设了一个等待步(即步M5和M9),它们没有什么操作,如果两个子序列分别进入了步M5和M9,表示两侧滑台的快速退回均已结束(限位开关X4和X7均已动作),应转换到步M10,将工件松开。因此步M5和M9之后的转换条件为“=1”,表示应无条件转换,在梯形图3-66中,该转换可等效为一根短接线,或理解为不需要转换条件。

图3-65中,步M1之后有一个并行序列的分支,当M1是活动步,并且转换条件X1满足时,步M2与M6应同时变为活动步,这是用M1和X1的常开触点组成的串联电路使M2和M6同时置位来实现的(如图3-66);与此同时,步M1应变为不活动步,这是用复位指令来实现的。

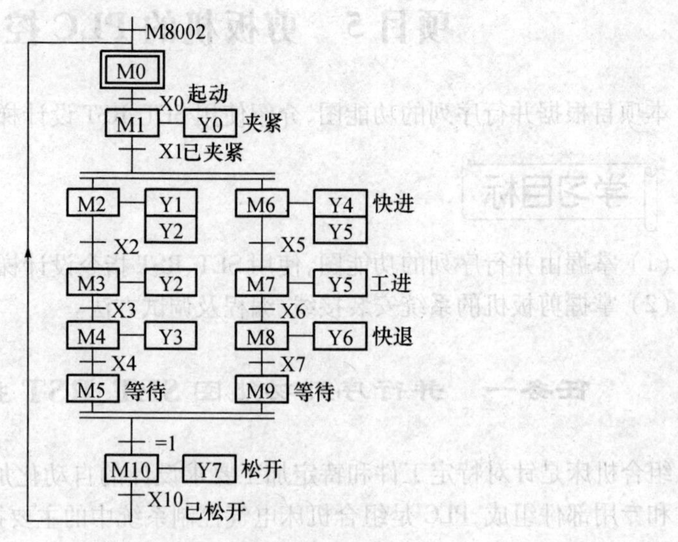

图 3-65　组合机床顺序功能图

M8002　[SET M0]
M0　X0　[SET M1]
　　　　[RST M0]
M1　X1　[SET M2]
　　　　[SET M6]
　　　　[RST M1]
M2　X2　[SET M3]
　　　　[RST M2]
M3　X3　[SET M4]
　　　　[RST M3]
M4　X4　[SET M5]
　　　　[RST M4]
M5　M9　[SET M10]
　　　　[RST M5]
　　　　[RST M9]
M6　X5　[SET M7]
　　　　[RST M6]

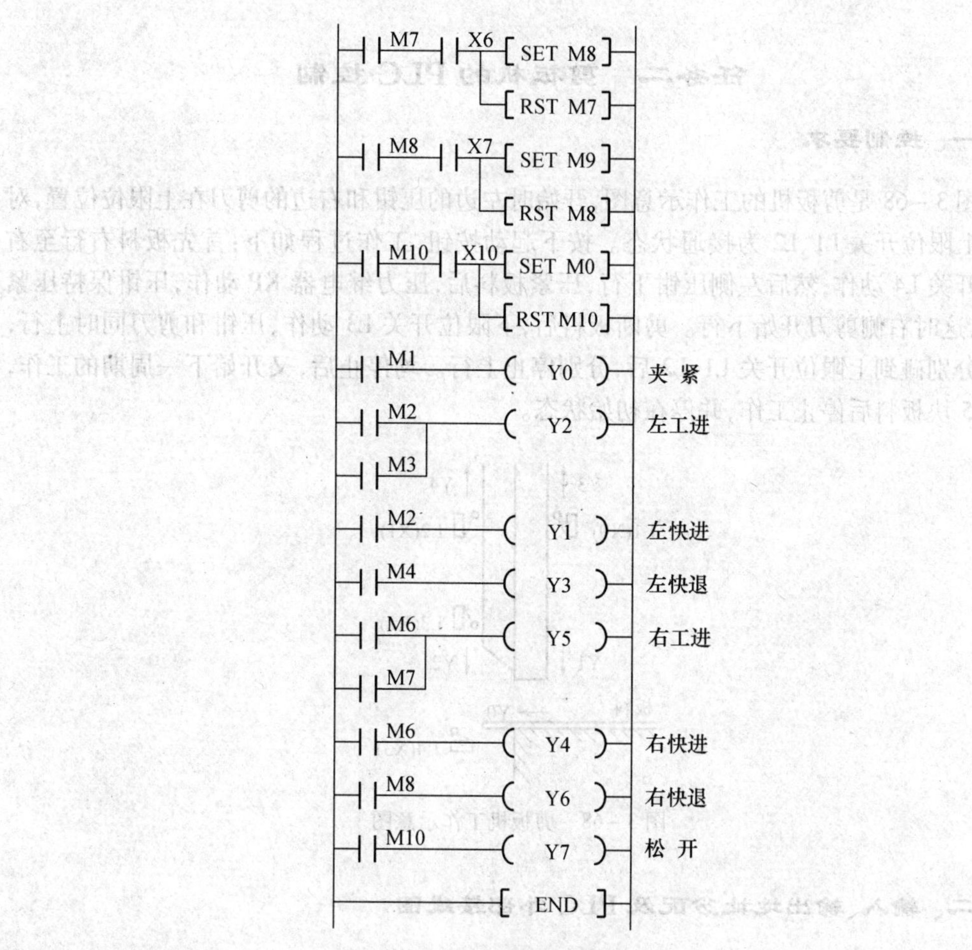

图3-66　SET、RST指令梯形图

在图3-65中，步M10之前有一个并行序列的合并，该转换实现的条件是所有的前级步（即步M5和M9）都是活动步，因为转换条件是"=1"，即不需要转换条件，在图3-66中，只需将M5和X9的常开触点串联，作为使M10置位和M5、M9复位的条件。

在图3-67（a）中，转换的上面是并行序列的合并，转换的下面是并行序列的分支，该转换实现的条件是所有的前级步（即步M13和M17）都是活动步和转换条件$X5+\overline{X7}$满足。由此可知，应将X5、M13、M17的常开触点和X7的常闭触点组成的串并联电路作为使M22、M26置位和M13、M17复位的条件，如图3-67（b）所示。

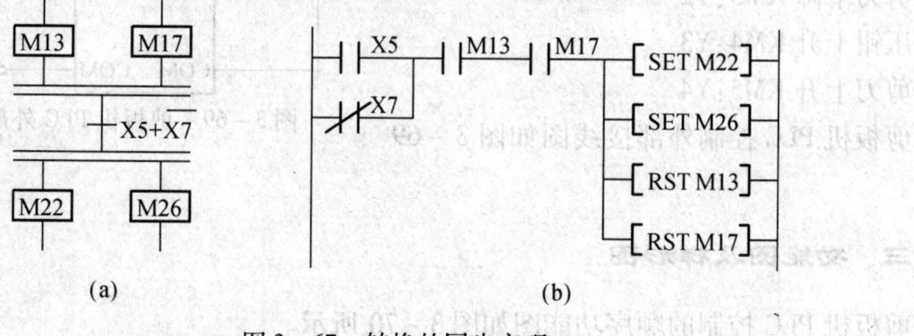

图3-67　转换的同步实现

任务二　剪板机的PLC控制

一、控制要求

图3－68是剪板机的工作示意图，开始时左边的压钳和右边的剪刀在上限位位置，对应的上限位开关L1、L2为接通状态。按下起动按钮，工作过程如下：首先板料右行至右限位开关L4动作，然后左侧压钳下行，压紧板料后，压力继电器KP动作，压钳保持压紧状态，这时右侧剪刀开始下行。剪断板料后，下限位开关L3动作，压钳和剪刀同时上行，它们分别碰到上限位开关L1、L2后，分别停止上行。均停止后，又开始下一周期的工作，剪完5块板料后停止工作，并停在初始状态。

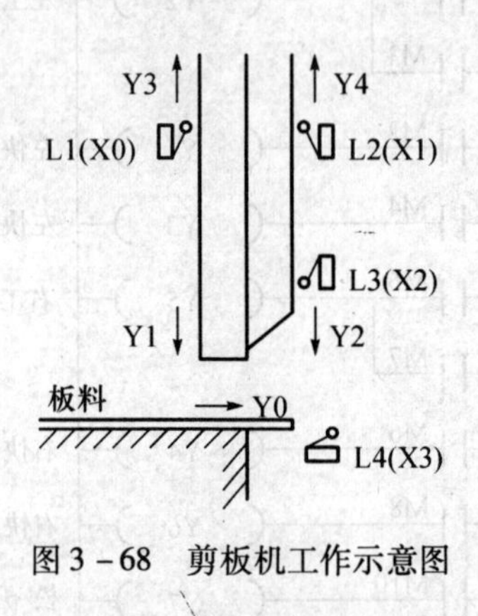

图3－68　剪板机工作示意图

二、输入、输出地址分配及PLC外部接线图

起动SB1：X5

压钳上限位L1：X0

剪刀上限位L2：X1

剪刀下限位L3：X2

板料右限位L4：X3

压力检测KP：X4

板料右行KM1：Y0

压钳下降KM2：Y1

剪刀下降KM3：Y2

压钳上升KM4：Y3

剪刀上升KM5：Y4

剪板机PLC控制外部接线图如图3－69所示。

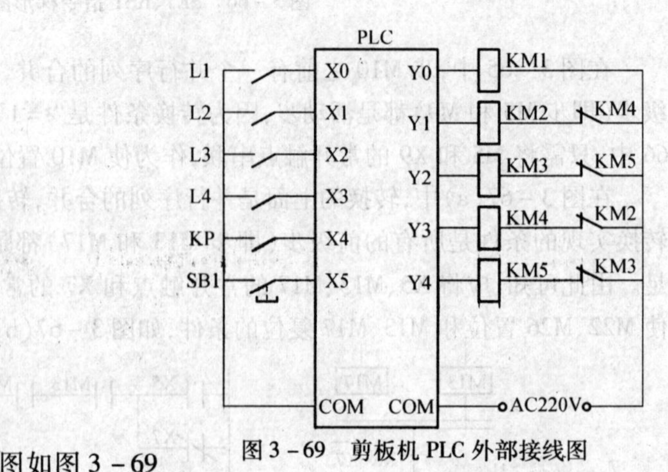

图3－69　剪板机PLC外部接线图

三、功能图及梯形图

剪板机PLC控制的顺序功能图如图3－70所示。

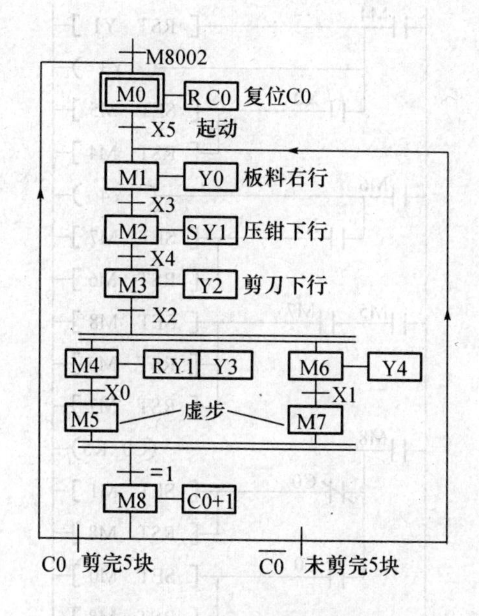

图 3－70　剪板机顺序功能图

顺序功能图中包括并行性序列和选择性序列两种结构，转换条件 X2 之后为两路并行性序列；步 M8 后为选择性序列的两个分支，它们合并于步 M1。两路并行序列中设置了步 M5、M7 作为虚步，它们用来同时结束两个并行序列。两个并行序列结束后的转换条件"＝1"相当于逻辑代数中的常数 1，即表示转换条件总是满足的，只要进入步 M5 和 M7，将马上转换到 M8 去。

剪板机使用改进的 SET、RST 指令设计的梯形图如图 3－71 所示。

```
M8002                  [ SET  M0 ]
M0                     [ RST  C0 ]
      X5               [ SET  M1 ]
                       [ RST  M0 ]
M1                     ( Y0 )
      X3               [ SET  M2 ]
                       [ RST  M1 ]
M2                     [ SET  Y1 ]
      X4               [ SET  M3 ]
                       [ RST  M2 ]
M3                     ( Y2 )
      X2               [ SET  M4 ]
                       [ SET  M6 ]
                       [ RST  M3 ]
```

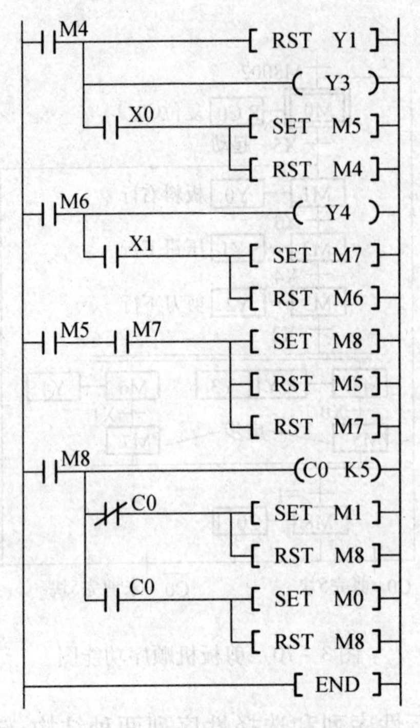

图 3-71 改进的 SET、RST 指令梯形图

图 3-70 的功能图中,在 M3 之后有一个并行序列的分支,当步 M3 为活动步,并且转换条件 X2 满足时,步 M4、M6 同时变为活动步。

图 3-71 的梯形图中,用 M3 的常开触点除驱动输出 Y2 外,再串联常开触点 X2 后,同时置位 M4、M6 来实现,与此同时,M3 被复位,变为不活动步。

功能图中步 M5 与 M7 之后,有一个并行序列的合并,当步 M5、M7 都是活动步时,立即转到 M8 去;梯形图中用 M5、M7 的常开触点串联后,去置位 M8,然后同时复位 M5 和 M7,使步 M5 和 M7 变为不活动步。

思考与练习

1. 使用 SET、RST 指令设计法,设计图 3-72 所示顺序功能图的梯形图程序。

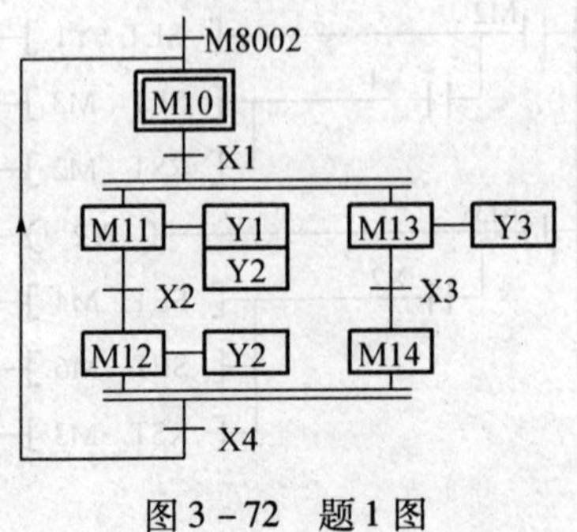

图 3-72 题 1 图

2. 使用 SET、RST 指令设计法，设计图 3－73 所示顺序功能图的梯形图程序。

3. 使用 SET、RST 指令设计法，设计图 3－74 所示信号灯控制系统的顺序功能图及梯形图程序。

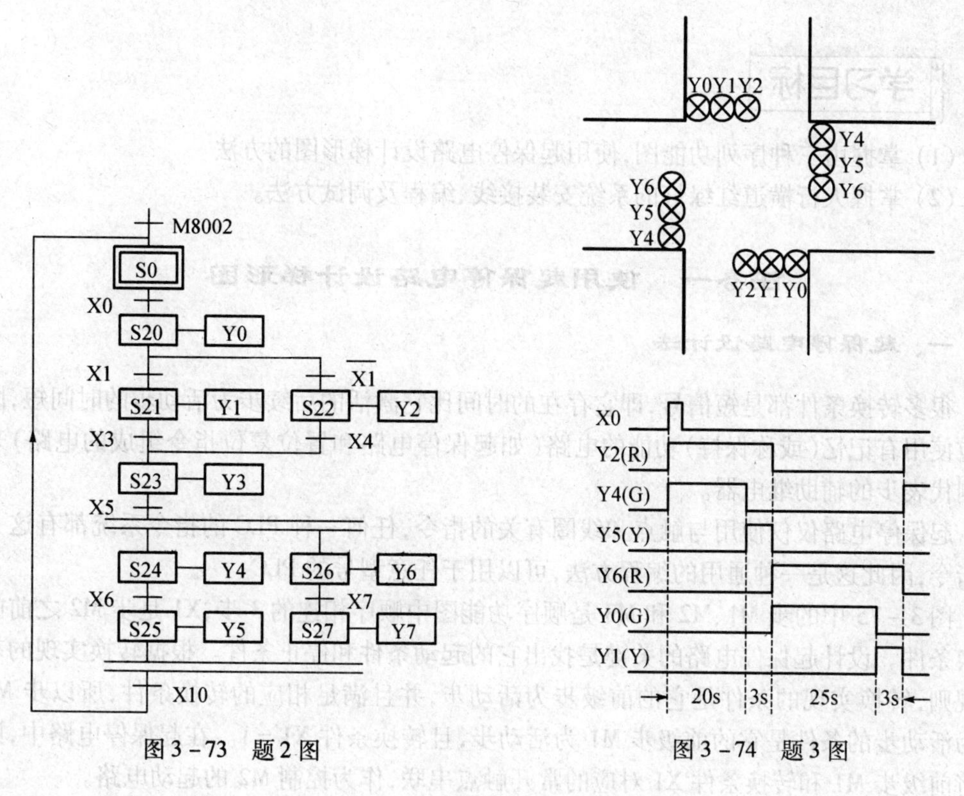

图 3－73　题 2 图　　　　图 3－74　题 3 图

项目6　人行横道红绿灯的PLC控制

学习目标

(1) 掌握由三种序列功能图,使用起保停电路设计梯形图的方法。

(2) 掌握人行横道红绿灯的系统安装接线、编程及调试方法。

任务一　使用起保停电路设计梯形图

一、起保停电路设计法

很多转换条件都是短信号,即它存在的时间比它激活的后续步为活动步的时间短,因此应使用有记忆(或称保持)功能的电路(如起保停电路和置位复位指令组成的电路)来控制代表步的辅助继电器。

起保停电路仅仅使用与触点和线圈有关的指令,任何一种 PLC 的指令系统都有这一类指令,因此这是一种通用的编程方法,可以用于任意型号的 PLC。

图 3－75 中的步 M1、M2 和 M3 是顺序功能图中顺序相连的 3 步,X1 是步 M2 之前的转换条件。设计起保停电路的关键是找出它的起动条件和停止条件。根据转换实现的基本规则,转换实现的条件是它的前级步为活动步,并且满足相应的转换条件,所以步 M2 变为活动步的条件是它的前级步 M1 为活动步,且转换条件 X1 =1。在起保停电路中,则应将前级步 M1 和转换条件 X1 对应的常开触点串联,作为控制 M2 的起动电路。

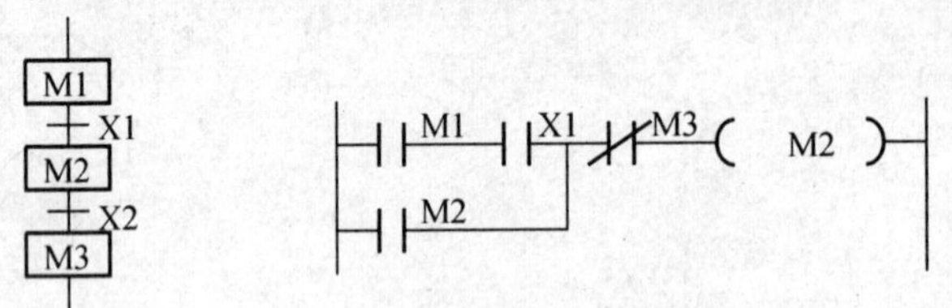

图 3－75　用起保停电路控制步

当 M2 和 X2 均为 ON 时,步 M3 变为活动步,这时步 M2 应变为不活动步,因此可以将 M3 =1 作为使辅助继电器 M2 变为 OFF 的条件,即将后续步 M3 的常闭触点与 M2 的线圈串联,作为起保停电路的停止电路。

在图 3－75 中,可以用 X2 的常闭触点代替 M3 的常闭触点。但是当转换条件由多个信号经"与、或、非"逻辑运算组合而成时,应将它的逻辑表达式求反,再将对应的触点串并联电路作为起保停电路的停止电路,不如使用后续步中辅助继电器的常闭触点这样简单方便。

二、单序列起保停电路设计法

图 3－76 是某小车运动的示意图、顺序功能图。设小车在初始位置时停在右边,限位开关 X2 为 ON。按下起动按钮 X3 后,小车向左运动(简称左行),碰到限位开关 X1 时,

变为右行;返回限位开关 X2 处变为左行,碰到限位开关 X0 时,变为右行,返回起始位置后停止运动。

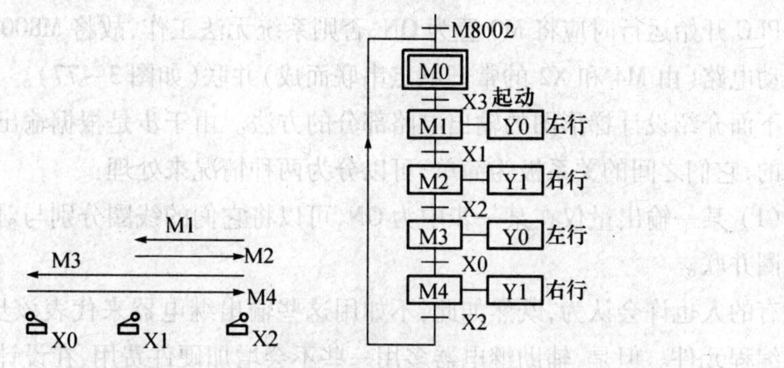

图 3-76　小车运动示意图、顺序功能图

一个工作周期可以分为一个初始步和 4 个运动步,分别用 M0 ~ M4 来代表这 5 步。起动按钮 X3、限位开关 X0 ~ X2 的常开触点是各步之间的转换条件。

根据上述的编程方法和顺序功能图,很容易设计梯形图。例如图 3-76 中步 M1 的前级步为 M0,该步前面的转换条件为 X3,所以 M1 的起动电路由 M0 和 X3 的常开触点串联而成,起动电路还应并联 M1 的自保持触点。图 3-77 是用起保停电路设计的梯形图。

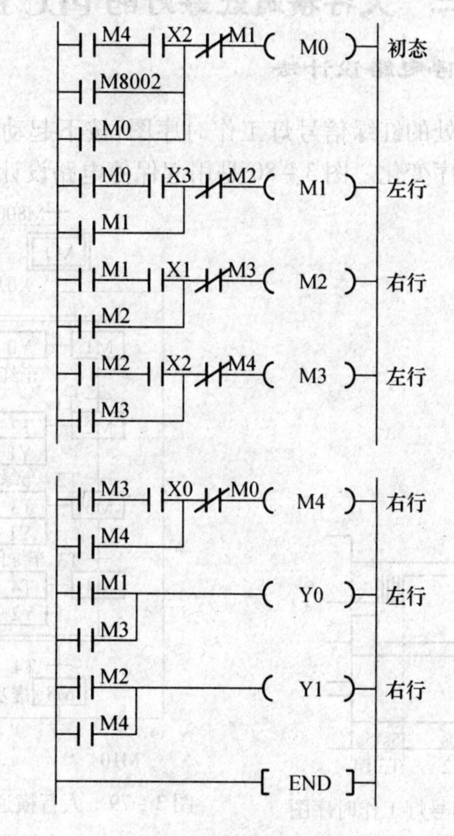

图 3-77　小车控制梯形图

步 M1 的后续步是步 M2，所以应将 M2 的常闭触点与 M1 的线圈串联，作为控制 M1 的起保停电路的停止电路，M2 为 ON 时，其常闭触点断开，使 M1 的线圈“断电”。

PLC 开始运行时应将 M0 置为 ON，否则系统无法工作，故将 M8002 的常开触点与 M0 的起动电路（由 M4 和 X2 的常开触点串联而成）并联（如图 3－77）。

下面介绍设计梯形图的输出电路部分的方法。由于步是根据输出变量的状态变化来划分的，它们之间的关系极为简单，可以分为两种情况来处理：

（1）某一输出量仅在某一步中为 ON，可以将它们的线圈分别与对应步的辅助继电器的线圈并联。

有的人也许会认为，既然如此，不如用这些输出继电器来代表该步，这样做可以节省一些编程元件。但是，辅助继电器多用一些不会增加硬件费用，在设计和键入程序时也多花不了多少时间。全部用辅助继电器来代表步具有概念清楚、编程规范、梯形图易于阅读和查错的优点。

（2）某一输出继电器在几步中都应为 ON，应将代表各有关步的辅助继电器的常开触点并联后，驱动该输出继电器的线圈。例如在图 3－77 中，Y0 在步 M1 和 M3 中都应为 ON，所以将 M1 和 M3 的常开触点并联后，来控制 Y0 的线圈。

任务二　人行横道红绿灯的 PLC 控制

一、选择序列起保停电路设计法

图 3－78 为人行横道处的红绿信号灯工作时序图，按下起动按钮 X0，红绿灯将按顺序功能图 3－79 所示的顺序变化。图 3－80 是用起保停电路设计的梯形图。

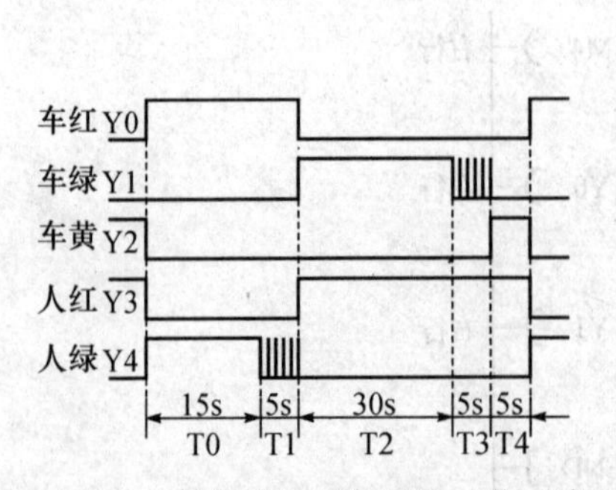

图 3－78　人行横道红绿信号灯工作时序图

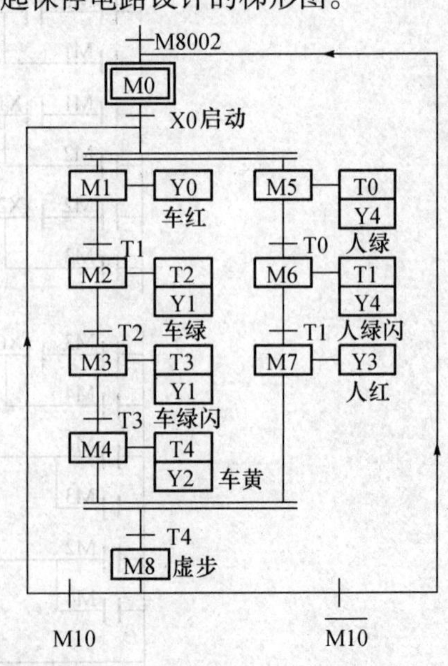

图 3－79　人行横道红绿信号灯顺序功能图

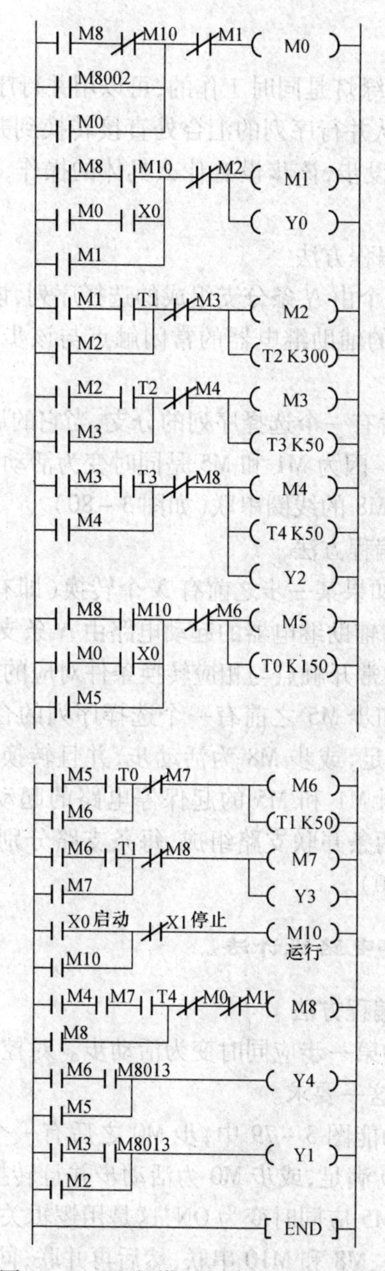

图 3-80　人行横道红绿信号灯梯形图

PLC 由 STOP 状态进入 RUN 状态时，初始化脉冲 M8002 将初始步 M0 置为 ON，按下起动按钮 X0，步 M1 和步 M5 同时变为活动步，车道红灯和人行道绿灯都亮，禁止车辆通过，允许行人通过。

按下停止按钮 X1，在完成顺序功能图中一个工作周期的最后一个步（车道黄灯亮、人行道红灯亮）的工作后返回初始状态，所有的灯熄灭。为了实现在最后一步返回初始状态，在梯形图中用起保停电路和起动 X0、停止按钮 X1 来控制 M10，按下起动按钮 X0，M10 变为 ON 并保持，按下停止按钮 X1，M10 变为 OFF，但是系统不会马上返回初始步，因为 M10 只是在步 M8 之后起作用。交通灯的闪动是用周期为 1s 的时钟脉冲 M8013 的触点实现的。

车道红绿灯和人行道红绿灯是同时工作的,可以用并行序列来表示它们的工作情况。在顺序功能图中,为了避免从并行序列的汇合处直接转换到并行序列的分支处,在步 M4 和 M7 的后面设置了一个虚设步,该步没有什么具体的操作,进入该步后,将马上转移到下一步。

1. 选择序列的分支的编程方法

如果某一步的后面有一个由 *N* 条分支组成的选择序列,该步可能转换到不同的 *N* 步去,应将这 *N* 个后续步对应的辅助继电器的常闭触点与该步的线圈串联,作为结束该步的条件。

图 3-79 中,步 M8 之后有一个选择序列的分支,当它的后续步 M0、M1 和 M5 变为活动步时,它应变为不活动步。因为 M1 和 M5 是同时变为活动步的,所以只需将 M0 和 M1 或 M0 和 M5 的常闭触点与 M8 的线圈串联(如图 3-80)。

2. 选择序列的合并的编程方法

对于选择序列的合并,如果某一步之前有 *N* 个转换(即有 *N* 条分支在该步之前合并后进入该步),则代表该步的辅助继电器的起动电路由 *N* 条支路并联而成,各支路由某一前级步对应的辅助继电器的常开触点与相应转换条件对应的触点或电路串联而成。

在图 3-79 中,步 M1 和步 M5 之前有一个选择序列的合并,当步 M0 为活动步(M0 为 ON)并且转换条件 X0 满足,或步 M8 为活动步,并且转换条件 M10 满足,步 M1 和步 M5 都应变为活动步,即控制 M1 和 M5 的起保停电路的起动条件应为 M0 * X0 + M8 * M10,对应的起动电路由这两条并联支路组成,每条支路分别由 M0、X0 和 M8、M10 的常开触点串联而成(如图 3-80)。

二、并行序列起保停电路设计法

1. 并行序列的分支的编程方法

并行序列中各单序列的第一步应同时变为活动步。对控制这些步的起保停电路使用同样的起动电路,可以实现这一要求。

人行横道红绿灯顺序功能图 3-79 中,步 M0 之后有一个并行序列的分支,当步 M8 为活动步并且转换条件 M10 满足,或步 M0 为活动步并且转换条件 X0 得到满足,都应转换到步 M1 和步 M5,M1 和 M5 应同时变为 ON,这是用逻辑关系式 M0 * X0 + M8 * M10 对应的电路,即 M0 和 X0 串联、M8 和 M10 串联,然后再并联,同时作为控制 M1 和 M5 的起保停电路中的起动电路来实现的。

2. 并行序列的合并的编程方法

步 M8 之前有一个并行序列的合并,该转换实现的条件是所有的前级步(即步 M4 和 M7)都是活动步和转换条件 T4 满足。由此可知,应将 M4,M7 和 T4 的常开触点串联,作为控制 M8 的起保停电路的起动电路(如图 3-79、图 3-80)。

三、只有两步闭环的处理

如果在顺序功能图中出现只由两步组成的小闭环(如图 3-81(a)),用起保停电路设计的梯形图将不能正常工作。例如在 M2 和 X2 均为 ON 时,M3 的起动电路接通,但是这时与它串联的 M2 的常闭触点却是断开的(如图 3－81(b)),所以 M3 的线圈不能“通电”。出现上述问题的根本原因在于步 M2 既是步 M3 的前级步,又是它的后续步。在小闭环中增设一步就可以解决这一问题(如图 3－82(a)中 M10),这一步没有什么操作,它后面的转换条件“＝1”相当于逻辑代数中的常数 1,即表示转换条件总是满足的,只要进入步 M10,将马上转换到步 M2 去。图 3－82(b)是根据图 3－82(a)设计出的梯形图。

如果将图 3－81(b)中 M2 的常闭触点改为 X3 的常闭触点,不用增设步 M10,也可以解决上述问题。

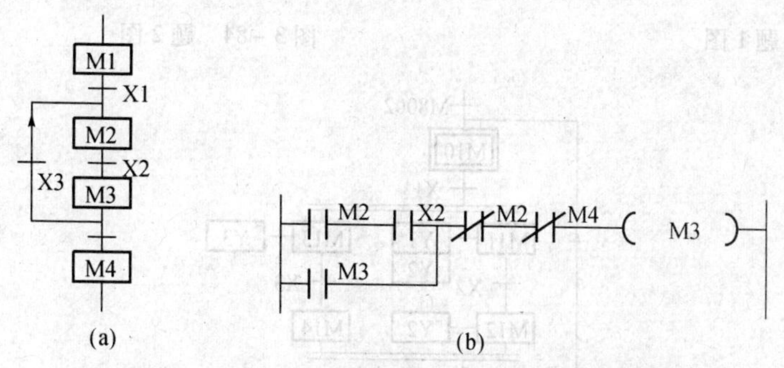

图 3－81　不能正常工作的两步小闭环功能图和梯形图

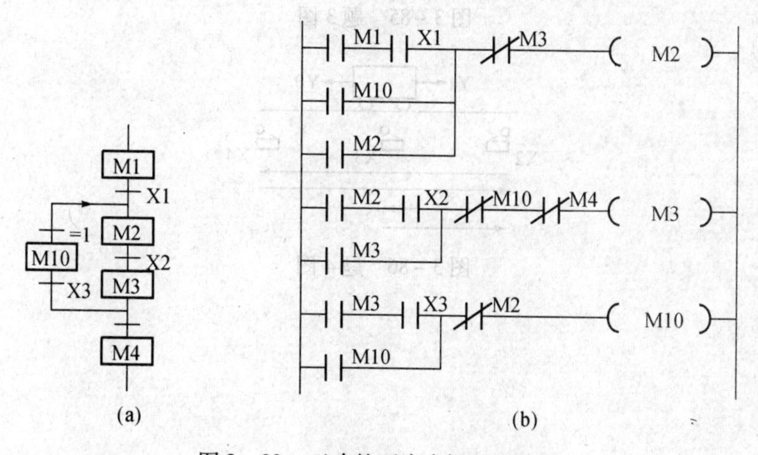

图 3－82　正确的两步小闭环的处理

思考与练习

1. 使用起保停电路设计法,设计图 3－83 所示顺序功能图的梯形图程序。

2. 使用起保停电路设计法,设计图 3－84 所示顺序功能图的梯形图程序。

3. 使用起保停电路设计法,设计图 3－85 所示顺序功能图的梯形图程序。

4. 小车运动示意图如图 3－86 所示,开始小车停在左边,限位开关 X2 为 1 状态。按下起动按钮 X0,小车按图示路线连续运行,任意时刻按下停止按钮 X1,要求小车本次循环结束后,最终停在左边 X2 处。使用起保停电路设计法,设计梯形图程序。

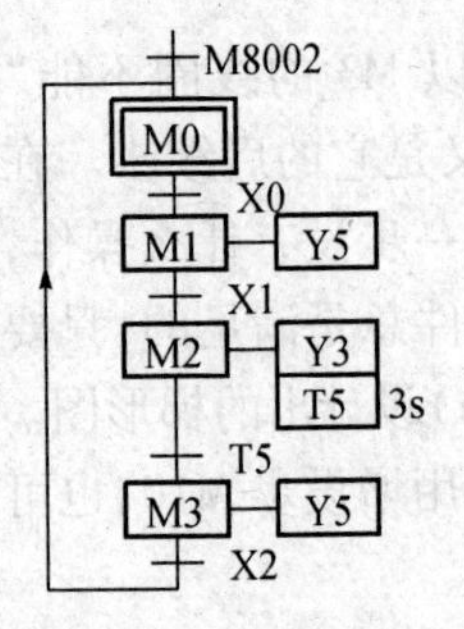

图 3－83 题 1 图

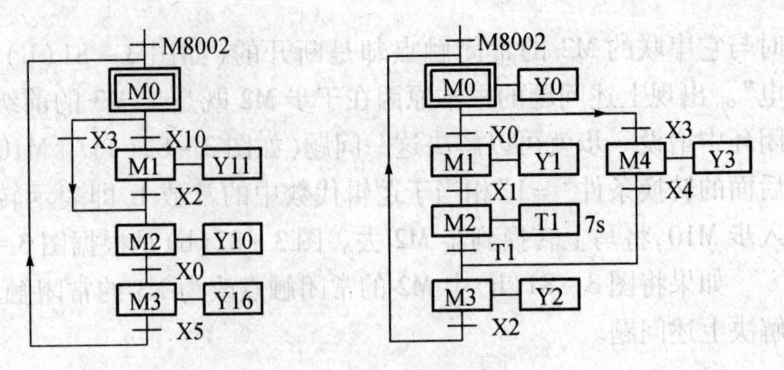

图 3－84 题 2 图

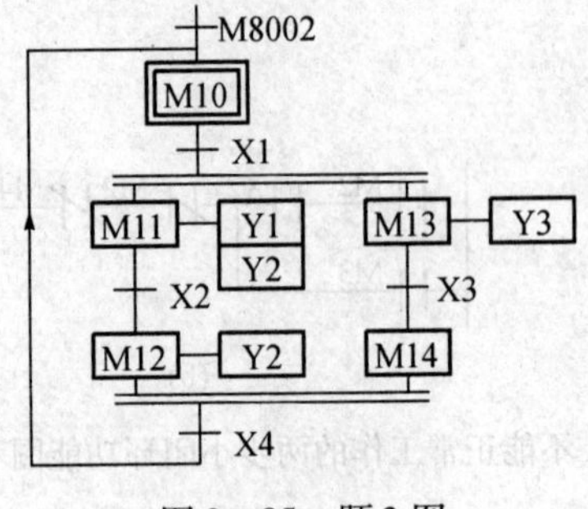

图 3－85 题 3 图

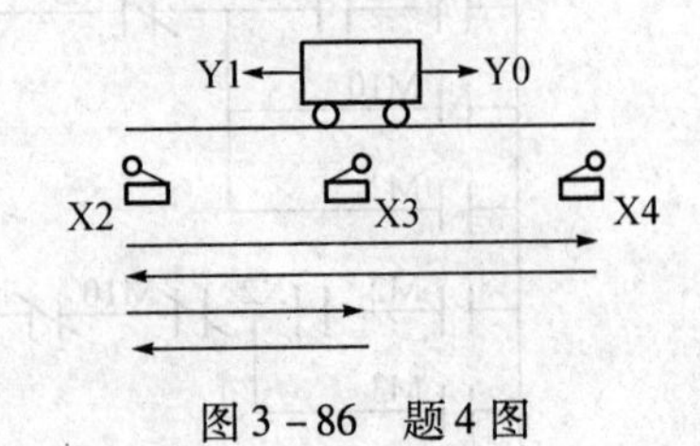

图 3－86 题 4 图

项目7 机械手的PLC控制

学习目标

(1) 了解多种工作方式的系统的控制方法。

(2) 灵活使用由功能图设计梯形图的三种编程方法。

(3) 掌握机械手控制系统部分功能电路的安装接线、综合编程及调试方法。

任务一 多种工作方式系统的编程方法

为了满足生产的需要,很多工业设备要求设置多种工作方式,如手动和自动(包括连续、单周期、单步和自动返回初始状态)工作方式。如何将多种工作方式的功能融合到一个程序中,是梯形图设计的难点之一。

图3-87重新给出具有多种工作方式的控制系统的梯形图总体结构。选择手动工作方式时手动开关X10为ON,将跳过自动程序,执行公用程序和手动程序。选择自动工作方式时X10为OFF,将跳过手动程序,执行公用程序和自动程序。手动程序比较简单,一般用经验法设计,复杂的自动程序一般根据系统的顺序功能图用前述的某种顺序控制法设计。

某机械手用来分选钢质大球和小球(如图3-88),操作面板如图3-89所示,图3-90是PLC的外部接线图。输出继电器Y4为ON时钢球被电磁铁吸住,为OFF时被释放。

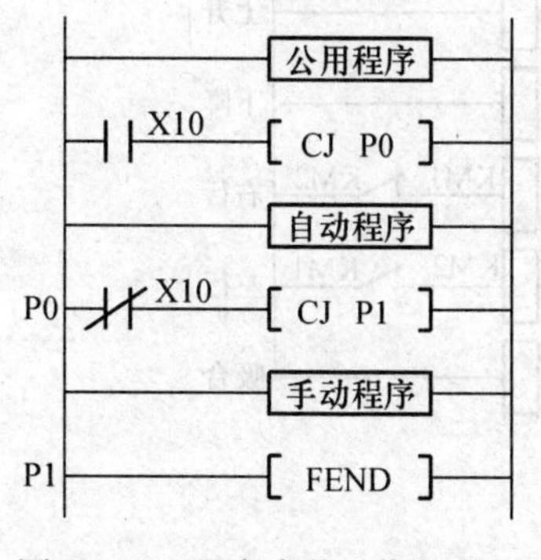

图3-87 具有多种工作方式的控制系统梯形图总体结构

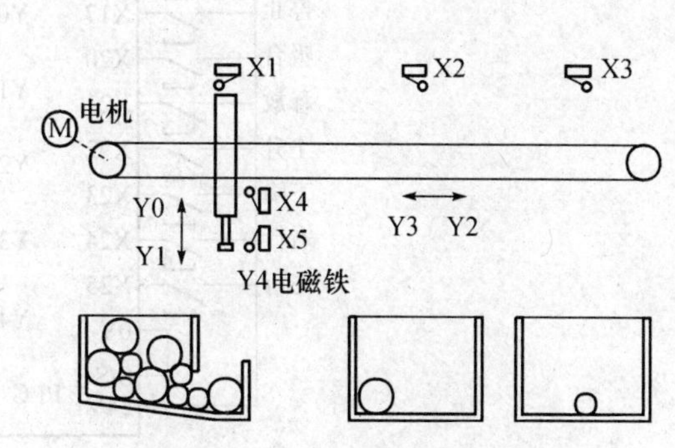

图3-88 大小球分选系统示意图

工作方式选择开关的5个位置分别对应于5种工作方式,操作面板左下部的6个按钮是手动按钮。为了保证在紧急情况下(包括PLC发生故障时)能可靠地切断PLC的负载电源,设置了交流接触器KM(见图3-90)。在PLC开始运行时按下"负载电源"按钮,使KM线圈得电并自锁,KM的主触点接通,给外部负载提供交流电源,出现紧急情况时用"紧急停车"按钮断开负载电源。

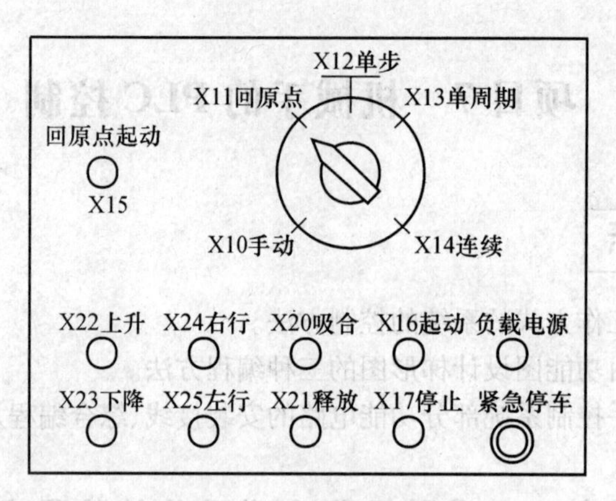

图3-89　操作面板

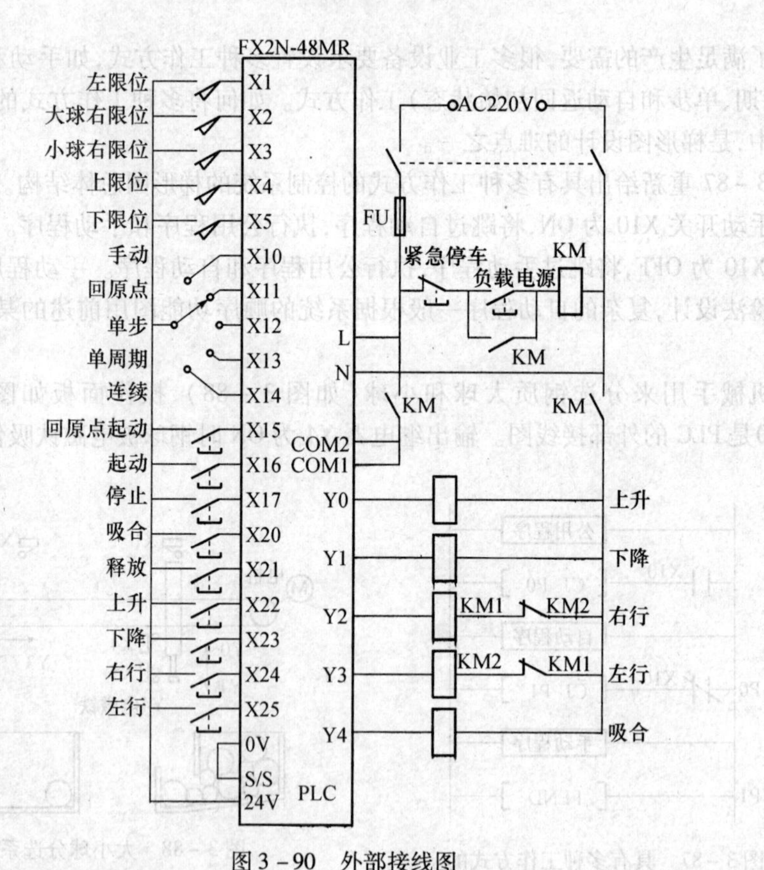

图3-90　外部接线图

对于电磁吸盘这一类执行机构，在紧急停车时如果切断它的电源，它吸住的铁磁物体会掉下来，在某些情况下可能造成事故，是不允许这样处理的。

右行和左行是用异步电动机控制的，在控制电动机的交流接触器KM1和KM2的线圈回路中，使用了由它们的常闭触点组成的硬件互锁电路。

系统设有手动、单周期、单步、连续和回原点5种工作方式，机械手在最上面、最左边且电磁铁线圈断电时，称为系统处于原点状态（或称初始状态）。在公用程序中，左限位开关 X1、上限位开关 X4 的常开触点和表示电磁铁线圈断电的 Y4 的常闭触点的串联电路接通时，“原点条件”辅助继电器 M5 变为 ON。

如果选择的是单周期工作方式，按下起动按钮 X16 后，从初始步 M0 开始，机械手按顺序功能图（如图 3－93）的规定完成一个周期的工作后，返回并停留在初始步。如果选择连续工作方式，在初始状态按下起动按钮后，机械手从初始步开始一个周期一个周期地反复连续工作。按下停止按钮，并不马上停止工作，完成最后一个周期的工作后，系统才返回并停留在初始步。在单步工作方式，从初始步开始，按一下起动按钮 X16，系统转换到下一步，完成该步的任务后，自动停止工作并停留在该步，再按一下起动按钮，才往前走一步。单步工作方式常用于系统的调试。

在选择单周期、连续和单步工作方式之前，系统应处于原点状态；如果不满足这一条件，可选择回原点工作方式，然后按回原点起动按钮 X15，使系统自动返回原点状态。在原点状态，顺序功能图中的初始步 M0 为 ON，为进入单周期、连续和单步工作方式做好了准备。

任务二　使用起保停电路的编程方法

1. 公用程序

公用程序（如图 3－91）用于自动程序和手动程序相互切换的处理，当系统处于手动工作方式时，必须将除初始步以外的各步对应的辅助继电器（M20～M30）复位，同时将表示连续工作状态的 M7 复位，否则当系统从自动工作方式切换到手动工作方式，然后又返回自动工作方式时，可能会出现同时有两个活动步的异常情况，引起错误的动作。

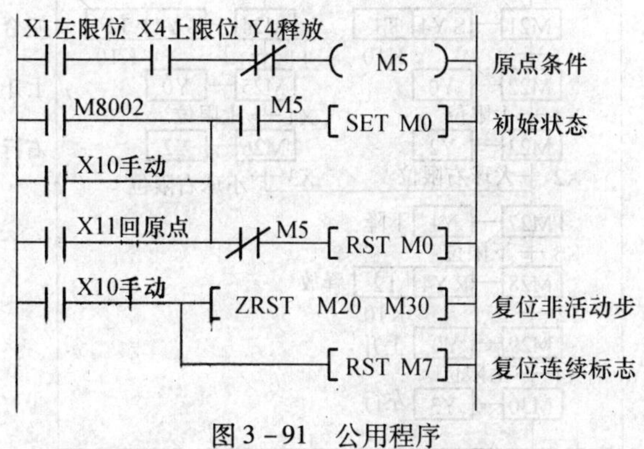

图 3－91　公用程序

当机械手处于原点状态（M5 为 ON），在开始执行用户程序（M8002 为 ON）、系统处于手动状态或回原点状态（X10 或 X11 为 ON）时，初始步对应的 M0 将被置位，为进入单步、单周期和连续工作方式作好准备。如果此时 M5 为 OFF 状态，M0 将被复位，初始步为不活动步，系统不能在单步、单周期和连续工作方式工作。

2. 手动程序

图 3－92 是手动程序，手动操作时用 X20～X25 对应的 6 个按钮控制钢球的吸合和释放，机械手的升、降、右行和左行。为了保证系统的安全运行，在手动程序中设置了一些

必要的联锁,例如上升与下降之间、左行与右行之间的互锁,以防止功能相反的两个输出继电器同时为 ON。上、下、左、右极限开关 X1、X3 ~ X5 的常闭触点分别与控制机械手移动的 Y0 ~ Y3 的线圈串联,以防止因机械手运行超限出现的事故。

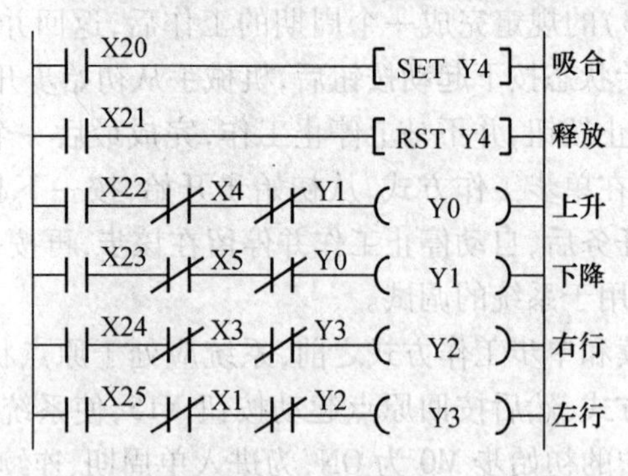

图 3 - 92　手动程序

3. 自动程序

图 3 - 93 是机械手控制系统自动程序的顺序功能图。该图是一种典型结构,这种结构可用于具有多种工作方式的系统。

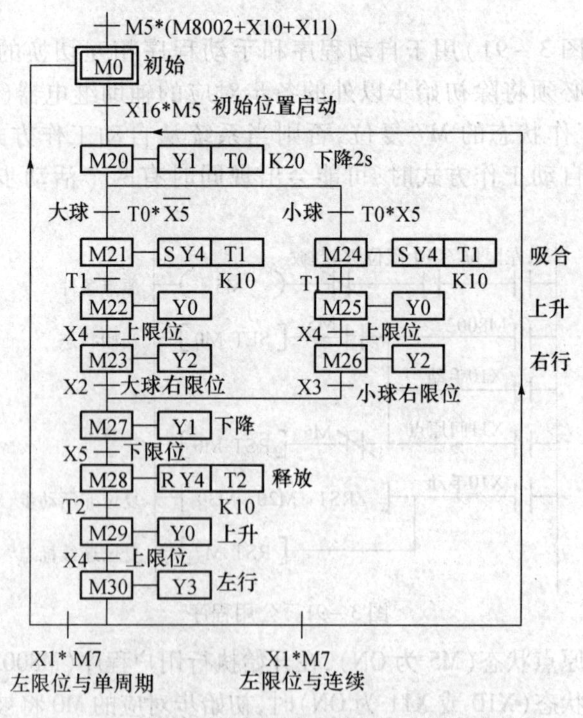

图 3 - 93　机械手控制系统自动程序的顺序功能图

图 3 - 94 是用起保停电路设计的自动控制程序(不包括自动返回原点程序和输出电路),M0 和 M20 ~ M30 用典型的起保停电路控制。

图 3 - 94 中包含了单周期、连续和单步 3 种工作方式,这 3 种工作方式主要是用连续标志 M7 和转换允许标志 M6 来区分的。

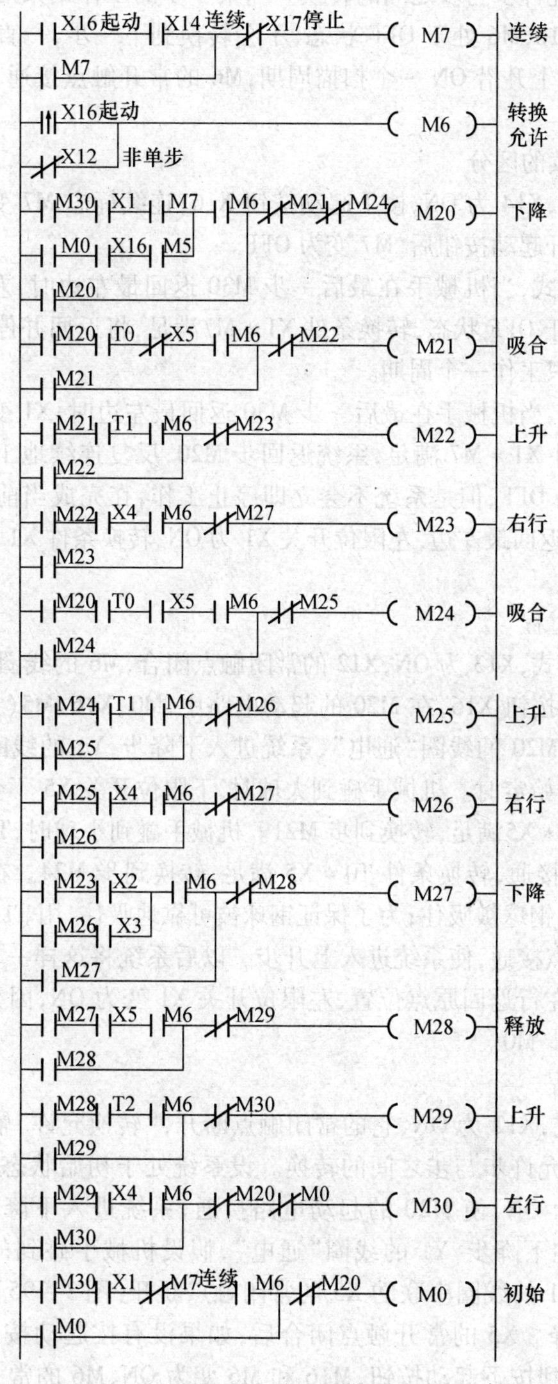

图 3-94　自动程序

1）单步与非单步的区分

系统工作在连续、单周期（非单步）工作方式时，X12 的常闭触点接通，使 M6（转换允许）为 ON，串联在各起保停电路的起动电路中的 M6 的常开触点接通，允许步与步之间的转换。在单步工作方式，X12 为 ON，它的常闭触点断开，"转换允许"辅助继电器 M6 在一般情况下为 OFF,不允许步与步之间的转换。当某一步的工作结束后,转换条件满足,如果没有按起动按钮 X16,M6 处于 OFF 状态,不会转换到下一步,一直要等到按下起动按钮 X16,M6 在 X16 的上升沿 ON 一个扫描周期,M6 的常开触点接通,转换条件才能使系统进入下一步。

2）单周期与连续的区分

在连续工作方式,X14 为 ON,按下起动按钮 X16,连续标志 M7 变为 ON 并锁存。在单周期工作方式,放开起动按钮后,M7 变为 OFF。

在单周期工作方式,当机械手在最后一步 M30 返回最左边时,左限位开关 X1 变为 ON,因为这时 M7 处于 OFF 状态,转换条件 X1 * $\overline{M7}$满足,将返回并停留在初始步 M0,按一次起动按钮,系统只工作一个周期。

在连续工作方式,当机械手在最后一步 M30 返回最左边时,X1 变为 ON,因为 M7 处于 ON 状态,转换条件 X1 * M7 满足,系统返回步 M20,反复连续地工作下去。按下停止按钮 X17 后,M7 变为 OFF,但是系统不会立即停止工作,在完成当前工作周期的全部操作后,小车在步 M30 返回最左边,左限位开关 X1 为 ON,转换条件 X1 * $\overline{M7}$满足,系统才返回并停留在初始步。

3）单周期工作过程

在单周期工作方式,X13 为 ON,X12 的常闭触点闭合,M6 的线圈“通电”,允许转换。在初始步时按下起动按钮 X16,在 M20 的起动电路中,M0、X16、M5(原点条件)和 M6 的常开触点均接通,使 M20 的线圈“通电”,系统进入下降步,Y1 的线圈“通电”,机械手下降;同时定时器 T0 开始定时。机械手碰到大球时,下限位开关 X5 不会动作,T0 的定时时间到时,转换条件 T0 * $\overline{X5}$满足,转换到步 M21。机械手碰到小球时,T0 的定时时间到,并且下限位开关 X5 也接通,转换条件 T0 * X5 满足,转换到步 M24。在步 M21 或步 M24,Y4 被 SET 指令置位,钢球被吸住;为了保证钢球被可靠地吸住,用 T1 延时,1s 后 T1 定时时间到,它的常开触点接通,使系统进入上升步。以后系统将这样一步一步地工作下去,直到步 M30,机械手左行返回原点位置,左限位开关 X1 变为 ON,因为连续工作标志 M7 为 OFF,将返回初始步 M0。

4）单步工作过程

在单步工作方式,X12 为 ON,它的常闭触点断开,“转换允许”辅助继电器 M6 在一般情况下为 OFF,不允许步与步之间的转换。设系统处于初始状态,M0 为 ON,按下起动按钮 X16,M6 变为 ON,使 M20 的起动电路接通,系统进入下降步。放开起动按钮后,M6 变为 OFF。在下降步,Y1 的线圈“通电”,假设机械手碰到的是小球,下限位开关 X5 变为 ON,与 Y1 的线圈串联的 X5 的常闭触点断开(图 3-95),使 Y1 的线圈“断电”,机械手停止下降。X5 的常开触点闭合后,如果没有按起动按钮,X16 和 M6 处于 OFF 状态,一直要等到按下起动按钮,M16 和 M6 变为 ON,M6 的常开触点接通,转换条件 T0 * X5 才能使 M24 的起动电路接通,M24 的线圈“通电”并自保持,系统才能由步 M20 进入步 M24。以后在完成某一步的操作后,都必须按一次起动按钮,系统才能进入下一步。

图 3-94 中控制 M0 的起保停电路如果放在控制 M20 的起保停电路之前,在单步工作方式,在步 M30 为活动步时按起动按钮 X16,返回步 M0 后,M20 的起动条件满足,将马

上进入步 M20。在单步工作方式,这样连续跳两步是不允许的。将控制 M20 的起保停电路放在控制 M0 的起保停电路之前和 M6 的线圈之后(图 3-94)可以解决这一问题。在图 3-94 中,控制 M6(转换允许)的是起动按钮 X16 的上升沿检测触点,在步 M30 时按起动按钮 X16,M6 仅 ON 一个扫描周期,它使 M0 的线圈通电后,下一扫描周期处理控制 M20 的起保停电路时,M6 已变为 OFF,所以不会使 M20 变为 ON,要等到下一次按起动按钮时,M20 才会变为 ON。

5）输出电路

图 3-95 是自动控制程序的输出电路,图中的常闭触点是为单步工作方式设置的。以控制左行的 Y3 为例,当小车碰到左限位开关 X1 时,控制左行的辅助继电器 M30 不会马上变为 OFF,如果 Y3 的线圈不与左限位开关 X1 的常闭触点串联,机械手不能停在 X1 处,还会继续左行,对于某些设备,在这种情况下可能造成事故。

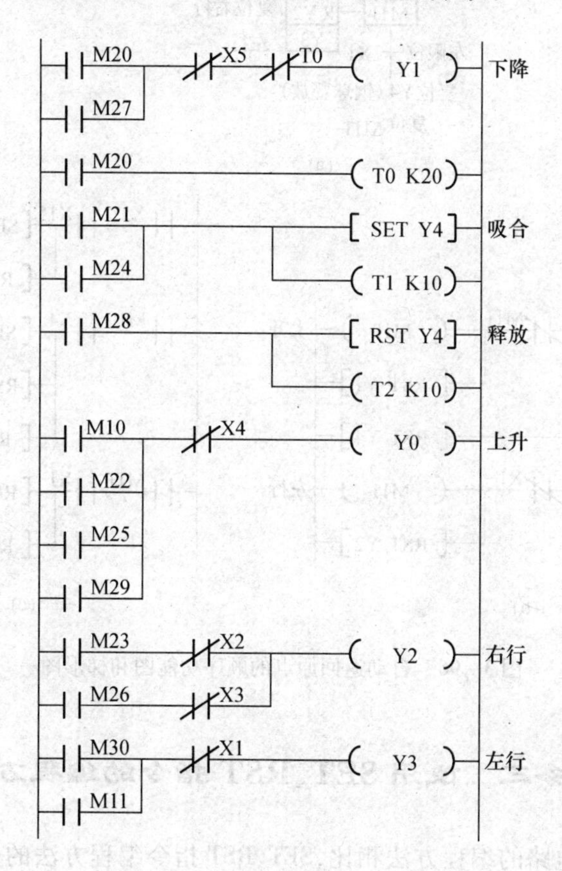

图 3-95 梯形图中输出电路部分

为了避免出现双线圈现象,在图 3-95 中,将自动控制的顺序功能图(图 3-93)与自动返回原点的顺序功能图(图 3-96)中对 Y0 和 Y3 线圈的控制合在一起。图 3-96(a)中对 Y1、Y2 和 Y4 的复位放在图 3-96(b)、(c)中。

6）自动回原点程序

图 3-96(a)、(b)分别是自动回原点程序的顺序功能图和用起保停电路设计的梯形图。在回原点工作方式(X11 为 ON)按下回原点起动按钮 X15,M10 变为 ON,机械手上

升，升到上限位开关时 X4 变为 ON，机械手左行，到左限位开关时，X1 变为 ON，其常闭触点断开，使 M11 的线圈断电，Y4 被复位，如果电磁铁吸住了钢球，此时电磁铁的线圈断电，钢球落入左边的槽内。由公用程序可知，这时原点条件满足，M5 为 ON，初始步 M0 被置位，为进入单周期、连续和单步工作方式作好了准备，因此可以认为步 M0 是步 M11 的后续步。

图 3－96(b)中控制 Y4 复位的指令应放在控制 M11 的起保停电路之前，若交换二者的位置，在 X1 变为 ON 时，M11 将先变为 OFF，不能执行对 Y4 的复位。

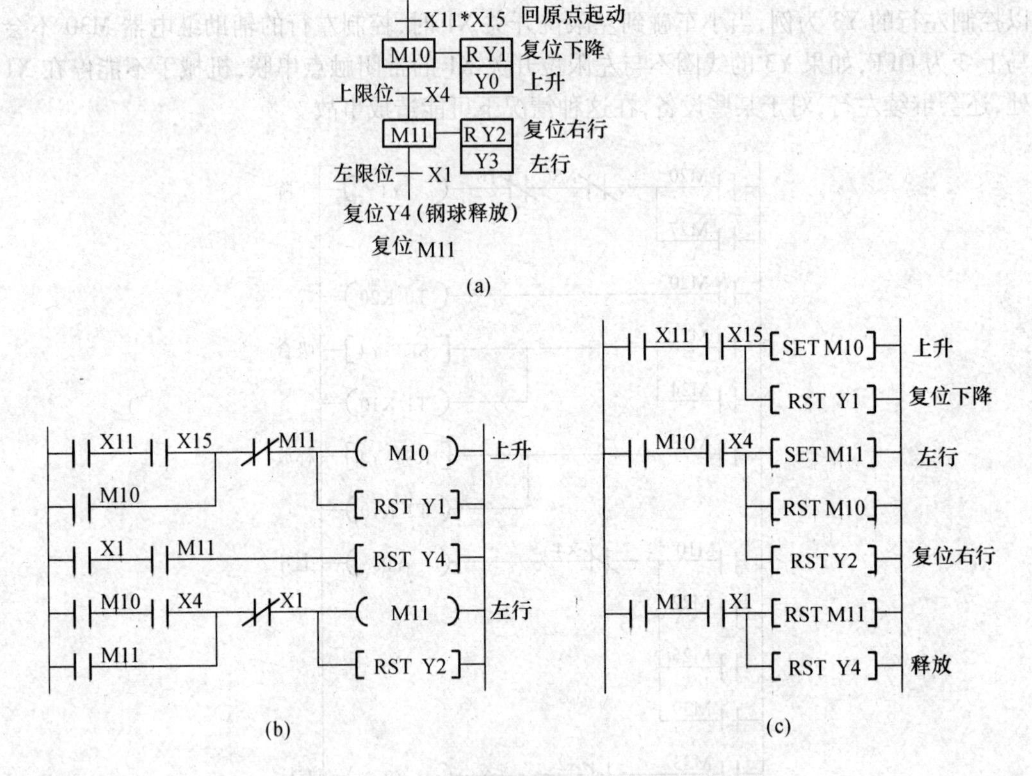

图 3－96　自动返回原点的顺序功能图和梯形图

任务三　使用 SET、RST 指令的编程方法

与使用起保停电路的编程方法相比，SET、RST 指令编程方法的梯形图的总体结构、顺序功能图、公用程序、手动程序和自动程序中的输出电路完全相同。仍然用辅助继电器 M0 和 M20～M30 来代表各步，梯形图如图 3－97 所示。该图中控制 M0 和 M20～M30 置位、复位的触点串联电路与图 3－94 起保停电路中相应的起动电路相同。由于各串联电路中都有 M6 的常开触点，为了简化电路，使用了 M6 的主控触点。M7 的控制电路与图 3－94中的相同，自动返回原点的程序如图 3－96(c)所示。

图 3－97 中对 M0 置位(SET)的电路应放在对 M20 置位的电路的后面，否则在单步工作方式从步 M30 退回步 M0 时，会马上进入步 M20。

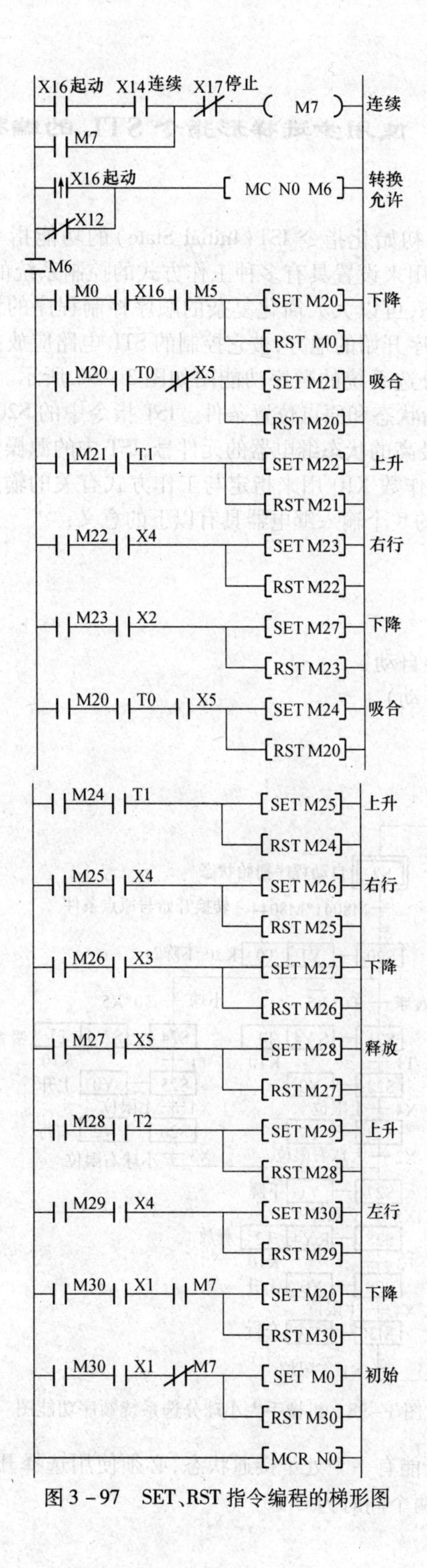

图 3－97　SET、RST 指令编程的梯形图

任务四　使用步进梯形指令 STL 的编程方法

1. 初始化程序

FX 系列 PLC 的状态初始化指令 IST(Initial State)的功能指令编号为 FNC60,它与 STL 指令一起使用,专门用来设置具有多种工作方式的控制系统的初始状态和设置有关的特殊辅助继电器的状态,可以大大简化复杂的顺序控制程序的设计工作。IST 指令只能使用一次,它应放在程序开始的地方,被它控制的 STL 电路应放在它的后面。

机械手控制大小球分选系统的顺序功能图如图 3-98 所示。该系统的初始化程序(图 3-99)用来设置初始状态和原点位置条件。IST 指令中的 S20 和 S30 用来指定在自动操作中用到的最低和最高的状态继电器的元件号,IST 中的源操作数可取 X、Y 和 M,图 3-99 中 IST 指令的源操作数 X10 用来指定与工作方式有关的输入继电器的首元件,它实际上指定从 X10 开始的 8 个输入继电器具有以下的意义:

X10:手动

X11:回原点

X12:单步运行

X13:单周期运行(半自动)

X14:连续运行(全自动)

X15:回原点起动

X16:自动操作起动

X17:停止

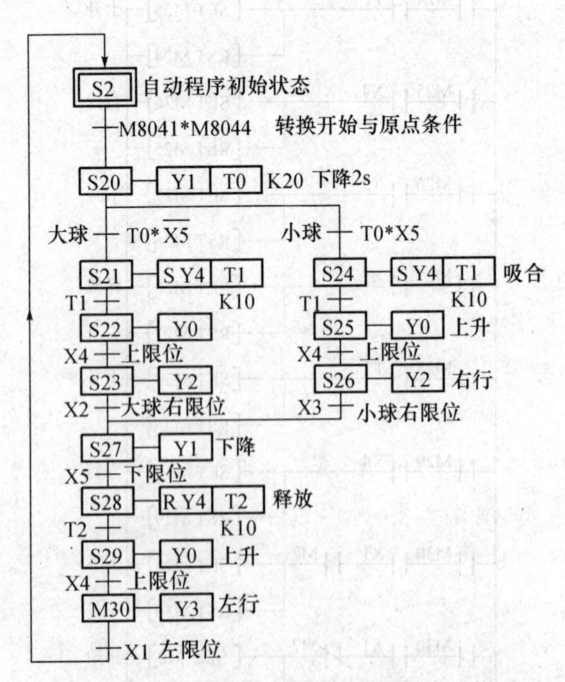

图 3-98　机械手大小球分选系统顺序功能图

X10~X14 中同时只能有一个处于接通状态,必须使用选择开关(图 3-89),以保证这 5 个输入中不可能有两个同时为 ON。

IST 指令的执行条件满足时,初始状态继电器 S0 ~ S2 和下列的特殊辅助继电器被自动指定为以下功能,以后即使 IST 指令的执行条件变为 OFF,这些元件的功能仍保持不变:

M8040:禁止转换

M8041:转换起动

M8042:起动脉冲

M8043:回原点完成

M8044:原点条件

M8047:STL 监控有效

S0:手动操作初始状态继电器

S1:回原点初始状态继电器

S2:自动操作初始状态继电器

如果改变了当前选择的工作方式,在"回原点方式"标志 M8043 变为 ON 之前,所有的输出继电器将变为 OFF。

2. 手动程序

手动程序(图 3-99)与图 3-92 中的程序基本上相同,手动程序用初始状态继电器 S0 控制,因为手动程序、自动程序(不包括回原点程序)和回原点程序均用 STL 触点驱动,这 3 部分程序不会同时被驱动,所以用 STL 指令和 IST 指令编程时,不采用图 3-87 所示的用 CJ 指令实现的公用程序、自动程序和手动程序跳转结构。

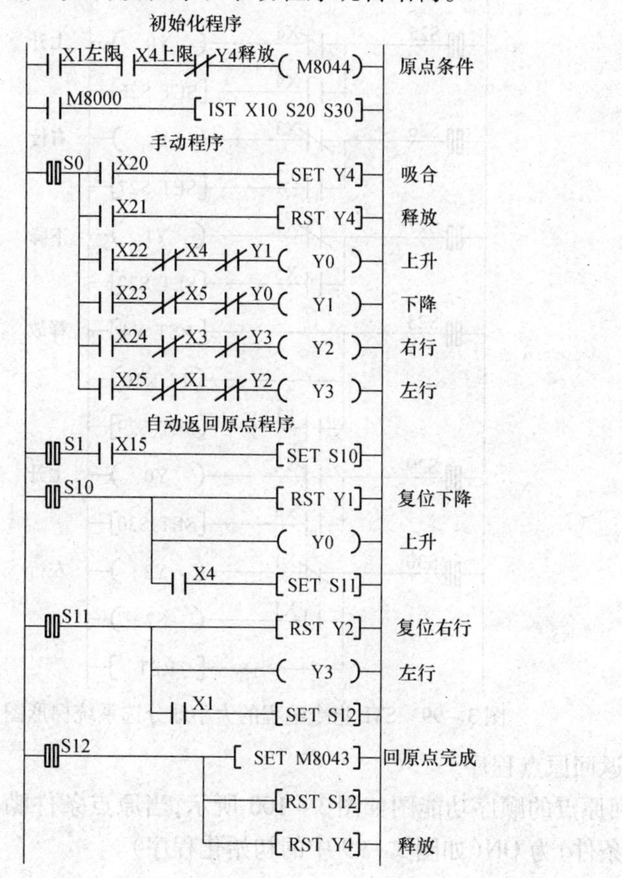

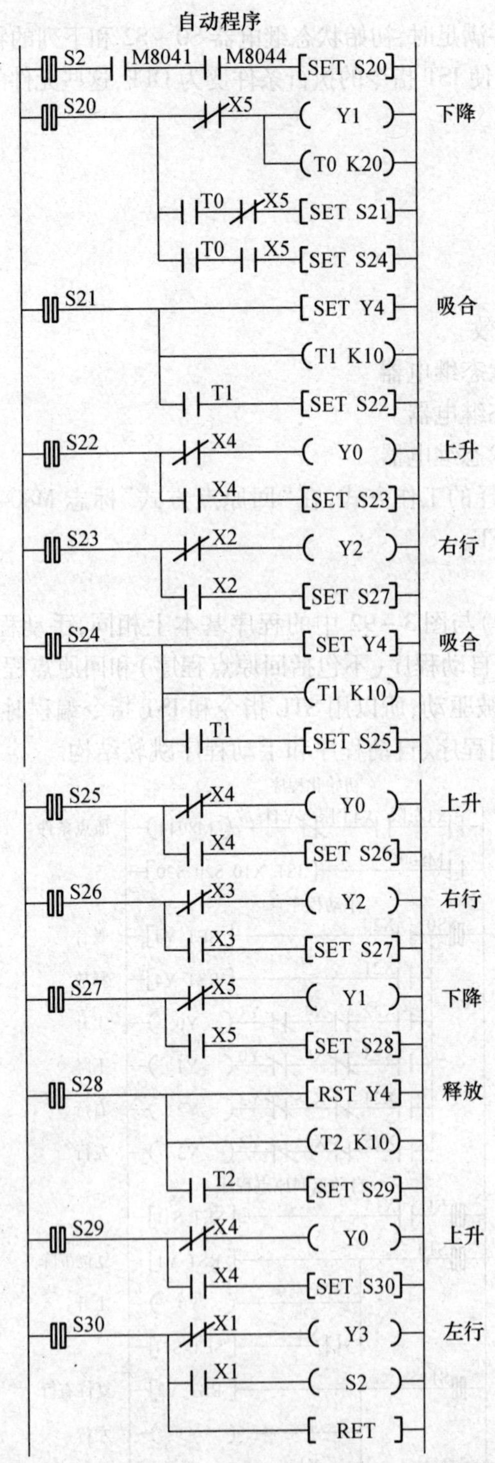

图 3－99　STL 指令编程的大小球分选系统梯形图

3. 自动返回原点程序

自动返回原点的顺序功能图如图 3－100 所示，当原点条件满足时，特殊辅助继电器 M8044（原点条件）为 ON（如图 3－99 中的初始化程序）。

自动返回原点结束后，用SET指令将M8043（回原点完成）置为ON，并用RST指令将回原点顺序功能图中的最后一步S12复位，返回原点的顺序功能图中的步应使用S10～S19。

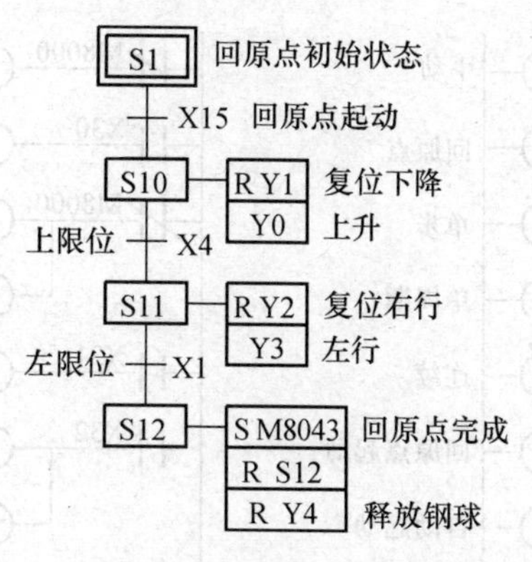

图3－100　自动返回原点的顺序功能图

4. 自动程序

用STL指令设计的自动程序的顺序功能图如图3－98所示，特殊辅助继电器M8041（转换起动）和M8044（原点条件）是从自动程序的初始步S2转换到下一步S20的转换条件。自动程序的梯形图如图3－99所示。

使用IST指令后，系统的手动、自动、单周期、单步、连续和回原点这几种工作方式的切换是系统程序自动完成的，但是必须按照前述的规定，安排IST指令中指定的控制工作方式用的输入继电器X10～X17的元件号顺序。

工作方式的切换是通过特殊辅助继电器M8040～M8042实现的，IST指令自动驱动M8040～M8042。

5. IST指令用于工作方式选择的输入继电器元件号的处理

IST指令可以使用元件号不连续的输入继电器（图3－101（b）），也可以只使用前述的部分工作方式。图3－101中的特殊辅助继电器M8000在RUN（运行）状态时为ON，其常闭触点一直处于断开状态。图3－101（c）中只有回原点和连续两种工作方式，其余的工作方式是被禁止的，“起动”与“回原点起动”功能合用一个按钮X32。

6. 由IST指令自动控制的特殊辅助继电器

（1）禁止状态转换标志M8040：其线圈“通电”时，禁止所有的状态转换。

手动工作方式时它一直为ON，即禁止在手动时步的活动状态的转换。

在回原点和单周期工作方式，从按下停止按钮到按下起动按钮之间M8040起作用。如果在运行过程中按下停止按钮，M8040变为ON并自保持，转换被禁止。在完成当前步的工作后，停在当前步。按下起动按钮后，M8040变为OFF，允许转换，系统才能转换到下一步，继续完成剩下的工作。

在单步工作方式，M8040一直起作用，只是在按了起动按钮时不起作用，允许转换。

在连续工作方式，STOP→RUN时，初始化脉冲M8002，ON一个扫描周期，M8040变为ON并自保持，禁止转换；按起动按钮后M8040变为OFF，允许转换。

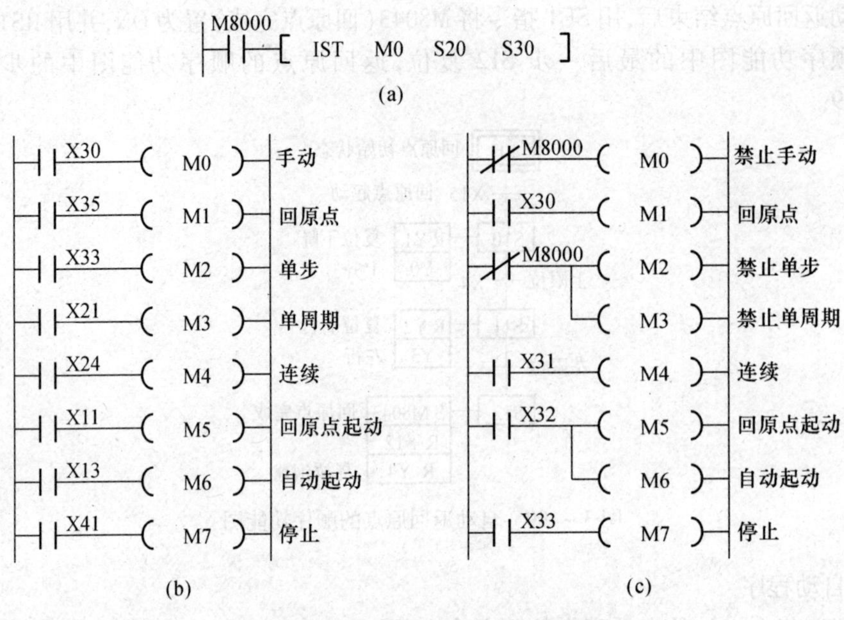

图 3－101 IST 指令输入元件号的处理

（2）状态转换起动标志 M8041：它是自动程序中的初始步 S2 到下一步的转换条件之一。它在手动和自动返回原点方式时不起作用。在单步和单周期工作方式只是在按起动按钮时起作用（无保护功能）。在连续工作方式按起动按钮时 M8041 变为 ON 并自保持，按停止按钮后变为 OFF，保证了系统的连续运行。

（3）起动脉冲标志 M8042：在非手动工作方式按起动按钮和回原点起动按钮，它 ON 一个扫描周期。

7. 由用户程序控制的特殊辅助继电器

（1）回原点完成标志 M8043：在回原点方式，系统自动返回原点时，通过用户程序用 SET 指令将它置位（如图 3－100）。

（2）原点条件标志 M8044：在系统满足初始条件（或称原点条件）时为 ON。

（3）STL 监控有效标志 M8047：其线圈"通电"时，当前的活动步对应的状态继电器的元件号按从大到小的顺序排列，存放在特殊数据寄存器 D8040 ~ D8047 中，由此可以监控 8 点活动步对应的状态继电器的元件号。此外，若有任何一个状态继电器为 ON，特殊辅助继电器 M8046 将为 ON。

思考与练习

1. 使用 STL 指令设计法，设计图 3－102 所示剪板机控制系统的梯形图程序。

2. 用起保停电路设计法，设计题 1 图所示剪板机控制系统的梯形图程序。

3. 在十字路口的东、西、南、北方向装有红、绿、黄交通灯，它们按照图 3－103 所示的时序轮流点亮。使用起保停电路设计法，设计出顺序功能图及对应的梯形图程序。

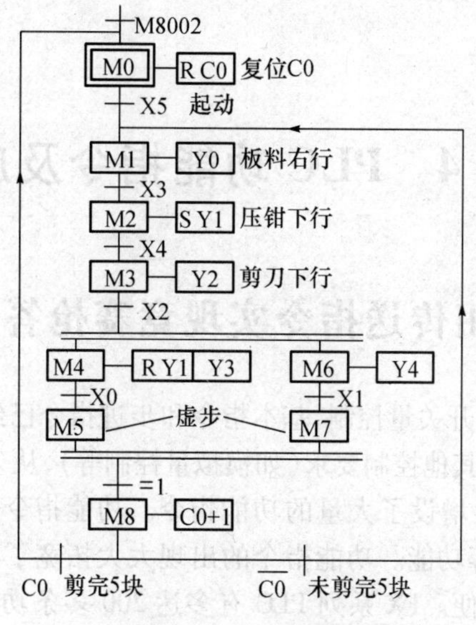

图 3－102 题 1 图

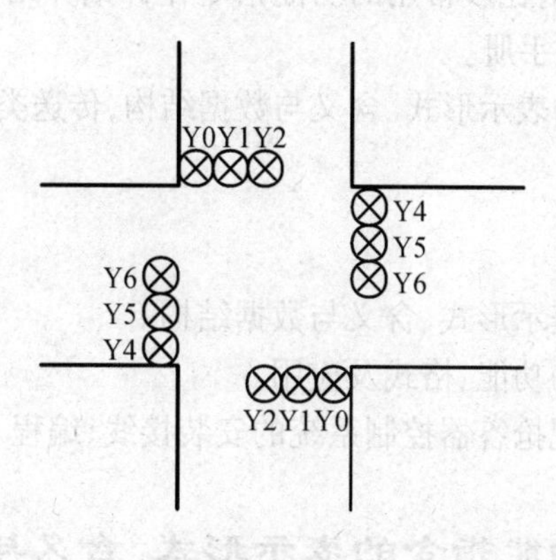

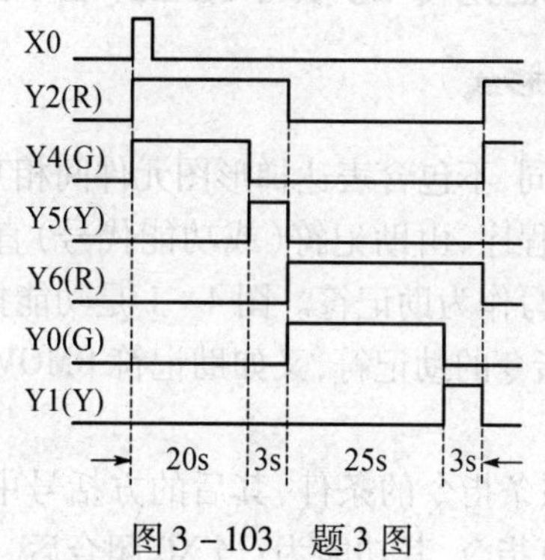

图 3－103 题 3 图

模块 4　PLC 功能指令及应用

项目 1　用传送指令实现竞赛抢答器的控制

早期的 PLC 大多用于开关量控制，基本指令和步进指令已经能满足控制要求。为适应控制系统的数据运算及其他控制要求（如模拟量控制等），从 20 世纪 80 年代开始，PLC 生产厂家就在小型 PLC 上增设了大量的功能指令。功能指令主要用于数据的传送、运算、变换及程序流程控制等功能。功能指令的出现大大拓宽了 PLC 的应用范围，也给用户编制程序带来了极大方便。FX 系列 PLC 有多达 200 多条功能指令（见附录 B），由于篇幅的限制，从本项目起仅对比较常用的功能指令作详细介绍，其余的指令只作简介，读者可参阅 FX 系列 PLC 编程手册。

本项目介绍功能指令的表示形式、含义与数据结构，传送类指令的功能、格式及应用。

学习目标

（1）了解功能指令的表示形式、含义与数据结构。

（2）掌握传送类指令的功能、格式及应用。

（3）掌握传送指令实现抢答器控制系统的安装接线、编程及调试方法。

任务一　功能指令的表示形式、含义与数据结构

一、功能指令的表示形式

功能指令与基本指令不同，不包含表达梯形图元件间相互关系的成分，功能指令实际上就是一个个功能不同的子程序，由助记符（或功能代号）直接表达本条指令要做什么，一般用指令的英文名称或缩写作为助记符。图 4－1 是功能指令的梯形图表达形式，ADD（Addition）是一个加法计算指令的助记符，又如助记符 BMOV（Block move）用来表示数据块传送指令等。

图 4－1 中，X0 是执行该条指令的条件，其后的方括号中，含有功能指令的助记符名称和参数，它是一个加法计算指令，其功能为：当 X0 闭合后，（X0＝ON 或 X0＝1），数据寄存器 D0 的内容加上常数 123（十进制），然后存于数据寄存器 D2 中。

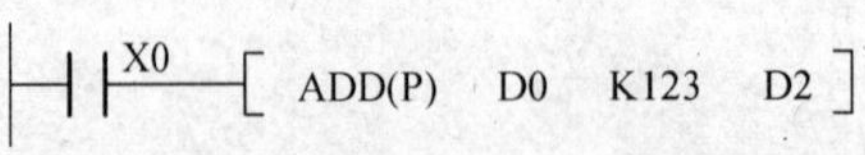

```
 | X0
 |-| |----[ ADD(P)  D0  K123  D2 ]
 |
```

图 4－1　功能指令的梯形图表达形式

二、功能指令的含义

使用功能指令需要注意功能框中各参数所表示的含义，现以加法指令为例说明。图4-2所示为加法指令(ADD)的指令格式和相关参数形式。

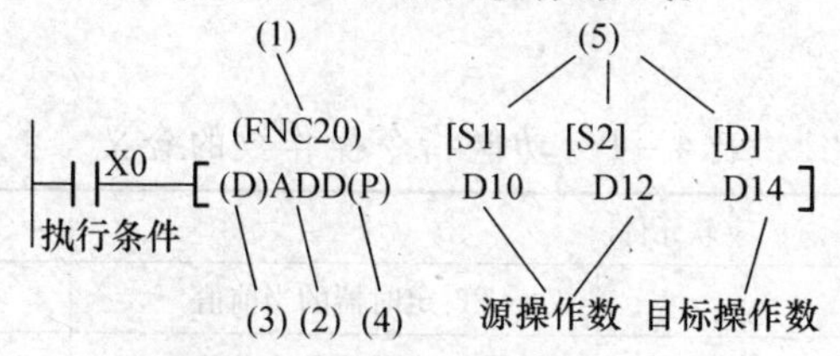

图4-2　加法指令格式及参数形式

图4-2标注(1)~(5)说明如下：

"(1)"为功能代号(FNC)。每条功能指令都有一固定的编号，FX系列功能指令最大编号范围为FNC00~FNC246，不同型号的PLC指令条数不同。例如FNC20代表ADD，FNC00代表CJ，FNC01代表CALL。当使用简易编程器写入功能指令时，先按FNC键，再输入功能指令的编号。

"(2)"为助记符。助记符大多用英文名称或其缩写表示，用来形象地表示该条指令完成的功能，容易了解指令功能，便于记忆和掌握。如加法指令Addition instruction，简写为ADD等。在使用计算机编程软件编程时，输入功能代号或助记符均可，建议编辑与书写梯形图时一样，尽量使用助记符，这样容易分析理解。

"(3)"为数据长度(D)指示。功能指令中大多数涉及数据运算和操作，而数据的表示是以字长为单位的，字长取决于寄存器的位数，FX系列PLC有16位和32位之分。其中有(D)表示32位数据操作，否则表示16位数据操作。如图4-3所示，MOV是数据传送指令，X0控制16位数据传送，X0=1(X0=ON)时，把(D10)的内容传送到(D12)中；X1控制32位数据传送，X1=1(X1=ON)时，把(D21,D20)的内容传送到(D23,D22)中。

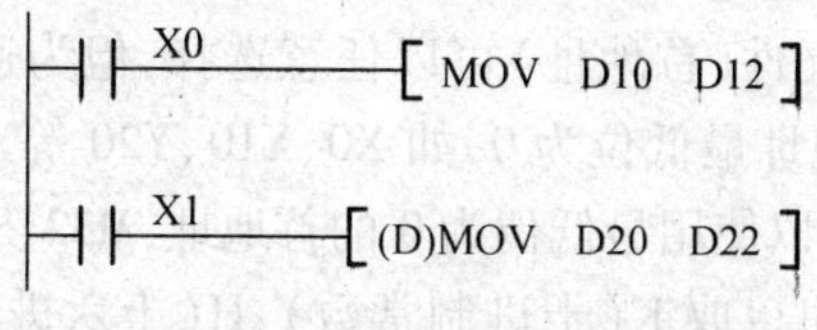

图4-3　16/32位数据传送指令

"(4)"为脉冲/连续执行指令标志(P)。功能指令中带有(P)，则为脉冲(Pulse)执行指令，即当条件满足时仅执行一个扫描周期，反之，则为连续执行。脉冲执行指令在数据处理中是很有用的，例如加法指令，在脉冲形式指令执行时，加数和被加数做一次加法运算，而连续形式指令执行时，每一个扫描周期都要相加一次。某些特殊指令，如加1指令FNC24(INC)和减1指令FNC25(DEC)等，在用连续执行指令时应特别注意，它在每个扫描周期，其执行结果的内容均在发生着变化。

"(5)"为操作数。操作数是功能指令所涉及到的参数(或称数据)，分为源操作数、目标操作数和其他操作数。源操作数是指功能指令执行后，其内容不发生变化，用S(Sourse)表示。目标操作数的内容在指令执行后会发生变化，用D(Destination)表示。既不是源操作数又不是目标操作数,称为其他操作数,用 m、n 表示。其他操作数往往是常数,或者是对源、目标操作数进行补充说明的有关参数。表示常数时,一般用 K 表示十进制数,H 表示十六进制数。上述三种操作数的个数不止一个时(也可以一个也没有),可以用序列数字表示,例如 S1、S2、…;D1、D2、…;m1、m2、…;n1、n2、…。表 4-1 为功能指令操作数的含义。

表 4-1 功能指令操作数的含义

字软元件		位软元件
K:十进制整数	T:定时器的当前值	X:输入继电器
H:十六进制整数	C:计数器的当前值	Y:输出继电器
K*n*X:输入继电器(X)的位指定	D:数据(文件)寄存器	M:辅助继电器
K*n*Y:输出继电器(Y)的位指定*	V、Z:变址寄存器	S:状态继电器
K*n*S:状态继电器(S)的位指定*		
* 指定的 K*n*,16 位时 K1~K4,32 位时 K1~K8		

三、功能指令的数据格式

1. 位元件与位元件的组合

位(bit)元件用来表示开关量的状态,如 X、Y、M、S 等,只处理 ON/OFF 信息的软元件称为位元件;而如 T、C、D 等处理数值的软元件则称为字元件,一个字元件由 16 位二进制数组成。

FX 系列 PLC 的位元件可以通过组合构成位元件组 K*n*P,每组由连续的 4 个位元件组成,P 为起始的软元件号,*n* 为组数($n=1\sim8$)。例如 K2 M0 表示由 M0~M7 组成两个位元件组,它是一个 8 位的数据,M0 为数据的最低位。16 位操作数时 $n=1\sim4$,$n<4$ 时高位为 0;32 位操作数时 $n=1\sim8$,$n<8$ 时高位为 0。

被组合的位元件首位元件(首地址)可以任意选择,但为避免混乱,建议在使用成组的位元件时,X 和 Y 的首地址最低位为 0,如 X0、X10、Y20 等。对于 M 和 S,首地址可以使用能被 8 整除的数,也可以使用最低位为 0 的首地址,M32、S50 等。

功能指令中的操作数可以取 K(十进制常数)、H(十六进制常数)、K*n*X、K*n*Y、K*n*M、K*n*S、T、C、D、V 和 Z。

2. 数据格式

一个字由 16 个二进制位组成,字元件用来处理数据,例如定时器和计数器的设定值寄存器,当前值寄存器和数据寄存器 D 都是字元件,位元件 X、Y、M、S 等也可以组成字元件来进行数据处理。

在 FX 系列 PLC 内部,数据是以二进制(BIN)补码的形式存储,所有的四则运算都使用二进制数。二进制补码的最高位(第 15 位)为符号位,正数的符号位为 0,负数的符号位为 1。FX 系列 PLC 可实现二进制码与 BCD 码的相互转换。

为更精确地进行运算,可采用浮点数运算。二进制浮点数采用编号连续的一对数据寄存器表示,例如 D11 和 D10 组成 32 位寄存器,D10 中的数是低 16 位。在 32 位中,尾数占 23 位(b0 ~ b22 位,最低位为 b0 位),指数占 8 位(b23 ~ b30 位),最高位(b31 位)为符号位。

$$浮点数 = (尾数) \times 2^{指数}$$

浮点数的表示范围为 $\pm 1.175 \times 10^{-38} \sim \pm 3.403 \times 10^{38}$。使用功能指令 FLT 和 INT 可以实现整数与浮点数之间的相互转换。

3. 变址寄存器 V、Z

FX_{1S}、FX_{1N} 有两个变址寄存器 V 和 Z,FX_{2N} 和 FX_{2NC} 有 16 个变址寄存器 V0 ~ V7 和 Z0 ~ Z7。

在传送、比较指令中,变址寄存器 V 和 Z 用来修改操作对象的元件号,在循环程序中常使用变址寄存器。

对于 32 位指令,V 为高 16 位,Z 为低 16 位。32 位指令中,V、Z 自动组对使用,这时变址指令只需指定 Z,Z 就能代表 V 和 Z 的组合。

图 4 - 4 中的各触点接通时,常数 10 送到 V0,常数 20 送到 Z1,ADD(加法)指令完成运算(D5V0) + (D15Z1)→(D40Z1),即(D15) + (D35)→(D60)。

X0
MOV K10 V0
X1
MOV K20 Z1
X2
ADD D5V0 D15Z1 D40Z1

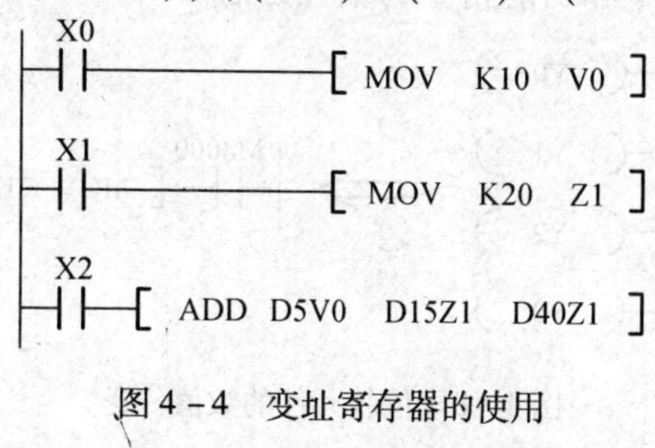

图 4 - 4 变址寄存器的使用

任务二 传送类指令的功能、格式

FX_{2N} 系列 PLC 有丰富的功能指令,共有程序流程控制、传送与比较、算术与逻辑运算、循环与移位等 14 类功能指令。

传送类指令包括 MOV(传送)、SMOV(BCD 码移位传送)、CML(取反传送)、BMOV(数据块传送)和 FMOV(多点传送)以及 XCH(数据交换)指令。

1. 传送指令 MOV

传送指令 MOV(Move)的功能编号为 FNC12,该指令的功能是将源操作数传送到指定的目标操作数中。如图 4 - 5(a)所示,当 X0 为 ON 时,则将[S]中的常数 100 传送到目标操作元件 D10 中。在指令执行时,常数 100 会自动转换成二进制数;当 X0 为 OFF 时,则指令不执行,数据保持不变。

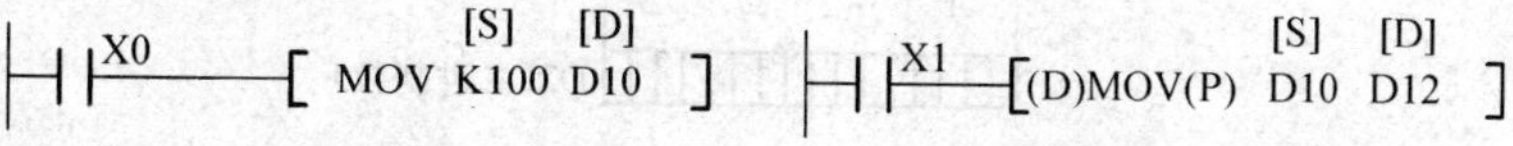

X0
[S] [D]
MOV K100 D10
X1
[S] [D]
(D)MOV(P) D10 D12

(a) MOV传送指令 (b) 32位脉冲执行型传送指令

图 4 - 5 传送指令的使用

MOV 指令为连续执行型,MOV(P)指令为脉冲执行型。

图 4－5（b）中的（D）MOV（P）为 32 位脉冲执行型数据的传送指令，当 X1 ＝1 时，（D11，D10）→（D13，D12）。

使用 MOV 指令时应注意：

（1）源操作数可取所有数据类型，目标操作数可以是 K*n*Y、K*n*M、K*n*S、T、C、D、V、Z。

（2）16 位运算时占 5 个程序步，32 位运算时则占 9 个程序步。

应用举例：图 4－6 是读出计数器 C0 的当前值送 D20 中。图 4－7 是将常数 200→D12 中，K200 即表示 T20 的定时数值。

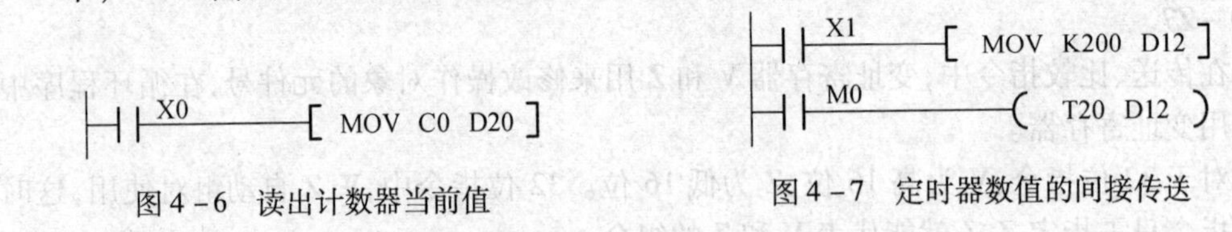

图 4－6 读出计数器当前值

图 4－7 定时器数值的间接传送

又如将 PLC 输入端 X0～X3 的状态送到输出端 Y0～Y3，可用 MOV 指令编写程序，如图 4－8 所示，对比基本指令和功能指令的编程方法。

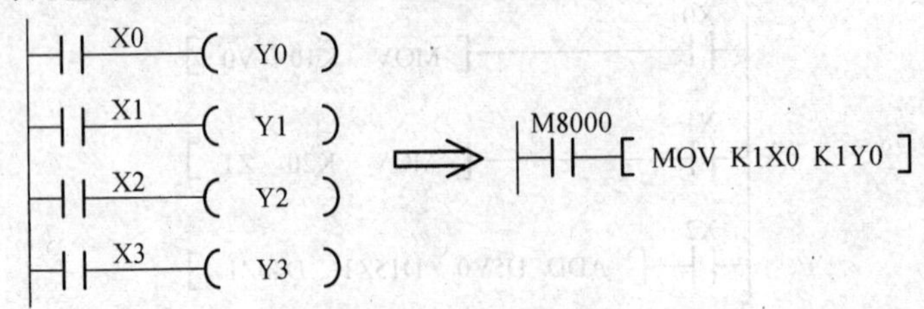

图 4－8 位软元件的数值传送

2. 移位传送指令 SMOV

SMOV（Shift Move）指令的编号为 FNC13，该指令的功能是将源数据（二进制）先自动转换成 4 位 BCD 码，再进行移位传送，传送后的目标操作数元件的 BCD 码自动转换成二进制数。如图 4－9 所示，当 X0 为 ON 时，将 D1 中右起第 4 位（m1 ＝4）开始的低 2 位（m2 ＝2）BCD 码传送到目标操作数 D2 的右起第 3 位（*n* ＝3）和第 2 位，而 D2 中的第 1 位和第 4 位 BCD 码不变。传送完毕后，D2 中的 BCD 码会自动转换为二进制数。

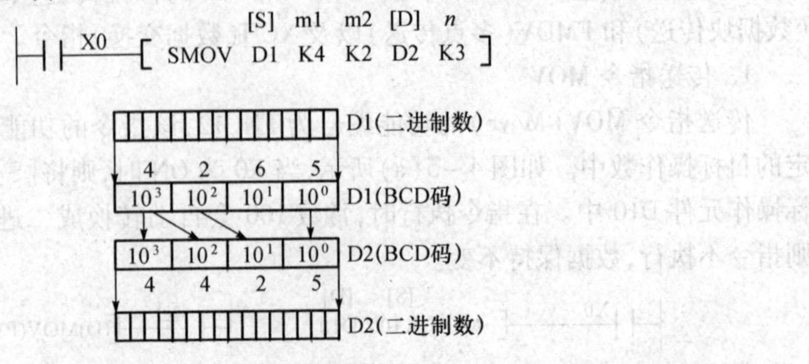

图 4－9 移位传送指令的使用

使用移位传送指令时应该注意：

（1）源操作数可取所有数据类型，目标操作数可为 K*n*Y、K*n*M、K*n*S、T、C、D、V、Z。

（2）SMOV 指令只有 16 位运算，占 11 个程序步。

3．取反传送指令 CML

取反传送指令 CML（Complement），CML 指令的编号为 FNC14，它将源操作数元件的数据（二进制数）逐位取反并传送到指定目标操作数。若源数据为常数时，将自动地转换成二进制数。如图 4－10 所示，当 X0 为 ON 时，执行 CML，将 D0 取反后的低 4 位传送到 Y3～Y0 中。

X0 [CML [S] D0 [D] K1Y0]

图 4－10　取反传送指令的使用

使用取反传送指令 CML 时应注意：

（1）源操作数可取所有数据类型，目标操作数可为 K*n*Y、K*n*M、K*n*S、T、C、D、V、Z。

（2）16 位运算占 5 个程序步，32 位运算占 9 个程序步。

应用举例：CML 指令可作为 PLC 的反相输入或反相输出指令，如图 4－11 所示，左面的两个顺控程序均可用右面的指令来表示。

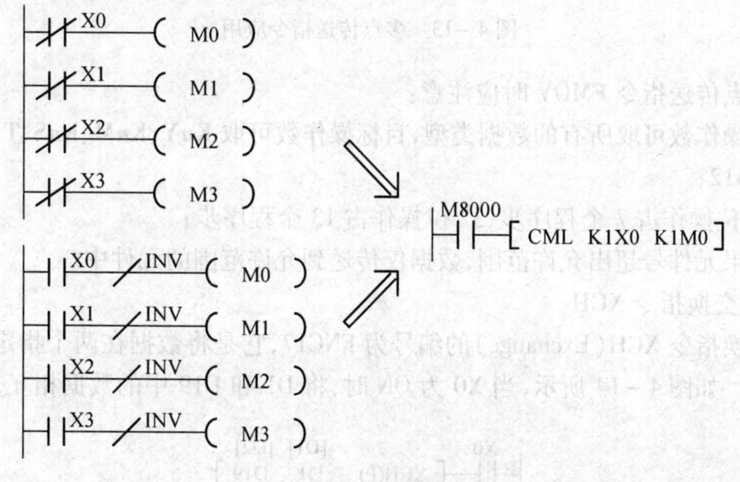

图 4－11　取反传送指令 CML 的应用

4．块传送指令 BMOV

块传送指令 BMOV（Block Move），该指令的编号为 FNC15，它是将源操作数指定的元件开始的 *n* 个数据组成的数据块传送到指定的目标操作数中。在指令格式中操作数只写指定元件的最低位（如 D10、D9），*n* 可取 K、H 和 D。如果元件号超出允许范围，数据仅传送到允许的范围。

如图 4－12 所示，传送顺序既可从高元件号开始，也可从低元件号开始，传送顺序自动决定，以防止源数据块与目标数据块重叠时源数据在传送过程中被改写。若用到需要指定位数的位元件，则源操作数和目标操作数的指定位数应相同。

使用块传送指令时应注意：

（1）源操作数可取 K*n*X、K*n*Y、K*n*M、K*n*S、T、C、D、V、Z 和文件寄存器，目标操作数可取 K*n*Y、K*n*M、K*n*S、T、C、D、V、Z 和文件寄存器；

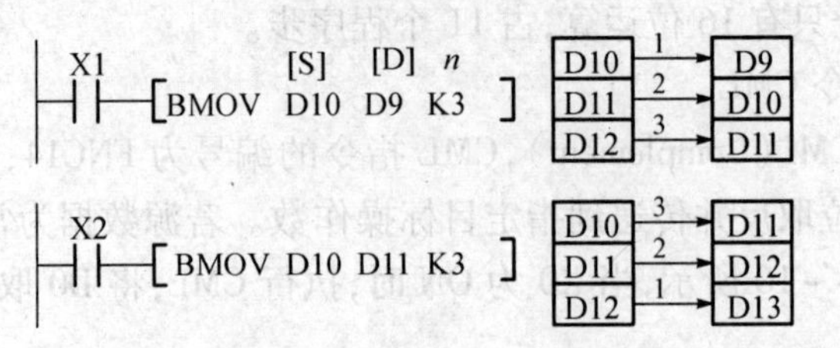

图 4－12　块传送指令的使用

（2）只有 16 位操作，占 7 个程序步。

5. 多点传送指令 FMOV

多点传送指令 FMOV（Fill　Move），该指令的编号为 FNC16，它的功能是将单个元件中的数据传送到指定目标地址开始的 n 个元件中，传送后 n 个元件中的数据完全相同。如图 4－13 所示，当 X0 为 ON 时，把常数 1 传送到 D0～D9 中。

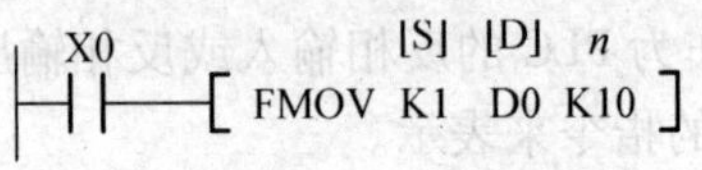

X0　[S] [D] n

FMOV K1 D0 K10

图 4－13　多点传送指令应用

使用多点传送指令 FMOV 时应注意：

（1）源操作数可取所有的数据类型，目标操作数可取 KnY、KnM、KnS、T、C、D、V、Z，n 为常数，$n \leqslant 512$；

（2）16 位操作占 7 个程序步，32 位操作占 13 个程序步；

（3）如果元件号超出允许范围，数据仅传送到允许范围的元件中。

6. 数据交换指令 XCH

数据交换指令 XCH（Exchange）的编号为 FNC17，它是将数据在两个指定的目标操作数之间交换。如图 4－14 所示，当 X0 为 ON 时，将 D1 和 D19 中的数据相互交换。

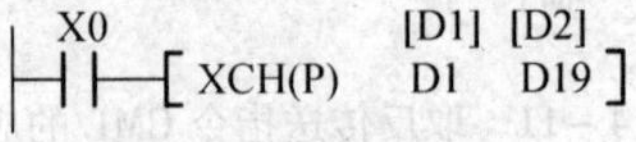

X0　[D1] [D2]

XCH(P) D1 D19

图 4－14　数据交换指令的使用

使用数据交换指令应该注意：

（1）操作数的元件可取 KnY、KnM、KnS、T、C、D、V 和 Z。

（2）交换指令一般采用脉冲执行方式，否则在每一个扫描周期都要交换一次。

（3）16 位运算时占 5 个程序步，32 位运算时占 9 个程序步。

任务三　传送指令应用实例

比较、传送类指令是功能指令中使用最频繁的指令，其应用实例很多，这里仅举几个典型应用实例，以便读者掌握它的应用方法。

例 4－1　三相异步电动机的Y/△起动控制。

一、控制要求

电机主电路如图 4－15(a)所示,控制时序图如图 4－15(b)所示。由时序图可知,在主电源断开的情况下,再进行星形/三角形换接,待定子绕组由 KM3 接成三角形后,主电源才再次接通,可靠避免了 KM2 还未完全断开时 KM3 带电吸合而造成的电源短路故障。Y0 输出作为电机起动状态指示或热继电器 FR 过载报警指示。

二、PLC 输入、输出地址分配及外部接线图

起动 SB1：X0

停止 SB2：X1

过载保护 FR：X2

起动或报警指示 HL：Y0

电源引入 KM1：Y1

星形起动 KM2：Y2

三角形运行 KM3：Y3

PLC 外部接线如图 4－15(c)所示。

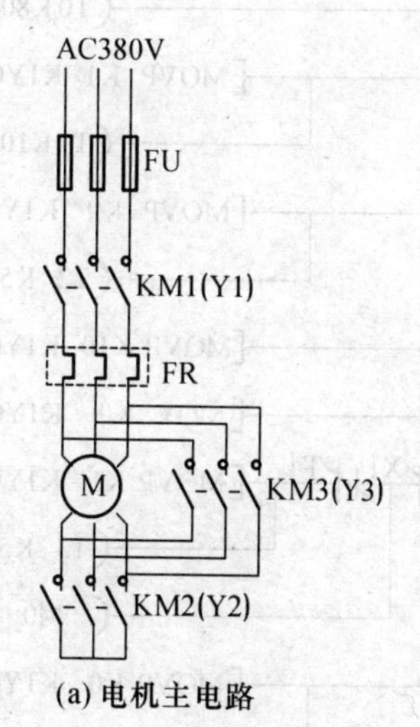

(a) 电机主电路

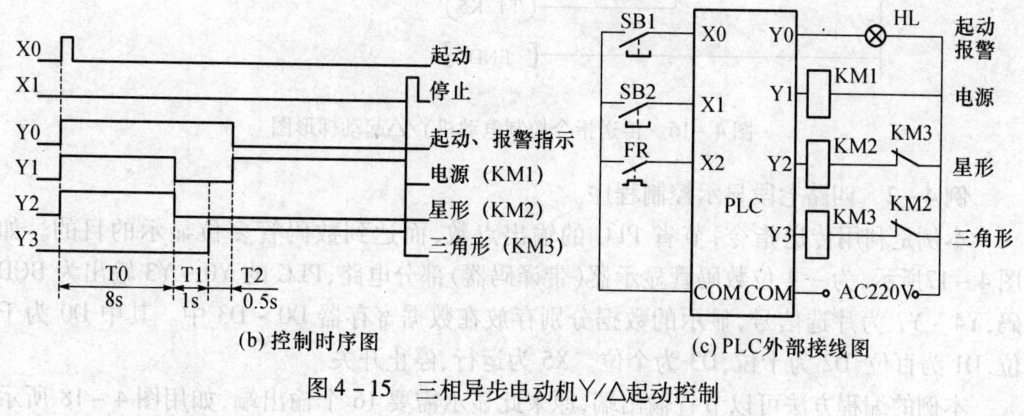

(b) 控制时序图　　　(c) PLC外部接线图

图 4－15　三相异步电动机Y/△起动控制

三、梯形图设计

在图 4 – 16 所示梯形图中：

(1) 当位元件组合 K1Y0 被传送常数为 7(Y3Y2Y1Y0 = 0111)时，Y0、Y1、Y2 为 ON，电动机为星形起动，同时起动状态指示灯 HL 点亮。

(2) 若延时 8s 后，当电机转速接近额定转速时，传送常数为 1(Y3Y2Y1Y0 = 0001)，则 Y1、Y2 为 OFF，主电源及星形连接断开。

(3) 若断电 1s 电弧充分熄灭，当传送常数为 9(Y3Y2Y1Y0 = 1001)时，进行断电三角形换接。

(4) 当三角形换接 0.5s 后，再传送常数为 10(Y3Y2Y1Y0 = 1010)时，Y1、Y3 为 ON，电动机为三角形接法长时运行。

(5) 当热继电器 FR(X2)过载时，电路保护，同时 Y0 输出的指示灯 HL 闪烁报警。闪烁报警程序也用 MOV 指令控制。

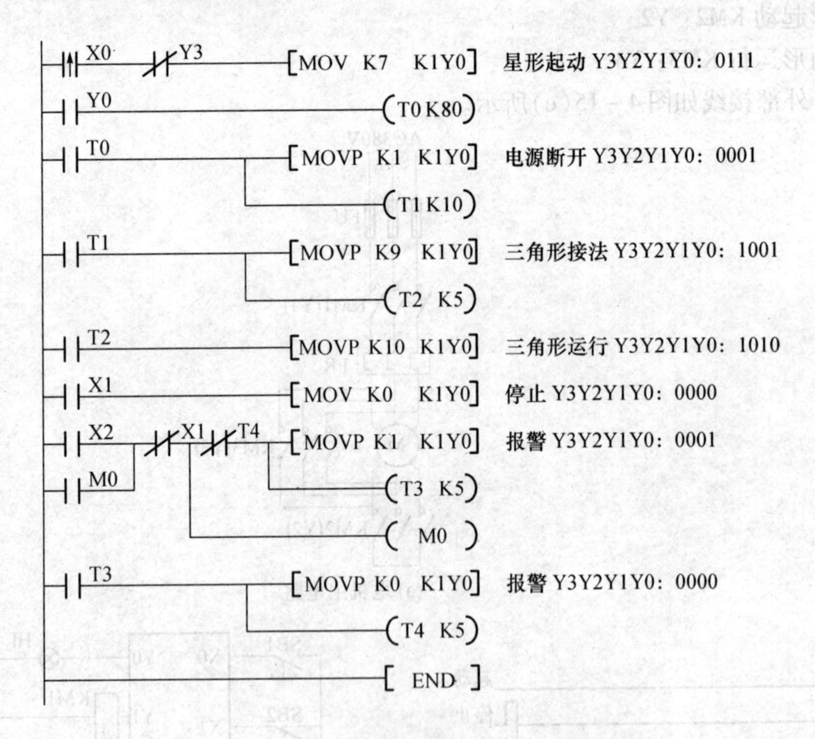

图 4 – 16 传送指令控制电动机Y/△起动梯形图

例 4 – 2 四路七段显示控制程序。

本例是利用传送指令，节省 PLC 的输出点数，而达到数码管多位显示的目的。如图 4 – 17所示，为一 4 位数码管显示器(带译码器)部分电路，PLC 的 Y0 ~ Y3 输出为 BCD 码，Y4 ~ Y7 为片选信号，显示的数据分别存放在数据寄存器 D0 ~ D3 中。其中 D0 为千位，D1 为百位，D2 为十位，D3 为个位。X5 为运行、停止开关。

本例的编程方法可以节省输出端，原来此显示需要 16 个输出端，如用图 4 – 18 所示程序可以节省输出端 50%。

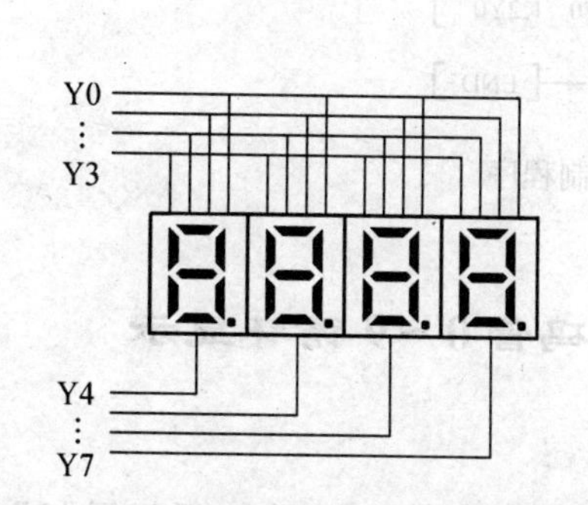

图 4-17　七段数显部分 I/O 接线示意图

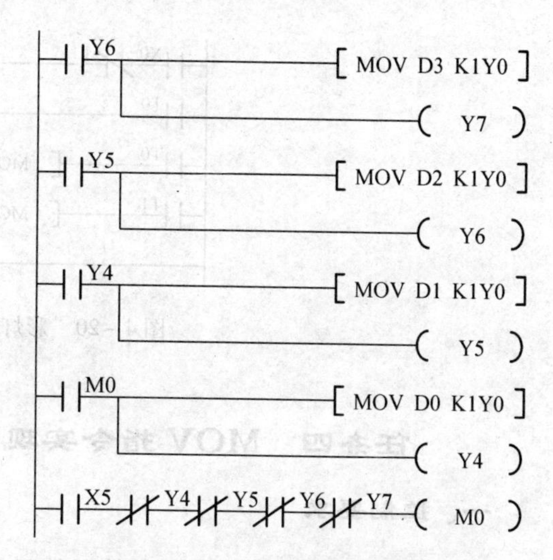

图 4-18　七段数显部分梯形图

例 4-3　多谐振荡器电路。

用程序构成可调频多谐振荡器，控制一个闪光信号灯，改变输入口所接置数开关，可改变闪光频率。电路有频率设定开关 4 个，分别接于 X0 ~ X3，X10 为起停开关，信号灯接于 Y0。

梯形图如图 4-19 所示。图中第一行为变址寄存器 Z 清零，上电时完成。第二行利用 MOV 指令从输入口读入频率设定开关数据，变址综合后送到定时器 T0 的设定值寄存器 D0，并和第三行配合产生 D0 时间间隔的脉冲。

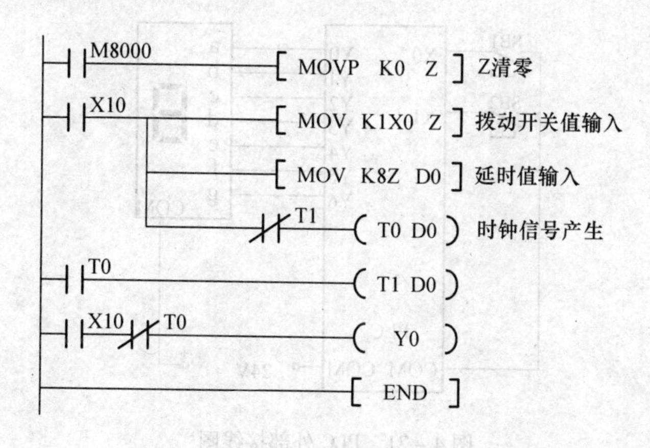

图 4-19　多谐振荡电路

例 4-4　彩灯的交替闪烁控制程序。

有一组灯 L1 ~ L8，要求隔灯显示，每 2s 变换一次，反复进行，用一个开关实现起停控制。设置起停开关接于 X0，灯 L1 ~ L8 接于 PLC 输出端 Y0 ~ Y7。控制梯形图如图 4-20 所示。这是以 MOV 指令向输出口直接送数的方式，来实现彩灯的交替闪烁。

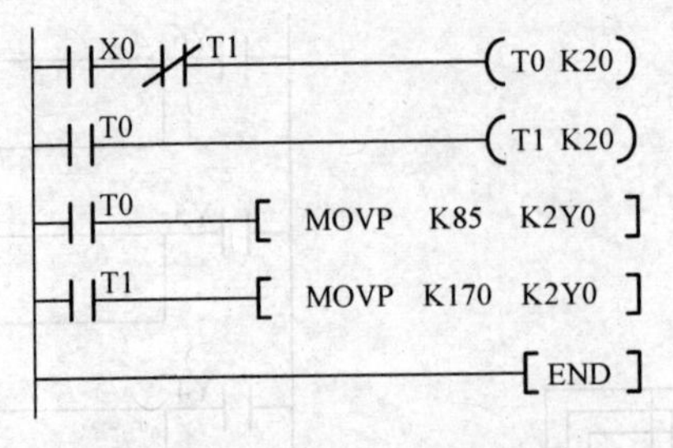

图 4-20 彩灯交替控制程序

任务四 MOV 指令实现的数码管 0~9 循环显示

一、控制要求

按下起动开关 SB1(X0),七段数码管显示"0",2s 后显示"1",再 2s 后显示"2",…,显示"9",2s 后再显示"0",如此循环。当按下停止开关 SB2(X1)后,七段数码管停止显示。

二、PLC 输入、输出分配及外部接线图

起动 SB1:X0

停止 SB2:X1

七段数码管 a~g 段对应 PLC 输出 Y0~Y6。数码管 0~9 循环显示的 PLC 外部接线图如图 4-21 所示。

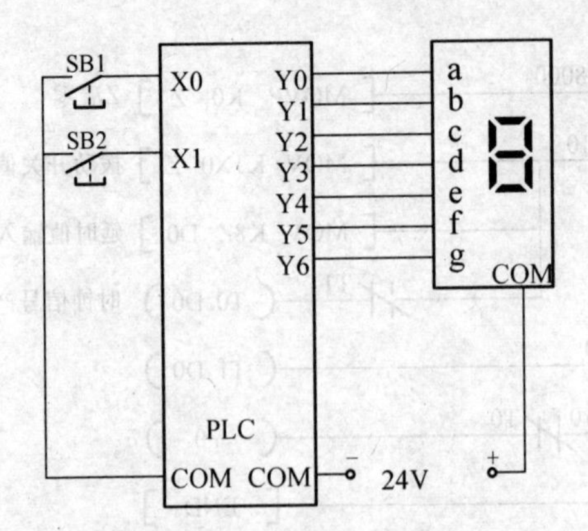

图 4-21 PLC 外部接线图

三、梯形图

数码管 0~9 循环显示的控制梯形图如图 4-22 所示。程序中通过向数码管传送十六进制显示代码使其对应显示十进制数码。数码管结构及显示代码见任务六知识链接的内容。

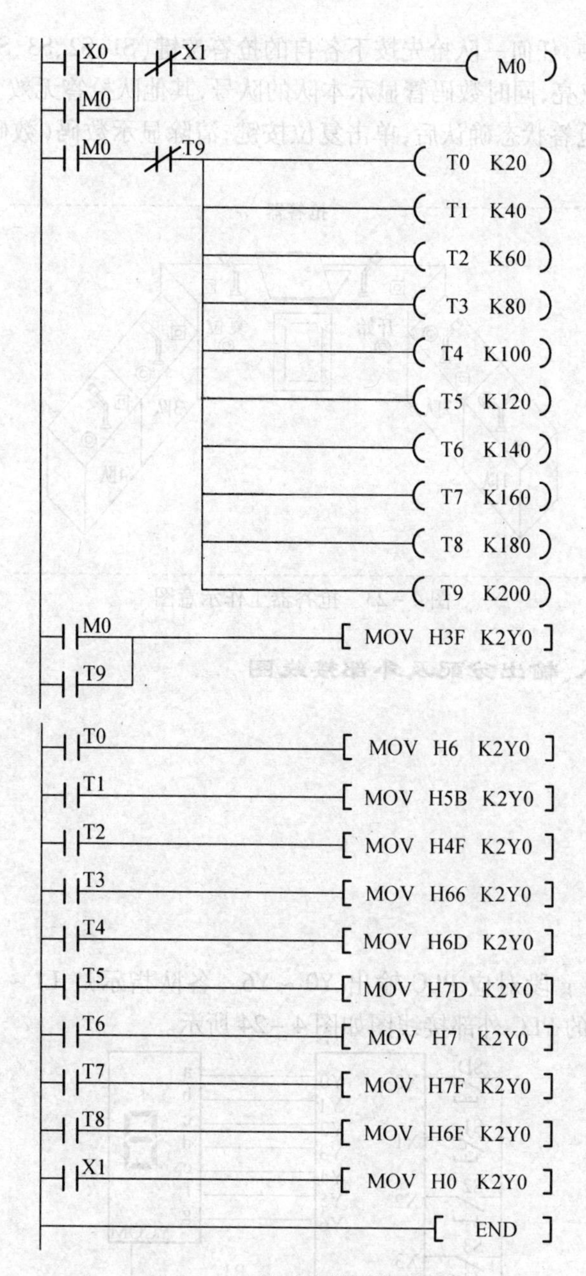

图 4－22　数码管控制梯形图

任务五　用传送指令实现竞赛抢答器的控制

一、控制要求

抢答器工作示意图如图 4－23 所示。抢答器设有主持人总台及各个参赛队分台，总台设有主持人控制的“开始”及“复位”按键，总台上有一个七段 LED 数码管，显示当前抢答队的队号。各分台设有抢答指示灯和抢答按键。控制要求如下：

（1）主持人按开始按键后，数码管显示 0，允许各队开始抢答，即各队抢答按键有效。

（2）抢答过程中，任何一队抢先按下各自的抢答按键（S1、S2、S3、S4）后，该队的指示灯（L1、L2、L3、L4）点亮，同时数码管显示本队的队号，其他队抢答无效。

（3）主持人对抢答状态确认后，单击复位按键，清除显示数码（数码管熄灭），本轮抢答结束。

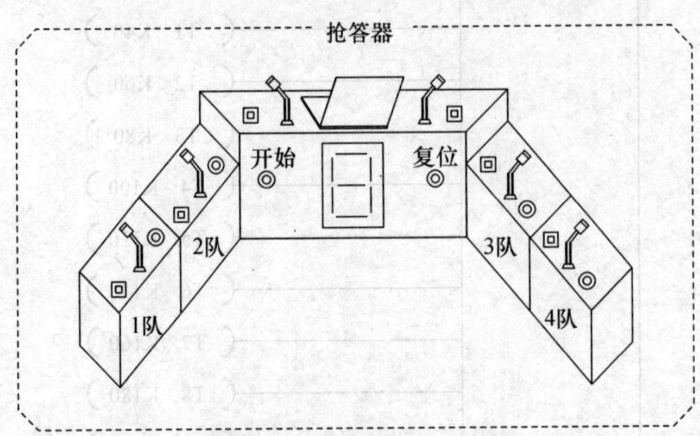

图 4－23 抢答器工作示意图

二、PLC 输入、输出分配及外部接线图

开始键 SD：X0

复位键 SR：X5

抢答键 S1：X1

抢答键 S2：X2

抢答键 S3：X3

抢答键 S4：X4

七段数码管 a～g 段对应 PLC 输出 Y0～Y6。各队指示灯 L1～L4 对应 PLC 输出 Y10～Y13。抢答器的 PLC 外部接线图如图 4－24 所示。

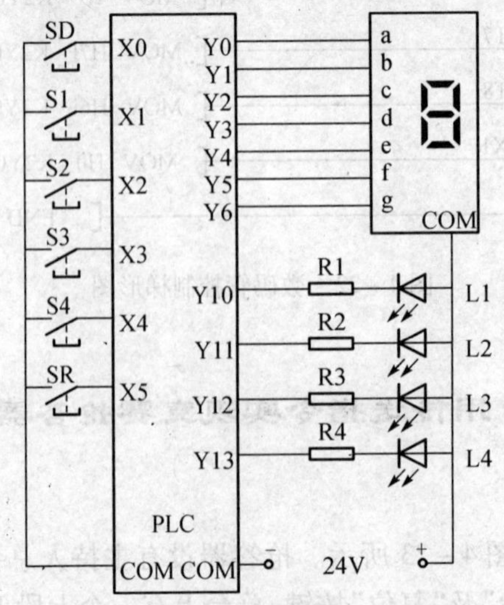

图 4－24 抢答器 PLC 外部接线图

三、梯形图

抢答器的控制如图4－25所示。梯形图程序中任何一队首先抢答时，对其他各队的互锁限制使用置位、复位指令，使程序更简洁。

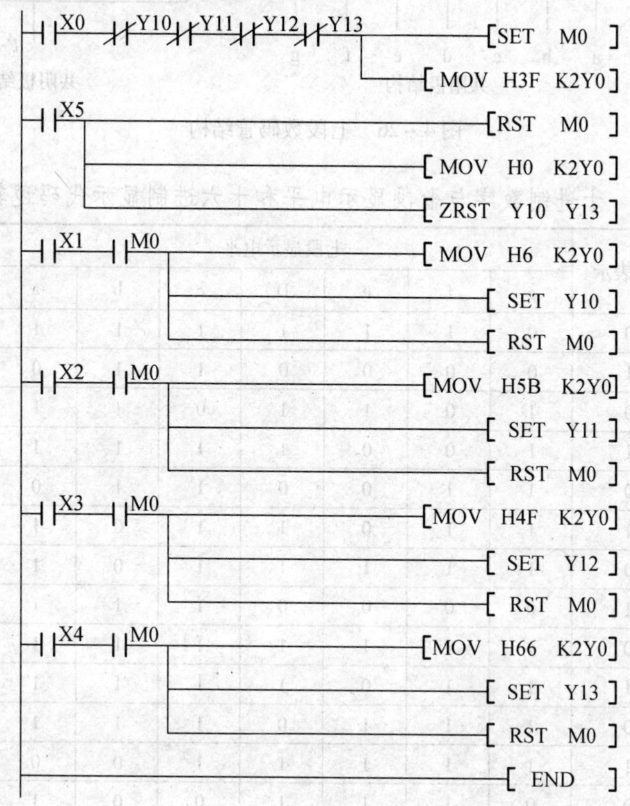

图4－25 四路抢答器控制梯形图

任务六 知识链接

七段数码管显示原理

一、七段数码管结构

七段数码管可以显示数字0～9，十六进制数字A～F，图4－26所示为发光二极管组成的七段数码管外形和内部结构。七段数码管分为共阳极结构（公共端接高电平）和共阴极结构（公共端接低电平）两种。以共阴极结构的数码管为例，当b、c两段接高电平发光，其他段接低电平不发光时，显示数字“1”，当七段均接高电平发光时，则显示数字“8”。

二、十进制数字与七段显示电平的逻辑关系

十进制数字与七段数码管显示电平和对应的十六进制显示代码的逻辑关系如表4－2所示。

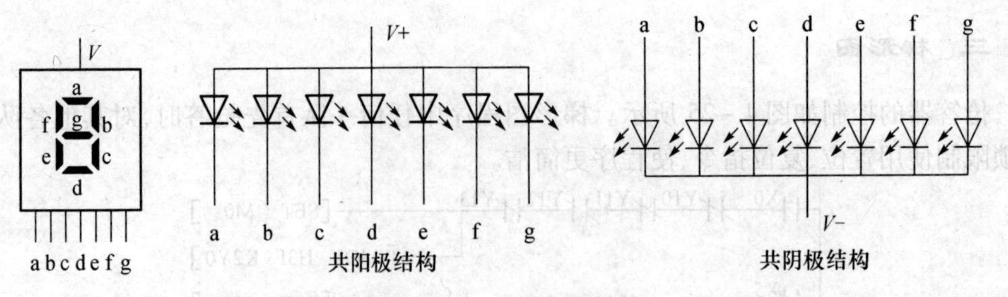

图4－26　七段数码管结构

表4－2　十进制数字与七段显示电平和十六进制显示代码逻辑关系

十进制数	二进制表示	七段显示电平							十六进制显示代码
		g	f	e	D	c	b	a	
0	0000	0	1	1	1	1	1	1	H3F
1	0001	0	0	0	0	1	1	0	H06
2	0010	1	0	1	1	0	1	1	H5B
3	0011	1	0	0	1	1	1	1	H4F
4	0100	1	1	0	0	1	1	0	H66
5	0101	1	1	0	1	1	0	1	H6D
6	0110	1	1	1	1	1	0	1	H7D
7	0111	0	0	0	0	1	1	1	H07
8	1000	1	1	1	1	1	1	1	H7F
9	1001	1	1	0	1	1	1	1	H6F
10	1010	1	1	1	0	1	1	1	H77
11	1011	1	1	1	1	1	0	0	H7C
12	1100	0	1	1	1	0	0	1	H39
13	1101	1	0	1	1	1	1	0	H5E
14	1110	1	1	1	1	0	0	1	H79
15	1111	1	1	1	0	0	0	1	H71

思考与练习

1. 什么是功能指令？分为哪几大类？

2. 什么是“位”软元件？什么是“字”软元件？二者有什么区别？

3. 功能指令中,32 位数据寄存器如何组成？

4. 在图4－27中,“X0”、“(D)”、“(P)”、“D10”、“D12”、“D14”的含义分别是什么？该指令有什么功能？

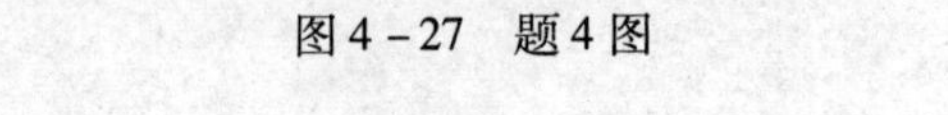

X0　[(D)SUB(P)　D10　D12　D14]

图4－27　题4图

5. 说明下列位元件组分别是由哪些位元件组合的,各表示多少位数据?

K1X0　　K2M10　　K8M0

K4S0　　K2Y0　　K3X10

6. 执行指令语句"MOVP　K5　K1Y0"后,Y0～Y3 的位状态是什么?

7. 设计一个程序,用 MOV 指令改变定时器的设定值,当 X1X0 = 00 时设定为 20,当 X1X0 = 01 时设定为 15,当 X1X0 = 10 时设定为 10,当 X1X0 = 11 时设定为 5。用此设定值可调的两个定时器构成振荡器,使 LED 以不同的频率闪烁。

项目 2　用子程序指令实现装配流水线的控制

本项目学习跳转、子程序、FOR 循环指令的功能、格式及应用。

学习目标

(1) 掌握条件跳转、子程序、FOR 循环指令的功能、格式及应用。

(2) 掌握利用条件跳转指令实现电机工作方式的转换控制。

(3) 掌握子程序指令实现装配流水线控制系统的安装接线、编程及调试方法。

任务一　条件跳转、子程序、FOR 循环指令的功能及格式

1. 条件跳转指令 CJ

条件跳转指令 CJ(P)(Conditional Jump)的编号为 FNC00,操作数为指针标号,指针 P (Point)用于分支和跳步程序。在梯形图中,指针放在左侧母线的左边。FX_{1S} 有 64 点指针(P0 ~ P63),FX_{1N}、FX_{2N} 和 FX_{2NC} 有 128 点指针(P0 ~ P127)。指针标号允许用变址寄存器修改。CJ 和 CJ(P)都占 3 个程序步,指针标号占 1 步。

条件跳转指令 CJ 用于跳过顺序程序中的某一部分,以控制程序的流程。如图 4 - 28 所示,当 X20 接通时,则由 CJ P9 指令跳到标号为 P9 的指令处开始执行,跳过了程序的一部分,减少了扫描周期。如果 X20 断开,跳转不会执行,则程序按原顺序执行。

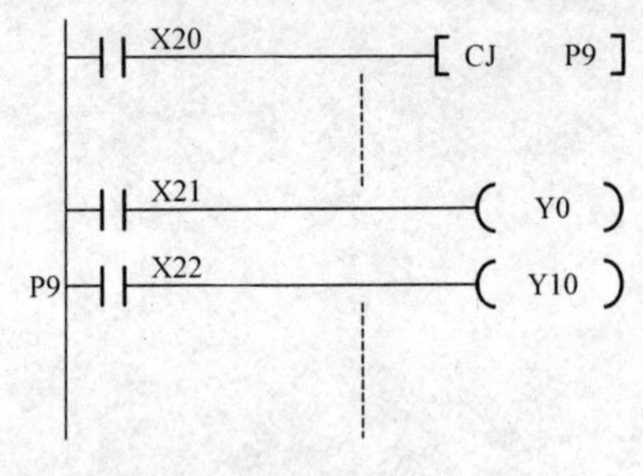

图 4 - 28　跳转指令的使用

使用跳转指令注意事项:

(1) CJ(P)指令表示为脉冲执行方式。

(2) 指针可以出现在相应跳转指令之前,但是如果反复跳转的时间超过监控定时器的设定时间,会引起监控定时器出错。

(3) 一个指针标号只能出现一次,如出现两次或两次以上,则会出错,但两条跳转指令可以使用同一标号。如果用 M8000 的常开触点驱动 CJ 指令,相当于无条件跳转指令,因为运行时特殊辅助继电器 M8000 总是为 ON。

(4) P63 是 END 所在的步序号,在程序中不需要设置 P63 标记,程序中不要对标号 P63 编程。

(5) 在跳转执行期间,即使被跳过程序的驱动条件改变,但其线圈(或结果)仍保持

跳转前的状态，因为跳转期间根本没有执行这段程序。

（6）定时器和计数器如果被 CJ 指令跳过，跳步期间它们的当前值将被冻结。如果在跳转开始时定时器和计数器正在工作，则在跳转执行期间它们将停止工作，到跳转条件不满足后又继续工作。但对于正在工作的定时器 T192 ~ T199 和高速计数器 C235 ~ C255 不管有无跳转仍连续工作。

（7）若积算定时器和计数器的复位（RST）指令在跳转区外，即使它们的线圈被跳转，但对它们的复位仍然有效。

2. 子程序调用 CALL 与子程序返回指令 SRET

子程序调用指令 CALL（Sub Routine Call）的编号为 FNC01。操作数为 P0 ~ P127，此指令占用 3 个程序步。

子程序返回指令 SRET（Sub Routine Return）的编号为 FNC02，无操作数，占用 1 个程序步。

如图 4 - 29 所示，如果 X0 接通，则转到标号 P10 处去执行子程序，当执行完 SRET 指令后，返回到 CALL 指令的下一步执行。

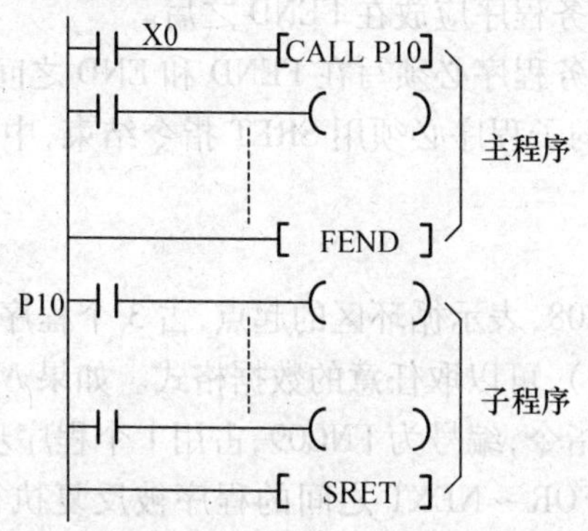

图 4 - 29　子程序调用与返回指令的使用

使用子程序调用与返回指令注意事项：

（1）子程序应放在 FEND（主程序结束）指令之后，同一指针只能出现一次，CJ 指令中用过的指针不能再用，不同位置的 CALL 指令可以调用同一指针的子程序。

（2）因为子程序是间歇使用的，在子程序中使用的定时器应在 T192 ~ T199 和 T246 ~ T249 之间选择。

在子程序中调用子程序称为嵌套调用，最多可嵌套 5 级。图 4 - 30 中的 CALL（P）P11 指令仅在 X0 由 OFF 变为 ON 时执行一次。在执行子程序 1 时，如果 X11 为 ON，CALL（P）P12 指令被执行，程序跳到 P12 处，嵌套执行子程序 2。执行第二条 SRET 指令后，返回子程序 1 中 CALL（P）P12 指令的下一条指令；执行第一条 SRET 指令后返回主程序中 CALL（P）P11 指令的下一条指令。

3. 主程序结束指令 FEND

主程序结束指令 FEND 的编号为 FNC06（First End），无操作数，占用 1 个程序步。FEND 表示主程序结束和子程序区的开始，当执行到 FEND 时，PLC 进行输入/输出处理，监控定时器刷新，完成后返回第 0 步。

使用 FEND 指令时应注意：

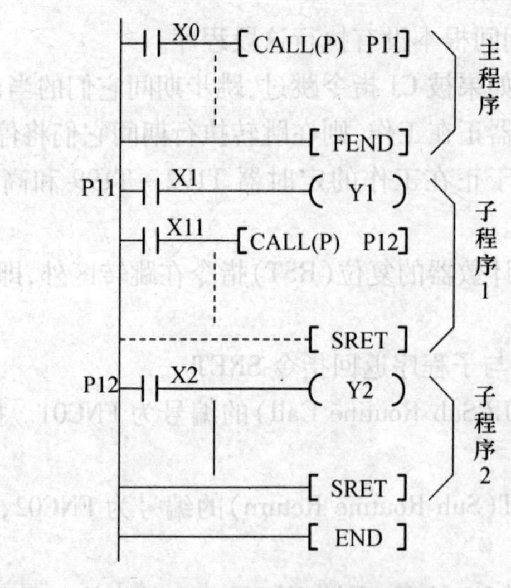

图 4-30　子程序的嵌套调用

（1）子程序和中断服务程序应放在 FEND 之后。

（2）子程序和中断服务程序必须写在 FEND 和 END 之间,否则出错。

（3）CALL 指令调用的子程序必须用 SRET 指令结束,中断子程序必须以 IRET 指令结束。

4. FOR 循环指令

FOR 指令编号为 FNC08,表示循环区的起点,占 3 个程序步,它的源操作数用来表示循环次数 $N(N=1\sim32767)$,可以取任意的数据格式。如果 N 为负数,当作 $N=1$ 处理。

NEXT 是循环区终点指令,编号为 FNC09,占用 1 个程序步,无操作数。

在程序运行时,位于 FOR ~ NEXT 之间的程序被反复执行 N 次(由操作数 N 设定)后,再继续执行 NEXT 后面的程序。

图 4-31 所示为一个二重嵌套循环,外层循环程序 A 嵌套了内层循环 B,循环 A 执行 5 次,每执行一次外层循环 A,若 D0Z0 中的数为 6,就要执行 6 次内层循环 B,因此循环 B 一共要执行 30 次。

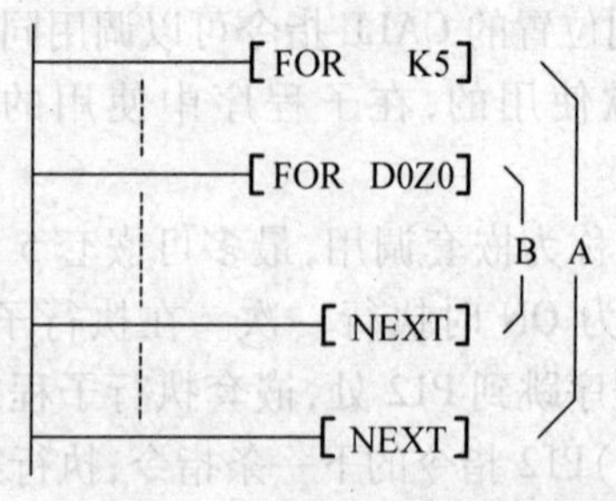

图 4-31　循环指令的使用

使用循环指令时应注意:

（1）FOR 和 NEXT 必须成对使用。

（2）FX_{2N}系列 PLC 循环可嵌套五层。

（3）在循环中可利用 CJ 指令在循环没结束时,提前跳出循环体。

(4) FOR 应放在 NEXT 前面,NEXT 应在 FEND 和 END 之前,否则均会出错。

(5) 如果执行 FOR - NEXT 循环的时间太长,应注意扫描周期是否会超过监控定时器的设定时间。

任务二　应用实例

例 4-5　利用条件跳转指令实现电机工作方式的转换。

不同的工作环境对电机的运行有着不同的要求,某电机既能实现手动控制,又能实现自动控制。其中,X4 为手动、自动转换开关(二位开关)。

(1) 当 X4 断开时,电机实现手动正、反转控制,按下 X0 电机正转即 Y0 工作,按下 X1 电机反转即 Y1 工作,按下 X2 电机停止。

(2) 当 X4 闭合时,电机实现自动正、反转,按下 X0 电机正转,3s 后自动反转,再 3s 自动正转,如此循环;按下 X2 停止;按下 X1 电机反转,3s 后自动正转,再 3s 自动反转,如此循环,按下 X2 停止。梯形图如图 4-32 所示。

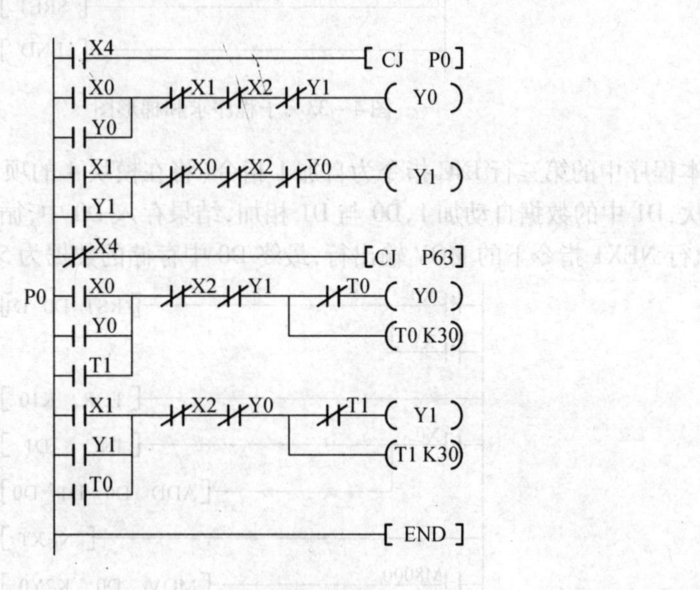

图 4-32　电机控制梯形图

例 4-6　子程序求和。

要求:当 X1、X2、X3 分别接通时,将相应的数据传送到 D0、D10,用子程序进行数据相加,运算结果存储在 D20,再用 D20 存储数据控制 K1Y0 输出,当 X4 闭合时,对 K1Y0 清零。子程序求和梯形图如图 4-33 所示。

例 4-7　利用 FOR 循环求 0 ~ 10 的和,并将和存入 D0,再由 K2Y0 输出。梯形图如图 4-34 所示。

FOR 循环中 FOR、NEXT 必须成对出现,缺一不可。在一个扫描周期内,FOR、NEXT 之间的循环体被反复执行,只有执行完循环次数后,才执行 NEXT 的下一条指令语句。

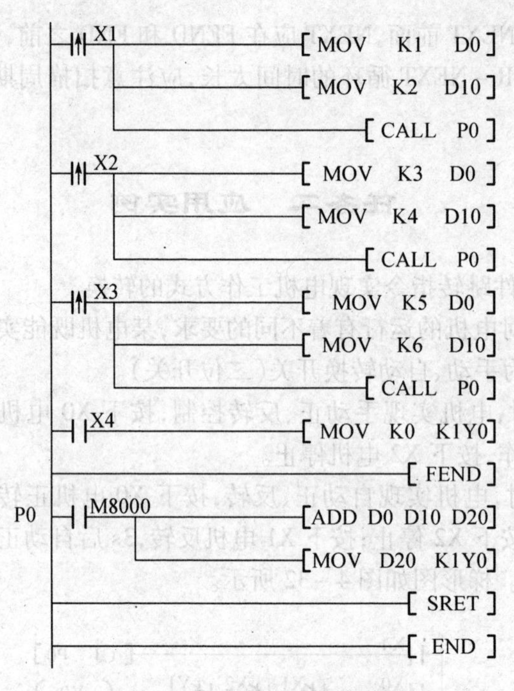

图 4 – 33 子程序求和梯形图

本程序中的第三行 INC 指令为自加 1 指令(将在模块 4 的项目 4 中详细讲述),每循环一次,D1 中的数据自动加 1,D0 与 D1 相加,结果存入 D0 中,循环 10 次结束后,跳出循环,执行 NEXT 指令下的 MOV 输出行,最终 D0 中存储的数据为 55。

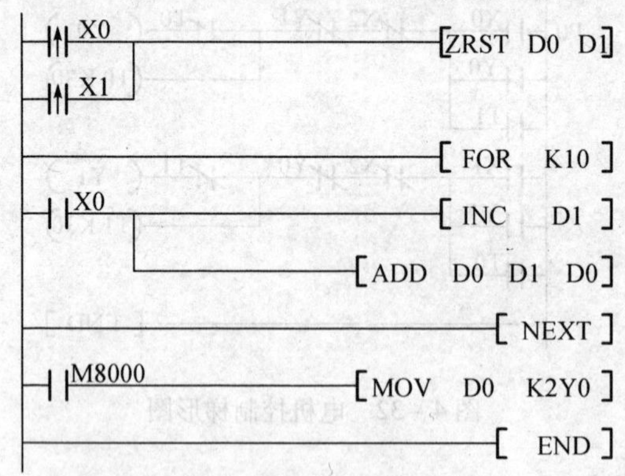

图 4 – 34 FOR 循环 0 ~ 10 求和梯形图

例 4 – 8 用子程序、FOR 循环实现寄存器代数运算。

设数据寄存器 D0、D1、D2、D3 中存储数据分别为 2、3、– 1、9,用 FOR 循环构成的子程序求它们的代数和,将运算结果存于 D10,并由位元件组 K1Y0 输出结果。X0 是计算控制端,X1 是清零控制端。梯形图如图 4 – 35 所示。

在子程序 P10 中,FOR 循环次数为 3,变址寄存器 Z 存储的数据在每次循环中加 1,即分别为 1、2、3,后执行程序中的 D0Z 则分别变址为 D1、D2、D3,在加法指令中,D0 与 D1、D2、D3 分别相加后,运算结果 2 + 3 + (– 1) + 9 = 13 存入 D0。循环结束后,跳出循环并返回子程序调用处,继续执行下一条指令。

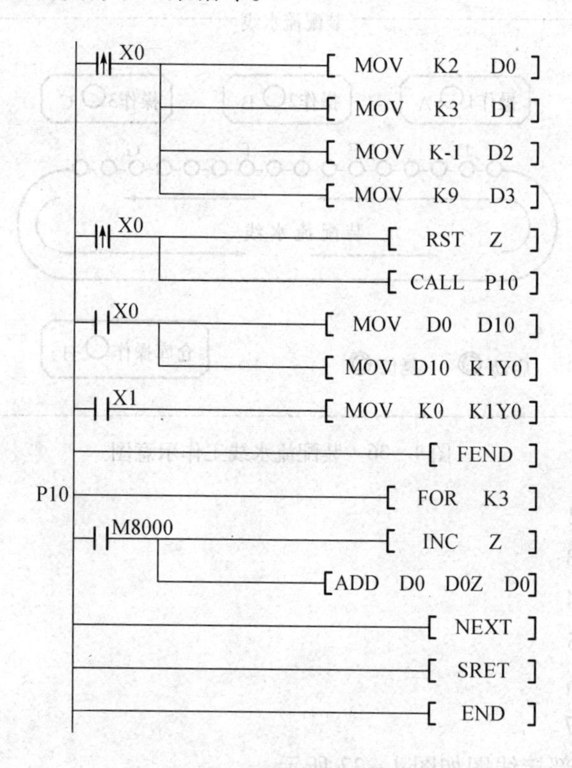

图 4-35 子程序代数运算梯形图

任务三 装配流水线的控制

一、总体控制要求

(1) 装配流水线工作示意图如图 4-36 所示,系统中的运料工位 D、E、F、G,装配操作工位 A、B、C 及仓库操作工位 H 能对工件进行循环处理。

(2) 按下“起动”按钮 SD,工件经过运料工位 D 送至工位 E,再送至工位 F,再送至工位 G,完成工件传送后送至装配操作工位 A,在 A 处加工后再送至 D,送至 E,再送至 F,再送至 G,再送至装配操作工位 B,在 B 处加工后再送至 D,…,依次传送及加工,直至工件被送至仓库操作工位 H,由该工位完成对工件的入库操作,循环处理。即:起动后,按 D-E-F-G-A-D-E-F-G-B-D-E-F-G-C-D-E-F-G-H-D-E-F-G-A…的顺序循环。

(3) 按下“复位”按钮 SR,装配流水线停止工作。

二、PLC 输入、输出分配及外部接线图

起动键 SD、复位键 SR: X1

运料工位 D:Y0

运料工位 E:Y1

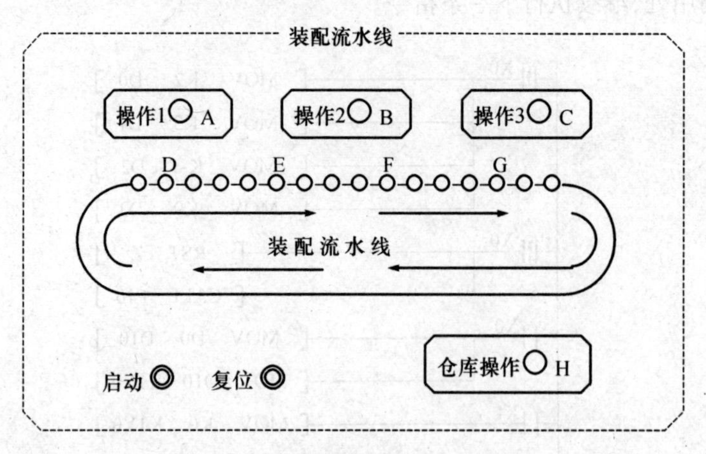

图 4-36　装配流水线工作示意图

运料工位 F:Y2
运料工位 G:Y3
操作工位 A:Y4
操作工位 B:Y5
操作工位 C:Y6
操作工位 H:Y7

装配线 PLC 外部接线图如图 4-37 所示。

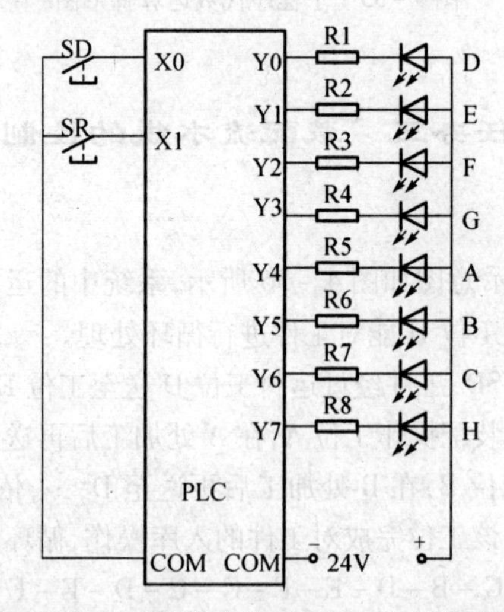

图 4-37　装配流水线 PLC 控制外部接线图

三、梯形图

装配线控制梯形图如图 4-38 所示。主程序中 Y4 ~ Y7 对应装配操作工位 A ~ C、H,轮流工作 2s,且分别调用子程序各 1 次。子程序 P0 中的 Y0 ~ Y3 对应运料工位 D ~ G,间隔 1s 轮流输出。此程序中正是利用了子程序的可反复调用性,使程序的编辑和运行效率提高。

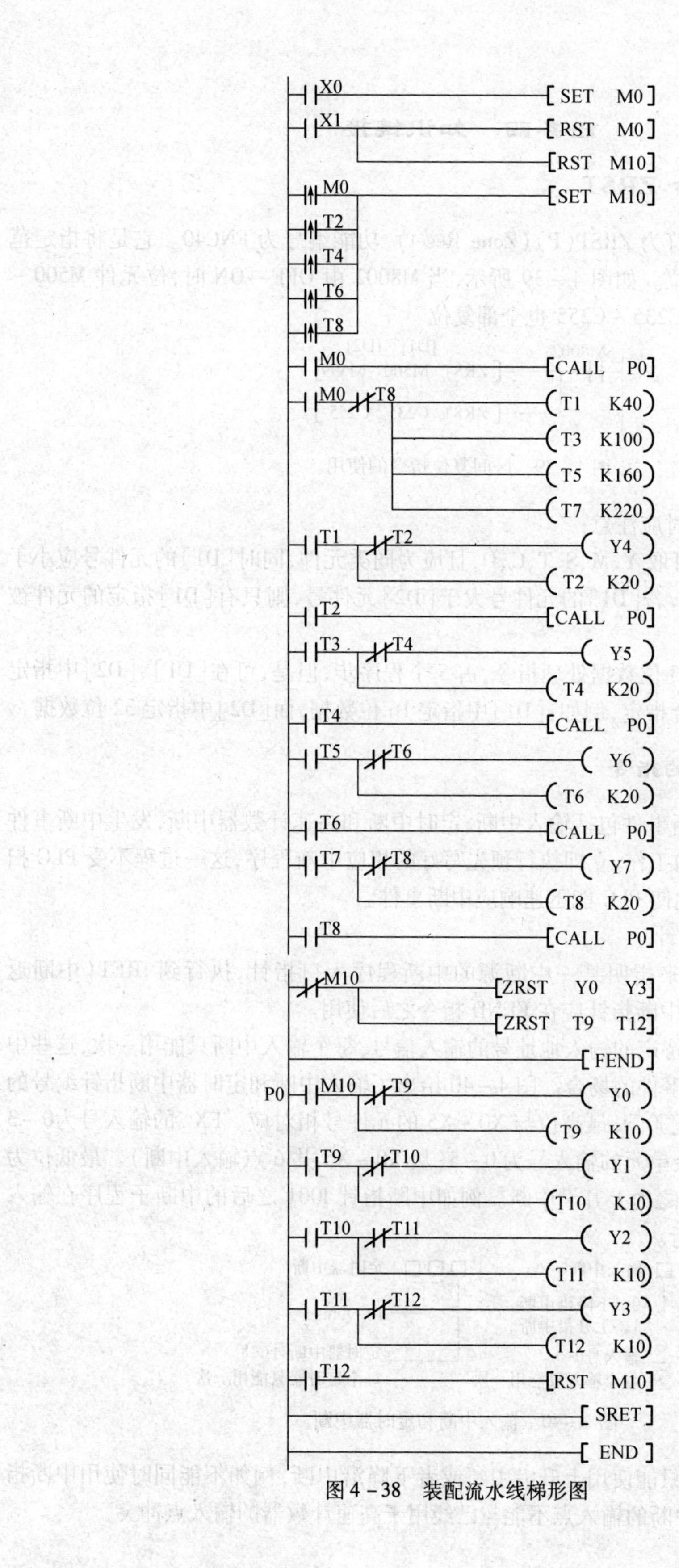

图 4－38　装配流水线梯形图

任务四　知识链接

一、区间复位指令 ZRST

区间复位指令助记符为 ZRST(P)(Zone Reset),功能编号为 FNC40。它是将指定范围内的同类元件全部复位。如图 4-39 所示,当 M8002 由 OFF→ON 时,位元件 M500 ~ M599 全部复位,字元件 C235 ~ C255 也全部复位。

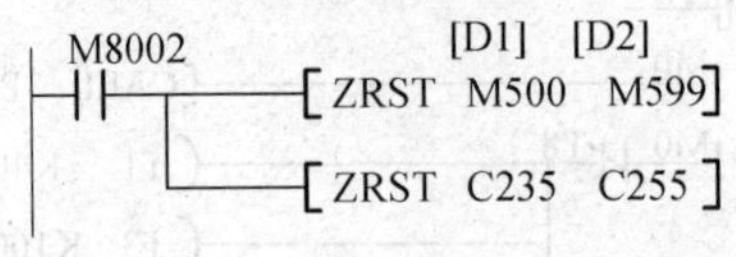

图 4-39　区间复位指令的使用

使用区间复位指令时应注意:

(1) [D1]和[D2]可取 Y、M、S、T、C、D,且应为同类元件,同时[D1]的元件号应小于等于[D2]指定的元件号,若[D1]的元件号大于[D2]元件号,则只有[D1]指定的元件被复位。

(2) ZRST 指令是 16 位数据处理指令,占 5 个程序步,但是,可在[D1]、[D2]中指定 32 位数据,不过不能混合指定,例如:[D1]中指定 16 位数据,而[D2]中指定 32 位数据。

二、与中断有关的指令

FX 系列 PLC 的中断事件包括输入中断、定时中断和高速计数器中断,发生中断事件时,CPU 停止执行当前的工作,立即执行预先写好的相应中断程序,这一过程不受 PLC 扫描工作方式的影响,因此使 PLC 能迅速响应中断事件。

1. 与中断有关的指针

用于中断的指针用来指明某一中断源的中断程序入口指针,执行到 IRET(中断返回)指令时返回主程序,中断指针应在 FEND 指令之后使用。

输入中断用来接收特定的输入地址号的输入信号,每个输入中断只能用一次,这些中断信号可用于一些突发事件的场合。图 4-40 给出了输入中断和定时器中断指针编号的意义,输入中断指针为 I□0□,最高位与 X0 ~ X5 的元件号相对应。FX_{1S}的输入号为0 ~ 3(从 X0 ~ X3 输入),其余单元的输入号为 0 ~ 5(从 X0 ~ X5 共 6 点输入中断)。最低位为 0 时表示下降沿中断,反之为上升沿中断。例如中断指针 I001 之后的中断子程序在输入信号 X0 的上升沿时执行。

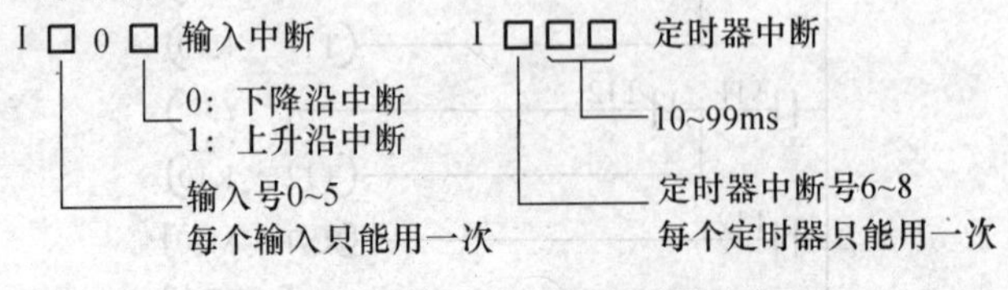

图 4-40　输入中断和定时器中断

同一个输入中断源只能使用上升沿中断或者下降沿中断,例如不能同时使用中断指针 I000 和 I001。用于中断的输入点不能与已经用于高速计数器的输入点冲突。

FX_{2N}和FX_{2NC}系列中断有3点定时中断，中断指针为I6□□～I8□□，低两位是以ms为单位的定时时间。定时中断使PLC以指定的周期定时执行中断子程序，循环处理某些任务，处理时间不受PLC扫描周期的影响。

FX_{2N}和FX_{2NC}系列有6点计数器中断，中断指针为I0□0（□=1～6）。计数器中断与HSCS（高速计数器比较置位）指令配合使用，根据高速计数器的计数当前值与计数设定值的关系来确定是否执行相应的中断服务程序。

2. 与中断有关的三条功能指令

与中断有关的三条功能指令分别是：

（1）中断返回指令IRET（Interruption Return），编号为FNC03；

（2）中断允许指令EI（Interruption Enable），编号为FNC04；

（3）中断禁止DI（Interruption Disable），编号为FNC05。

它们均无操作数，分别占用1个程序步。

PLC通常处于禁止中断状态，由EI和DI之间的程序组成允许中断的区间。当执行到该区间时，如有中断源产生中断，CPU将暂停执行当前的程序，转去执行相应的中断子程序。当遇到IRET时返回原断点，继续执行原来的程序。

如图4-41所示，在允许中断范围中，当特殊辅助继电器M8050=0（X20=0）时，标号为I000的中断子程序允许执行。若中断源PLC的外部输入端X0有一个下降沿信号时，则转入标号为I000的中断服务程序，执行一次中断，执行完毕后，返回原程序；当X20=1时，M8050为“1”状态，则I000中断禁止。

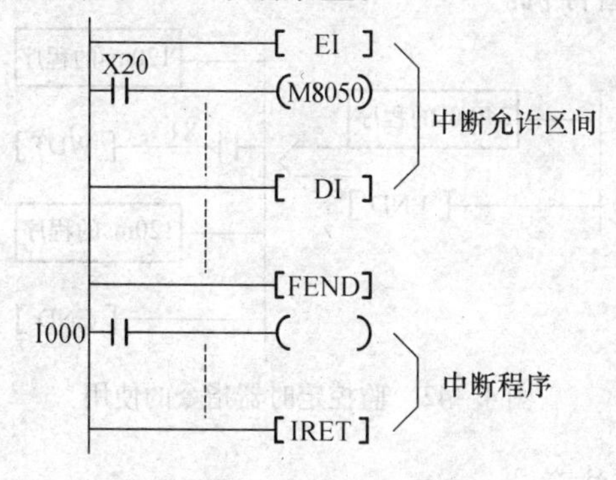

图4-41　中断指令的使用

使用中断相关指令时应注意：

（1）中断的优先级排队如下，如果有多个中断依次发生，则以发生先后为序，即发生越早级别越高，如果多个中断源同时发出信号，则中断指针号越小的优先级越高。

（2）当特殊辅助继电器M8050～M8058为ON时，禁止执行相应的中断I0□□～I8□□；M8059为ON时，则禁止6点计数器中断I010～I060。

（3）不需要关闭中断时，可只用EI指令，不必用DI指令。

（4）执行一个中断服务程序时，其他中断被禁止，如果在此中断服务程序中又有EI和DI，可实现两级中断嵌套，最多为两级。

（5）如果中断信号在禁止中断区间出现，则该中断信号被储存，并在EI指令之后响应该中断。

（6）中断输入信号的脉冲宽度应大于200μs，选择了输入中断时，其硬件输入滤波器自动地复位为50μs（通常为10ms）。

（7）直接高速输入可用于“捕获”窄脉冲信号。FX系列PLC需要用EI指令来激活X0～X5的脉冲捕获功能，捕获的脉冲状态存放在M8170～M8175中。接收到脉冲后，相应的特殊辅助继电器M变为ON，可用捕获的脉冲来触发某些操作。如果输入元件已用于其他高速功能，脉冲捕获功能将被禁止。

三、监控定时器指令WDT

监控定时器指令WDT（Watching Dog Timer）编号为FNC07，没有操作数，占用1个程序步。WDT指令的功能是对PLC的监控定时器进行刷新。

监控定时器又称看门狗，在执行FEND或END指令时，监控定时器被刷新（复位），PLC正常工作时扫描周期（从0步到FEND或END指令的执行时间）小于它的定时时间。如果由于外界干扰或程序本身的原因使PLC偏离正常的程序执行路线，监控定时器不再被复位，定时时间到时，PLC将停止运行，它上面的CPU出错灯ERROR　LED亮。

监控定时器默认值为200ms（可用D8000来设定）。如果扫描周期大于它的定时时间，可将WDT指令插入到合适的程序步中刷新监控定时器，以使程序能继续执行到END。

如图4－42所示，利用一个WDT指令将一个240ms的程序一分为二，使它们都小于200ms，则不再会出现报警停机。

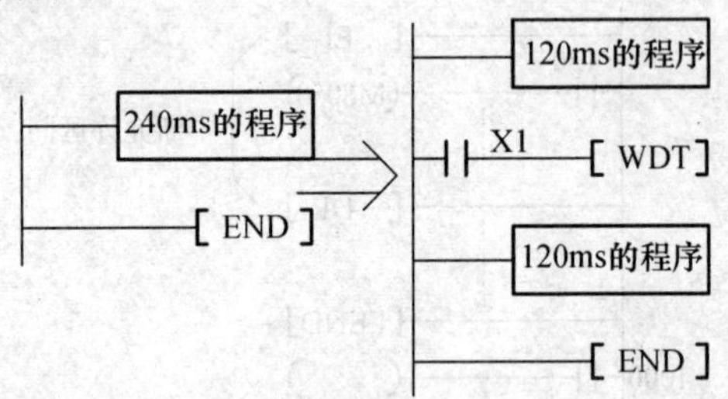

图4－42　监控定时器指令的使用

使用WDT指令时应注意：

（1）在后续的FOR－NEXT循环中，执行时间可能超过监控定时器的定时时间，可将WDT插入到循环程序中。

（2）当与条件跳转指令CJ对应的指针标号在CJ指令之前时（即程序往回跳），就有可能连续反复跳步使它们之间的程序反复执行，使执行时间超过监控时间，可在CJ指令与对应指针标号之间插入WDT指令。

思考与练习

1. 填空：

（1）执行CJ指令的条件____时，将不执行该指令和____之间的指令。

(2) 操作数 K2X10 表示____组位元件,即由____到____组成的____位数据。

2. 用跳步指令设计用一个按钮 X0 控制 Y0 的电路,第一次按下按钮 Y0 变为 ON,第二次按下按钮 Y0 变为 OFF。

3. 使用跳转指令应注意哪些问题?使用子程序调用指令应注意哪些问题?

4. X5 为 ON 时,用定时中断每 1s 将 Y0 ~ Y3 组成的位元件组 K1Y0 加 1,设计主程序和中断子程序。

5. 设计一个时间中断子程序,每 20ms 读取输入口 K2X0 数据一次,每 1s 计算一次平均值,并送 D100 存储。

项目3　用比较指令实现传送带输送工件的控制

本项目学习比较指令的功能、格式及应用，比较指令包括比较指令 CMP 和区间比较指令 ZCP。

(1) 掌握比较指令 CMP 和区间比较指令 ZCP 的功能、格式及应用。

(2) 掌握用比较指令实现园区照明和报警、传送带输送工件控制系统的安装接线、编程及调试方法。

任务一　比较指令 CMP 和区间比较指令 ZCP 的功能、格式

比较指令包括比较 CMP 和区间比较指令 ZCP 两条。

1. 比较指令 CMP

比较指令 CMP(Compare)的编号为 FNC10，它是将源操作数[S1]和源操作数[S2]的数据进行比较，比较的结果(0 或 1)送到目标操作数[D]中去。如图 4-43 所示，当 X1 接通时，把十进制常数 100 与 C20 的当前值进行比较，比较的结果送入 M0 ~ M2 中。在 X1 为 OFF，即不执行 CMP 指令时，M0 ~ M2 保持 X1 断开前的状态不变。因此若要清除比较结果，需要用 RST 或 ZRST 指令。

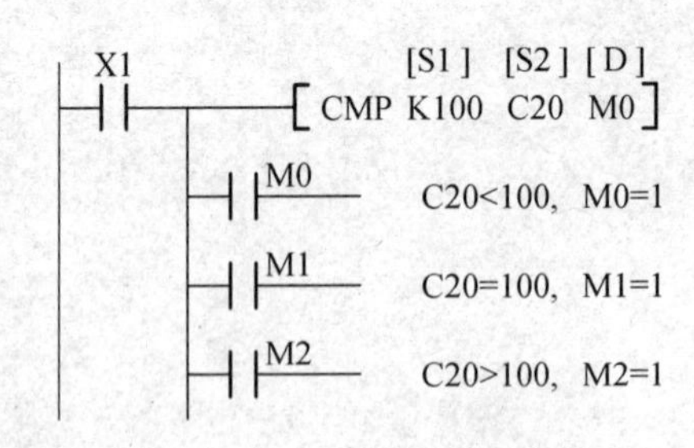

图 4-43　比较指令的使用

2. 区间比较指令 ZCP

区间比较指令 ZCP(Zone Compare)，该指令的编号为 FNC11，指令执行时将源操作数[S]的值与[S1]和[S2]的内容进行比较，并把比较结果送到目标操作数[D]中。如图 4-44所示，当 X0 为 ON 时，把 C30 的当前值与常数 100 和 120 相比较，将结果送 M3、M4、M5 中；X0 为 OFF，则 ZCP 不执行，M3、M4、M5 状态不变。源操作数 [S1]不能大于[S2]。

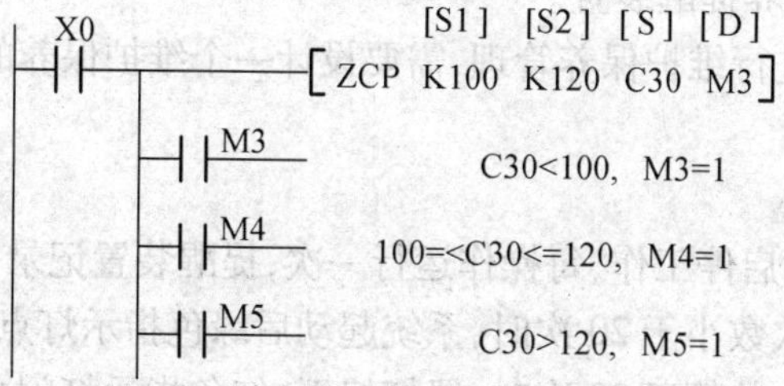

X0 [S1] [S2] [S] [D]
ZCP K100 K120 C30 M3

M3 C30<100, M3=1

M4 100=<C30<=120, M4=1

M5 C30>120, M5=1

图 4 - 44 区间比较指令的使用

任务二 比较指令应用实例

例 4 - 9 密码锁控制程序设计。

有一高性能密码锁，由两组密码数据组成，开锁时只有输入两组正确的密码才能打开，锁打开后，5s 再重新锁定。

梯形图如图 4 - 45 所示。第一行为程序运行时用初始化脉冲 M8002 预先设定好密码（两个十六进制数 H5A 和 H6C）。开锁的过程就是将从 K2X0 输入的数据与预先设定好的密码进行比较的过程。因为密码为两位十六进制数，所以输入只需要 8 位（K2X0）即可。在两次比较中，只有从输入点 K2X0 送进来的二进制数，恰好等于所设定的 H5A 和 H6C 才能打开密码锁。

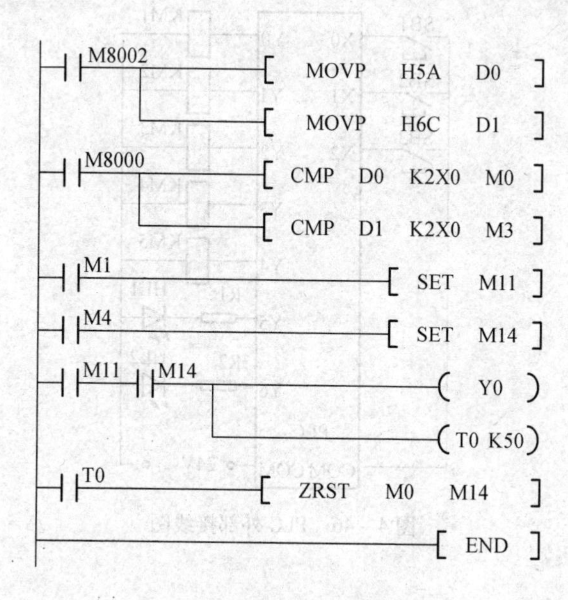

图 4 - 45 密码锁控制梯形图

因为第二行的两条 CMP 指令，它们的目标操作数（M0、M1、M2）和（M3、M4、M5）的通断状态，随着 K2X0 的不同输入，时刻在发生变化，所以梯形图中使用了两个中间变量 M11 和 M14，对应 M1 和 M4，这样就将两次比较的结果保存下来，再用 M11 和 M14 常开触点串联起来以后驱动 Y0，打开密码锁。

例 4-10 设备保养提醒装置。

现有 5 台设备要进行维护保养管理，需要设计一个维护保养的提醒装置。

一、控制要求

(1) 5 台设备同时启停工作，每操作运行一次，提醒装置记录一次使用次数。

(2) 当操作运行次数小于 20 次时，系统起动后绿色指示灯点亮。

(3) 当操作使用次数等于 20 次时，绿灯熄灭、红色指示灯闪亮，提醒已到维护保养时间，同时限制设备不能再次起动。

(4) 只有当设备使用次数等于 20 次，且经维护保养后按下复位按钮时，系统复位，可继续使用。

二、PLC 输入、输出分配及外部接线图

起动按钮 SB1：X0

停止按钮 SB2：X1

复位按钮 SB3：X2

5 台设备的控制接触器 KM1 ~ KM5 对应 PLC 输出 Y0 ~ Y4

绿色指示灯 HL1：Y5

红色指示灯 HL2：Y6

PLC 外部接线图如图 4-46 所示。

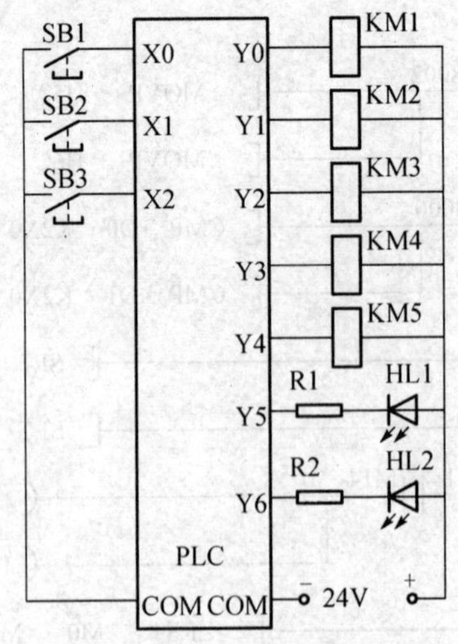

图 4-46　PLC 外部接线图

三、梯形图

设备维护控制梯形图如图 4-47 所示。

例 4-11 园区照明和报警控制器。

该控制器应用计数器与比较器指令可在 24h 设定定时时间，每 15min 为一设定单位，共 96 个时间单位。

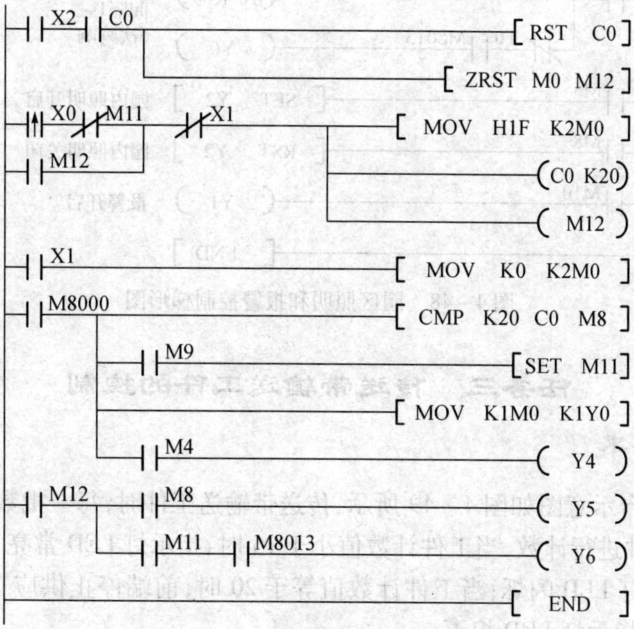

图 4-47 维护提醒装置梯形图

控制要求:① 6:30 电铃(Y0)每秒响 1 次,6 次后自动停止。

② 9:00 ~ 17:00,起动园区住宅报警系统(Y1)。

③ 18:00 开启园内照明(Y2)。

④ 22:00 关闭园内照明(Y2)。

梯形图如图 4-48 所示。X0 为控制器起停开关;X1 为 15min(900s)一格的快速调整与试验开关;X2 为格数设定的快速调整与试验开关;时间设定值为钟点数 ×4。控制器在使用时,在 0:00 时起动系统。

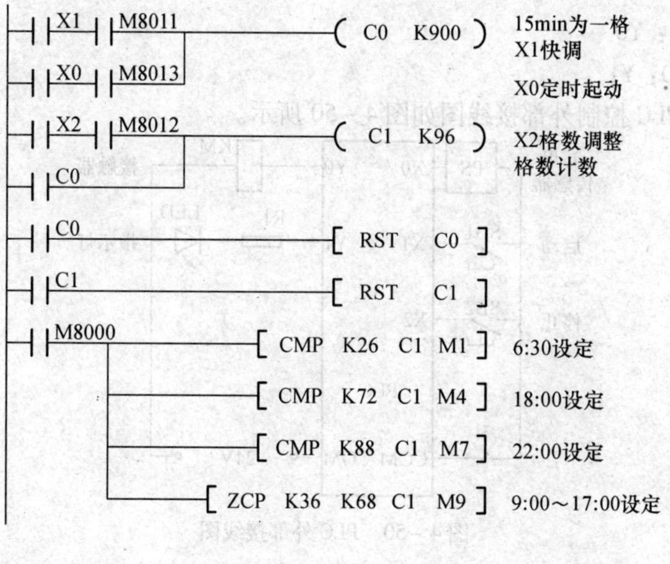

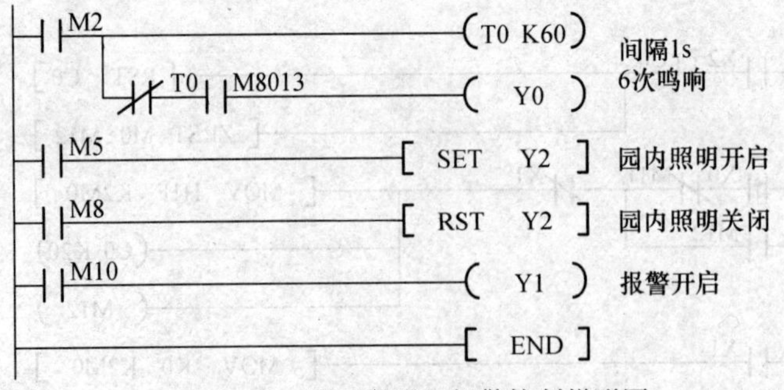

图 4-48　园区照明和报警控制梯形图

任务三　传送带输送工件的控制

一、控制要求

传送带工作台示意图如图 4-49 所示，传送带输送工件时，每一批数量为 20 只，光电传感器 PS，对工件进行计数，当工件计数值小于 15 时，指示灯 LED 常亮；当工件数量大于等于 15 时，指示灯 LED 闪烁；当工件计数值等于 20 时，前端停止供应工件，传送带延时 10s 后停止，同时指示灯 LED 熄灭。

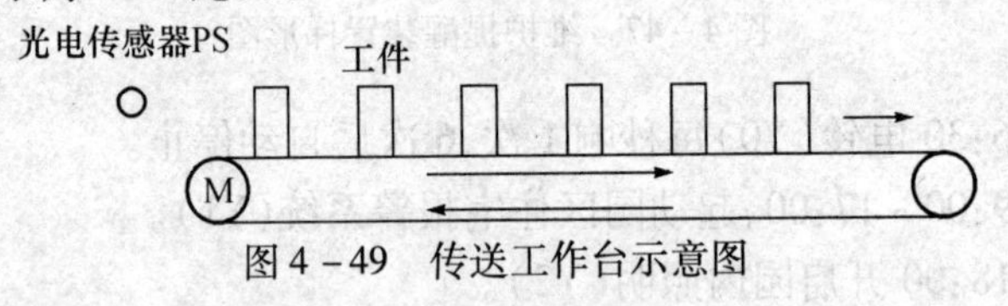

图 4-49　传送工作台示意图

二、PLC 输入、输出分配及外部接线图

光电传感器 PS：X0

起动按钮 SB1：X1

停止按钮 SB2：X2

接触器 KM：Y0

指示灯 LED：Y1

输送带的 PLC 控制外部接线图如图 4-50 所示。

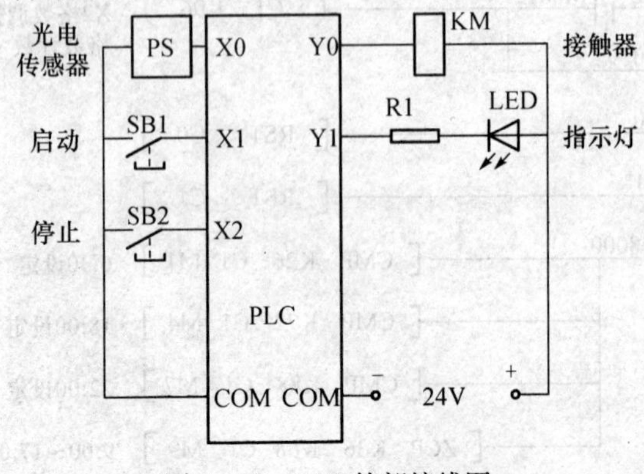

图 4-50　PLC 外部接线图

三、梯形图

传送带输送工件控制梯形图如图 4－51 所示。程序中使用区间比较指令实现不同状态的分段控制。使用 ZCP 指令时应特别注意区间上下限的大小设置。

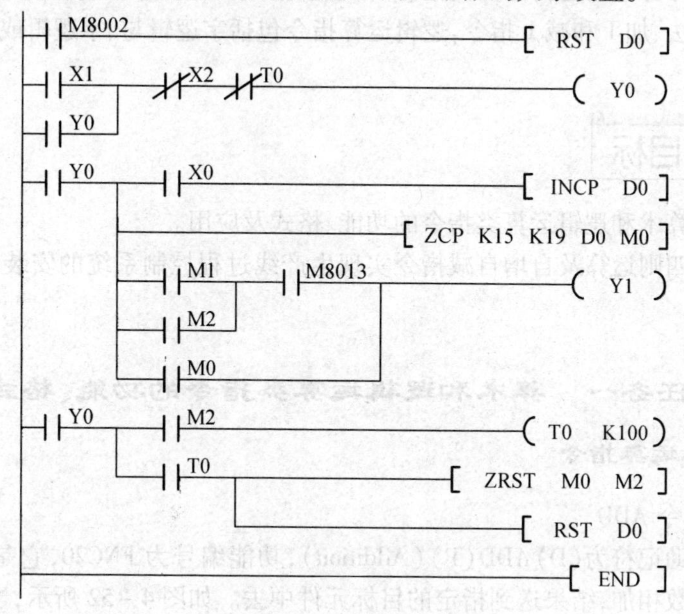

图 4－51 输送工件控制梯形图

思考与练习

1. 设(D0) = 166、(D10) = 222，则执行“CMP D0 D10 M0”指令后，什么标志位接通？

2. 用两种不同类型的比较指令实现下列功能：对 X0 的脉冲进行计数，当脉冲数大于 5 时，Y1 为 ON；反之 Y0 为 ON。并且，当 Y0 接通时间达到 10s 时，Y2 为 ON。试编写此梯形图程序。

3. 在产品检验完毕后，分别通过传感器对合格产品和不合格产品进行计数。试设计梯形图程序进行产品的合格率自动统计，并判断：当合格率大于等于 90% 时点亮绿色指示灯；当合格率小于 80% 时点亮红色指示灯；当合格率大于等于 80% 且小于 90% 时点亮黄色指示灯。

【提示】可将合格率扩大 100 倍方案进行运算，以避免出现小数运算。

4. 使用比较指令设计程序实现下列功能：当 X1 状态为 ON 时，计数器每隔 1s 计数。当计数值小于 90 时，点亮绿灯；当计数值大于等于 90 且小于 120 时再点亮黄灯（此时绿灯仍然点亮）；当计数值大于等于 120 时，绿灯和黄灯熄灭，红灯间隔 1s 闪烁报警。当 X1 为 OFF 时，计数器及系统复位。

5. 三台电机相隔 5s 起动，各运行 10s 停止，循环往复。使用比较指令完成控制要求。

项目4　用四则运算指令实现车间生产线的过程控制

本项目学习算术和逻辑运算类指令的功能、格式及应用，其中算术类指令包括加法、减法、乘法、除法、加1和减1指令，逻辑运算指令包括字逻辑与、字逻辑或、字逻辑异或和求补指令。

学习目标

(1) 掌握算术和逻辑运算类指令的功能、格式及应用。

(2) 掌握四则运算及自增自减指令实现生产线过程控制系统的安装接线、编程及调试方法。

任务一　算术和逻辑运算类指令的功能、格式

一、算术运算指令

1. 加法指令 ADD

加法指令助记符为(D)ADD(P)(Addition)，功能编号为FNC20，它是将指定的源元件中的二进制数相加，结果送到指定的目标元件中去。如图4-52所示，当X0为ON时，执行(D10)+(D12)→(D14)。

```
  X0            [S1] [S2] [D]
──┤├──────[ ADD  D10  D12  D14 ]
```

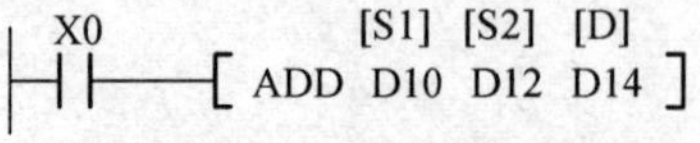

图4-52　加法指令的使用

2. 减法指令 SUB

减法指令助记符为SUB(Subtraction)，功能编号为FNC21，它是将[S1]指定元件中的内容减去[S2]指定元件的内容，其结果存入由[D]指定的元件中。如图4-53所示，当X0为ON时，执行(D10)-(D12)→(D14)。

```
  X0            [S1] [S2] [D]
──┤├──────[ SUB  D10  D12  D14 ]
```

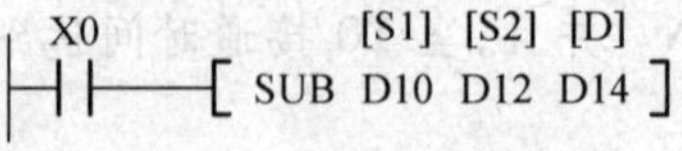

图4-53　减法指令的使用

使用加法和减法指令时应该注意：

(1) 源操作数可取所有数据类型K、H、K*n*X、K*n*Y、K*n*M、K*n*S、T、C、D、V、Z，目标操作数可取K*n*Y、K*n*M、K*n*S、T、C、D、V和Z。

(2) 16位运算占7个程序步，32位运算占13个程序步。

(3) 数据为有符号二进制数，最高位为符号位(0为正，1为负)。

(4) 加法指令有三个标志：零标志(M8020)、借位标志(M8021)和进位标志(M8022)。当运算结果为0，则零标志M8020置1；当运算结果超过32767(16位运算)或2147483647(32位运算)则进位标志M8022置1；当运算结果小于-32767(16位运算)

或 -2147483647(32 位运算),则借位标志 M8021 置 1。

3. 乘法指令 MUL

乘法指令助记符为 MUL(Multiplication),功能编号为 FNC22,它是将指定源操作元件中的二进制数相乘,结果送到指定的目标操作元件中。

如图 4-54 所示,当 X0 为 ON 时,将 16 位二进制数[S1]、[S2]相乘,结果送[D]中,[D]为 32 位,即(D0)×(D2)→(D5,D4)(16 位乘法),源操作数是 16 位,目标操作数是 32 位。

当 X1 为 ON 时,(D1,D0)×(D3,D2)→(D7,D6,D5,D4)(32 位乘法),源操作数是 32 位,目标操作数是 64 位。

```
 X0            [S1] [S2] [D]
─┤├───[ MUL    D0   D2   D4 ]

 X1            [S1] [S2] [D]
─┤├───[(D)MUL  D0   D2   D4 ]
```

图 4-54 乘法指令的使用

4. 除法指令 DIV

除法指令助记符为 DIV(Division),功能编号为 FNC23,其功能是将[S1]除以[S2],商送到[D]指定的目标元件中,余数送到[D]的下一个元件中。

如图 4-55 所示,当 X0 为 ON 时(D0)÷(D2)→(D4)商,(D5)余数(16 位除法);当 X1 为 ON 时(D1,D0)÷(D3,D2)→(D5,D4)商,(D7,D6)余数(32 位除法)。

```
 X0            [S1] [S2] [D]
─┤├───[ DIV    D0   D2   D4 ]

 X1            [S1] [S2] [D]
─┤├───[(D)DIV  D0   D2   D4 ]
```

图 4-55 除法指令的使用

使用乘法和除法指令时应注意:

(1) 源操作数可取所有数据类型,目标操作数可取 K*n*Y、K*n*M、K*n*S、T、C、D,要注意 V、Z 不能用于[D]中。

(2) 16 位运算占 7 个程序步,32 位运算为 13 个程序步。

(3) 32 位乘法运算中,如用位元件作目标操作数,则只能得到乘积的低 32 位,高 32 位将丢失,这种情况下应先将数据移入字元件再运算;即便是字元件,也无法一次监视 64 位数据。除法运算中若[D]指定位元件,则无法得到余数,另外除数为 0 时发生运算错误。

(4) 积、商和余数的最高位为符号位。

5. INC 加 1 和 DEC 减 1 指令

加 1 指令助记符为 INC(Increment),功能编号为 FNC24;减 1 指令助记符为 DEC(Decrement),功能编号为 FNC25。INC 和 DEC 指令分别是当条件满足时,则将指定元件的内容加 1 或减 1。

如图 4 -56 所示,当 X0 为 ON 时,(D10) + 1→(D10);当 X1 为 ON 时,(D11) - 1→(D11),也称为自加、自减指令。若指令是连续指令,则每个扫描周期均作一次加 1 或减 1 运算。

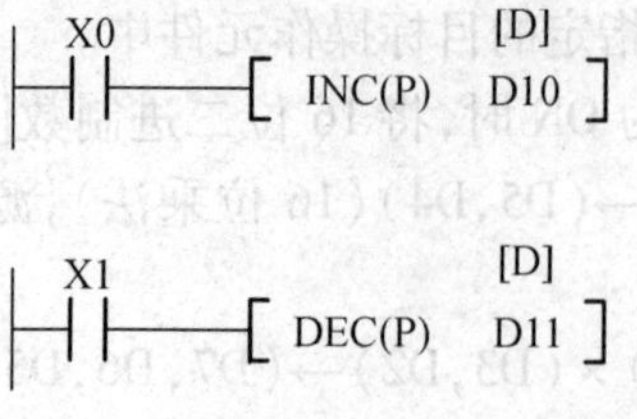

```
       X0                 [D]
  ├──┤├──────[ INC(P)    D10 ]

       X1                 [D]
  ├──┤├──────[ DEC(P)    D11 ]
```

图 4 -56　加 1 和减 1 指令的使用

使用加 1 和减 1 指令时应注意:

(1) 指令的操作数为 K*n*Y、K*n*M、K*n*S、T、C、D、V、Z。

(2) 当进行 16 位数操作时为 3 个程序步,32 位数操作时为 5 个程序步。

(3) 在 INC 运算时,如数据为 16 位,则由 +32767 再加 1 变为 -32768,但标志不置位;同样,32 位运算由 +2147483647 再加 1 就变为 -2147483648 时,标志也不置位。

(4) 在 DEC 运算时,16 位运算 -32768 减 1 变为 +32767,且标志不置位;32 位运算由 -2147483648 减 1 变为 -2147483647,标志也不置位。

二、字逻辑运算类指令

1. 字逻辑与指令 WAND

字逻辑与指令助记符为 WAND、(D)WAND(P)(Logical Word AND),功能编号为 FNC26,它是将两个源操作数按位进行与操作,结果送指定元件。如图 4 -57 所示,当 X0 有效时,(D10) ∧ (D12)→(D14)。

2. 字逻辑或指令 WOR

字逻辑或指令助记符为 WOR、(D)WOR(P)(Logical Word OR),功能编号为 FNC27,它是对两个源操作数按位进行或运算,结果送指定元件。如图 4 -57 所示,当 X1 有效时,(D10) ∨ (D12)→(D14)。

3. 字逻辑异或指令 WXOR

字逻辑异或指令助记符为 WXOR,(D)WXOR(P)(Logical Exclusive OR),功能编号为 FNC28,它是对源操作数按位进行逻辑异或运算。如图 4 -57 所示,当 X2 有效时,(D10)⊕(D12)→(D14)。

4. 求补指令 NEG

求补指令助记符为 NEG、(D)NEG(P)(Negation),功能编号为 FNC29,其功能是将[D]指定的元件内容每一位取反后再加 1,将其结果再存入原来的元件中。如图 4 -57 所示,当 X3 有效时,$\overline{(\text{D10})}$ + 1→(D10)。WAND、WOR、WXOR 和 NEG 指令的使用如图 4 -57所示。

使用逻辑运算指令时应该注意:

(1) WAND、WOR 和 WXOR 指令的[S1]和[S2]均可取所有的数据类型,而目标操作数可取 K*n*Y、K*n*M、K*n*S、T、C、D、V 和 Z。

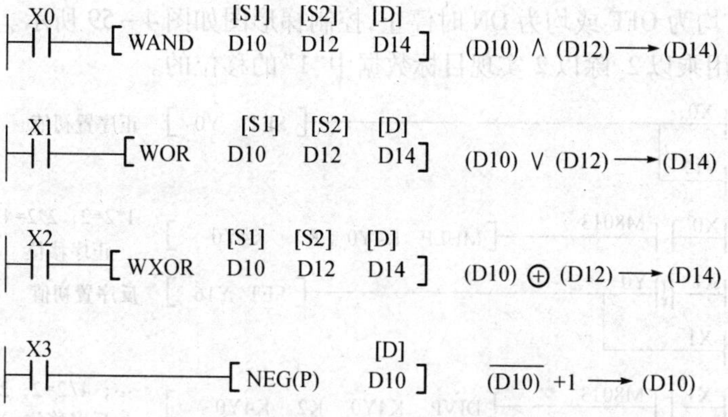

```
X0        [S1]  [S2]  [D]
─┤├──[WAND  D10   D12   D14]    (D10) ∧ (D12) ──→(D14)

X1        [S1]  [S2]  [D]
─┤├──[WOR   D10   D12   D14]    (D10) ∨ (D12) ──→(D14)

X2        [S1]  [S2]  [D]
─┤├──[WXOR  D10   D12   D14]    (D10) ⊕ (D12) ──→(D14)

X3                      [D]
─┤├──────[NEG(P)        D10]    ‾(D10)‾ +1 ──→ (D10)
```

图 4-57　逻辑运算指令的使用

（2）NEG 指令只有目标操作数，可取 K*n*Y、K*n*M、K*n*S、T、C、D、V 和 Z。

（3）WAND、WOR、WXOR 指令 16 位运算占 7 个程序步，32 位为 13 个程序步，而 NEG 分别占 3 步和 5 步。

任务二　应用举例

例 4-12　设计一个电子四则运算器。

要求：电子运算器要进行算式 $y=\frac{20x}{5}-8$ 的运算，结果由寄存器保存且由 PLC 输出口输出。当运算结果 $y=0$ 时亮红灯，否则亮绿灯。

运算式中 x 和 y 是两个变量，x 是自变量，代表输入端口 K2X0 送入的二进制数，y 是因变量，是最终运算结果由 K2Y0 口输出。梯形图如图 4-58 所示，X20 为起停开关，最终运算结果存入 D6 并由 K2Y0 输出。特殊辅助继电器 M8020 为零标志位，当运算结果为 0 时，M8020 = 1，Y11 = 1 亮红灯；否则 M8020 = 0，Y10 = 1 亮绿灯。

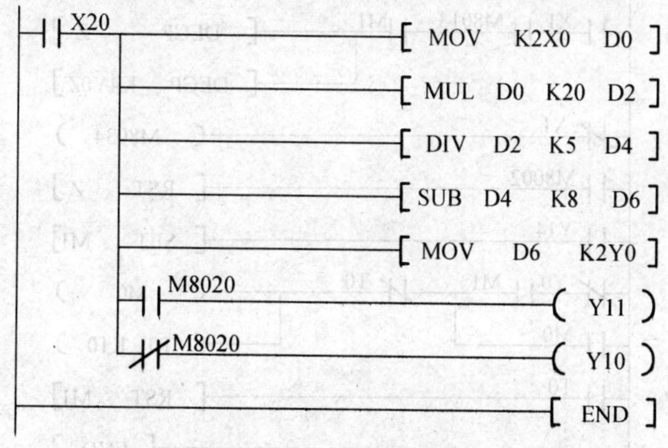

图 4-58　电子四则运算器梯形图

例 4-13　使用乘除法运算实现灯组移位控制。

用乘除法指令实现灯组的移位循环。有一组灯 15 盏，接于 Y0 ~ Y16，要求当 X0 为 ON 时，灯正序每隔 1s 单个移位，并循环；当 X1 为 ON 时，灯反序每隔 1s 单个移位，并循环。当 X0、X1 均为 OFF 或均为 ON 时停止,控制梯形图如图 4-59 所示。

程序是利用乘以 2、除以 2 实现目标数据中“1”的移位的。

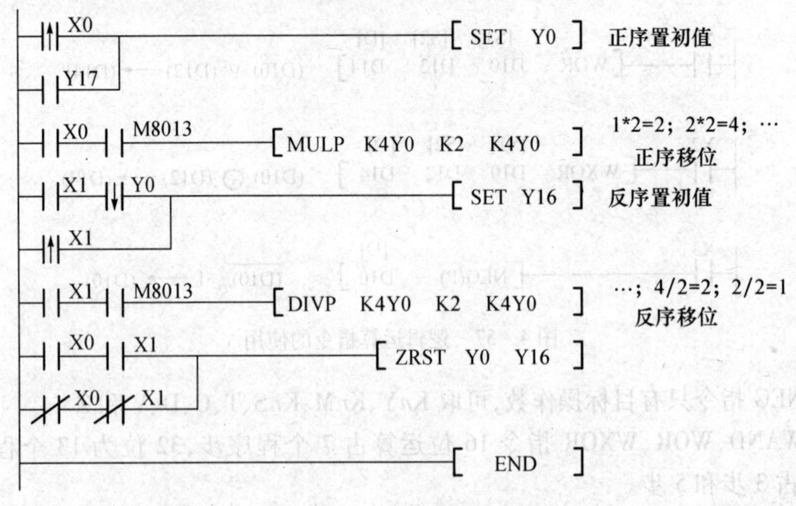

图 4-59 灯组移位控制梯形图

例 4-14 利用 INC 加 1、DEC 减 1 指令及变址寄存器 Z 实现彩灯 12 盏亮、灭循环控制。

要求:本彩灯组用加 1、减 1 指令及变址寄存器 Z,完成正序彩灯亮至全亮,反序熄至全熄的循环变化。彩灯状态变化的时间间隔为 1s,用 M8013 实现。梯形图如图 4-60 所示,图中 X1 为彩灯的控制钮子开关,彩灯共 12 盏。

程序中的线圈型特殊辅助继电器 M8034,当使其线圈得电时,则将 PLC 的输出全部禁止。

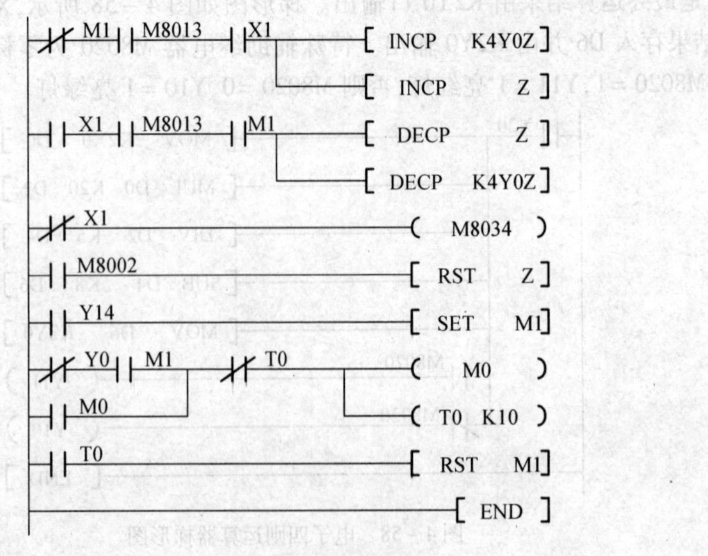

图 4-60 彩灯控制梯形图

例 4-15 寄存器组求和。

有 10 个数据放在从 D0 开始的连续 10 个数据寄存器中,编制程序计算它们的和。

梯形图如图4－61所示。当计算控制端X0接通时，首先将变址寄存器Z和存储计算结果的数据寄存器D10、D11清零，然后用FOR循环指令从D0单元开始至D9单元，进行连续的求和运算，并将所求之和存储在D10中。若有进位，则标志位M8022置1，向高16位D11中加1，然后变址寄存器Z中数据加1，循环10次，最后结果存于D11和D10中。

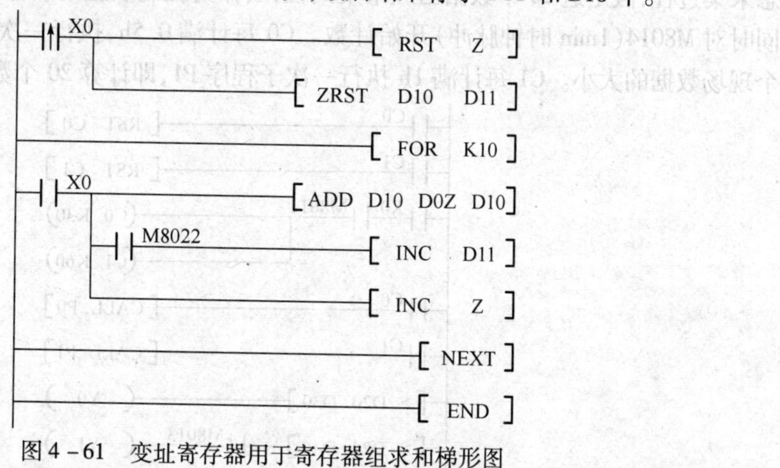

图4－61　变址寄存器用于寄存器组求和梯形图

任务三　车间生产线的过程控制

一、控制要求

某车间要对生产线进行过程控制，动态采集的20个现场数据（16位），存放在D0～D19中，每隔0.5h找出其中的最大值，将其与标准值（放入D30中）进行比较；若大于标准值则点亮红灯（Y0）；每隔1h计算平均值，并与标准平均值（放入D40中）进行比较，若大于标准平均值，红灯（Y1）就闪烁报警。

二、PLC输入、输出分配及外部接线图

启停开关SW：X0

指示红灯LED1：Y0

报警红灯LED2：Y1

生产线过程控制的PLC外部接线图如图4－62所示。

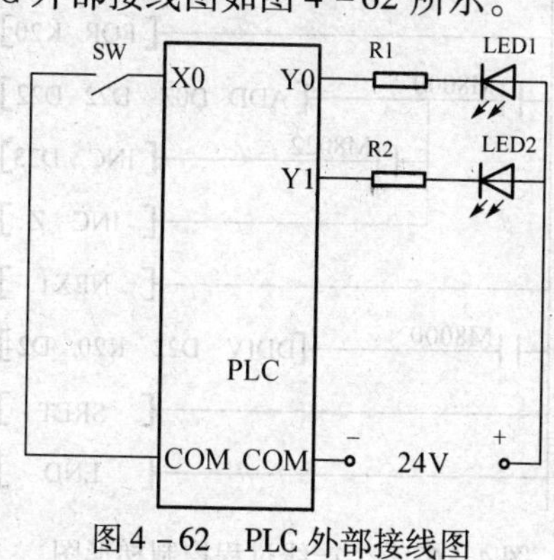

图4－62　PLC外部接线图

三、梯形图

生产线过程控制的梯形图如图 4－63 所示。在设计梯形图程序时,涉及 20 个数据的动态采集过程,假定这 20 个数据已经采集到位,当作为控制装置的启停开关 X0 =1 时,C0、C1 同时对 M8014(1min 时钟脉冲)开始计数。C0 每计满 0.5h,执行一次子程序 P0,即比较 20 个现场数据的大小。C1 每计满 1h 执行一次子程序 P1,即计算 20 个数据的平均值。

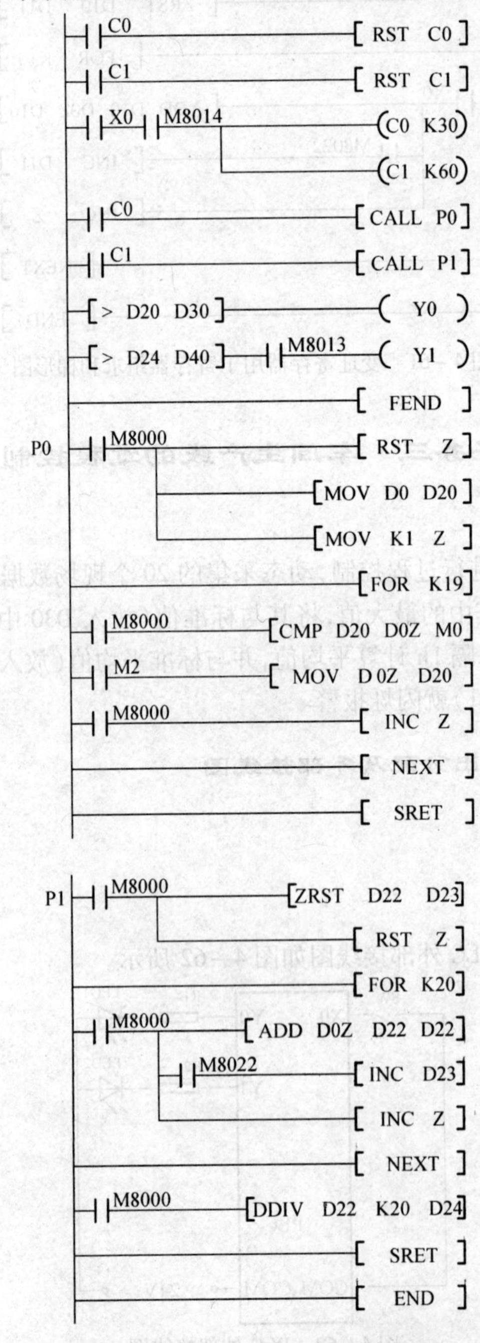

图 4－63 生产线过程控制梯形图

在子程序 P0 中,先将 20 个数据中的第一个数送到 D20 中,赋变址寄存器 Z 的初值为 1。再用循环指令将剩下的 19 个数据(循环次数应等于 19)逐一与 D20 进行比较,若有比 D20 数据大的,M2 = 1,比 D20 数据大的数据直接送往 D20 覆盖原数据,然后地址变量 Z 加 1。等全部比较完毕,20 个数据中的最大值就一定存放在 D20 中。再用触点比较指令将最大值(存放在 D20 中)与标准最大值(存放在 D30 中)对比,若(D20) > (D30)就把 Y0 接通。

在子程序 P1 中,先将地址变量 Z、D22、D23 都清零,再用 FOR 循环指令对 20 个数据逐一相加,并将所求之和存放到进位 D23(高 16 位)、D22(低 16 位)中,因此循环次数为 20。

程序中有两条触点比较指令[>　D20　D30]、[>　D24　D40],将在下一项目详述。子程序 P1 中计算平均值的方法也可用项目 18 中的平均值指令 MEAN 编程。

思考与练习

1. 比较说明执行加、减、乘、除运算后,其操作数位数的变化。

2. 完成下列四则运算 Y = (3X1 + 4X2)/5,其中 X1、X2 分别表示两个十进制数。

3. 图 4 - 64 中的功能指令在 X5________时,将________中的________位数据加 1。

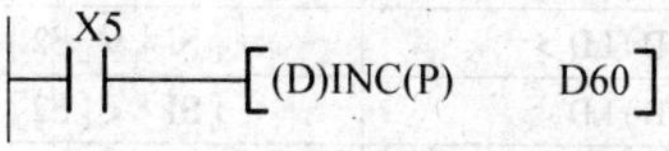

X5　[(D)INC(P)　D60]

图 4 - 64　题 3 图

4. 在图 4 - 65 中,若(D0) = 00010110,(D2) = 00111100,在 X0 = ON 后,(D4)、(D6)、(D8)的结果分别是多少?

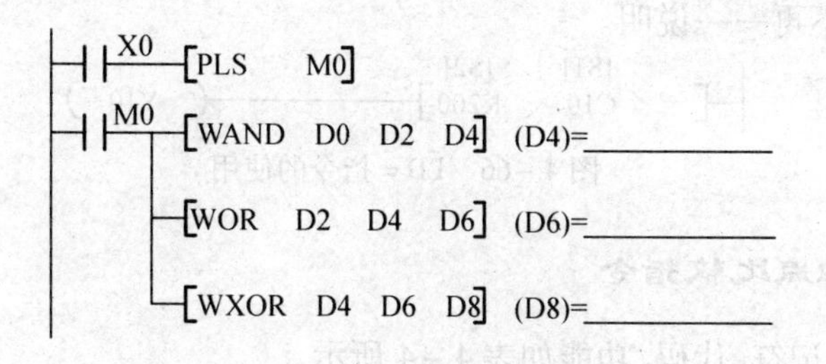

图 4 - 65　题 4 图

5. 有 50 个数(16 位),存放在 D10 ~ D59 中,求出最大的数,放在 D100 中,设计梯形图程序。

项目 5　用触点比较指令实现十字路口交通灯的控制

本项目介绍触点比较指令的功能、格式及应用。

学习目标

(1) 掌握触点比较指令功能、格式及应用。

(2) 掌握利用触点比较指令实现交通灯控制系统的安装接线、编程及调试方法。

任务一　触点比较指令的功能、格式

触点比较指令共有 18 条,LD 触点比较、AND 触点比较及 OR 触点比较指令各有 6 条。

一、LD 触点比较指令

该类指令的助记符、代码、功能如表 4－3 所示。

表 4－3　LD 触点比较指令

功能指令代码	助记符	导通条件	非导通条件
FNC224	(D)LD =	[S1] = [S2]	[S1] ≠ [S2]
FNC225	(D)LD >	[S1] > [S2]	[S1] ≤ [S2]
FNC226	(D)LD <	[S1] < [S2]	[S1] ≥ [S2]
FNC228	(D)LD≠	[S1] ≠ [S2]	[S1] = [S2]
FNC229	(D)LD≤	[S1] ≤ [S2]	[S1] > [S2]
FNC230	(D)LD≥	[S1] ≥ [S2]	[S1] < [S2]

图 4－66 所示为 LD = 指令的使用,当计数器 C10 的当前值为 200 时驱动 Y10。其他 LD 触点比较指令不再一一说明。

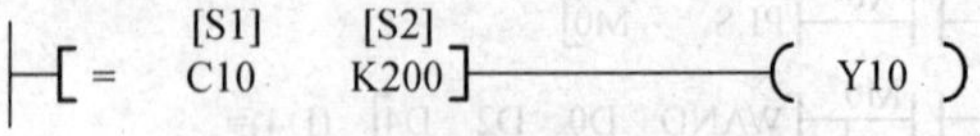

[S1]　[S2]
[=　C10　K200]　(Y10)

图 4－66　LD = 指令的使用

二、AND 触点比较指令

该类指令的助记符、代码、功能如表 4－4 所示。

表 4－4　AND 触点比较指令

功能指令代码	助记符	导通条件	非导通条件
FNC232	(D)AND =	[S1] = [S2]	[S1] ≠ [S2]
FNC233	(D)AND >	[S1] > [S2]	[S1] ≤ [S2]
FNC234	(D)AND <	[S1] < [S2]	[S1] ≥ [S2]
FNC236	(D)AND≠	[S1] ≠ [S2]	[S1] = [S2]
FNC237	(D)AND≤	[S1] ≤ [S2]	[S1] > [S2]
FNC238	(D)AND≥	[S1] ≥ [S2]	[S1] < [S2]

图 4－67 所示为 AND＝指令的使用，当 X0 为 ON 且计数器 C10 的当前值为 200 时，驱动 Y10。

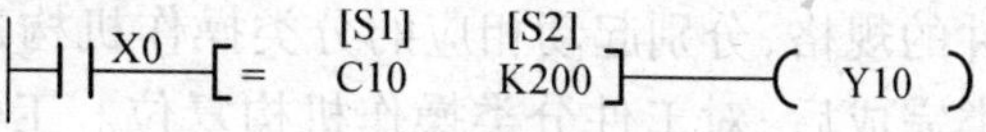

X0 [= C10 K200] (Y10)
[S1] [S2]

图 4－67　AND＝指令的使用

三、OR 触点比较指令

该类指令的助记符、代码、功能列于表 4－5 中。

表 4－5　OR 触点比较指令

功能指令代码	助记符	导通条件	非导通条件
FNC240	(D)OR＝	[S1]＝[S2]	[S1]≠[S2]
FNC241	(D)OR＞	[S1]＞[S2]	[S1]≤[S2]
FNC242	(D)OR＜	[S1]＜[S2]	[S1]≥[S2]
FNC244	(D)OR≠	[S1]≠[S2]	[S1]＝[S2]
FNC245	(D)OR≤	[S1]≤[S2]	[S1]＞[S2]
FNC246	(D)OR≥	[S1]≥[S2]	[S1]＜[S2]

OR＝指令的使用如图 4－68 所示，当 X1 处于 ON 或计数器的当前值为 200 时，驱动 Y0。

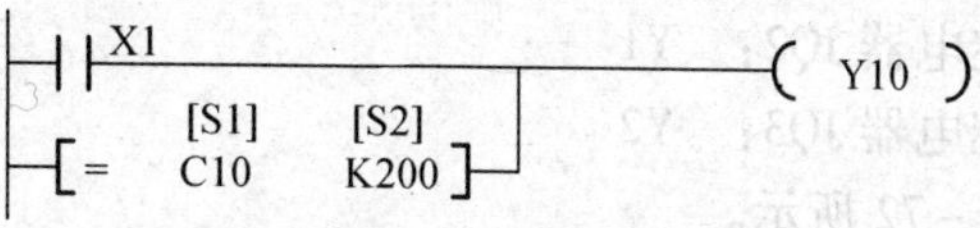

X1 (Y10)
[= C10 K200]
[S1] [S2]

图 4－68　OR＝指令的使用

触点比较指令源操作数可取任意数据格式。16 位运算占 5 个程序步，32 位运算占 9 个程序步。

任务二　应用实例

例 4－16　触点比较指令控制 6 盏彩灯交替闪烁。

有 6 盏彩灯接在 Y0～Y5 上，当 X0 接通时系统开始工作。小于等于 2s 时，第 1～3 盏灯亮；2～4s 时，第 4～6 盏灯亮；大于等于 4s 时，6 盏灯全亮；6s 后再循环。当 X0 断开时 6 盏灯全灭。梯形图如图 4－69 所示。

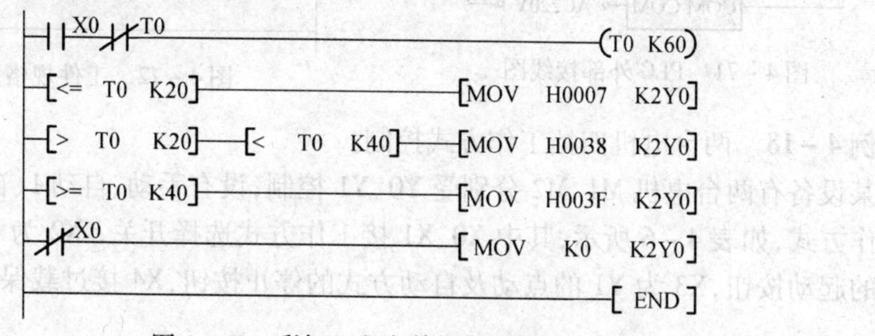

图 4－69　彩灯 6 盏交替闪烁梯形图

例 4－17　工件规格的分类控制。

某车间生产流水线中，传送带输送工件部分，使用三个光电传感器 PS1、PS2、PS3，根据大、中、小三种工件的规格，分别起动相应的分类操作机构进行分类。使用光电传感器 PS4 用于每次分类完成后，对工件分类操作机构复位。工件检测示意图如图 4－70 所示。

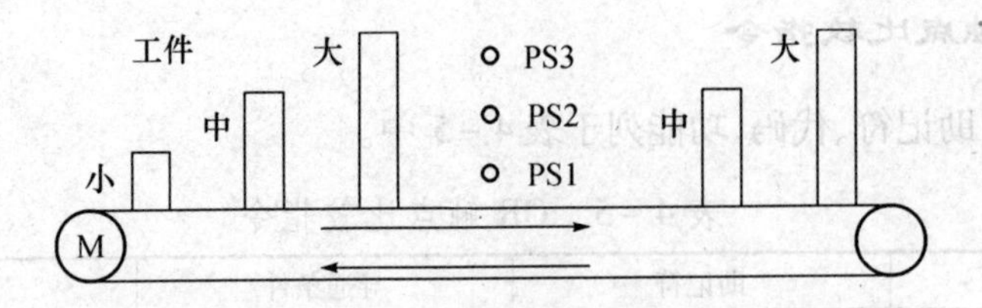

图 4－70　工件检测示意图

PLC 输入、输出地址分配及外部接线图如图 4－71 所示。

光电传感器 PS1：X0

光电传感器 PS2：X1

光电传感器 PS3：X2

光电传感器 PS4：X3

小工件分类机构继电器 JQ1：　Y0

中工件分类机构继电器 JQ2：　Y1

大工件分类机构继电器 JQ3：　Y2

梯形图程序如图 4－72 所示。

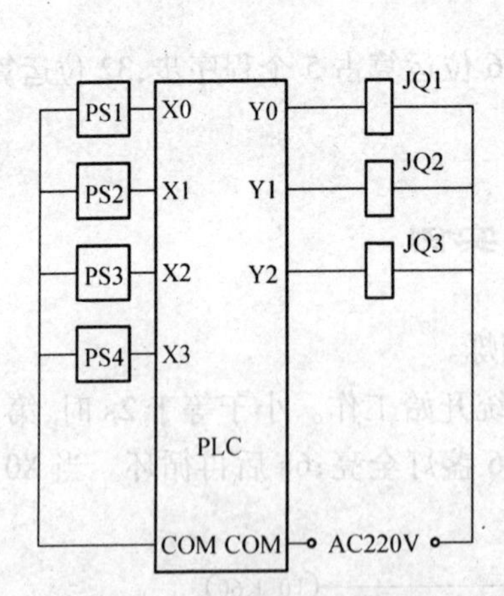

图 4－71　PLC 外部接线图

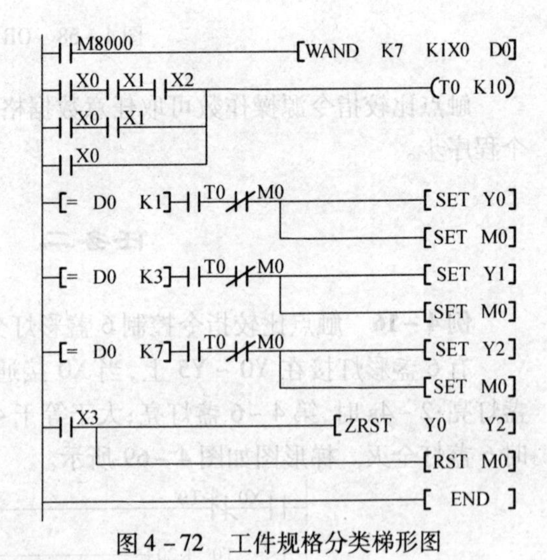

图 4－72　工件规格分类梯形图

例 4－18　两台电机四挡工作方式控制。

某设备有两台电机 M1、M2 分别受 Y0、Y1 控制，设有手动、自动 1、自动 2 和自动 3 四挡工作方式，如表 4－6 所示，其中 X0、X1 接工作方式选择开关，X2 为 Y0 的点动及自动方式的起动按钮，X3 为 Y1 的点动及自动方式的停止按钮，X4 接过载保护。

表 4-6 工作方式

工作方式	方式选择		输出
	X1	X0	
手动	0	0	Y0、Y1 均点动
自动 1	0	1	Y0 起动后 10sY1 起动
自动 2	1	0	Y0 起动后 20sY1 起动
自动 3	1	1	Y0 起动后 30sY1 起动

在手动工作方式中，两台电机 M1(Y0)、M2(Y1)均采用点动操作；在 3 挡自动方式中，M1(Y0)起动后分别延时 10s、20s 和 30s 后再起动 M2(Y1)。梯形图如图 4-73 所示。

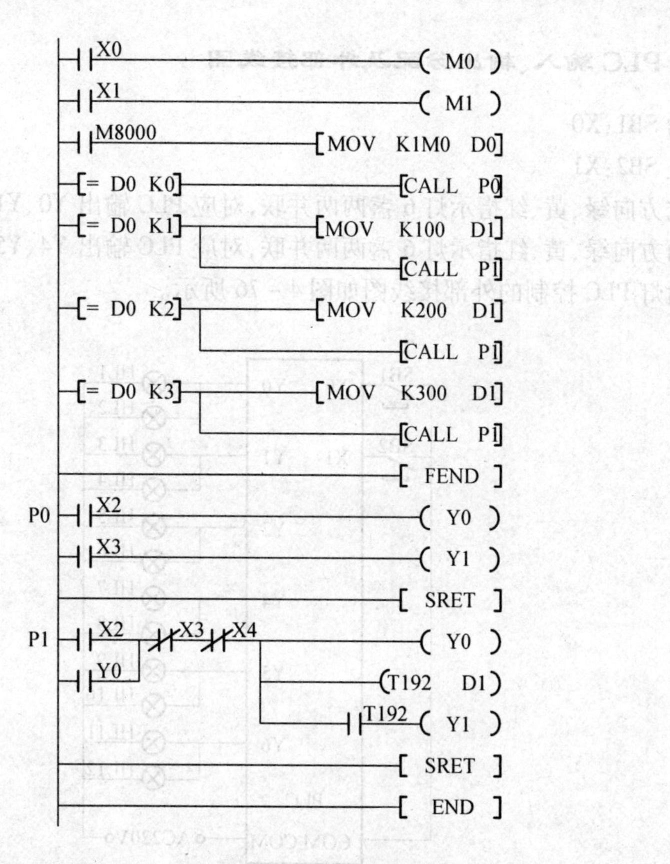

图 4-73 电机工作方式控制梯形图

任务三 十字路口交通信号灯的控制

一、控制要求

图 4-74 是十字路口交通信号灯示意图，在十字路口的东、西、南、北方向装有红、绿、

黄交通灯，它们按照图 4－75 所示的时序轮流点亮。

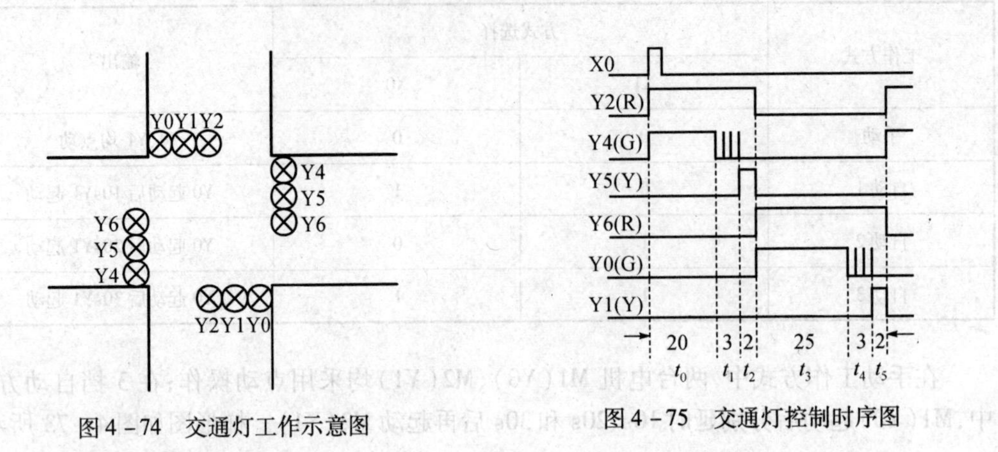

图 4－74　交通灯工作示意图　　　　图 4－75　交通灯控制时序图

二、PLC 输入、输出分配及外部接线图

起动 SB1：X0

停止 SB2：X1

南北方向绿、黄、红指示灯 6 盏两两并联，对应 PLC 输出 Y0、Y1、Y2；

东西方向绿、黄、红指示灯 6 盏两两并联，对应 PLC 输出 Y4、Y5、Y6。

交通灯 PLC 控制的外部接线图如图 4－76 所示。

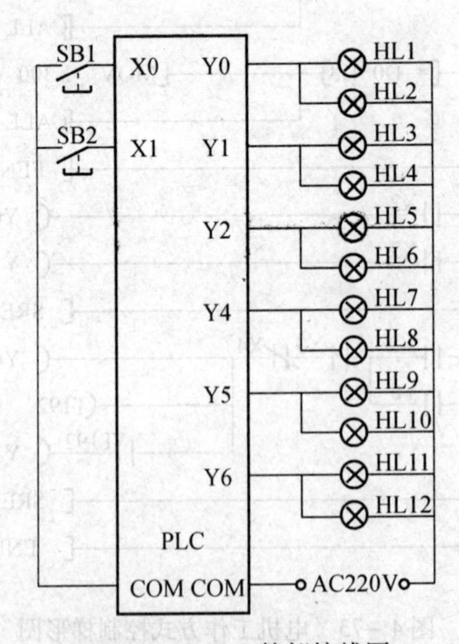

图 4－76　PLC 外部接线图

三、梯形图

交通灯的控制梯形图如图 4－77 所示。程序中大量使用触点比较指令，使程序编辑简单且容易理解。

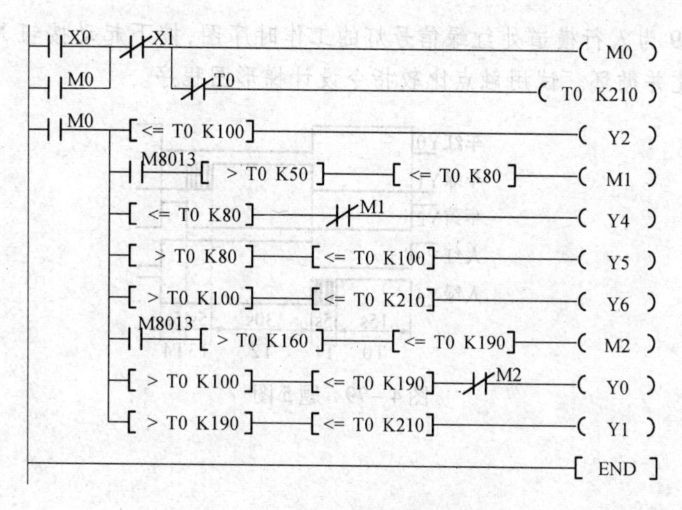

图 4－77　交通灯控制梯形图

思考与练习

1. 根据两数相减之后可能大于零、等于零或小于零三种取值，分别驱动三种颜色的指示灯，试设计该程序。

2. 设计用双按钮控制 5 台电动机的启停的梯形图程序。

3. 试编写变频空调控制室温的程序。数据寄存器 D10 中是室温的当前值，当室温低于 16℃时，Y0 接通并驱动空调加热；当室温高于 25℃时，Y2 接通并驱动空调制冷。在所有温度情况下，Y1 接通并驱动风扇运行。

4. 大型电动机Y/△起动的电机主电路接线图，如图 4－78(a)所示，PLC 控制时序图如图 4－78(b)所示。时序图中 Y0 输出作为电机起动状态指示或热继电器 FR 过载报警指示。试用触点比较指令设计梯形图程序。

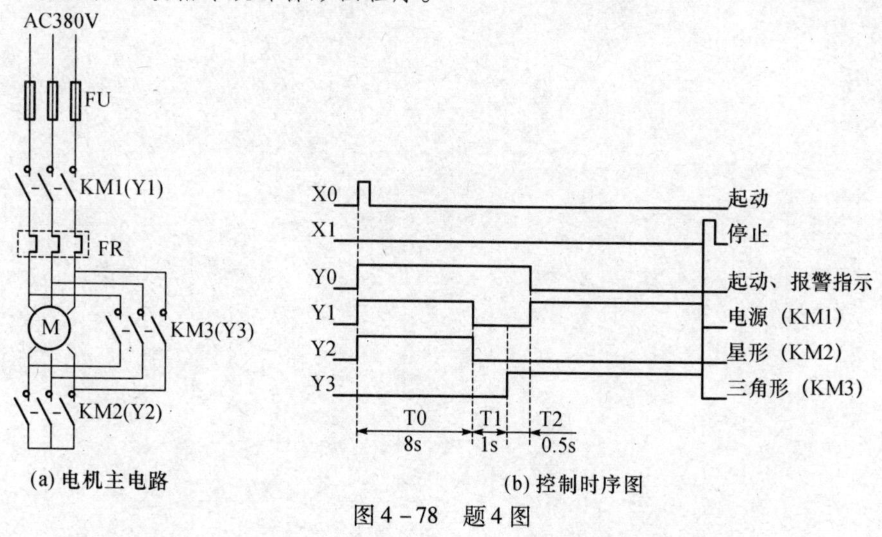

(a) 电机主电路　　(b) 控制时序图

图 4－78　题 4 图

5. 图 4-79 为人行横道处红绿信号灯的工作时序图，按下起动按钮 X0，红绿灯将按时序图顺序变化并循环。试用触点比较指令设计梯形图程序。

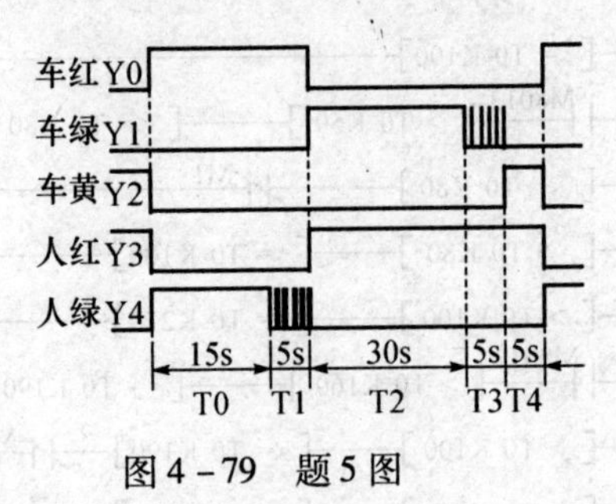

图 4-79　题 5 图

项目6 用循环和移位指令实现五相步进电机的控制

本项目介绍循环与移位类指令的功能、格式及应用。循环与移位类指令包括循环移位指令、带进位的循环移位指令、位右移和位左移指令、字右移和字左移指令、先入先出写入和读出指令。

学习目标

(1) 掌握循环指令的功能、格式及应用。

(2) 掌握移位指令的功能、格式及应用。

(3) 掌握利用循环和移位指令,实现五相步进电机控制系统的安装接线、编程及调试方法。

任务一 循环与移位类指令的功能、格式

1. 循环移位指令 ROR、ROL

右、左循环移位指令助记符为(D)ROR(P)(Rotation Right)和(D)ROL(P)(Rotation Left),功能编号分别为 FNC30 和 FNC31,执行这两条指令时,各位数据向右(或向左)循环移动 n 位,最后一次移出来的那一位,同时存入进位标志 M8022 中。如图 4-80 所示,X0 为 ON 时,[D]内的各位数据向右移 4 位,最后一次从最低位移出的位状态,存于进位标志 M8022 中;当 X1 为 ON 时,[D]内的各位数据向左移 3 位,最后一次从最高位移出的状态存于进位标志 M8022 中。

```
 X0                [D]   n
-| |----[ROR(P)    D0    K4 ]

 X1                [D]   n
-| |----[ROL(P)    D10   K3 ]
```

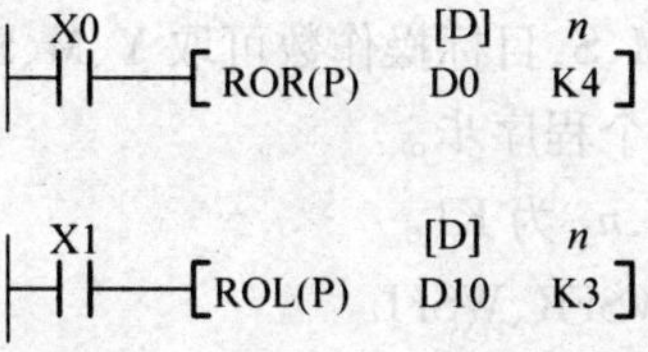

图 4-80 右、左循环移位指令的使用

2. 带进位的循环移位指令 RCR、RCL

带进位的循环右、左移位指令助记符为(D)RCR(P)(Rotation Right with Carry)和(D)RCL(P)(Rotation Left with Carry),功能编号分别为 FNC32 和 FNC33,执行这两条指令时,各位数据连同进位(M8022)向右(或向左)循环移动 n 位。如图 4-81 所示,X0 为 ON 时,[D]内的各位数据位向右带进位移动 4 位;同样,X1 为 ON 时,[D]内各位数据位向左带进位移动 3 位。

使用 ROR/ROL/RCR/RCL 指令时应该注意:

(1) 目标操作数可取 KnY,KnM,KnS,T,C,D,V 和 Z。

(2) 在指定位软元件情况下,16 位操作时 Kn = K4,32 位操作时 Kn = K8。

(3) 16 位操作时回转量 $n \leq 16$,32 位时 $n \leq 32$。

```
 X0              [D]    n
─┤├──[ RCR(P)    D0     K4 ]

 X1              [D]    n
─┤├──[ RCL(P)    D10    K3 ]
```

图 4-81　带进位右、左循环移位指令的使用

（4）16 位指令占 5 个程序步，32 位指令占 9 个程序步。

（5）用连续指令执行时，循环移位操作每个周期执行一次，32 位指令情况相同。

3. 位右移和位左移指令 SFTR、SFTL

位右、左移指令助记符为 SFTR(P)(bit Shift Right) 和 SFTL(P)(bit Shift Left)，功能编号分别为 FNC34 和 FNC35，它们使位元件中的状态成组地向右（或向左）移动。位右移指令的使用如图 4-82 所示，n_1 指定位元件的长度，n_2 指定移位位数，n_1 和 n_2 的关系及范围因机型不同而有差异，一般为 $n_2 \leqslant n_1 \leqslant 1024$。当 X0 为 ON 时，执行该指令，向右移位。每次 3 位向前移动，其中 X2 ~ X0→M8 ~ M6，M8 ~ M6→M5 ~ M3，M5 ~ M3→M2 ~ M0，M2 ~ M0 溢出。位左移指令类似，不再说明。

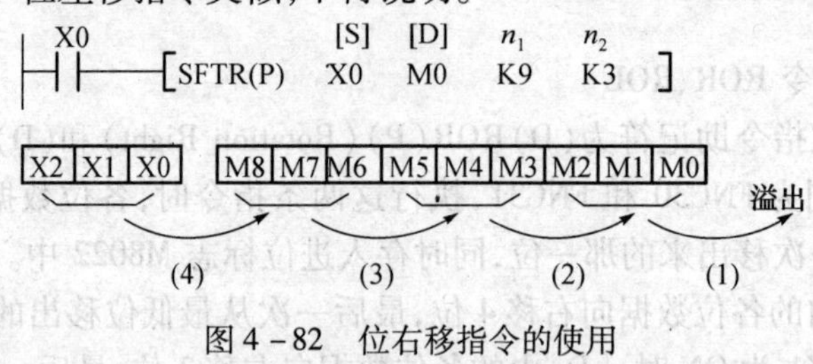

图 4-82　位右移指令的使用

使用位右移和位左移指令时应注意：

（1）源操作数可取 X、Y、M、S，目标操作数可取 Y、M、S。

（2）只有 16 位操作，占 7 个程序步。

（3）每移动一次移一位时，n_2 为 K1。

4. 字右移和字左移指令 WSFR、WSFL

字右移和字左移指令助记符为 WSFR(P)(Word Shift Right) 和 WSFL(P)(Word Shift Left)，功能编号分别为 FNC36 和 FNC37，字右移和字左移指令以字为单位，其工作的过程与位移位相似，是将 n_1 个字中右移或左移 n_2 个字。

使用字右移和字左移指令时应注意：

（1）源操作数可取 KnX、KnY、KnM、KnS、T、C 和 D，目标操作数可取 KnY、KnM、KnS、T、C 和 D。

（2）字移位指令只有 16 位操作，占用 9 个程序步。

（3）n_1 和 n_2 的关系为 $n_2 \leqslant n_1 \leqslant 512$。

5. 先入先出写入和读出指令 SFWR、SFRD

先入先出写入指令和先入先出读出指令助记符为 SFWR(P)(Shift Register Write) 和 SFRD(P)(Shift Register Read)，功能编号分别为 FNC38 和 FNC39。

先入先出写入指令 SFWR 的使用如图 4-83 所示，当 X0 由 OFF 变为 ON 时，SFWR

执行，D0 中的数据写入 D2，而 D1 变成指针，其值为 1（D1 必须先清零）；当 X0 再次由 OFF 变为 ON 时，D0 中的数据写入 D3，D1 变为 2，依此类推，D0 中的数据依次写入数据寄存器。D0 中的数据从右边的 D2 顺序存入，源数据写入的次数放在 D1 中，当 D1 中的数超过 $n-1$ 后将不处理，同时进位标志 M8022 动作。

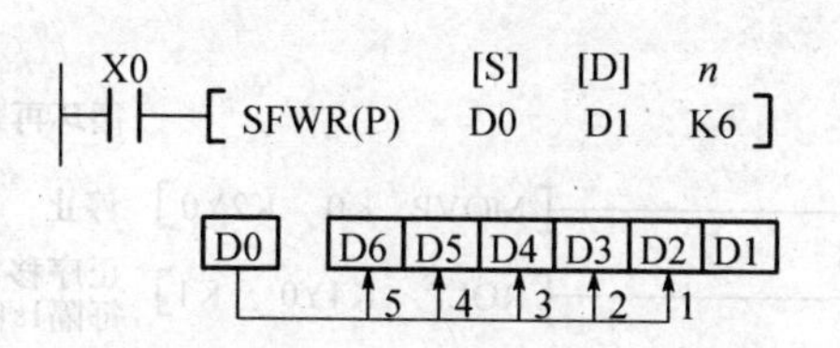

图 4－83　先入先出写入指令的使用

先入先出读出指令 SFRD 的使用如图 4－84 所示，当 X0 由 OFF 变为 ON 时，D2 中的数据存入 D20，同时指针 D1 的值减 1，D3～D6 的数据向右移一个字，数据总是从 D2 读出，指针 D1 为 0 时，不再处理，同时 M8020 置 1。

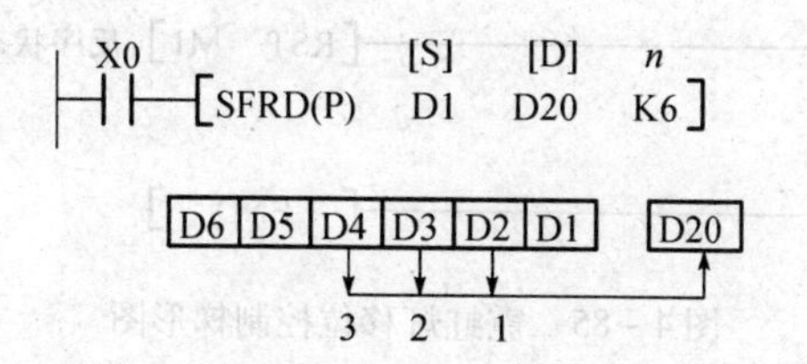

图 4－84　先入先出读出指令的使用

使用 SFWR 和 SFRD 指令时应注意：

（1）SFWR 指令目标操作数可取 K*n*Y、K*n*M、K*n*S、T、C、D，源操作数可取 K、H、K*n*X、K*n*Y、K*n*M、K*n*S、T、C、D、V、Z。

（2）SFRD 指令目标操作数可取 K*n*Y、K*n*M、K*n*S、T、C、D、V 和 Z，源操作数可取 K*n*Y、K*n*M、K*n*S、T、C 和 D。

（3）指令只有 16 位运算，占 7 个程序步。

任务二　应用举例

例 4－19　8 盏霓虹灯顺序控制。

现有 8 盏霓虹灯管（L1～L8）接于 K2Y0，要求 X0 为 ON 时，霓虹灯 L1～L8 以正序每隔 1s 轮流点亮，当 Y7 亮后，停 5s；然后，反向逆序每隔 1s 轮流点亮，当 Y0 再亮后，停 5s，重复上述过程；当 X1 为 ON 时，霓虹灯停止工作。

控制梯形图如图 4－85 所示。

例 4－20　某彩灯组 14 盏，接于 Y0～Y15 点上，要求以 1s 的速度，正反序轮流单灯点亮。梯形图如图 4－86 所示。

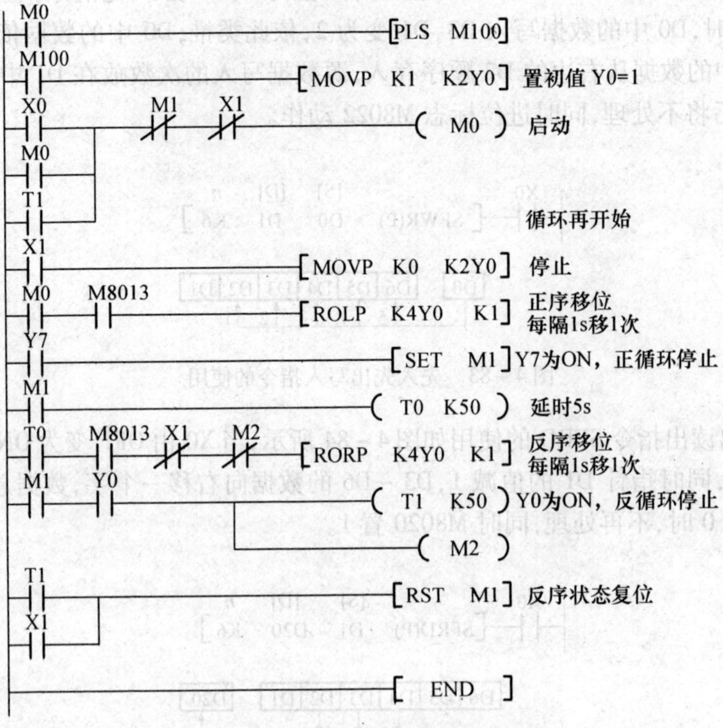

图4-85 霓虹灯移位控制梯形图

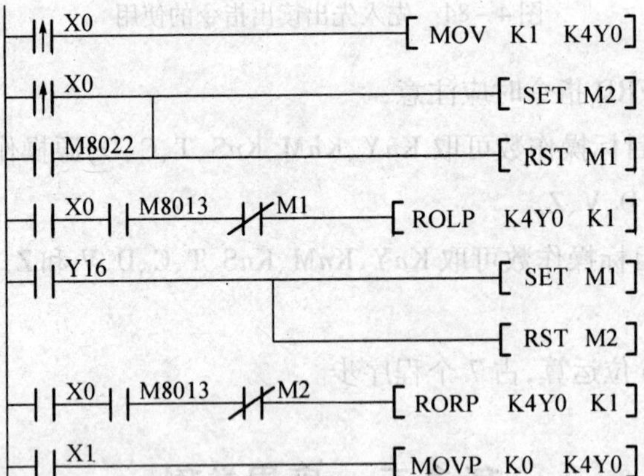

图4-86 彩灯控制梯形图

例4-21 某车间有8台电机，为减少电机同时起动对电源的影响，利用位移指令实现间隔10s的顺序起动，按下停止时，实现间隔5s逆序停止。梯形图如图4-87所示。

例4-22 四种编程方法控制6盏霓虹灯的循环闪烁。

某处需要安装6盏霓虹灯L0～L5，要求L0～L5以正序每隔1s依次轮流点亮，然后全亮，保持5s后，熄灭1s，然后再循环。

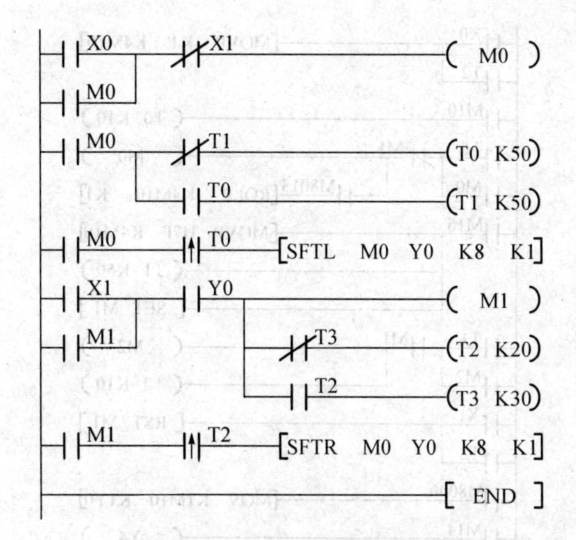

图 4－87　8 台电机控制梯形图

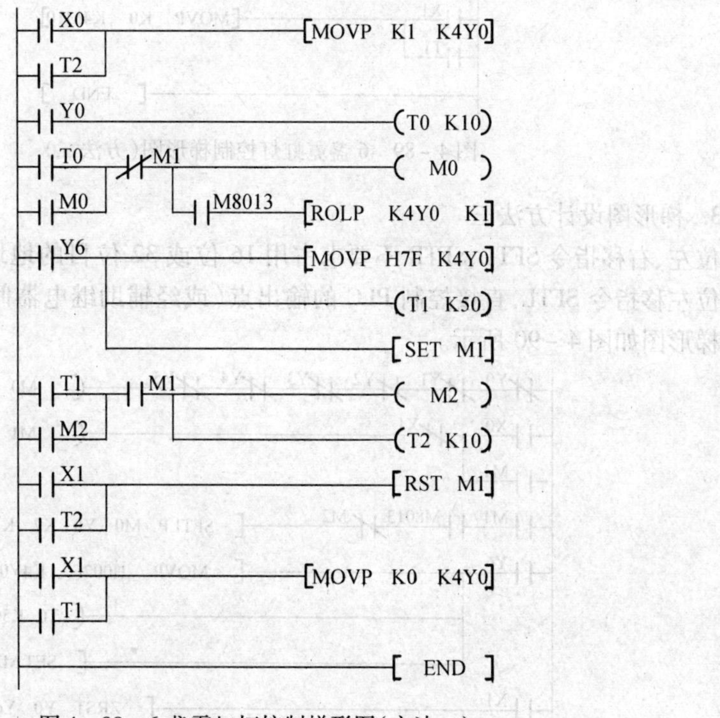

图 4－88　6 盏霓虹灯控制梯形图(方法一)

1. 梯形图设计方法一

循环指令中直接利用 PLC 的输出点 K4Y0 进行循环移位。梯形图如图 4－88 所示。

2. 梯形图设计方法二

左右移循环指令 ROL、ROR 要求占用(K4)16 个或者(K8)32 个目的地址，本例实际只需要 PLC 有 6 路输出，而方法一中程序占用了 PLC 的(K4Y0)16 个输出点。为提高 PLC 输出点的利用率，可以用辅助继电器 M 作循环移位的目的地址，再将辅助继电器转换到实际用到的输出地址上。梯形图如图 4－89 所示。

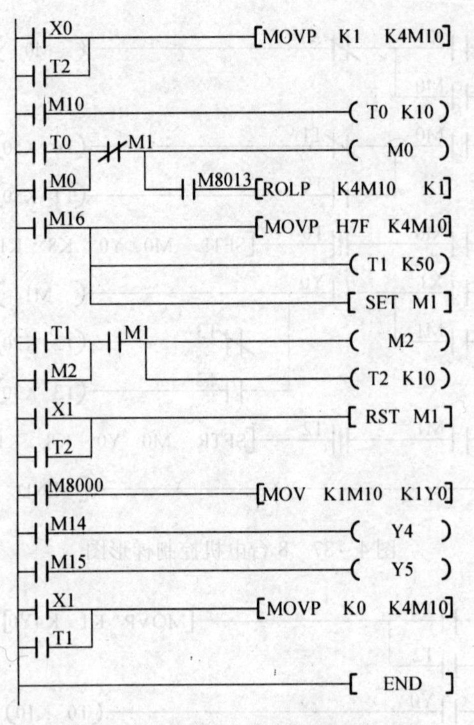

图 4－89　6 盏霓虹灯控制梯形图(方法二)

3. 梯形图设计方法三

位左、右移指令 SFTL、SFTR 不要求占用 16 位或 32 位目的地址，使用更灵活。下面使用位左移指令 SFTL，直接控制 PLC 的输出点（或经辅助继电器间接转换）进行循环移位。梯形图如图 4－90 所示。

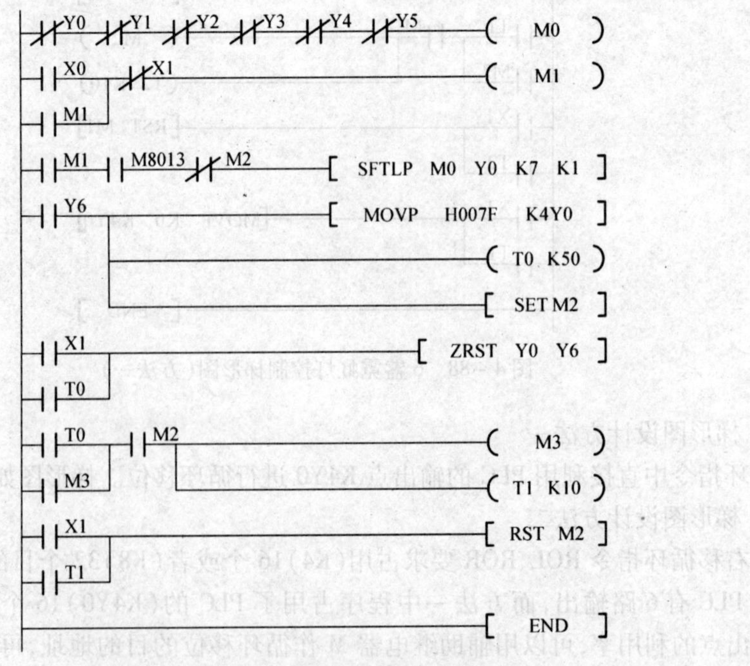

图 4－90　6 盏霓虹灯控制梯形图(方法三)

4. 梯形图设计方法四

顺序控制的设计、编程方法与功能指令相结合,可实现较复杂的控制。图 4-91 和图 4-92 分别是使用步进顺控指令和位移指令设计的顺控功能图和梯形图程序。用顺控思想编程,思路清晰,便于理解和掌握。

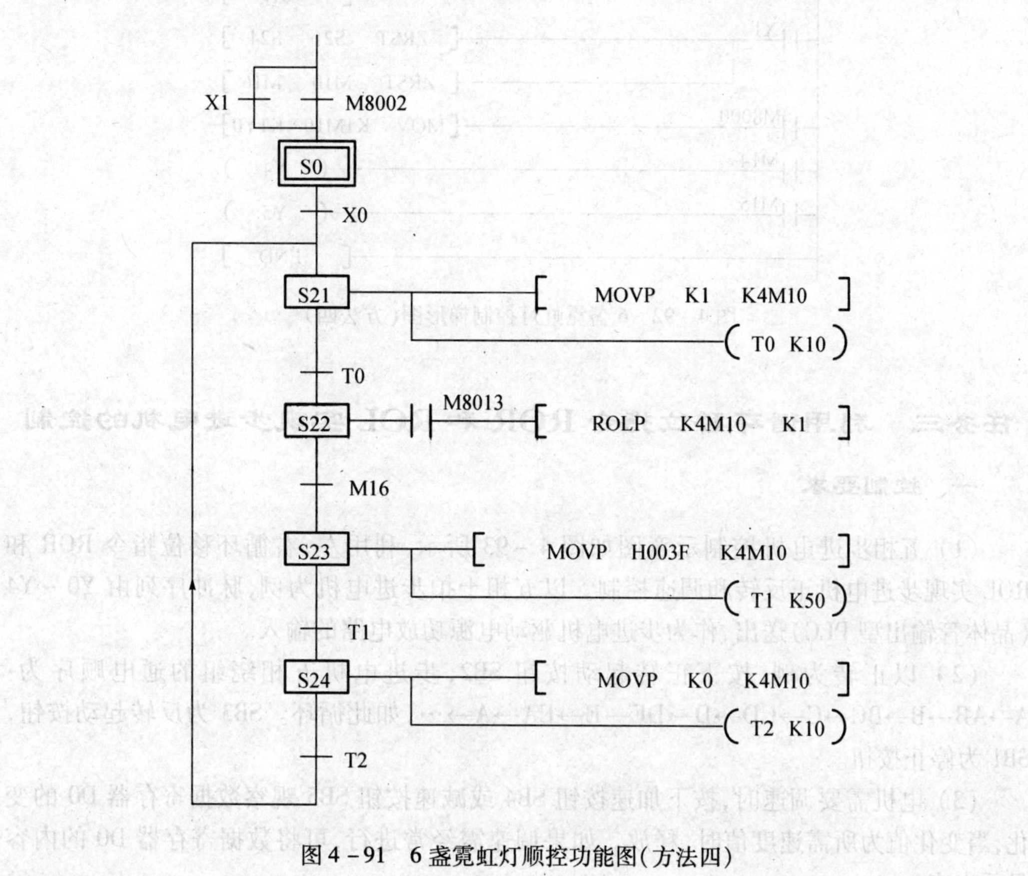

图 4-91 6 盏霓虹灯顺控功能图(方法四)

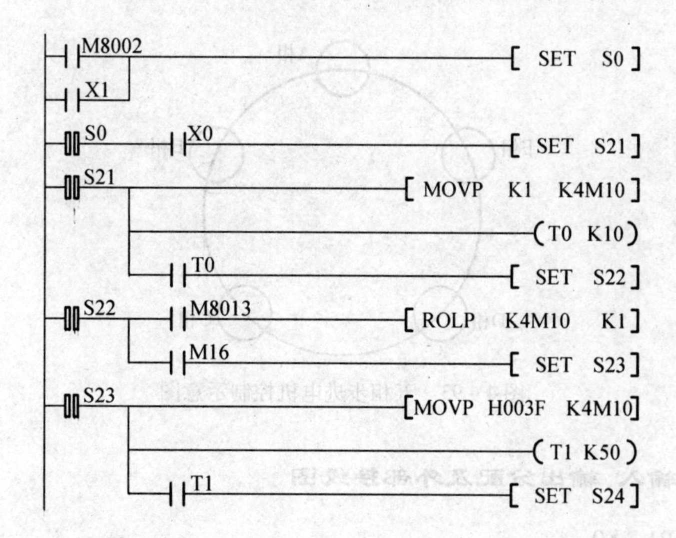

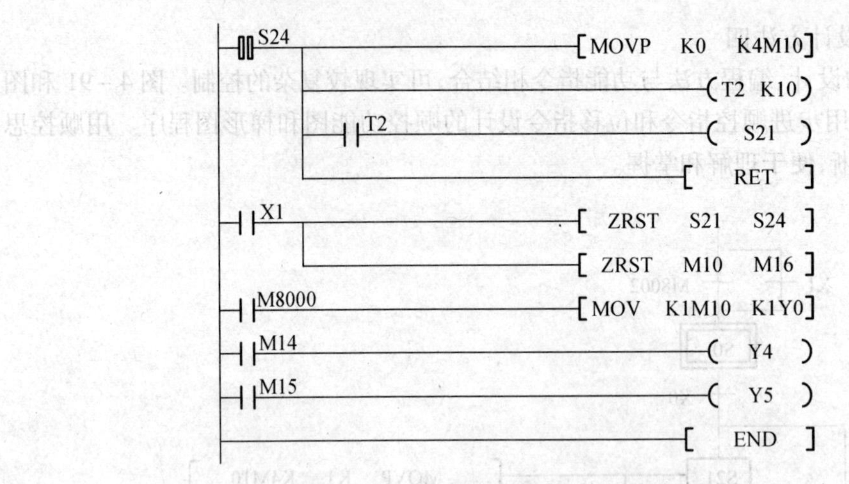

图 4-92　6 盏霓虹灯控制梯形图(方法四)

任务三　利用循环移位指令 ROR 和 ROL 实现步进电机的控制

一、控制要求

(1) 五相步进电机控制示意图如图 4-93 所示,利用左、右循环移位指令 ROR 和 ROL 实现步进电机正反转和调速控制。以五相十拍步进电机为例,脉冲序列由 Y0 ~ Y4(晶体管输出型 PLC)送出,作为步进电机驱动电源功放电路的输入。

(2) 以正转为例,按下正转起动按钮 SB2,步进电机五相绕组的通电顺序为:A→AB→B→BC→C→CD→D→DE→E→EA→A→…,如此循环。SB3 为反转起动按钮,SB1 为停止按扭。

(3) 电机需要调速时,按下加速按钮 SB4 或减速按钮 SB5 观察数据寄存器 D0 的变化,当变化值为所需速度值时,释放。如果调速需经常进行,可将数据寄存器 D0 的内容显示出来。

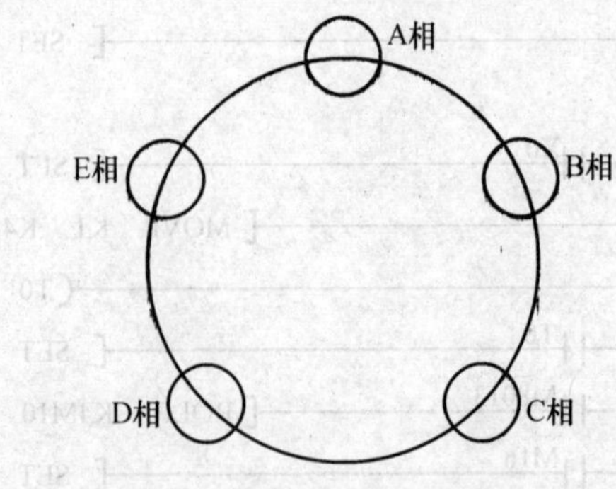

图 4-93　五相步进电机控制示意图

二、PLC 输入、输出分配及外部接线图

停止按钮 SB1:X0

正转起动 SB2:X1

反转起动 SB3：X2

加速按钮 SB4：X3

减速按钮 SB5：X4

五相绕组 A ~ E,分别对应 PLC 输出 Y0 ~ Y4。

五相步进电机 PLC 外部接线图如图 4 - 94 所示。脉冲序列由 Y0 ~ Y4(晶体管输出型)送出,经光电耦合器隔离后作为步进电机驱动电源功放电路的输入。

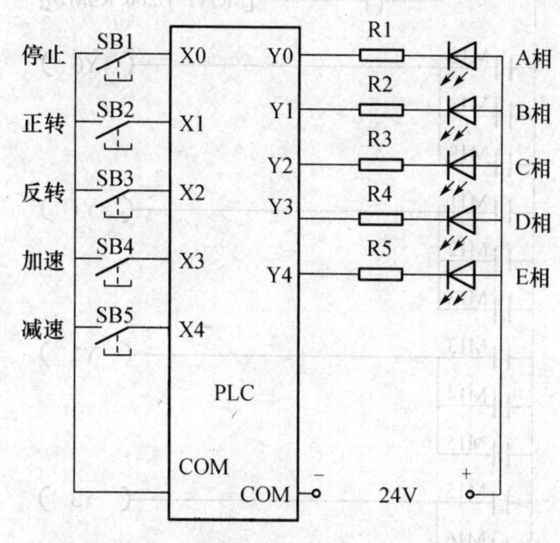

图 4 - 94　五相步进电机 PLC 外部接线图

三、梯形图

五相步进电机梯形图如图 4 - 95 所示。程序中 DEC、INC 指令用于调整脉冲频率(即调速),当需要快速调整加减速时,X3、X4 可串入特殊辅助继电器 M8012。在 X3 加速调整行的触点比较指令,用来限制最高转速。

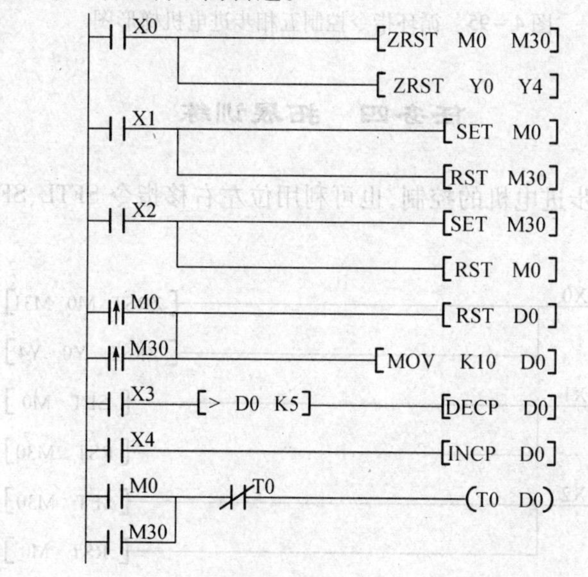

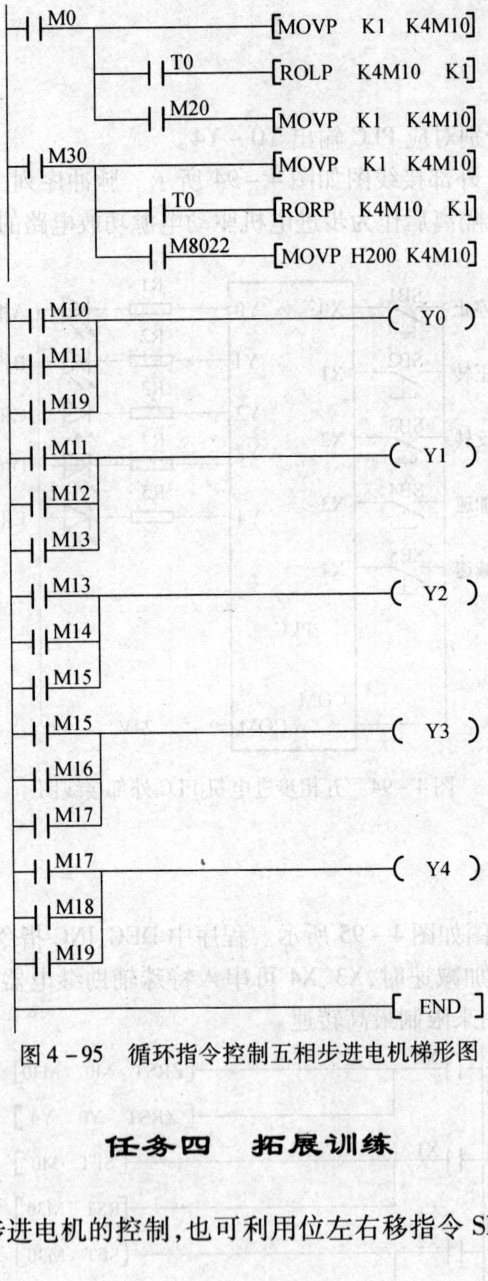

```
M0                [MOVP  K1  K4M10]
    T0            [ROLP  K4M10  K1]
    M20           [MOVP  K1  K4M10]
M30               [MOVP  K1  K4M10]
    T0            [RORP  K4M10  K1]
    M8022         [MOVP H200 K4M10]
M10 / M11 / M19   ( Y0 )
M11 / M12 / M13   ( Y1 )
M13 / M14 / M15   ( Y2 )
M15 / M16 / M17   ( Y3 )
M17 / M18 / M19   ( Y4 )
                  [ END ]
```

图 4 -95　循环指令控制五相步进电机梯形图

任务四　拓展训练

任务三中的五相步进电机的控制，也可利用位左右移指令 SFTL、SFTR 来实现，梯形图如图 4 -96 所示。

```
X0                [ZRST  M0  M31]
                  [ZRST  Y0  Y4]
X1                [SET  M0]
                  [RST  M30]
X2                [SET  M30]
                  [RST  M0]
```

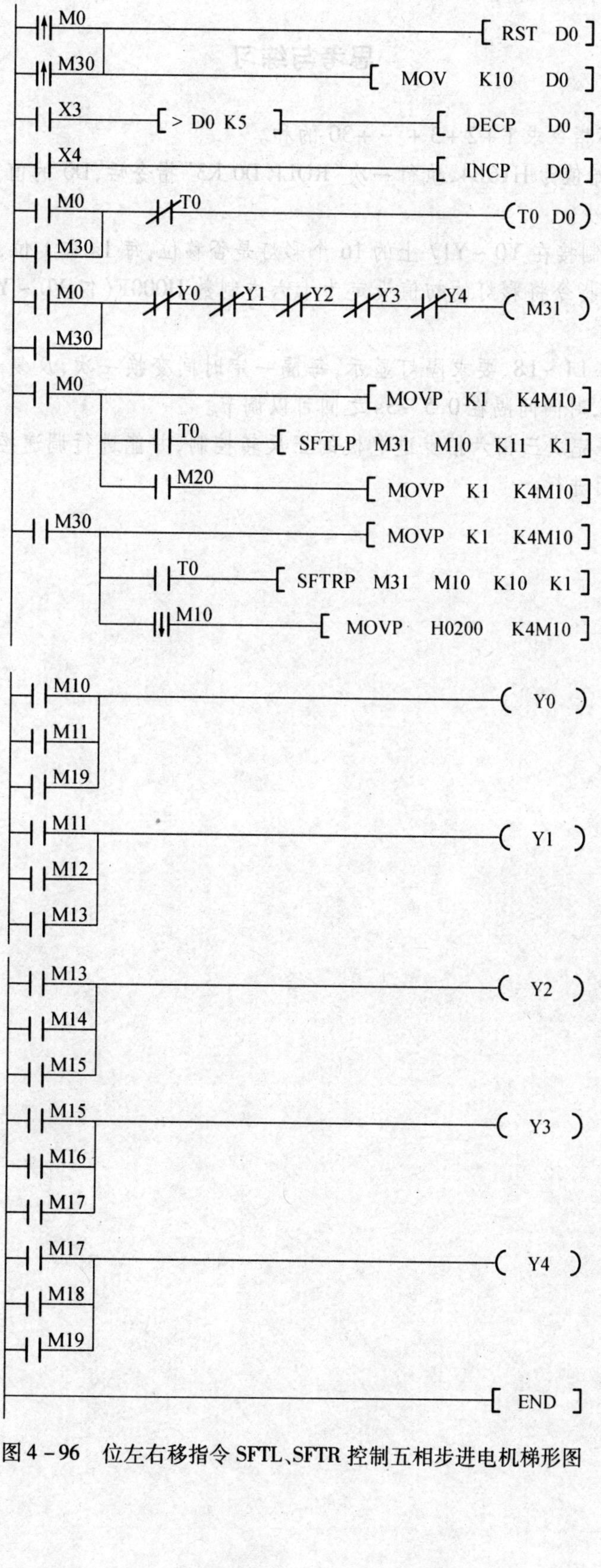

```
M0 (↑), M30 (↑)  ── [ RST  D0 ]
                 ── [ MOV  K10  D0 ]
X3 ── [ > D0 K5 ] ── [ DECP  D0 ]
X4 ── [ INCP  D0 ]
M0, M30 ── /T0 ── ( T0  D0 )
M0, M30 ── /Y0 ── /Y1 ── /Y2 ── /Y3 ── /Y4 ── ( M31 )
M0 ── [ MOVP  K1  K4M10 ]
   ── T0 ── [ SFTLP  M31  M10  K11  K1 ]
   ── M20 ── [ MOVP  K1  K4M10 ]
M30 ── [ MOVP  K1  K4M10 ]
    ── T0 ── [ SFTRP  M31  M10  K10  K1 ]
    ── M10 (↓) ── [ MOVP  H0200  K4M10 ]
M10, M11, M19 ── ( Y0 )
M11, M12, M13 ── ( Y1 )
M13, M14, M15 ── ( Y2 )
M15, M16, M17 ── ( Y3 )
M17, M18, M19 ── ( Y4 )
── [ END ]
```

图 4－96　位左右移指令 SFTL、SFTR 控制五相步进电机梯形图

思考与练习

1. 使用循环指令求 1 +2 +3 + ··· +30 的和。

2. D0 的初始值为 H16B4,执行一次“ROLP D0 K3”指令后,D0 的值为多少? 标志位 M8022 的值为多少。

3. 用 X0 控制接在 Y0 ~ Y17 上的 16 个彩灯是否移位,每 1s 移 1 位,用 X1 控制左移或右移,用 MOV 指令将彩灯的初值设定为十六进制数 H000F(仅 Y0 ~ Y3 为 1),设计出梯形图程序。

4. 有一组灯 L1 ~ L8,要求隔灯显示,每隔一定时间变换一次,反复进行。用一个开关实现启停控制,时间间隔在 0.5 ~ 3s 之间可以调节。

5. 编制程序完成三相六拍步进电机的正反转控制,并能进行调速控制,调速范围在 500 ~ 2 步/s 之间进行。

项目7 用BCD、SEGD指令实现自动售货机的控制

本项目学习数据变换指令、数字译码输出指令、数据处理指令、高速处理指令的功能、格式及应用。

其中数据变换指令包括BCD变换指令和BIN变换指令两条；数字译码输出指令包括七段译码指令SEGD和七段码分时显示指令SEGL两条。数据处理指令包括译码DECO、编码ENCO指令，ON位数统计指令SUM，平均值指令MEAN，报警器置位和复位指令ANS和ANR，平方根指令SQR，整数到浮点数转换指令FLT。高速处理指令包括高速计数器置位HSCS、复位HSCR、区间比较HSZ指令，速度检测指令SPD，脉冲输出指令PLSY，脉宽调制指令PWM，可调速脉冲输出指令PLSR等。

学习目标

(1) 掌握数据变换、数字译码输出指令的功能、格式及应用。

(2) 了解数据处理、高速处理指令的功能、格式及应用。

(3) 掌握BCD、SEGD指令实现自动售货机控制的安装接线、编程及调试方法。

任务一 数据变换指令、数字译码输出指令的功能及格式

一、8421BCD码

用二进制形式反映十进制进位关系的代码称为BCD码，其中最常用的是8421BCD码，它是用4位二进制数来表示一位十进制数。8421BCD码从高位至低位的权分别是8、4、2、1，故称为8421BCD码。在一组8421BCD码(4位)中，每位的进位也是二进制，但是，组与组之间的进位则是十进制。

十进制数、十六进制数、二进制数与8421BCD码的对应关系如表4-7所示。

表4-7 十进制数、十六进制数、二进制数与8421BCD码对应关系

十进制数	十六进制数	二进制数	8421BCD码
0	0	0000	0000
1	1	0001	0001
2	2	0010	0010
3	3	0011	0011
4	4	0100	0100
5	5	0101	0101
6	6	0110	0110
7	7	0111	0111
8	8	1000	1000
9	9	1001	1001

(续)

十进制数	十六进制数	二进制数	8421BCD 码
10	A	1010	0001 0000
11	B	1011	0001 0001
12	C	1100	0001 0010
13	D	1101	0001 0011
14	E	1110	0001 0100
15	F	1111	0001 0101
16	10	10000	0001 0110
17	11	10001	0001 0111
20	14	10100	0010 0000
50	32	110010	0101 0000

二、数据变换指令 BCD、BIN

1. BCD 变换指令

BCD(Binary Code to Decimal)变换指令的编号为 FNC18,它是将源操作数[S]中的二进制数转换成 8421BCD 码并传送到目标操作数[D]中。如图 4-97 所示,当 X0=1 时,D10 中的二进制数转换成 BCD 码送到输出端 K2Y0 中。

BCD 码的取值范围:16 位时为 0~9999,32 位时为 ~099999999。如果指令进行 16 位操作时,执行结果超出 0~9999 范围将会出错;当指令进行 32 位操作时,执行结果超过 0~99999999 范围也将出错。

2. BIN 变换指令

BIN(Binary)变换指令,该指令的编号为 FNC19,它是将源元件中的 BCD 数据转换成二进制数后存入到目标元件中,如图 4-97 所示,当 X1=1 时,K2X0 中的 BCD 码转换成二进制数存入 D13 中。如果源操作数不是 BCD 码就会出错,而且常数 *K* 不能作为该指令的操作数,因为常数 *K* 在操作前自动进行二进制变换处理。

```
 X0            [S]    [D]
─┤├──[BCD      D10    K2Y0]

 X1            [S]    [D]
─┤├──[ BIN     K2X0   D13]
```

图 4-97 数据变换指令的使用

使用 BCD/BIN 指令时应注意:

(1)源操作数都可取 K*n*X、K*n*Y、K*n*M、K*n*S、T、C、D、V 和 Z,目标操作数可取 K*n*Y、K*n*M、K*n*S、T、C、D、V 和 Z;

(2)16 位运算占 5 个程序步,32 位运算占 9 个程序步。

三、数字译码输出指令 SEGD、SEGL

数字译码输出指令有七段译码指令 SEGD(FNC73)和七段码分时显示指令 SEGL(FNC74)两条。

1. 七段译码指令 SEGD

七段译码指令 SEGD(P)(Seven Segment Decoder),指令编号为 FNC73,该指令的使用如图 4-98 所示,将源操作数[S]指定元件的低 4 位(只用低 4 位)所确定的十六进制数(0~F),经译码后(8 位)存于目标操作数[D]指定的元件中,以驱动七段显示器显示,[D]的高 8 位保持不变。

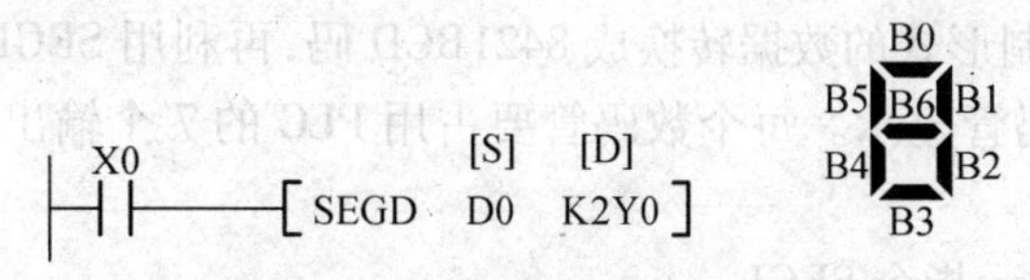

图 4-98 七段译码指令的使用

七段译码指令 SEGD 译码真值表如表 4-8 所示。

表 4-8 SEGD 译码真值表

源操作数[S]			目标操作数[D]							
十进制数	十六进制表示	二进制表示	b7	b6	b5	b4	b3	b2	b1	b0
0	0	0000	0	0	1	1	1	1	1	1
1	1	0001	0	0	0	0	0	1	1	0
2	2	0010	0	1	0	1	1	0	1	1
3	3	0011	0	1	0	0	1	1	1	1
4	4	0100	0	1	1	0	0	1	1	0
5	5	0101	0	1	1	0	1	1	0	1
6	6	0110	0	1	1	1	1	1	0	1
7	7	0111	0	0	0	0	0	1	1	1
8	8	1000	0	1	1	1	1	1	1	1
9	9	1001	0	1	1	0	1	1	1	1
10	A	1010	0	1	1	1	0	1	1	1
11	B	1011	0	1	1	1	1	1	0	0
12	C	1100	0	0	1	1	1	0	0	1
13	D	1101	0	1	0	1	1	1	1	0
14	E	1110	0	1	1	1	1	0	0	1
15	F	1111	0	1	1	1	0	0	0	1

在 PLC 中,参加运算和存储的数据,无论是以十进制形式输入,还是以十六进制形式输入,都是以二进制的形式存在。如果直接使用 SEGD 指令对数据进行译码,则会出现差

错。例如，十进制数 21 的二进制形式是 00010101，对高 4 位应用 SEGD 指令译码，则得到 1 的七段显示码；对低 4 位应用 SEGD 指令译码，则得到 5 的七段显示码，此时，显示的数码“15”是十六进制数，而不是十进制数 21。显然，要想显示“21”，就要先将二进制数 00010101 使用 BCD 指令转换成 8421BCD 码，即反映十进制进位关系的 00100001，然后对高 4 位“2”和低 4 位“1”分别用 SEGD 指令译出七段显示码。

BCD 指令和 SEGD 指令都可以驱动 LED 数码管进行数码显示。不同的是：

（1）BCD 指令驱动的数码管需要自带译码器，每个数码管只需占用 PLC 的 4 个输出点，属于 PLC 机外译码。

（2）SEGD 指令可以直接驱动数码管进行显示，要想正确地显示十进制数码，必须先用 BCD 指令，将二进制形式的数据转换成 8421BCD 码，再利用 SEGD 指令译成七段显示码，最后输出控制数码管显示。每个数码管要占用 PLC 的 7 个输出点，属于 PLC 机内译码指令。

2. 七段码分时显示指令 SEGL

七段码分时显示指令 SEGL（Seven Segment with Latch），指令编号为 FNC74，该指令的作用是用 12 个扫描周期的时间来控制一组或两组带锁存的七段译码显示。

任务二　停车场车位控制

一、控制要求

某小区停车场车位控制装置工作示意图如图 4－99 所示。其控制要求如下：

（1）停车场最多可停 50 辆车，用两位数码管显示停车数量。用出入传感器检测进出车辆数，每进 1 辆车停车数量增 1，每出 1 辆车减 1。场内停车数量小于 45 时，入口处绿灯亮，允许入场；大于等于 45 时，绿灯闪烁，提醒待进车辆注意将满场；等于 50 时，红灯亮，禁止车辆入场。

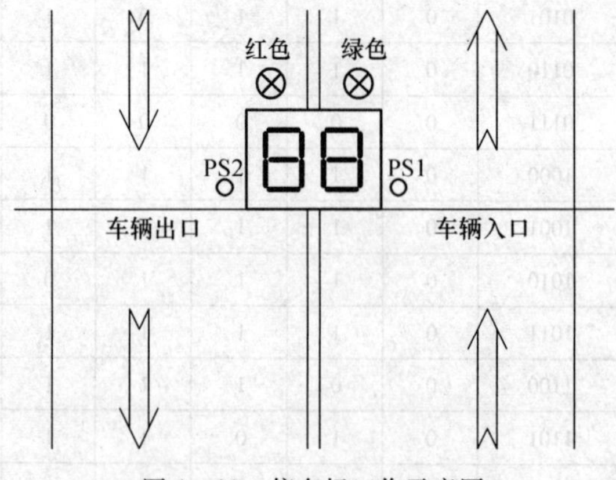

图 4－99　停车场工作示意图

（2）出入口栏杆电动机在栏杆开启时，先正转加速运行 5s，再以低速运行，当开启到位时，由传感器 S1 检测其状态，正转上升停止。当车辆通过后再延时 2s，栏杆开始下降关闭，先反转加速运行 5s，再以低速运行，当关闭到位时，由传感器 S2 检测其状态，反转下降停止。

二、PLC 输入、输出分配及外部接线图

入口传感器 PS1：X0
出口传感器 PS2：X1
开启到位检测 S1：X2
关闭到位检测 S2：X3
两位数码管 a1 ~ h2 对应 PLC 输出 Y0 ~ Y17
绿灯指示 HL1：Y20
红灯指示 HL2：Y21
电机正传 KM1：Y22
电机反转 KM2：Y23
电机加速 KM3：Y24
电机减速 KM4：Y25
停车场 PLC 控制外部接线图如图 4 - 100 所示。

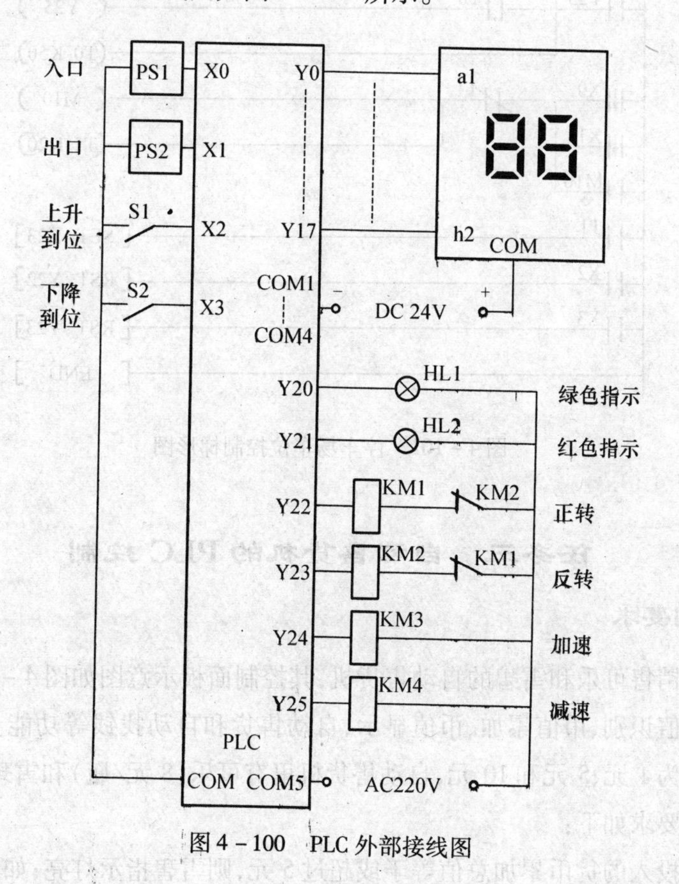

图 4 - 100　PLC 外部接线图

三、梯形图

停车场控制梯形图如图 4 - 101 所示。

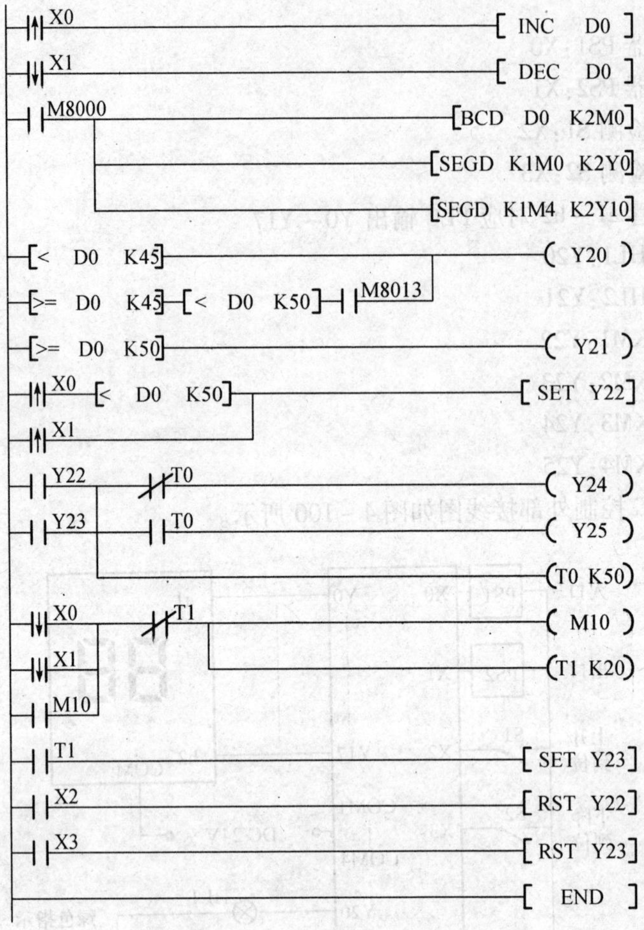

```
X0(↑)                              [INC D0]
X1(↓)                              [DEC D0]
M8000                              [BCD D0 K2M0]
                                   [SEGD K1M0 K2Y0]
                                   [SEGD K1M4 K2Y10]
[< D0 K45]                         ( Y20 )
[>= D0 K45] [< D0 K50] M8013
[>= D0 K50]                        ( Y21 )
X0(↑) [< D0 K50]                   [SET Y22]
X1(↑)
Y22        T0(NC)                  ( Y24 )
Y23        T0                      ( Y25 )
                                   (T0 K50)
X0(↓)      T1(NC)                  ( M10 )
X1(↓)                              (T1 K20)
M10
T1                                 [SET Y23]
X2                                 [RST Y22]
X3                                 [RST Y23]
                                   [ END ]
```

图 4-101　停车场车位控制梯形图

任务三　自动售货机的 PLC 控制

一、控制要求

现有一台销售可乐和雪碧的自动售货机，其控制面板示意图如图 4-102 所示。自动售货机具有币值识别、币值累加、币值显示、自动售货和自动找钱等功能。此自动售货机可接受的币值为 1 元、5 元和 10 元，自动售货机里有可乐（8 元/瓶）和雪碧（5 元/瓶）两种饮料。其控制要求如下：

（1）如果投入的货币累加总值等于或超过 5 元，则雪碧指示灯亮；如果投入的货币总值等于或超过 8 元，则雪碧和可乐的指示灯都亮。数码管同时显示所投币的总额。

（2）当雪碧或可乐的指示灯亮时，表示可以购买，按相应的“雪碧”按钮或“可乐”按钮，与之相应的指示灯闪烁，同时售货口延时 3s 后出货，出货时间为 5s。

(3) 在购买后,数码管显示当前余额。若余额还可以购买,按下“可乐”或“雪碧”按钮可继续购买。

(4) 若不想购买,按“找零”按钮后,售货机以1元硬币的形式自动退币,延时5s后系统复位,两位数码管显示清零。

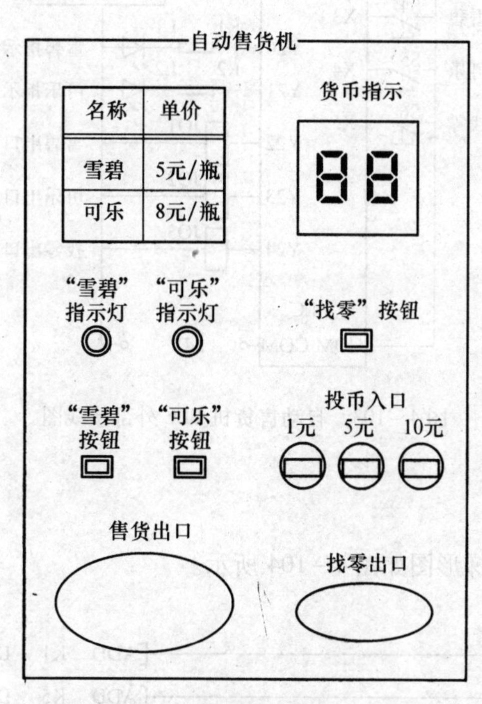

图4-102　自动售货机控制面板示意图

二、PLC输入、输出分配及外部接线图

投币1元S1:X0
投币5元S2:X1
投币10元S3:X2
购买雪碧S4:X3
购买可乐S5:X4
“找零”按钮S6:X5
两位数码管a1~h2对应PLC输出Y0~Y17
雪碧指示L1:Y20
可乐指示L2:Y21
雪碧出口JQ1:Y22
可乐出口JQ2:Y23
找零出口JQ3:Y24
自动售货机PLC控制外部接线图如图4-103所示。

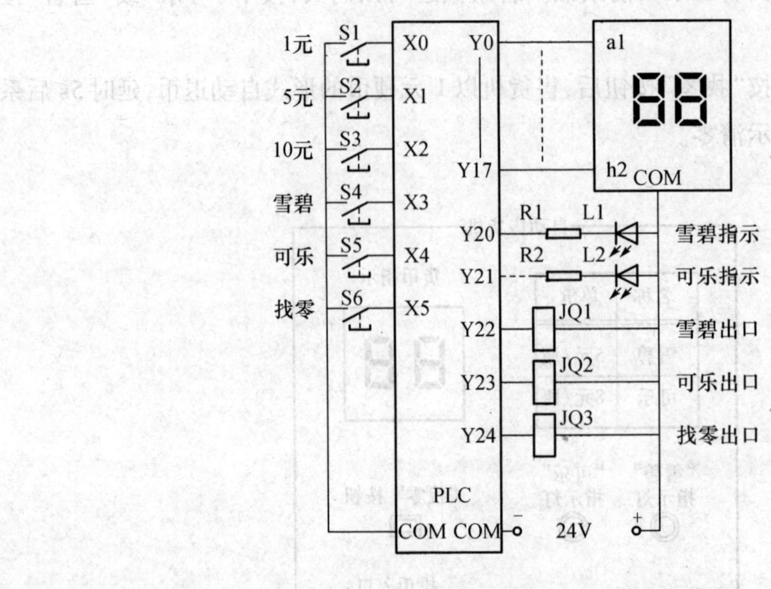

图 4-103　自动售货机 PLC 外部接线图

三、梯形图

自动售货机的控制梯形图如图 4-104 所示。

```
X0(↑)                         [ADD  K1   D0  D0]
X1(↑)                         [ADD  K5   D0  D0]
X2(↑)                         [ADD  K10  D0  D0]
[>= D0 K5]                    (M0)
[>= D0 K8]                    (M2)
M0  X3(↑)  /M3                [SET  M1]
                              [SUB  D0   K5  D0]
M2  X4(↑)  /M1                [SET  M3]
                              [SUB  D0   K8  D0]
M0  /M1                       (Y20)
M1  M8013
M2  /M3                       (Y21)
M3  M8013
M8000                         [BCD  D0     K2M10]
                              [SEGD K1M10  K2Y0]
                              [SEGD K1M14  K2Y10]
```

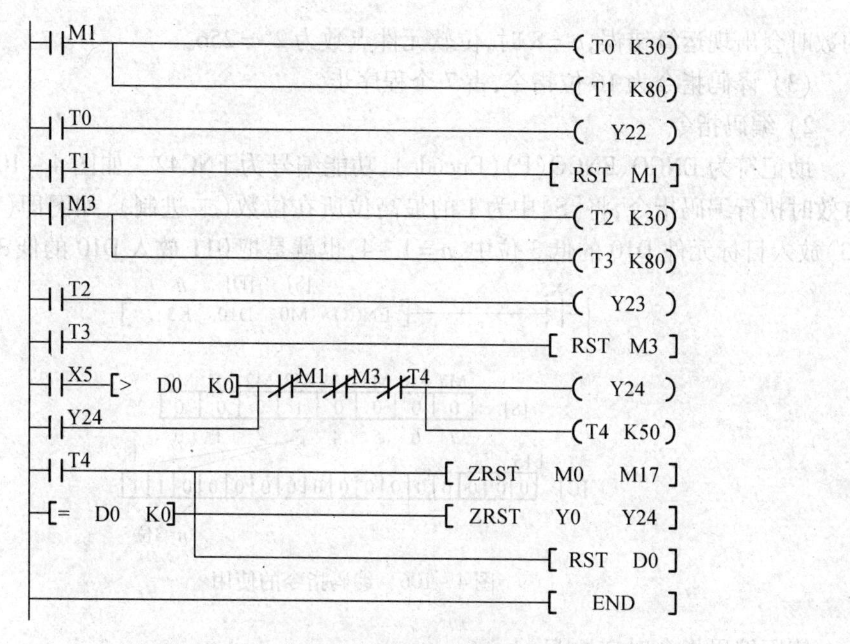

图 4-104 自动售货机的控制梯形图

任务四 知识链接

一、数据处理指令的功能、格式

1. 译码和编码指令 DECO、ENCO

1）译码指令（或称解码指令）

助记符为 DECO（Decode），功能编号为 FNC41。如图 4-105 所示，$n=3$ 则表示[S]源操作数为 3 位，即为 X0、X1、X2，其状态为二进制数，当值为 011 时相当于十进制数 3，则由目标操作数 M7～M0 组成的 8 位（2^n）二进制数的第三位（不含目标元件位 M0 本身）M3 被置 1，其余各位置 0。如果为 000 则 M0 被置 1。用译码指令可通过[D]中的数值来控制位元件的 ON/OFF。

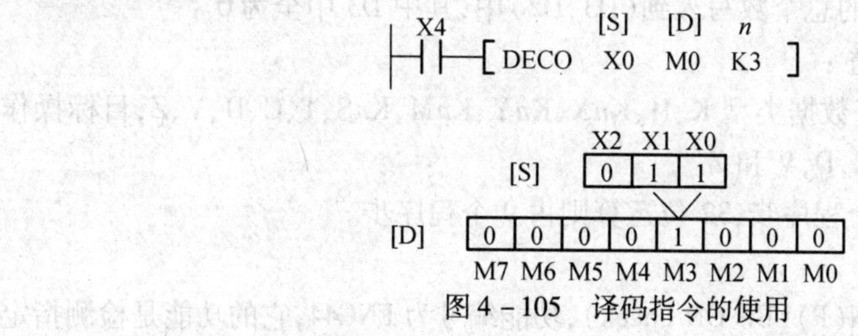

图 4-105 译码指令的使用

使用译码指令时应注意：

（1）位源操作数可取 X、Y、M 和 S，位目标操作数可取 Y、M 和 S，字源操作数可取 K，H，T，C，D，V 和 Z，字目标操作数可取 T，C 和 D。

（2）若[D]指定的目标元件是字元件 T、C、D，则 $n \leqslant 4$，$n=0$ 时不处理，$n=0 \sim 4$ 以外的数时会出现运算错误；若是位元件 Y、M、S，则 $n \leqslant 8$，同样，$n=0$ 时不处理，$n=0 \sim 8$ 以外

的数时会出现运算错误，$n=8$ 时，位软元件点数为 $2^8=256$。

(3) 译码指令为16位指令，占7个程序步。

2) 编码指令

助记符为ENCO、ENCO(P)(Encode)，功能编号为FNC42。如图4-106所示，当X5有效时执行编码指令，将[S]中为1的最高位所在位数(二进制)，如图即(M3)所在位数(3)放入目标元件D10的低3位中，$n=1\sim4$，也就是把011放入D10的低3位。

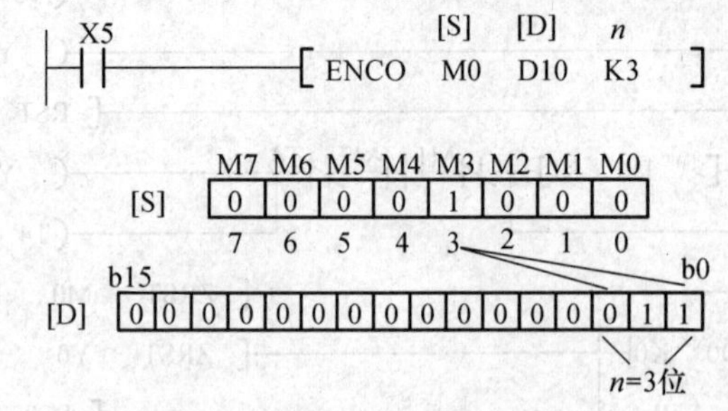

图4-106　编码指令的使用

使用编码指令时应注意：

(1) 源操作数是字元件时，可以是T、C、D、V和Z；源操作数是位元件，可以是X、Y、M和S。目标元件可取T、C、D、V和Z。编码指令为16位指令，占7个程序步。

(2) 操作数为字元件时应使用 $n\leqslant4$，$n=4$ 时，[D]位数为 $n^4=16$；为位元件时则 $n\leqslant8$，$n=0$ 时不作处理，$n=8$ 时，位软件点数为 $2^8=256$，n 超出范围会出现运算错误。

(3) 若指定源操作数中有多个1，则取最高为1位，源操作数都为0时出现运算错误。

2. ON位数统计指令SUM和ON位判别指令BON

1) ON位数统计指令

助记符为SUM、(D)SUM(P)(SUM of active bits)，功能编号为FNC43，该指令是用来统计指定源元件中1的个数。如图4-107所示，当X0有效时执行SUM指令，将源操作数D0中1的个数送入目标操作数D2中，若D0中没有1，则零标志M8020将置1。32位操作时，则将(D1，D0)中1的总个数写入到(D3，D2)中，其中D3中全为0。

使用SUM指令时应注意：

(1) 源操作数可取所有数据类型K、H、KnX、KnY、KnM、KnS、T、C、D、V、Z，目标操作数可取KnY，KnM，KnS，T，C，D，V和Z。

(2) 16位运算时占7个程序步，32位运算则占9个程序步。

2) ON位判别指令

助记符为BON、(D)BON(P)(Bit ON check)，功能编号为FNC44，它的功能是检测指定元件中指定的第 n 位是否为1。如图4-107所示，当X1为有效时，执行BON指令，K4决定检测的是源操作数D10的第4位，当检测结果为1时，则目标操作数M0=1，否则M0=0。

使用BON指令时应注意：

(1) 源操作数可取所有数据类型K、H、KnX、KnY、KnM、KnS、T、C、D、V、Z，目标操作数可取Y、M和S。

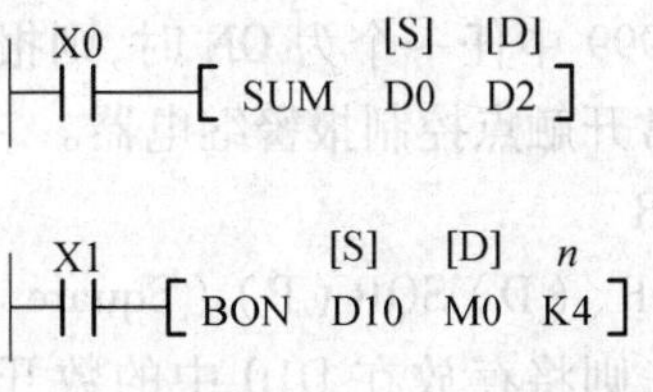

X0 [S] [D]
[SUM D0 D2]

X1 [S] [D] n
[BON D10 M0 K4]

图 4 - 107　ON 位数统计和 ON 位判别指令的使用

(2) 进行 16 位运算，占 7 个程序步，$n = 0 \sim 15$；32 位运算时则占 9 个程序步，$n = 0 \sim 31$。

3．平均值指令 MEAN

平均值指令助记符为 MEAN、(D)MEAN(P)，功能编号为 FNC45，其作用是将源指定的 n 个数据的代数和被 n 除所得的商(即平均值)送到指定的目标操作数中，而除得的余数舍弃，如图 4 - 108 所示。若程序中指定的 n 值超出 1 ~ 64 的范围将会出错。其源操作数可取 KnX、KnY、KnM、KnS、T、C、D，目标操作数可取 KnY、KnM、KnS、T、C、D、V、Z。16 位指令占 7 个程序步，32 位占 13 步。

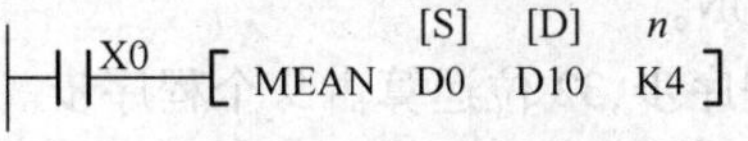

X0 [S] [D] n
[MEAN D0 D10 K4]

$$\frac{(D3)+(D2)+(D1)+(D0)}{4} \longrightarrow (D10)$$

图 4 - 108　平均值指令的使用

4．报警器置位与复位指令 ANS、ANR

报警器置位指令和报警器复位指令助记符分别为 ANS(P)(Annunciator Set)、ANR(P)(Annunciator Reset)，功能编号分别为 FNC46 和 FNC47，状态标志 S900 ~ S999 可用作外部故障诊断的输出，称为信号报警器。如图 4 - 109 所示，若 X0 和 X1 同时为 ON 超过 1s，则 S900 置 1；以后即使 X0 或 X1 变为 OFF，定时器虽复位，但 S900 仍保持 1 不变；若在 1s 内 X0 或 X1 再次变为 OFF 则定时器复位。当 X2 接通时，则将 S900 ~ S999 之间被置 1 的报警器复位。若有多于 1 个的报警器被置 1，则元件号最低的那个报警器被复位。

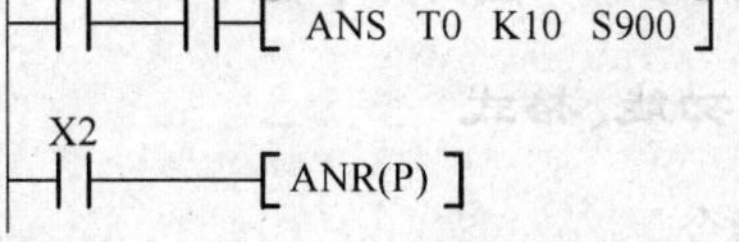

X0 X1 [S] m [D]
[ANS T0 K10 S900]

X2
[ANR(P)]

图 4 - 109　报警器置位与复位指令的使用

使用报警器置位与复位指令时应注意：

(1) ANS 指令的源操作数为 T0 ~ T199，目标操作数为 S900 ~ S999，$n = 1 \sim 32767$(定时器以 100ms 为单位的设定值)；ANR 指令无操作数。

(2) ANS 为 16 位运算指令，占 7 个程序步；ANR 指令为 16 位运算指令，占 1 个程序步。

(3) ANR 指令如果用连续执行，则在各扫描周期中按顺序复位。

(4) 信号报警器 S900 ~ S999 中任一个为 ON 时,则报警信号动作,特殊辅助继电器 M8048 为 ON,可用 M8048 的常开触点控制报警继电器。

5. 二进制平方根指令 SQR

二进制平方根指令 SQR、(D) SQR (P) (Square Root) 的编号为 FNC48。如图 4-110所示,当 X0 有效时,则将存放在 D10 中的数开平方,结果存放在 D12 中(结果只取整数)。

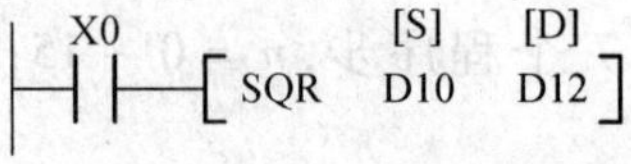

X0 [S] [D]
SQR D10 D12

图 4-110 二进制平方根指令的使用

使用 SQR 指令时应注意:

(1) 源操作数可取 K、H、D,目标操作数为 D。

(2) 仅在[S]是正数时有效,如为负数,则错误标志 M8067 为 ON,指令不被执行。

(3) 若结果为小数,运算结果取整数(舍弃小数),借位标志 M8021 为 ON。运算结果为 0,则零位标志 M8020 为 ON。

(4) 16 位运算占 5 个程序步,32 位运算占 9 个程序步。

6. 浮点数转换指令 FLT

二进制整数到二进制浮点数转换指令助记符为 FLT、(D) FLT(P) (FLoaTing point) 的编号为 FNC49。如图 4-111 所示,当 X0 有效时,将 D10 中二进制数转换成浮点数并存入 D12 中。

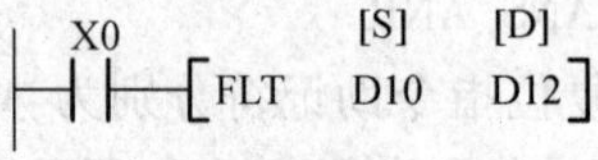

X0 [S] [D]
FLT D10 D12

图 4-111 浮点数转换指令的使用

使用 FLT 指令时应注意:

(1) 源和目标操作数均为 D。

(2) 常数 *K*、*H* 在各浮点运算指令中被自动转换,故在本指令中不能使用。

(3) 16 位操作占 5 个程序步,32 位占 9 个程序步。

二、高速处理指令的功能、格式

1. 与输入输出有关的指令

1) 输入、输出刷新指令

助记符为 REF、REF(P) (Refresh),功能编号为 FNC50。FX 系列 PLC 采用集中输入输出(I/O 批处理)的方式,即输入数据在程序处理之前被成批读入到映像寄存器,而输出数据则是在 END 指令执行后由输出映像寄存器通过锁存器到输出端子的。如果在某段程序处理时开始读入最新的输入信息或希望在某一操作结束之后立即输出操作结果则必须使用该指令。如图 4-112 所示,当 X0 接通时,X10 ~ X17 共 8 点将被刷新;当 X1 接通时,则 Y0 ~ Y7、Y10 ~ Y17 共 16 点输出将被刷新。

使用 REF 指令时应注意:

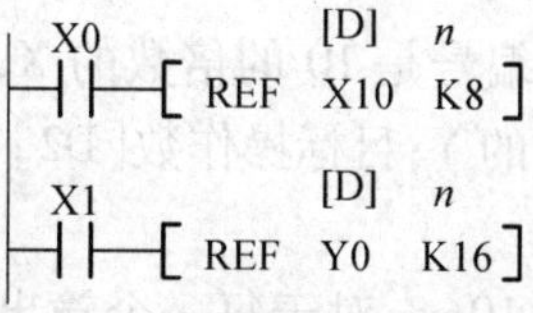

```
 X0          [D]   n
─┤ ├──[ REF   X10  K8 ]
 X1          [D]   n
─┤ ├──[ REF   Y0   K16 ]
```

图 4-112 输入输出刷新指令的使用

（1）目标操作数为元件编号低位为 0 的 X 和 Y，如 10、20、30 等，n 应为 8 的整数倍，如 8、16、24 等。

（2）指令为 16 位运算，占 5 个程序步。

2）滤波时间调整指令

助记符为 REFF、REFF(P)(Refresh and Filter adjust)，功能编号为 FNC51。一般 PLC 的输入端都有约 10ms 的 RC 滤波器，其目的是防止输入接点振动和噪声的影响。当输入为电子开关时，没有振动和噪声，此时，滤波器又成了高速输入的障碍，所以要调整滤波时间。

在 FX 系列 PLC 中 X0 ~ X17 使用了数字滤波器，用 REFF 指令可调节其滤波时间，范围为 0 ~ 60ms（实际上由于输入端设有 RC 滤波，所以滤波时间不低于 50μs）。如图 4-113 所示，当 X0 接通时，执行 REFF 指令，K1 代表滤波时间常数被设定为 1ms。

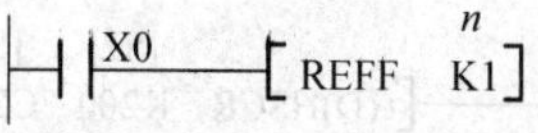

```
     X0                n
─┤ ├──────[ REFF   K1 ]
```

图 4-113 滤波时间调整指令说明

使用 REFF 指令时应注意：

（1）REFF 为 16 位运算指令，占 3 个程序步。

（2）当 X0 ~ X7 用作高速计数输入时或使用 FNC56 速度检测指令以及中断输入时，输入滤波器的滤波时间自动设置为 50μs（X0、X1 为 20μs）。

3）矩阵输入指令

助记符为 MTR (input Matrix)，功能编号为 FNC52。利用 MTR 可以构成连续排列的 8 点输入与 n 点输出组成的 8 列 n 行的输入矩阵。如图 4-114 所示，由[S]指定输入起点地址，图中为 X0 ~ X7 占有 8 个输入点，与 n 点输出 Y0、Y1、Y2(n = 3)组成一个输入矩阵。PLC 在运行时执行 MTR 指令，当 Y0 为 ON 时，读入第一行输入数据，存入 M30 ~ M37 中；Y1 为 ON 时读入第二行的输入状态，存入 M40 ~ M47。其余类推，反复执行。对于每个输出，其 I/O 处理采用中断方式立即执行，时间间隔为 20ms，允许输入滤波器的延迟时间为 10ms。另外，指令执行完后，指令结束标志 M8029 置 1。

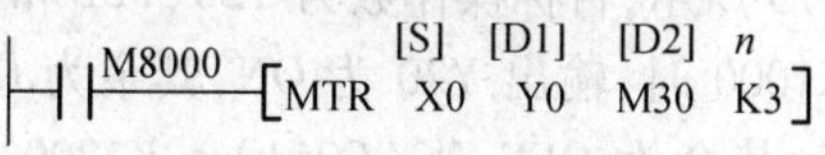

```
   M8000          [S]  [D1]  [D2]  n
─┤ ├──────[ MTR   X0   Y0    M30   K3 ]
```

图 4-114 矩阵输入指令的使用

使用 MTR 指令时应注意：

(1) 源操作数[S]是首元件编号是 10 的倍数的 X，即 X0、X10、X20 等；目标操作数[D1]是首元件编号是 10 的倍数的 Y；目标操作数[D2]是首元件编号是 10 的倍数的 Y、M 和 S，n 的取值范围是 2 ~ 8。

(2) 考虑到输入滤波延迟为 10ms，对于每一个输出，其 I/O 处理采用中断方式立即执行，时间间隔为 20ms 顺序中断。

(3) 矩阵输入指令最多存储开关信号是 8 × 8，最少为 8 × 2。利用本指令通过 8 点晶体管输出获得 64 点输入，但读一次 64 点输入所需时间为 20ms × 8 = 160ms，不适宜高速输入操作。

(4) 该指令只有 16 位运算，占 9 个程序步。

2. 高速计数器置位 HSCS、复位 HSCR、区间比较 HSZ 指令

1) 高速计数器置位指令

助记符为 HSCS、(D)HSCS 指令(High Speed Counter Set)，功能编号为 FNC53，它应用于高速计数器的置位，使计数器的当前值达到预置值时，计数器的输出触点立即动作。它采用了中断方式使置位和输出立即执行而与扫描周期无关。如图 4 - 115 所示，[S1]为设定值(100)，当 X10 合上时，若高速计数器 C255 的当前值由 99 变为 100 或由 101 变为 100 时，Y0 都将立即置 1。

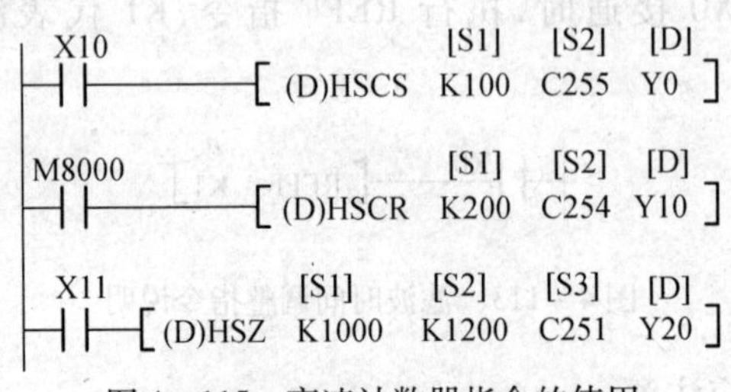

图 4 - 115 高速计数器指令的使用

2) 高速计数器复位指令

助记符为 HSCR、(D)HSCR(High Speed Counter Reset)，功能编号为 FNC54。如图 4 - 115所示，当 M8000 有效时，C254 的当前值由 199 变为 200 或由 201 变为 200 时，则用中断的方式使 Y10 立即复位。

使用 HSCS 和 HSCR 时应注意：

(1) 源操作数[S1]可取所有数据类型 K、H、KnX、KnY、KnM、KnS、T、C、D、V、Z，[S2]为 C235 ~ C255，目标操作数可取 Y、M 和 S。

(2) 只有 32 位运算，占 13 个程序步。

3) 高速计速器区间比较指令

助记符为 HSZ、(D)HSZ(High Speed Zone compare)，功能编号为 FNC55，与区间比较指令 ZCP 类似。如图 4 - 115 所示，目标操作数为 Y20、Y21 和 Y22。当 X11 合上时，如果 C251 的当前值(C251) < K1000 时，输出 Y20 为 ON，其余为 OFF；当 K1000 ≤ (C251) ≤ K1200 时，输出 Y21 为 ON，其余为 OFF；当(C251) > K1200 时，输出 Y22 为 ON，其余为 OFF。

使用高速计速器区间比较指令时应注意：

(1) 操作数[S1]、[S2]可取所有数据类型,[S3]为 C235 ~ C255,目标操作数[D]可取 Y、M、S。

(2) 指令为 32 位操作,占 17 个程序步。

3. 速度检测指令 SPD

速度检测指令助记符为 SPD(Speed Detection),功能编号为 FNC56。它的功能是检测给定时间内从编码器输入的脉冲个数,从而计算出速度。[S1]指定输入点,[S2]指定计数时间,单位为 ms。如图 4 - 116 所示,[D]占用三个目标元件,当 X12 为 ON 时,用 D0 存放计数结果,D1 存放计数当前值,D2 存放剩余时间值。

通过上述测定,转速 N 即可求出:

$$N = \frac{60 \times (D0)}{n \cdot t} \times 10^3 (\text{r/min})$$

式中:n 为每转脉冲个数。

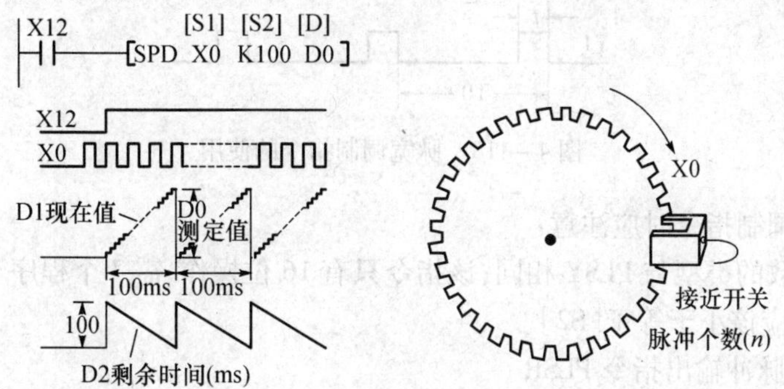

图 4 - 116 速度检测指令的使用

使用速度检测指令时应注意:

(1) [S1]为 X0 ~ X5,[S2]可取所有的数据类型 K、H、KnX、KnY、KnM、KnS、T、C、D、V、Z,[D]可取 T、C、D、V 和 Z。

(2) 指令只有 16 位操作,占 7 个程序步。

4. 脉冲输出指令 PLSY

脉冲输出指令助记符为(D)PLSY(Pulse output),功能编号为 FNC57。它用来产生指定数量的脉冲。如图 4 - 117 所示,[S1]用来指定脉冲频率(2 ~ 20000Hz),[S2]指定脉冲的个数(16 位指令的范围为 1 ~ 32767, 32 位指令则为 1 ~ 2147483647)。如果指定脉冲数为 0,则产生无穷多个脉冲。[D]用来指定脉冲输出元件号。脉冲的占空比为 50%,脉冲以中断方式输出。指定脉冲输出完后,结束标志 M8029 置 1。X10 由 ON 变为 OFF 时,M8029 复位,停止输出脉冲。若 X10 再次变为 ON,则脉冲从头开始输出。

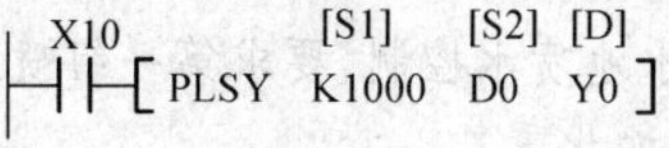

X10　[S1]　[S2]　[D]
[PLSY　K1000　D0　Y0]

图 4 - 117 脉冲输出指令的使用

使用脉冲输出指令时应注意:

(1)[S1]、[S2]可取所有的数据类型 K、H、KnX、KnY、KnM、KnS、T、C、D、V、Z,[D]

仅为 Y0 和 Y1。

(2) 该指令可进行 16 和 32 位操作,分别占用 7 个和 13 个程序步。

(3) 本指令在程序中只能使用一次。

(4) PLC 机型必须选用晶体管输出型。

5. 脉宽调制指令 PWM

脉宽调制指令助记符为 PWM(Pulse Width Modulation),功能编号为 FNC58。它的功能是用来产生指定脉冲宽度和周期的脉冲串。如图 4-118 所示,当 X10 合上时,Y1 有脉冲输出。[S1] 用来指定脉冲的宽度 t,[S2]用来指定脉冲的周期 T0,[D]用来指定输出脉冲的元件号(Y0 或 Y1),输出的 ON/OFF 状态由中断方式控制。

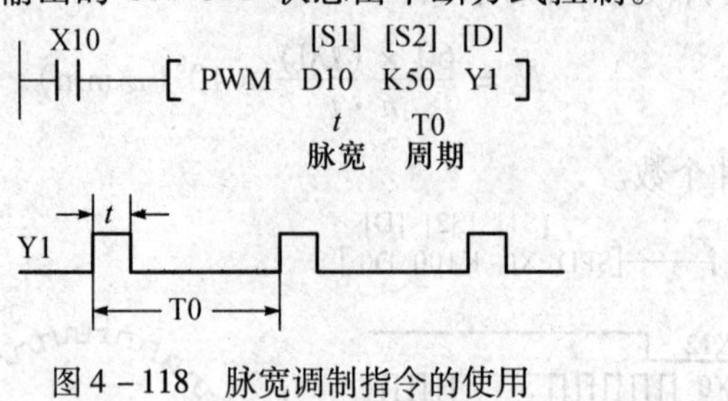

图 4-118 脉宽调制指令的使用

使用脉宽调制指令时应注意:

(1) 操作数的类型与 PLSY 相同;该指令只有 16 位操作,需 7 个程序步。

(2) [S1]应该小于等于[S2]。

6. 可调速脉冲输出指令 PLSR

可调速脉冲输出指令 PLSR、(D)PLSR(Pulse Ramp)的编号为 FNC59。该指令可以对输出脉冲进行加速,也可进行减速调整。源操作数和目标操作数的类型和 PLSY 指令相同,只能用于晶体管输出型 PLC 的 Y0 和 Y1,可进行 16 位操作也可进行 32 位操作,分别占 7 个和 17 个程序步。该指令在程序中只能使用一次。

思考与练习

1. 高速计数器和普通计数器在使用方面有哪些异同?

2. 在 X0 为 ON 时,将计数器 C0 的当前值转换为 BCD 码后送到 Y0~Y7 中,C0 的输入脉冲和复位信号分别由 X1 和 X2 提供,设计出梯形图程序。

3. 拨动开关构成二进制数输入和 BCD 数字开关输入 BCD 数字有什么区别?应注意哪些问题?

4. 用 DECO 指令实现喷水池喷水控制,要求第一组喷水 4s →第二组喷水 2s →两组同时喷水 2s→共同停 1s→…,如此重复。

5. 用 3 位 7 段数码管动态显示 3 组数字,使用机外译码电路方式,试编制梯形图。

项目 8　用 A/D 转换模块实现温度控制

本项目介绍 A/D、D/A 转换特殊功能模块、读写操作指令 FROM、TO 及其应用。

（1）了解 A/D、D/A 转换特殊功能模块的特性。

（2）掌握特殊功能模块读写操作指令 FROM、TO 的功能、格式及应用。

（3）掌握 A/D 转换特殊功能模块、实现系统温度控制的安装接线、编程及调试方法。

任务一　特殊功能模块及读写操作指令 FROM 和 TO

一、特殊功能模块

在使用 PLC 组成的控制系统中，通常会处理一些特殊信号，如流量、压力、温度等，这就要用到特殊功能模块。FX 系列 PLC 的特殊功能模块有模拟量输入/输出模块、数据通信模块、高速计数模块、位置控制模块及人机界面等。

模拟量输入模块（A/D 模块）是将现场仪表输出的模拟信号转换成适合 PLC 内部处理的数字信号。输入的模拟信号经运算放大器放大后进行 A/D 转换，再经光电耦合器为 PLC 提供一定位数的数字信号。模拟量输出模块（D/A 模块）是将 PLC 处理后的数字信号转化为现场仪表等所需的模拟信号，以满足生产过程现场连续控制信号的要求。FX 系列常用的 PLC 模拟量输入/输出模块如下：

（1）模拟量输入模块（FX_{2N} - 2AD、FX_{2N} - 4AD、FX_{2NC} - 4AD、FX_{2N} - 8AD、FX_{3U} - 4AD、FX_{3UC} - 4AD）；

（2）模拟量输出模块（FX_{2N} - 2DA、FX_{2N} - 4DA、FX_{2NC} - 4DA、FX_{3U} - 4DA）；

（3）模拟量输入/输出混合模块（FX_{2N} - 5A、FX_{0N} - 3A）；

（4）温度传感器用输入模块（FX_{2N} - 4AD - PT、FX_{2N} - 4AD - TC、FX_{2N} - 8AD）。

二、特殊功能模块的读写操作指令 FROM 和 TO

1. 缓冲寄存器读出指令 FROM

特殊功能模块内部均有数据缓冲寄存器（BFM），它是特殊功能模块与 PLC 基本单元进行数据通信的区域。缓冲寄存器（BFM）读出指令 FROM 的格式及参数形式如表 4 - 9 所示。

表 4 - 9　FROM 指令的格式及参数形式

指令名称	助记符	功能号	操作数			
			m_1	m_2	[D]	n
读特殊功能模块	FROM	FNC78	K、H (m_1 = 0 ~ 7)	K、H (m_2 = 0 ~ 31)	KnY、KnM、KnS、T、C、D、V、Z	K、H (n = 1 ~ 32)

FROM 指令的功能是将特殊功能模块中缓冲寄存器(BFM)的内容读到 PLC,其使用说明如图 4-119 所示。

```
            m1     m2     [D]      n
|X2 [FROM   K1     K29    K4M0     K1]
            模块号  BFM#   接收地址  传送点数
```

图 4-119 FROM 指令的使用

当 X2 为 OFF 时,FROM 指令不执行;当 X2 为 ON 时,将 1 号特殊功能模块内的 29 号缓冲寄存器(BFM#29)的内容读出传送到 PLC 的 K4M0 中。

图 4-119 所示程序中各软元件、操作数代表的含义如下:

(1) X2:FROM 指令执行的起动条件,起动指令可以是 X、Y、M 等。

(2) m_1:特殊功能模块编号(范围 0~7)。特殊功能模块通过扁平电缆连接在 PLC 右边的扩展总线上,最多可以连接 8 块特殊功能模块,它们的编号从最靠近基本单元的那一个开始顺次编为 0~7 号。不同系列的 PLC 可以连接的特殊功能模块的数量是不一样的。如图 4-120 所示,该配置使用 FX_{2N}-48MR 基本单元,连接 FX_{2N}-2AD、FX_{2N}-2DA 两块模拟量模块,它们的编号分别为 0、1 号。

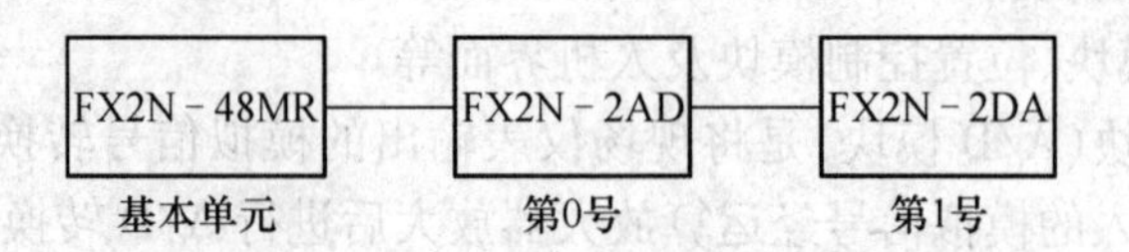

图 4-120 PLC 基本单元与特殊功能模块的连接图

(3) m_2:特殊功能模块缓冲寄存器(BFM)首元件编号(范围 0~31)。特殊功能模块内有 32 点 16 位 RAM 寄存器,这叫做缓冲寄存器(BFM),其内容根据各模块的控制目的而决定。缓冲寄存器的编号为#0~#31。在 32 位指令(如 DFROM、DTO)中,指定的 BFM 为低 16 位,在此之后的 BFM 为高 16 位。

(4)[D]:指定存放在 PLC 中的数据寄存器的首元件号。

(5) n:传送数据点数,指定传送的字点数(范围 1~32)。

2. 缓冲寄存器写入指令 TO

缓冲寄存器(BFM)写入指令(TO)的指令格式及参数形式如表 4-10 所示。

表 4-10 TO 指令的格式及参数形式

指令名称	助记符	功能号	操作数			
			m_1	m_2	[S]	n
写特殊功能模块	TO	FNC79	K、H ($m_1=0\sim7$)	K、H ($m_2=0\sim31$)	KnY、KnM、KnS、T、C、D、V、Z、K、H	K、H ($n=1\sim32$)

TO 指令的功能是将 PLC 的数据写入特殊功能模块的缓冲寄存器(BFM)的指令,其使用说明如图 4-121 所示。

当 X0 为 OFF 时,TO 指令不执行;当 X0 为 ON 时,将 PLC 数据寄存器 D0、D1 的内容写到 1 号特殊功能模块内的#12、#13 缓冲寄存器中。

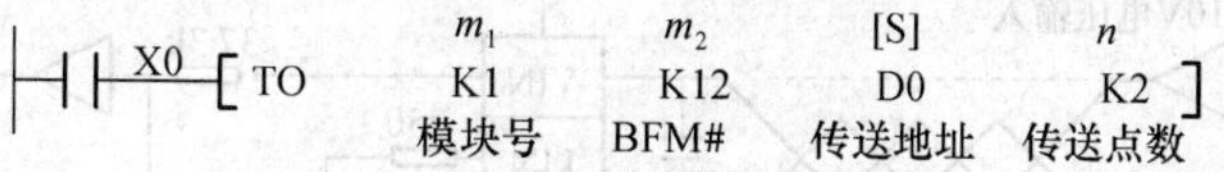

m_1 m_2 [S] n

X0 [TO K1 K12 D0 K2]

模块号 BFM# 传送地址 传送点数

图 4－121 TO 指令的使用

图 4－121 所示程序中各软元件、操作数代表的含义如下：

(1) X0：TO 指令执行的起动条件，起动指令可以是 X、Y、内部继电器 M 等。

(2) m_1：特殊功能模块号(范围 0～7)。

(3) m_2：特殊功能模块缓冲寄存器首地址(范围 0～31)。

(4) [S]：指定 PLC 被读出数据的元件首地址。

(5) n：传送点数，指定传送的字点数(范围 1～32)。

任务二 FX_{2N}－2AD 型模拟量输入模块

FX_{2N}－2AD 型模拟量输入模块用于将两路模拟量输入(电压输入和电流输入)信号转换成 12 位的数字量，并通过 FROM 指令读入到 PLC 的数据寄存器中。FX_{2N}－2AD 可以连接到 FX_{0N}、FX_{2N} 和 FX_{2NC} 系列的 PLC 中。两个模拟输入通道可接受输入为 DC 0～10V、DC 0～5V 或 DC 4～20mA 的信号。

1. 技术指标

FX_{2N}－2AD 的主要技术指标如表 4－11 所示。

表 4－11 FX_{2N}－2AD 的主要技术指标

项目	电压输入	电流输入
模拟量输入范围	DC 0～10V，DC 0～5V(输入阻抗 200kΩ)	4～20mA(输入阻抗 250Ω)
数字输出	12 位	
分辨率	2.5mV(10V/4000) 1.25mV(5V/4000)	4μA{(20－4)mA/4000}
集成精度	±1%(电压全范围 0～10V 或电流全范围 4～20mA)	
处理时间	2.5ms/通道	
电源规格	主单元提供 5V/30mA 和 24V/85mA	
占用 I/O 点数	占用 8 个 I/O 点，可分配为输入或输出	
适用的 PLC	FX_{1N}，FX_{2N}，FX_{2NC}	

2. 接线方式

FX_{2N}－2AD 的接线方式如图 4－122 所示，模拟输入信号通过双绞屏蔽电缆来接收。在使用 FX_{2N}－2AD 时，不能将一个通道作为模拟电压输入，而将另一个通道作为电流输入，这是因为两个通道使用相同的偏置量和增益值。对于电流输入，使用时应短路 VIN 和 IIN。当电压输入存在波动或有大量噪声时，在 VIN 和 COM 之间并接一个 0.1～0.47μF/DC 25V的电容。

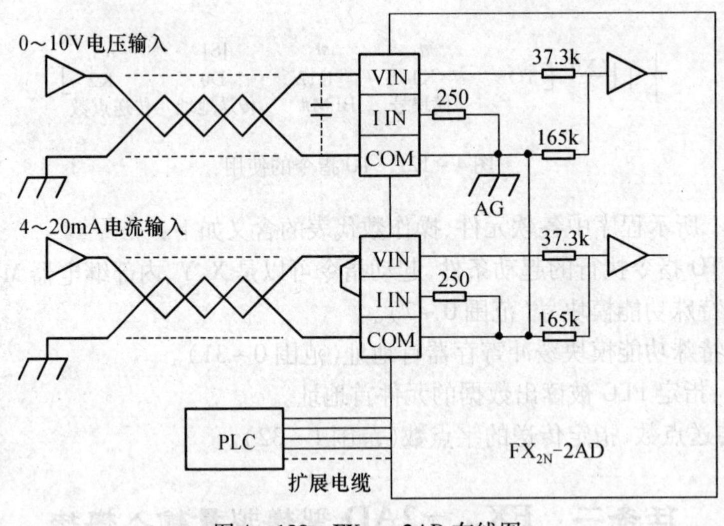

图 4-122　FX_{2N}-2AD 布线图

3. FX_{2N}-2AD 缓冲寄存器分配

特殊功能模块内部均有数据缓冲寄存器(BFM),它是 FX_{2N}-2AD 与 PLC 基本单元进行数据通信的区域,由 32 个 16 位的寄存器组成,编号为 BFM#0 ~ BFM#31,见表 4-12。

表 4-12　FX_{2N}-2AD 的缓冲寄存器(BFM)分配

BFM 编号	b15 ~ b8	b7 ~ b4	b3	b2	b1	b0
#0	保留	输入数据的当前值(低 8 位数据)				
#1	保留		输入数据的当前值(高 4 位数据)			
#2 ~ #16	保留					
#17	保留				模拟到数字转换开始	模拟到数字转换通道选择
#18 或更大	保留					

具体说明如下:

(1) BFM#0:存储由 BFM#17 指定通道的输入数据当前值(低 8 位数据)。当前值数据以二进制形式存储。

(2) BFM#1:存储输入数据当前值(高端 4 位数据)。当前值数据以二进制形式存储。

(3) BFM#17:b0…指定进行模拟到数字转换的通道(CH1、CH2);

b0 = 0…CH1, b0 = 1…CH2;

b1…通过将 0 变成 1, A/D 转换开始。

4. 增益和偏置的调整

模块出厂时,对于电压输入为 DC 0 ~ 10 V,增益值和偏置值调整到数字值为 0 ~ 4000。当 FX_{2N}-2AD 用作电流输入或 DC 0 ~ 5 V,或根据工程设定的输入特性进行输入时,就有必要进行增益值和偏置值的再调节。增益值和偏置值的调节是对实际的模拟输入值设定一个数字值,这是由 FX_{2N}-2AD 的容量调节器(增益调节旋钮 GAIN、偏置调节旋钮 OFFSET)来调整的。调整时使用电压和电流发生器来完成,也可以用 FX_{2N}-2DA 或

FX_{2N} -4DA 代替电压和电流发生器来调节。

1）增益调整

增益调整值可以设为任意数值,但是,为了将12位分辨率展示到最大,可使用的数字范围为0~4000,图4-123所示为 FX_{2N} -2AD 的增益调整特性。

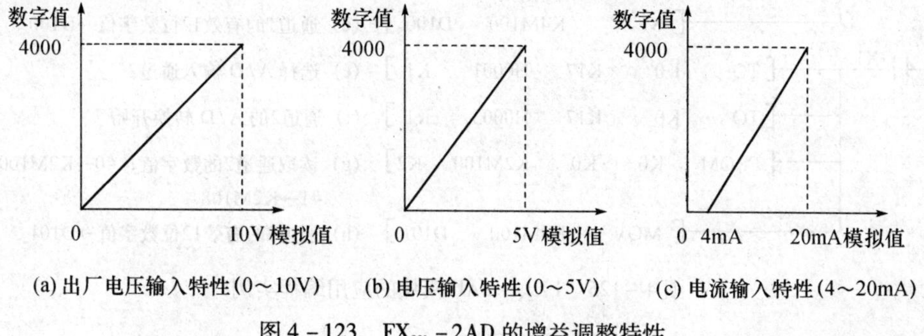

(a) 出厂电压输入特性(0~10V)　(b) 电压输入特性(0~5V)　(c) 电流输入特性(4~20mA)

图4-123　FX_{2N} -2AD 的增益调整特性

2）偏置调整

偏置值可设置为任意的数字值,但是,当数字值以图4-124所示的方式设置时,建议设定模拟值如图中所示。

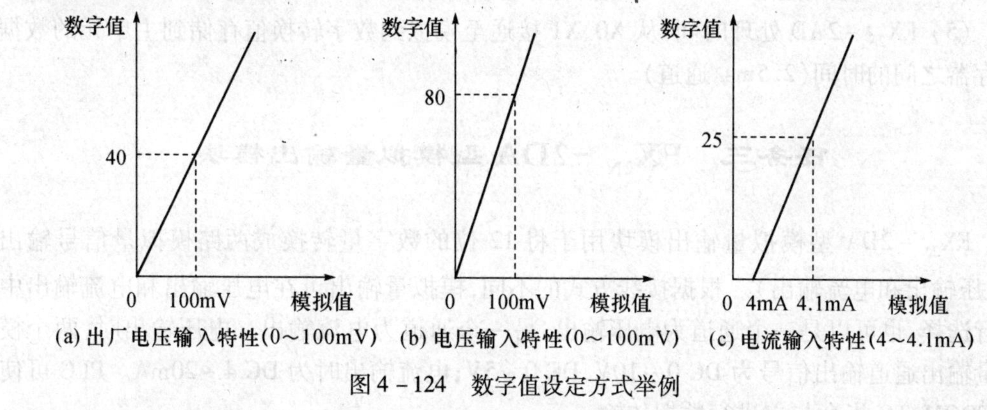

(a) 出厂电压输入特性(0~100mV)　(b) 电压输入特性(0~100mV)　(c) 电流输入特性(4~4.1mA)

图4-124　数字值设定方式举例

例如,当模拟电压输入范围为0~10V,而使用的数字范围为0~4000时,数字值为40等于100mV的模拟电压输入(40×10V/4000数字点)。注意如下几点:

（1）对于CH1和CH2的增益调整和偏置调整是同时完成的。当调整了一个通道的增益值或偏置值时,另一个通道的值也会自动调整。

（2）反复交替调整增益值和偏置值,直到获得稳定的数值。

（3）对模拟输入电路来说,每个通道都是相同的。通道之间几乎没有差别。但是,为获得最大的准确度,应独自检查每个通道。

（4）当数字值不稳定时,需反复调整增益值和偏置值,或者使用计算平均值数据程序调整增益值和偏置值。

（5）当调整增益或偏置时,按增益调节和偏置调节的顺序进行。

5. FX_{2N} -2AD 编程实例

FX_{2N} -2AD 模块的应用编程实例如图4-125所示。

（1）当X0为1时,通道1输入,执行通道1模拟到数字的转换。

```
X0
─┤├─┬─[TO    K0   K17   H0000   K1]  (a) 选择A/D输入通道1
    ├─[TO    K0   K17   H0002   K1]  (b) 通道1的A/D转换开始
    ├─[FROM  K0   K0    K2M100  K2]  (c) 读取通道1的数字值：#0→K2M100；
    │                                     #1→K2M108
    └───[MOV   K4M100   D100]        (d) 通道1的有效12位数字值→D100
X1
─┤├─┬─[TO    K0   K17   H0001   K1]  (e) 选择A/D输入通道2
    ├─[TO    K0   K17   H0003   K1]  (f) 通道2的A/D转换开始
    ├─[FROM  K0   K0    K2M100  K2]  (g) 读取通道2的数字值：#0→K2M100；
    │                                     #1→K2M108
    └───[MOV   K4M100   D101]        (h) 通道2的有效12位数字值→D101
```

图4－125　FX_{2N}－2AD模块的应用编程实例

（2）当X1为1时，通道2输入，执行通道2模拟到数字的转换。

（3）A/D输入数据CH1：D100（用辅助继电器M100～M115替换，只分配一次这些编号）。

（4）A/D输入数据CH2：D101（用辅助继电器M100～M115替换，只分配一次这些编号）。

（5）FX_{2N}－2AD处理时间：从X0、X1接通至模拟到数字转换值存储到主单元的数据寄存器之间的时间（2.5ms/通道）。

任务三　FX_{2N}－2DA型模拟量输出模块

FX_{2N}－2DA型模拟量输出模块用于将12位的数字量转换成两路模拟量信号输出（电压输出和电流输出）。根据接线方式的不同，模拟量输出可在电压输出和电流输出中进行选择，也可以是一个通道为电压输出，另一个通道为电流输出。电压输出时，两个模拟量输出通道输出信号为DC 0～10V，DC 0～5V；电流输出时为DC 4～20mA。PLC可使用FROM/TO指令与它进行数据传输。

1. 技术指标

FX_{2N}－2DA的主要技术指标如表4－13所示。

表4－13　FX_{2N}－2DA的主要技术指标

项目	电压输出	电流输出
模拟量输出范围	DC 0～10V，DC 0～5V	DC 4～20mA
数字输入	12位	
分辨率	2.5mV（10V/4000） 1.25mV（5V/4000）	4μA｛（20－4）mA/4000｝
集成精度	±1%（电压全范围0～10V或电流全范围4～20mA）	
处理时间	4ms/通道	
电源规格	主单元提供5V/30mA和24V/85mA	
占用I/O点数	占用8个I/O点，可分配为输入或输出	
适用的PLC	FX_{1N}，FX_{2N}，FX_{2NC}	

2. 接线方式

FX_{2N} －2DA 的接线方式如图 4－126 所示。

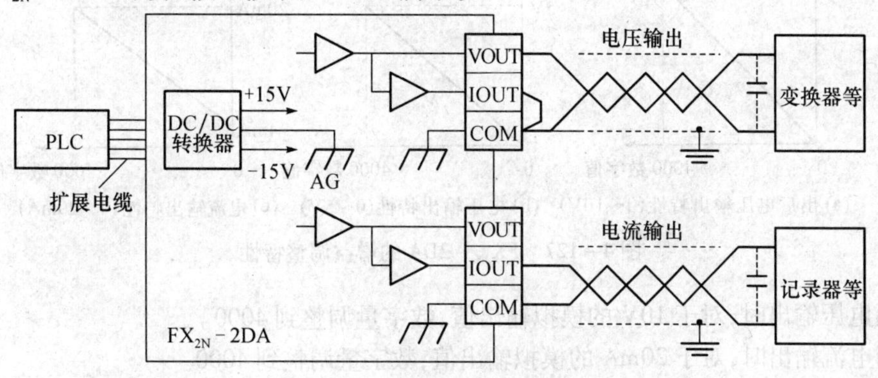

图 4－126　FX_{2N} －2DA 的接线方式

(1) 当电压输出存在波动或有大量噪声时,在图中位置处连接一个 0.1～0.47μF/DC 25V 的电容。

(2) 对于电压输出,须将 IOUT 和 COM 进行短接。

3. 缓冲寄存器分配

FX_{2N} －2DA 缓冲寄存器(BFM)分配如表 4－14 所示。

表 4－14　FX_{2N} －2DA 的缓冲寄存器(BFM)分配

BFM 编号	b15～b8	b7～b3	b2	b1	b0
#0～#15	保留				
#16	保留	输出数据的当前值(低 8 位数据)			
#17	保留		D/A 低 8 位数据保持	通道 1 的 D/A 转换开始	通道 2 的 D/A 转换开始
#18 或更大	保留				

具体说明如下:

(1) BFM#16:存放由 BFM#17(数字值)指定通道的需进行 D/A 转换的数据。D/A 数据以二进制形式,并以低 8 位和高 4 位两部分顺序进行存放和转换。

(2) BFM#17:b0…通过将 1 变成 0,通道 2 的 D/A 转换开始;

b1…通过将 1 变成 0,通道 1 的 D/A 转换开始;

b2…通过将 1 变成 0,D/A 转换的低 8 位数据保持。

4. 增益和偏置的调整

模块出厂时,增益值和偏置值是经过调整的,数字值为 0～4000,电压输出 0～10V。当 FX_{2N} －2DA 用作电流输出,或使用的输出特性不是出厂时的输出特性时,就有必要进行增益值和偏置值的再调整。增益值和偏置值的调整是对数字值设置实际的输出模拟值,这由 FX_{2N} －2DA 的容量调节器来完成。

1) 增益调整

增益值可以设置为任意数字值,但是,为了将 12 位分辨率展示到最大,可使用的数字范围为 0 ~ 4000。图 4 - 127 所示为 FX_{2N} - 2DA 的增益调整特性。

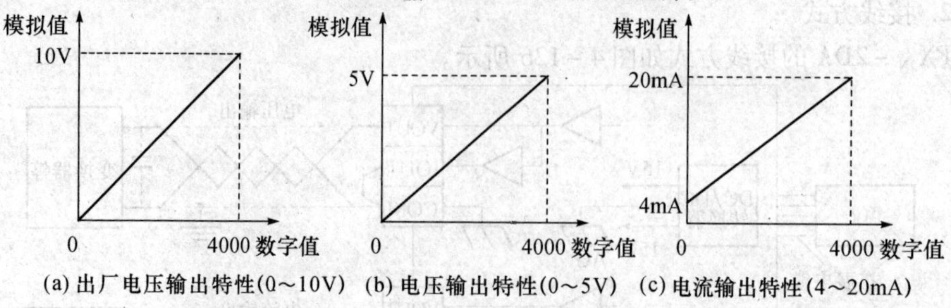

图 4 - 127　FX_{2N} - 2DA 的增益调整特性

当电压输出时，对于 10V 的模拟输出值，数字量调整到 4000。

当电流输出时，对于 20mA 的模拟输出值，数字量调整到 4000。

2）偏置调整

电压输出时，偏置值为 0V，电流输出时，偏置值固定为 4mA。但是，如果需要，增益值或偏置值可随时调整，当进行调整时，按图 4 - 128 所示的方式进行。

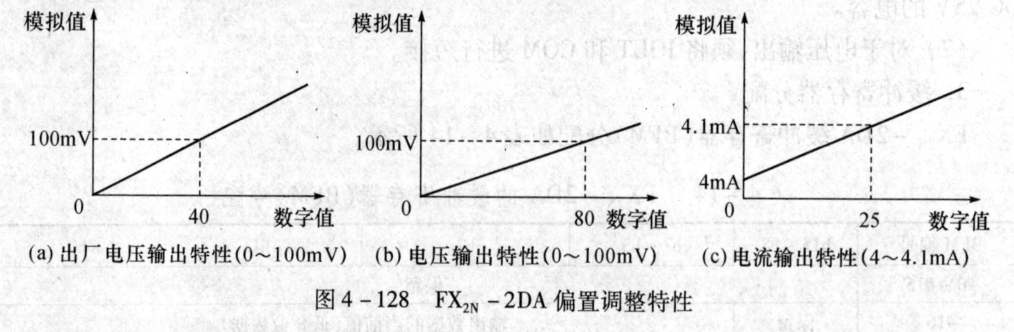

图 4 - 128　FX_{2N} - 2DA 偏置调整特性

例如，当使用的数字范围为 0 ~ 4000，模拟电压范围为 0 ~ 10V，数字值为 40 对应 100mV 的模拟电压输出(40 × 10V/4000 数字点)。当使用的数字范围为 0 ~ 4000，模拟电流范围为 4 ~ 20mA 时，数字值 0 对应 4mA 的模拟电流输出值。

FX_{2N} - 2DA 的偏置值和增益值的调整程序如图 4 - 129 所示。

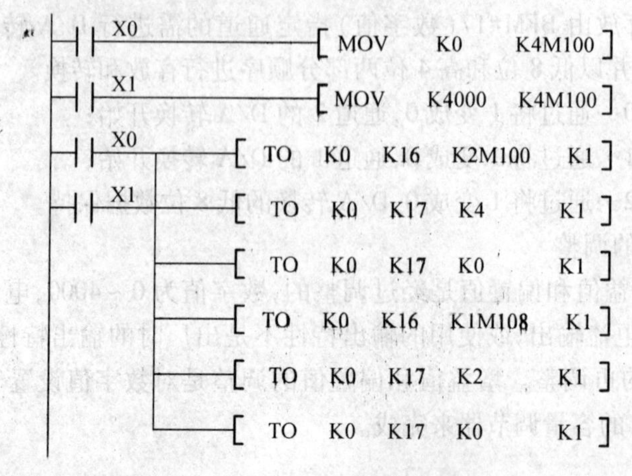

图 4 - 129　偏置和增益调整程序

D/A 转换输出为 CH1 通道,在调整偏置时将 X0 置 ON,在调整增益时将 X1 置 ON,偏置和增益的调整方法如下:

(1) 当调整偏置或增益时,应按照偏置调整和增益调整的顺序进行。

(2) 通过 FX_{2N} -2DA 输出模块上的 OFFSET 和 GAIN 旋钮,对通道 1 进行偏置调整和增益调整。

(3) 反复交替调整偏置值和增益值,直到获得稳定的数据。

5. FX_{2N} -2DA 编程实例

FX_{2N} -2DA 模块的应用编程实例如图 4-130 所示。

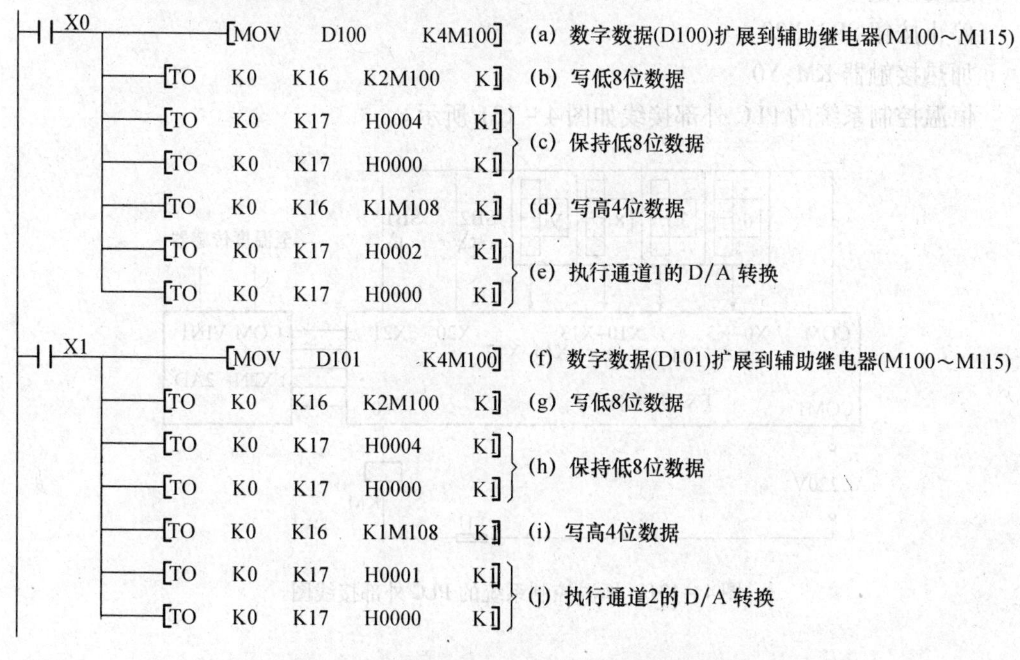

图 4-130 FX_{2N} -2DA 模块的应用编程实例

(1) 当 X0 为 1 时,通道 1 输入,执行通道 1 数字到模拟的转换。

(2) 当 X1 为 1 时,通道 2 输入,执行通道 2 数字到模拟的转换。

(3) D/A 输出数据 CH1:D100(以辅助继电器 M100 ~ M115 进行替换,对这些编号只进行一次分配)。

(4) D/A 输出数据 CH2:D101(以辅助继电器 M100 ~ M115 进行替换,对这些编号只进行一次分配)。

任务四 用 A/D 转换模块实现温度控制

一、控制要求

某恒温控制系统,温度设定范围为 150 ~ 1159℃(D0 = K150 ~ K1159),温度可由输出 BCD 码的拨码开关设定;实测温度通过 FX_{2N} -2AD 模块的通道 1 采集,采样周期为 2s。

(1) 按下起动按钮,系统开始工作,当实测温度低于设定温度 1℃时,加热器工作。

(2) 当实测温度高于设定温度1℃时，加热器停止。

(3) 按下停止按钮，系统停止。

由系统的控制要求可知，读取BCD拨码开关的设定值时，要用到PLC的BIN指令，将BCD码数据转换成二进制数。

二、PLC输入、输出分配及外部接线图

拨码开关输入：X0～X17

起动按钮SB1：X21

停止按钮SB2：X20

加热接触器KM：Y0

恒温控制系统的PLC外部接线如图4-131所示。

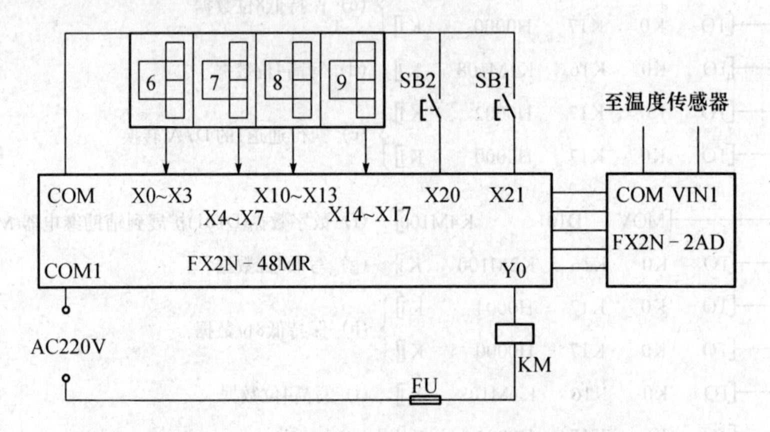

图4-131　恒温控制系统的PLC外部接线图

三、梯形图设计

按照控制要求，归纳以下几个控制要点：

1. 温度设定值的读取

温度设定范围150～1159℃（D0=K150～K1159），构成控制系统时，可由输出BCD码的拨码开关设定。这部分程序如图4-132所示。

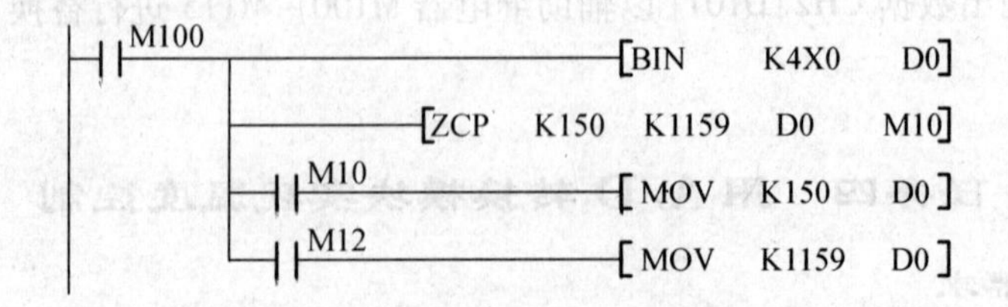

图4-132　温度设定值读取程序

2. 系统温度的读取

实测温度通过FX_{2N}-2AD模块的通道1采集，采样周期为2s。这部分程序如图4-133所示。

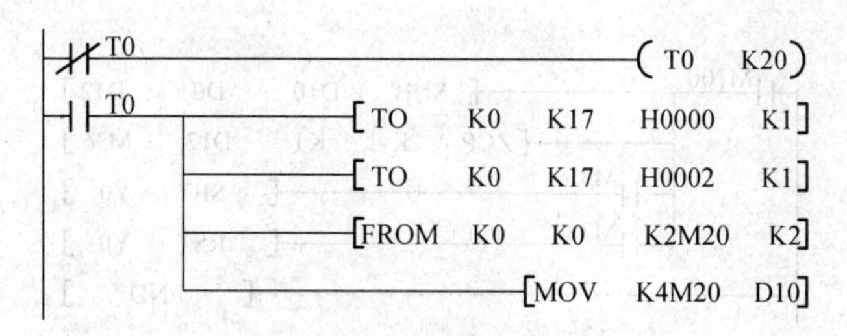

图 4－133　温度读取程序

3. 温度值比较，控制加热 Y0 输出

当实测温度(D10)低于设定温度(D0)1℃时，加热器工作(Y0 = 1)；当实测温度高于设定温度 1℃ 时，加热停止(Y0 = 0)。这部分程序如图 4－134 所示。

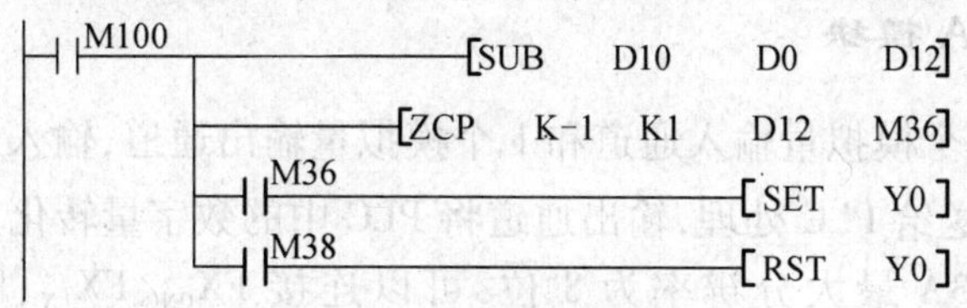

图 4－134　数值比较程序

4. 系统起停及复位的控制

按下起动按钮，系统开始工作；按下停止按钮，系统停止。这部分程序如图 4－135 所示。

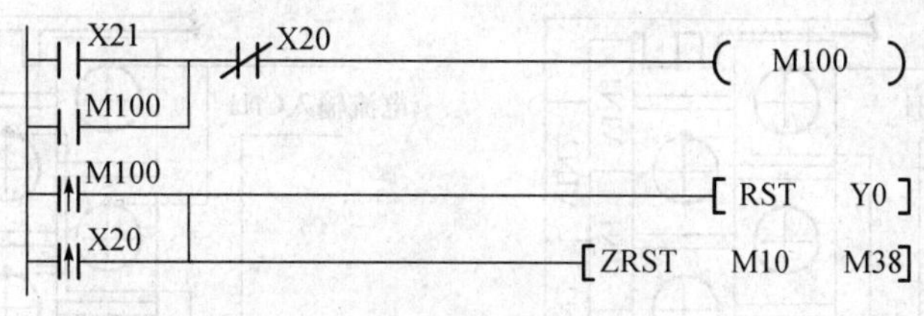

图 4－135　起停控制程序

综合以上四部分，可得恒温控制系统的程序如图 4－136 所示。

```
X21  X20                         ( M100 )
M100
M100                             [ RST  Y0 ]
X20                              [ ZRST  M10  M38 ]
M100                             [ BIN  K4X0  D0 ]
                                 [ ZCP  K150  K1159  D0  M10 ]
     M10                         [ MOV  K150  D0 ]
     M12                         [ MOV  K1159  D0 ]
T0                               ( T0  K20 )
T0                               [ TO  K0  K17  H0000  K1 ]
                                 [ TO  K0  K17  H0002  K1 ]
                                 [ FROM  K0  K0  K2M20  K2 ]
                                 [ MOV  K4M20  D10 ]
```

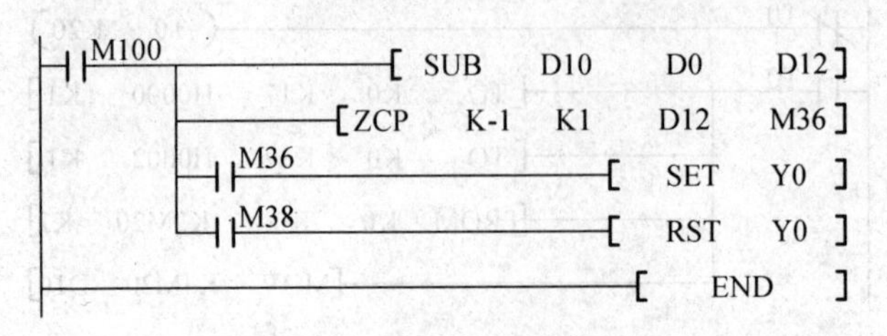

图 4 - 136 恒温控制系统的程序

任务五 FX_{0N} -3A 型模拟量输入/输出模块及应用

一、FX_{0N} -3A 模块

FX_{0N} - 3A 有 2 个模拟量输入通道和 1 个模拟量输出通道，输入通道将现场的模拟信号转化为数字量送给 PLC 处理，输出通道将 PLC 中的数字量转化为模拟信号输出给现场设备。FX_{0N} - 3A 最大分辨率为 8 位，可以连接 FX_{0N}、FX_{1N}、FX_{2N}、FX_{2NC} 系列的 PLC，FX_{0N} - 3A 占用 PLC 的扩展总线上的 8 个 I/O 点，8 个 I/O 点可以分配给输入或输出。

1. 接线方式

FX_{0N} - 3A 的接线方式如图 4 - 137 所示。

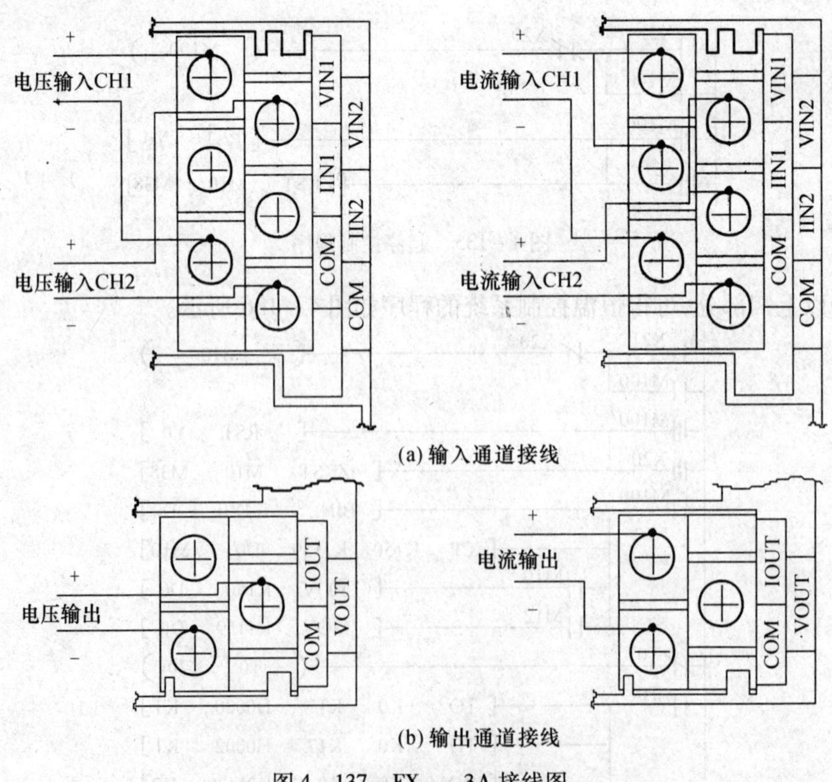

图 4 - 137 FX_{0N} - 3A 接线图

（1）当电压输出/输入存在波动或有大量噪声时，在两输入/输出端子位置处并联连接 0.1 ~0.47μF/DC 25V 的电容。

（2）当使用电流输入时，应确保标记为［VIN1］和［IIN1］的端子短接。当使用电流输出时，不要短接［VOUT］和［IOUT］端子。

2. FX_{0N} −3A 的 BFM 分配

FX_{0N} −3A 的 BFM 分配如表 4 −15 所示。

表 4 −15　FX_{0N} −3A 的缓冲寄存器（BFM）分配

BFM 编号	b15 ~ b8	b7 ~ b3	b2	b1	b0
#0	保留	存放 A/D 通道的当前值输入数据（8 位数据）			
#16	保留	存放 D/A 通道的当前值输出数据（8 位数据）			
#17	保留		D/A 起动	A/D 起动	A/D 通道选择
#1 ~ #15，#18 或更大	保留				

BFM#17：b0 =0 选择通道 1，b0 =1 选择通道 2；

b1 由 0 变为 1，A/D 转换开始；

b2 由 1 变为 0，D/A 转换开始。

3. A/D 通道的校准

（1）A/D 校准程序如图 4 −138 所示。

```
   X0
--| |----+----[ TO    K0   K17   H0000   K1 ]
         |
         +----[ TO    K0   K17   H0002   K1 ]
         |
         +----[ FROM  K0   K0    D0      K1 ]
```

图 4 −138　A/D 校准程序

（2）输入偏置校准。运行图 4 −138 所示程序，使 X0 为 ON，在模拟输入通道 CH1 输入表 4 −16 所示的模拟电压/电流信号，调整其 A/D 的 OFFSET 旋钮，使读入 D0 的值为 1。顺时针调整为数字量增加，逆时针调整为数字量减少。

表 4 −16　输入偏置参照表

模拟输入范围	0 ~ 10V	0 ~ 5V	4 ~ 20mA
输入的偏置校准值	0.04V	0.02V	4.064mA

（3）输入增益校准。运行图 4 −138 所示程序，使 X0 为 ON，在模拟输入通道 CH1 输入表 4 −17 所示的模拟电压/电流信号，调整其 A/D 的 GAIN 旋钮，使读入 D0 的值为 250。

表 4－17　输入增益参照表

模拟输入范围	0～10V	0～5V	4～20mA
输入的增益校准值	10V	5V	20mA

4. D/A 通道的校准

（1）D/A 校准程序如图 4－139 所示。

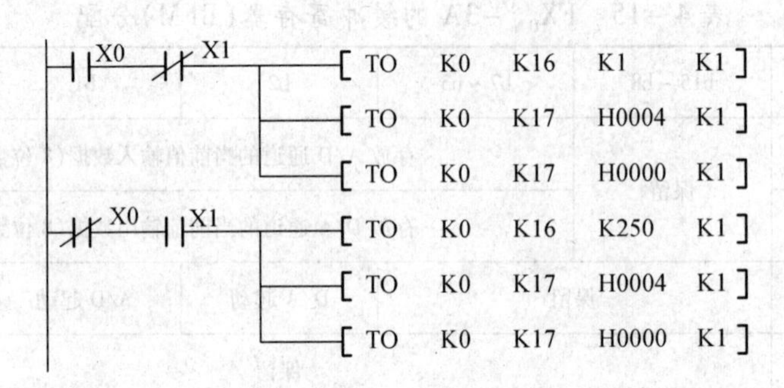

图 4－139　D/A 校准程序

（2）输出偏置校准。运行图 4－139 所示程序，使 X0 为 ON，X1 为 OFF，调整模块 D/A的 OFFSET 旋钮，使输出值满足表 4－18 所示的电压/电流值。

表 4－18　输出偏置参照表

模拟输出范围	0～10V	0～5V	4～20mA
输出的偏置校准值	0.04V	0.02V	4.064mA

（3）输出增益校准。运行图 4－139 所示程序，使 X0 为 OFF，X1 为 ON，调整模块 D/A的 GAIN 旋钮，使输出值满足表 4－19 所示的电压/电流值。

表 4－19　输出增益参照表

模拟输出范围	0～10V	0～5V	4～20mA
输出的增益校准值	10V	5V	20mA

5. FX_{0N}－3A 模块专用读写指令 RD3A 和 WR3A

对于 FX_{1N}、FX_{2N}型 PLC，除了可以利用 FROM 和 TO 指令对 FX_{0N}－3A 模块进行读写外，还有两个专用指令 RD3A 和 WR3A，可以对 FX_{0N}－3A 模块进行读写操作，其中 RD3A 是 FX_{0N}－3A 模块的模拟量输入值的读取指令，其应用如图 4－140 所示。

X0　[RD3A　m_1 K0　m_2 K1　[D] D0]

图 4－140　RD3A 指令的应用

其中，m_1 为特殊模块号，K 取值为 K0～K7；

m_2 为模拟量输入通道号，可以为 K1 或 K2；

[D]保存读取自模块经模拟量转换后的数字值。

当 X0 闭合时，则在 PLC 的 D0 中保存了模拟量输入通道 1 的数字值。

WR3A 指令是向 FX_{0N} －3A 模拟量模块写入数字值的指令，其应用如图 4－141 所示。

```
                     m1      m2     [S]
 ||  X1
 ||--| |----[WR3A    K0      K1     D2]
```

图 4－141　WR3A 指令的应用

其中，m_1 为特殊模块号，取值为 K0～K7；

m_2 为模拟量输出通道号，仅 K1 有效；

[S]指定写入模拟量模块的数字值。

当 X1 闭合时，则将 PLC 中 D2 的值转换为模拟量，输出到模拟量输出通道 1。

二、FX_{0N} －3A 压力控制实例

1. 控制要求

在使用 FX_{0N} －3A 实现管道油压监测及报警系统中，有一压力传感器，用来测量某管道中油压，测试压力范围为 0～5MPa，变送器输出电压为 0～5V。当测得的压力小于 3MPa 时，监视器亮黄灯（Y0），表示压力低；当测得压力在 3～4.5MPa 范围内时，亮绿灯（Y1），表示压力正常；当测得压力大于 4.5MPa 时，使红灯（Y2）闪烁报警，表示压力超高。

2. 转换特性

压力传感器转换特性及 FX_{0N} －3A 模拟电压输入特性如图 4－142 所示。

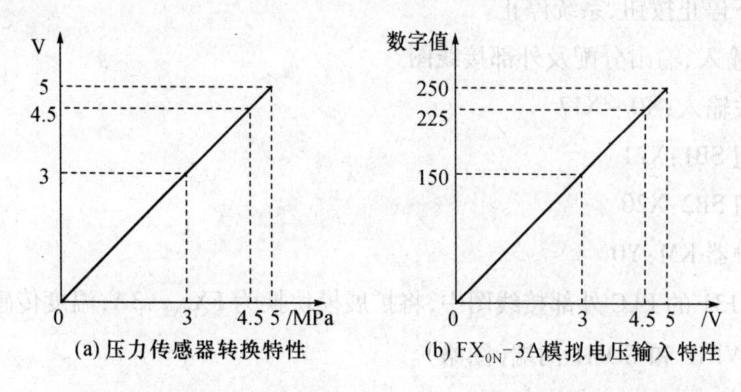

图 4－142　压力传感器转换特性、FX_{0N} －3A 模拟电压输入特性

3. 梯形图

压力传感器控制梯形图如图 4－143 所示。

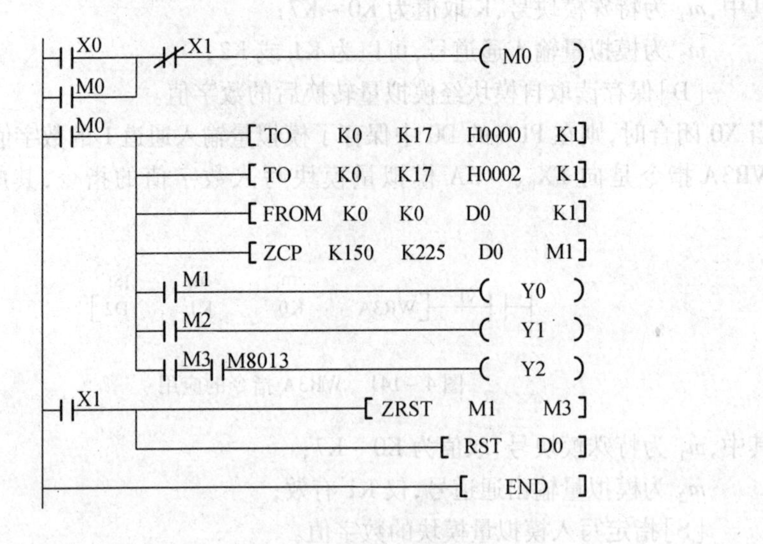

图 4-143 压力控制梯形图

三、用 FX_{0N} -3A 模块实现任务四的温度控制

1. 控制要求

某恒温控制系统,温度设定范围为 150 ~ 200℃ (D0 = K150 ~ K200),温度可由输出 BCD 码的拨码开关设定;实测温度通过 FX_{0N} -3A 模块的通道 1 采集,采样周期为 2s。

(1) 按下起动按钮,系统开始工作,当实测温度低于设定温度 1℃时,加热器工作。

(2) 当实测温度高于设定温度 1℃时,加热器停止。

(3) 按下停止按钮,系统停止。

2. PLC 输入、输出分配及外部接线图

拨码开关输入:X0 ~ X17

起动按钮 SB1:X21

停止按钮 SB2:X20

加热接触器 KM:Y0

在图 4-131 的 PLC 外部接线图中,将扩展模块换为 FX_{0N} -3A,温度传感器输出接至 FX_{0N} -3A 的 VIN1 和 COM1 两端(图略)。

3. 梯形图设计

(1) 使用 FROM 和 TO 指令设计的梯形图,如图 4-144 所示。

(2) 使用 FX_{0N} -3A 模块专用指令设计的梯形图,如图 4-145 所示。

可用 0 ~ 10V 可调直流电压源,模拟温度传感器经电压变送器的输出,输入至 FX_{0N} -3A 的 VIN1 和 COM1 端,进行程序调试。

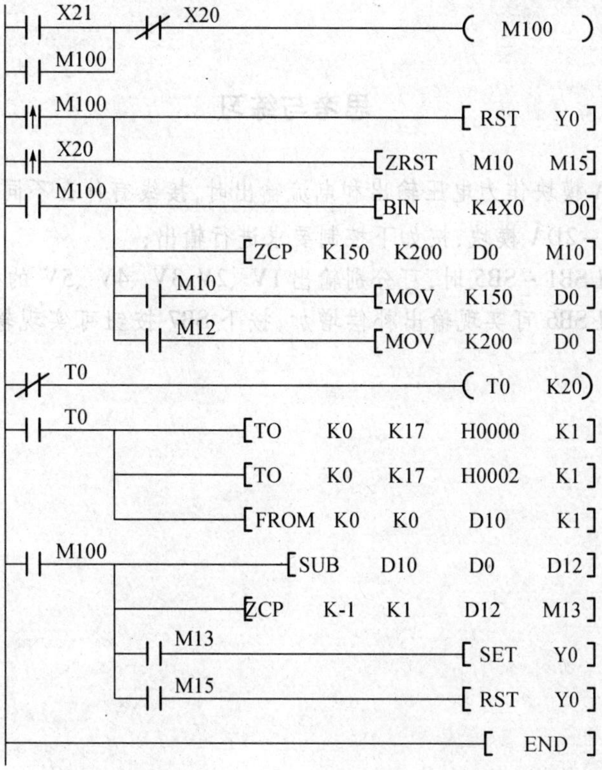

X21
X20
M100
M100
RST Y0
X20
ZRST M10 M15
M100
BIN K4X0 D0
ZCP K150 K200 D0 M10
M10
MOV K150 D0
M12
MOV K200 D0
T0
T0 K20
T0
TO K0 K17 H0000 K1
TO K0 K17 H0002 K1
FROM K0 K0 D10 K1
M100
SUB D10 D0 D12
ZCP K-1 K1 D12 M13
M13
SET Y0
M15
RST Y0
END

图 4-144 FROM 和 TO 指令设计的梯形图

X21
X20
M100
M100
RST Y0
X20
ZRST M10 M15
M100
BIN K4X0 D0
ZCP K150 K200 D0 M10
M10
MOV K150 D0
M12
MOV K200 D0
T0
T0 K20
T0
RD3A K0 K1 D10
M100
SUB D10 D0 D12
ZCP K-1 K1 D12 M13
M13
SET Y0
M15
RST Y0
END

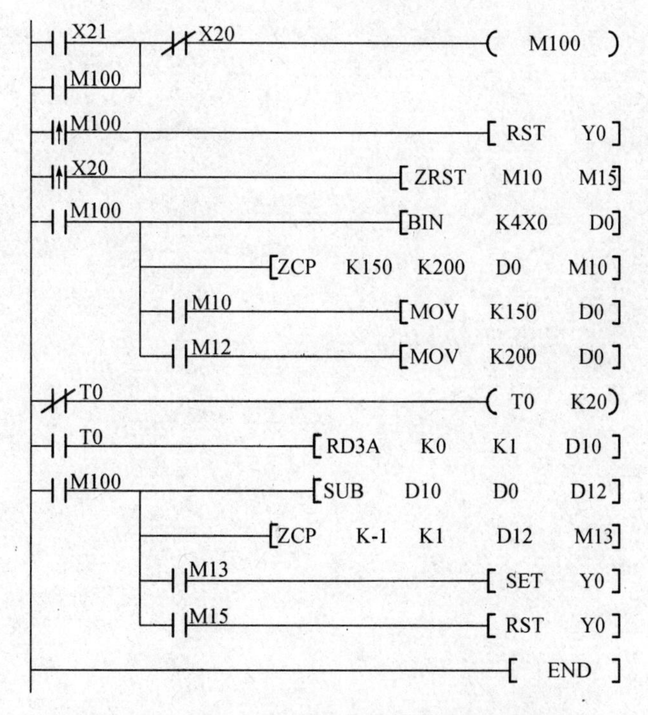

图 4-145 FX_{0N}-3A 模块专用指令设计的梯形图

思考与练习

1. FX_{2N} -2DA 模块作为电压输出和电流输出时,接线有什么不同,应注意什么?

2. 有一 FX_{2N} -2DA 模块,按如下控制要求进行输出:

(1) 按下按钮 SB1 ~ SB5 时,可分别输出 1V 、2V、3V 、4V 、5V 的模拟电压;

(2) 按下按钮 SB6 可实现输出补偿增加,按下 SB7 按钮可实现输出补偿减少,补偿范围为 -1 ~1V。

项目9　其他功能指令

本项目介绍其他功能指令的功能、格式及应用。其他功能指令包括方便指令、外部I/O设备指令、外围设备(SER)指令、浮点运算指令、时钟运算指令、格雷码转换指令等。

学习目标

(1) 了解方便指令的功能、格式及应用。

(2) 了解外部I/O设备指令的功能、格式及应用。

(3) 了解外围设备(SER)指令的功能、格式及应用。

(4) 了解浮点运算指令的功能、格式及应用。

(5) 了解时钟运算、格雷码转换指令的功能、格式及应用。

任务一　方便指令的功能、格式及应用

FX系列共有10条方便指令:初始化指令IST(FNC60)、数据搜索指令SER(FNC61)、绝对值式凸轮顺控指令ABSD(FNC62)、增量式凸轮顺控指令INCD(FNC63)、示教定时器指令TTMR(FNC64)、特殊定时器指令STMR(FNC65)、交替输出指令ALT(FNC66)、斜坡信号输出指令RAMP(FNC67)、旋转工作台控制指令ROTC(FNC68)和数据排序指令SORT(FNC69)。以下仅对其中部分指令加以介绍。

1. 凸轮顺控指令ABSD、INCD

凸轮顺控指令有绝对值式凸轮顺控指令ABSD(FNC62)(Absolute Drum sequencer)和增量式凸轮顺控指令INCD(FNC63)(Iinremental Drum sequencer)两条。

绝对值式凸轮顺控指令ABSD用来产生一组对应于计数器值变化的输出波形,输出点的个数由n决定,图4-146(a)中n为4,表明[D]由M0~M3共4点输出。

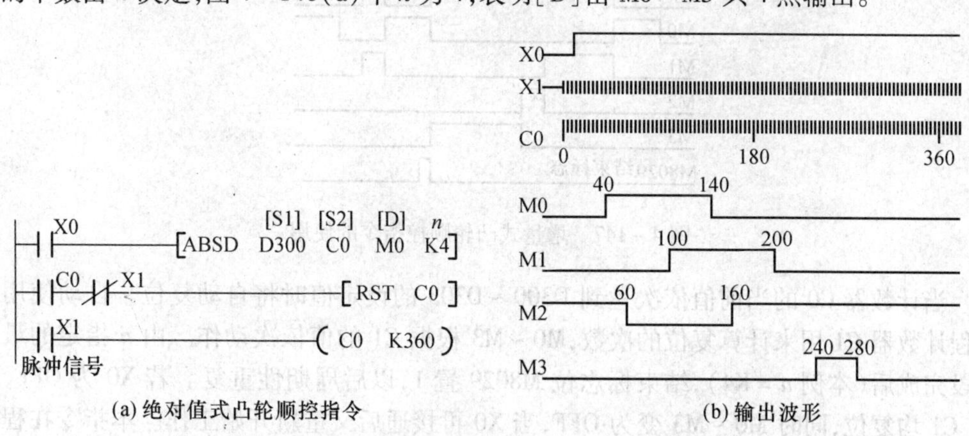

(a) 绝对值式凸轮顺控指令　(b) 输出波形

图4-146　绝对值式凸轮顺控指令的使用

预先通过MOV指令将对应的数据写入D300~D307中,C0的计数值应与(D300~D307)比较。如图4-146(a)所示,X1为序列脉冲信号,计数器C0计到某一数值时,若

与 D300 ~ D307 某一值相等,则使其对应的输出端信号为 ON 和 OFF。ON/OFF 的比较值 M0 对应 D300 和 D301,同样,M1 对应 D302 和 D303,M2 对应 D304 和 D305,M3 对应 D306 和 D307,如表 4-20 所示。当执行条件 X0 由 OFF 变 ON 时,M0 ~ M3 将得到如图 4-146(b)所示的波形,通过改变 D300 ~ D307 的数据可改变波形;若 X0 为 OFF,则各输出点状态不变。该指令在程序中只能使用一次。

表 4-20 (D300) ~ (D307) 对应上升与下降输出点表

上升点	下降点	输出
D300 = 40	D301 = 140	M0
D302 = 100	D303 = 200	M1
D304 = 160	D305 = 60	M2
D306 = 240	D307 = 280	M3

增量式凸轮顺控指令 INCD,也是用来产生一组对应于计数值变化的输出波形。如图 4-147所示,$n=4$,说明有 4 个输出,分别为 M0 ~ M3,它们的 ON/OFF 状态受凸轮提供的脉冲个数控制。使 M0 ~ M3 为 ON 状态的脉冲个数分别存放在 D300 ~ D303 中(用 MOV 指令写入)。图中波形是 D300 ~ D303 分别为 20、30、10 和 40 时的输出。

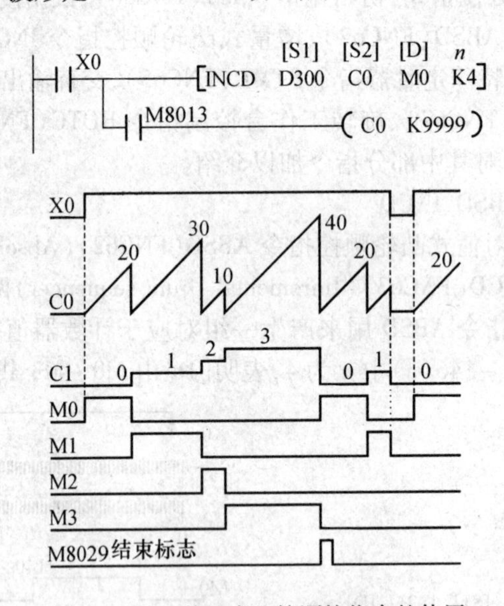

图 4-147 增量式凸轮顺控指令的使用

当计数器 C0 的当前值依次达到 D300 ~ D303 的设定值时将自动复位。自动使用的过程计数器 C1 用来计算复位的次数,M0 ~ M3 根据 C1 的值依次动作。由 n 指定的最后一段完成后(本例 n = K4),结束标志位 M8029 置 1,以后周期性重复。若 X0 为 OFF,则 C0、C1 均复位,同时 M0 ~ M3 变为 OFF,当 X0 再接通后又重新开始工作。本指令在程序中只能使用一次。

凸轮顺控指令源操作数[S1]可取 KnX、KnY、KnM、KnS、T、C 和 D,[S2]为 C,目标操作数可取 Y、M 和 S;$1 \leqslant n \leqslant 64$;为 16 位操作指令,占 9 个程序步。

2. 定时器指令 TTMR、STMR

定时器指令有示教定时器指令 TTMR(FNC64)和特殊定时器指令 STMR(FNC65)两条。

使用示教定时器指令 TTMR(Teaching Timer),[D]为 D,$n=0\sim2$,该指令可用一个按钮来调整定时器的设定时间。如图 4-148 所示,当 X10 为 ON 时,执行 TTMR 指令,X10 按下的时间 t 由 D301 记录,该时间乘以 10^n 后存入 D300,所以存入 D300 的值为 $10^n\times t$。X10 为 OFF 时,D301 复位,D300 保持不变。TTMR 为 16 位指令,占 5 个程序步。

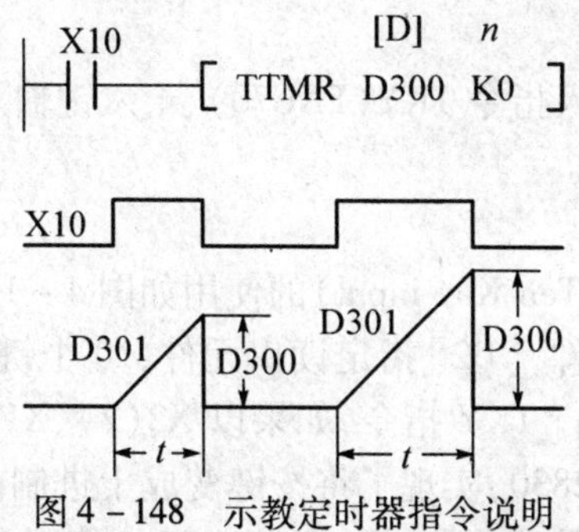

图 4-148　示教定时器指令说明

特殊定时器指令 STMR(Special Timer)用来简单制作延时定时器、单触发定时器和闪烁定时器。如图 4-149 所示,[S]源操作数取 T0 ~ T199(100ms 定时器),[D]可取 Y、M、S,$n=1\sim32767$,用来指定定时器的设定值。T10 的设定值为 100ms × 100 = 10s,M0 是延时定时器,M1 为单触发定时器,M2,M3 为闪烁定时器而设。

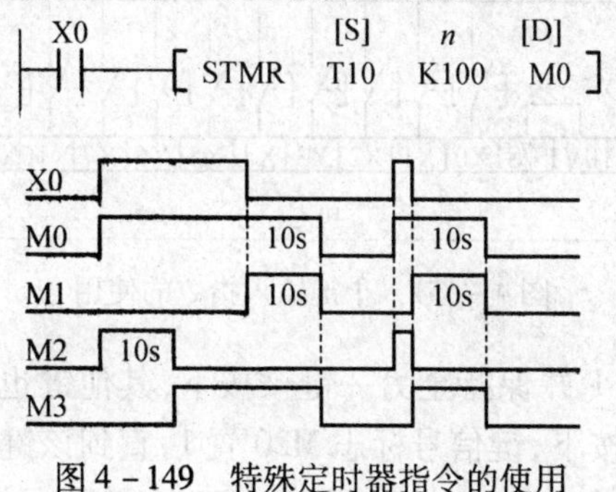

图 4-149　特殊定时器指令的使用

3. 交替输出指令 ALT

交替输出指令助记符为 ALT(P)(ALTernate),功能编号为 FNC66,用于实现由一个按钮控制外部负载的起动和停止。如图 4-150 所示,当 X0 由 OFF 到 ON 时,Y0 的状态将改变一次,实质上是一个二分频电路。若用连续的 ALT 指令则每个扫描周期 Y0 均改变一次状态。[D]可取 Y、M 和 S。ALT 为 16 为运算指令,占 3 个程序步。

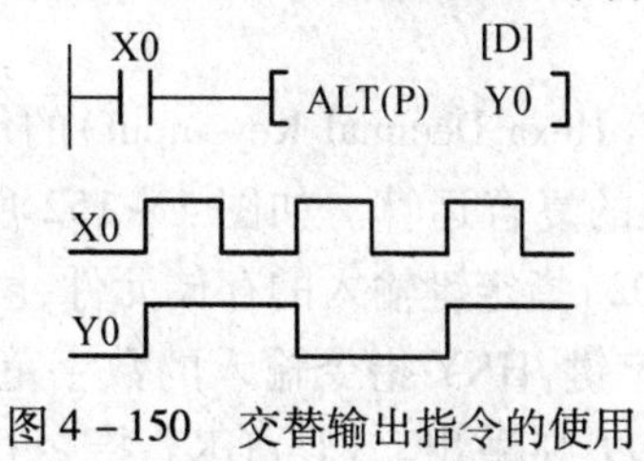

图 4-150　交替输出指令的使用

任务二 外部I/O设备指令的功能、格式及应用

外部I/O设备指令是FX系列与外设传递信息的指令，共有10条。分别是十键输入指令TKY(FNC70)、十六键输入指令HKY(FNC71)、数字开关输入指令DSW(FNC72)、七段译码指令SEGD(FNC73)、带锁存的七段显示指令SEGL(FNC74)、方向开关指令ARWS(FNC75)、ASCII码转换指令ASC(FNC76)、ASCII打印指令PR(FNC77)等。下面就部分指令作一简介。

数据输入指令有十键输入指令TKY(FNC70)、十六键输入指令HKY(FNC71)和数字开关输入指令DSW(FNC72)。

1. 十键输入指令TKY

十键输入指令(D)TKY(Ten Key input)的使用如图4－151所示。源操作数[S]指定输入元件，[D1]指定存储元件，[D2]指定读出元件，10个键X0～X7、X10～X11分别对应数字0～9。X30接通时执行TKY指令，如果以X2(2)、X10(8)、X3(3)、X0(0)的顺序按键，则[D1]中存入数据为2830，实现了将按键变成十进制的数字量。当送入的数大于9999，则高位溢出并丢失，数据以二进制形式存于D0。使用32位指令(D)TKY时，D1和D2组合使用，输入的数据大于99999999时，则高位数据溢出。

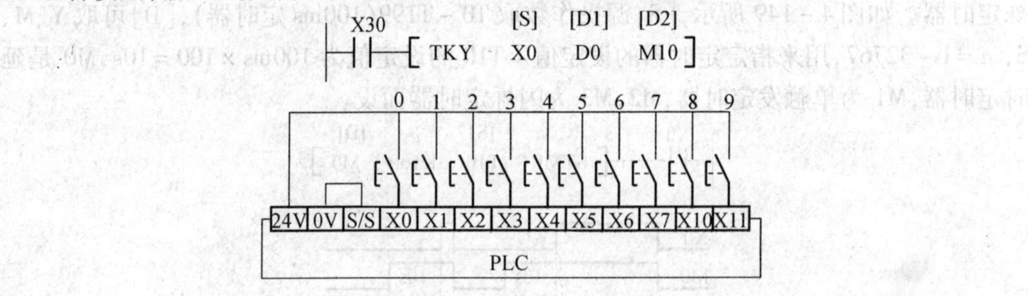

图4－151 十键输入指令的使用

当按下X2后，M12置1并保持至另一键被按下，其他键也一样。M10～M19的动作对应于X0～X11。任一键按下，键信号标志M20置1，直到该键放开。当两个或更多的键被按下时，最先按下的键有效。X30变为OFF时，D0中的数据保持不变，但M10～M20全部为OFF。

(1) 此指令的源操作数可取X、Y、M和S；目标操作数[D1]可取KnY、KnM、KnS、T、C、D、V和Z；[D2]可取Y、M、S。

(2) 该指令是16位运算时占9个程序步，32运算时占17个程序步。

(3) 该指令在程序中只能使用一次。

2. 十六键输入指令HKY

十六键输入指令(D)HKY(Hexa Decimal Key input)的作用是通过对键盘上的数字键和功能键输入的内容实现输入的复合运算。如图4－152所示，[S]指定4个输入元件，[D1]指定4个扫描输出点，[D2]指定键输入的存储元件，[D3]指定读出元件。

(1) 十六键中0～9为数字键，HKY指令输入的数字范围为0～9999，以二进制的方式存放在D0中，如果大于9999则溢出。(D)HKY指令可在D1和D0中存放最大为

99999999 的数据。

(2) A ~ F 为功能键,分别与 M0 ~ M5 对应。按下 A 键,M0 置 1 并保持;按下 D 键 M0 置 0,M3 置 1 并保持,其余类推。如果同时按下多个键,则先按下的键有效。

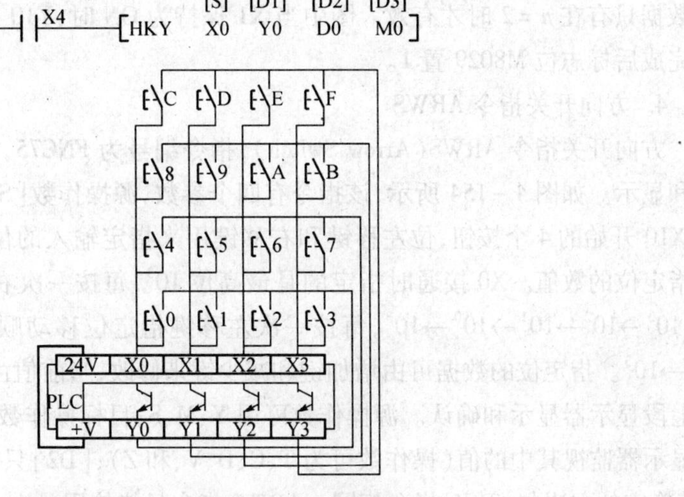

图 4 - 152　十六键输入指令的使用

该指令源操作数为 X,目标操作数[D1]为 Y,[D2]可以取 T、C、D、V 和 Z,[D3]可取 Y、M 和 S。16 位运算时占 9 个程序步,32 位运算时为占 17 个程序步。扫描全部 16 键需 8 个扫描周期。HKY 指令在程序中只能使用一次。

3. 数字开关指令 DSW

数字开关指令 DSW(Digital Switch)的功能是读入 1 组或 2 组 4 位数字开关的设置值。如图 4 - 153 所示,源操作数[S]为 X,用来指定输入点。[D1]为目标操作数为 Y,用来指定选通点。[D2]指定数据存储单元,它可取 T、C、D、V 和 Z。n 指定数字开关组数。该指令只有 16 位运算,占 9 个程序步。

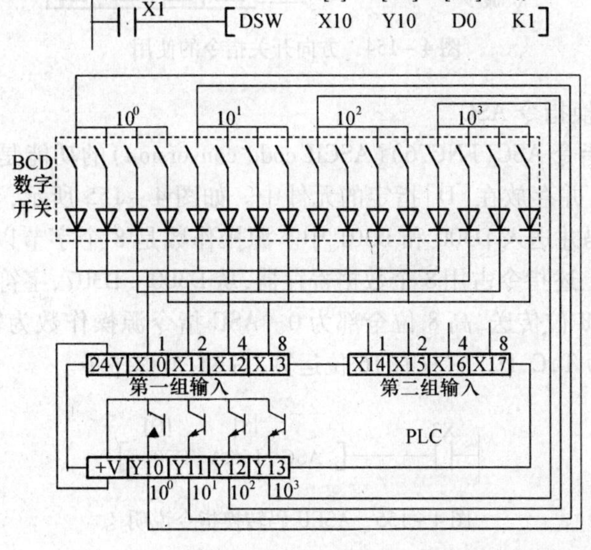

图 4 - 153　数字开关指令的使用

图中,$n=1$ 指定 1 组 BCD 码数字开关,输入开关为 X10 ~ X13,按 Y10 ~ Y13 的顺序选通读入,数据以二进制数的形式存放在 D0 中。若 $n=2$,则有 2 组开关,第 2 组开关接到 X14 ~ X17 上,仍由 Y10 ~ Y13 顺序选通读入,数据以二进制的形式存放在 D0 中,第 2 组数据只有在 $n=2$ 时才有效。图中当 X1 保持为 ON 时,Y10 ~ Y13 依次为 ON。一个周期完成后标志位 M8029 置 1。

4. 方向开关指令 ARWS

方向开关指令 ARWS(Arrow Switch),指令编号为 FNC75,该指令用于方向开关的输入和显示。如图 4 – 154 所示,该指令有四个参数,源操作数[S]可选 X、Y、M、S。图中选择 X10 开始的 4 个按钮,位左移键和右移键用来指定输入的位,增加键和减少键用来设定指定位的数值。X0 接通时指定的是最高位 10^3,每按一次右移键,指定位移动顺序如下:$10^3 \to 10^2 \to 10^1 \to 10^0 \to 10^3$,每按一次左移键指定位移动顺序如下:$10^3 \to 10^0 \to 10^1 \to 10^2 \to 10^3$。指定位的数据可由增加键和减少键来修改,当前值由接到选通信号(Y4 ~ Y7)的七段显示器显示和确认。源操作数可用 Y、M、S;目标操作数[D1]为输入的数据,由七段显示器监视其中的值(操作数可为 T、C、D、V、和 Z);[D2]只能用 Y 做操作数。$n=0$ ~ 3 其确定的方法与 SEGL 指令相同。ARWS 指令只能使用一次,而且必须用晶体管输出型的 PLC。

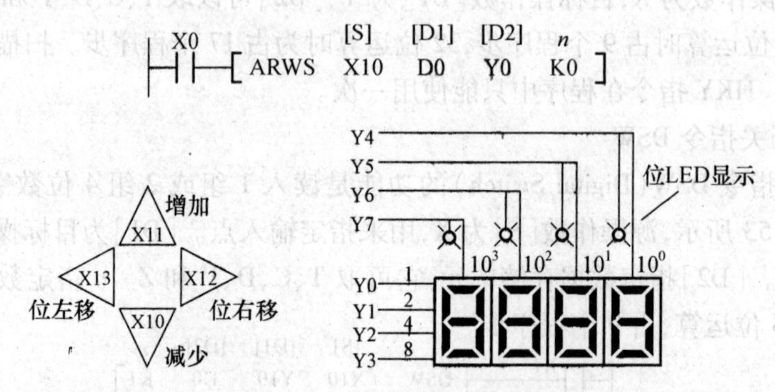

图 4 – 154　方向开关指令的使用

5. ASCII 码转换指令 ASC

ASCII 码转换指令 ASC(FNC76)(ASCII code conversion)的功能是将[S]中存放的字符变换成 ASCII 码,并存放在[D]指定的元件中。如图 4 – 155 所示,当 X3 有效时,则将 FX2A 变成 ASCII 码并送入 D300 和 D301 中。源操作数是 8 个字节以下的字母或数字,当 M8161 置 1 时,上述指令占用 8 个数据寄存器,从 D300 ~ D307,字符转换成 ASCII 码仅向每个寄存器的低 8 位传送,高 8 位全部为 0。ASC 指令源操作数为输入的 8 个字符或数字,目标操作数为 T、C、D。它只有 16 位运算,占 11 个程序步。

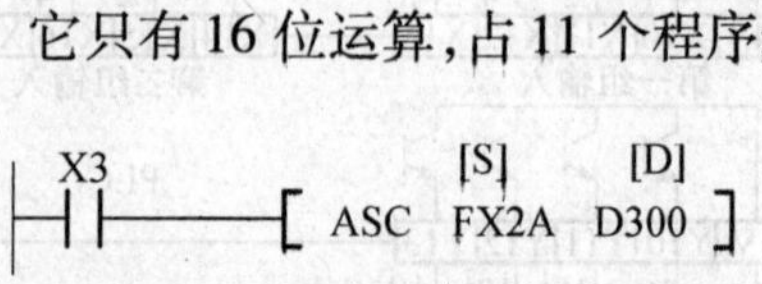

X3　[ASC　[S] FX2A　[D] D300]

图 4 – 155　ASEII 码转换指令说明

任务三　外围设备(SER)指令的功能、格式及应用

外围设备(SER)(Serial devices)指令包括串行通信指令 RS(FNC80)、八进制数据传送指令 PRUN(FNC81)、HEX 到 ASCII 转换指令 ASCI(FNC82)、ASCII 到 HEX 转换指令 HEX(FNC83)、校验码指令 CCD(FNC84)、电位器值读出 VRRD(FNC85)、电位器刻度指令 VRSC(FNC86)和 PID 运算指令 PID(FNC88)8 条指令。下面就部分指令作一简介。

1. 八进制数据传送指令 PRUN

八进制数据传送指令助记符为 PRUN、(D)PRUN(P)(Parallel RUN),功能编号 FNC81,用于八进制数的传送。如图 4－156 所示,当 X10 为 ON 时,将 X0～X17 内容送至 M0～M7 和 M10～M17(因为 X 为八进制,故 M9 和 M8 的内容不变)。当 X11 为 ON 时,则将 M0～M7 送 Y0～Y7,M10～M17 送 Y10～Y17。源操作数可取 K*n*X、K*n*M,目标操作数取 K*n*Y、K*n*M,*n*＝1～8,16 位和 32 位运算分别占 5 个和 9 个程序步。

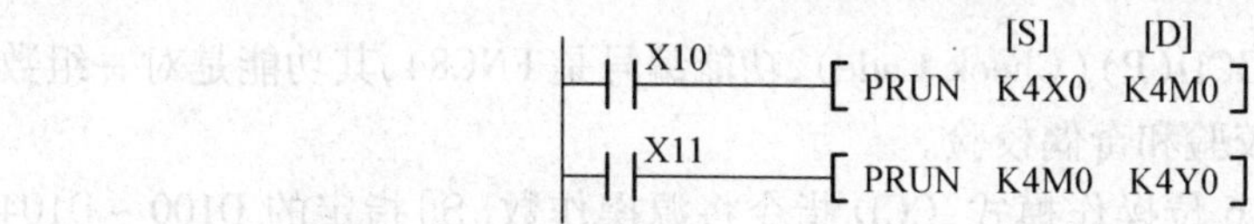

图 4－156　八进制数据传送指令的使用

2. 十六进制数与 ASCII 码转换指令 ASCI、HEX

十六进制数与 ASCII 码转换指令有 HEX→ASCII 转换指令 ASCI(FNC82)、ASCII→HEX 转换指令 HEX(FNC83)两条指令。

HEX→ASCII 转换指令 ASCI(P)的功能是将源操作数[S]中的内容(十六进制数)转换成 ASCII 码放入目标操作数[D]中。如图 4－157 所示,*n* 表示要转换的字符数(*n*＝1～256)。

M8161 控制采用 16 位模式还是 8 位模式。16 位模式时每 4 个 HEX 占用 1 个数据寄存器,转换后每 2 个 ASCII 码占用一个数据寄存器;8 位模式时,转换结果传送到[D]低 8 位,其高 8 位为 0。

如图 4－157 所示,PLC 运行时 M8000 为 ON,M8161 为 OFF,此时为 16 位模式。当 X10 为 ON 时执行 ASCI。如果放在 D100 中的 4 个字符为 $0ABC_H$,则执行后将其转换为 ASCII 码送入 D200 和 D201 中,D200 高 8 位放 A 的 ASCII 码 41H,低 8 位放 0 的 ASCII 码 30H,D201 则放 BC 的 ASCII 码,C(43H)放在高位,B(42H)放在低位。

该指令的源操作数可取所有数据类型 K、H、K*n*X、K*n*Y、K*n*M、K*n*S、T、C、V、Z、D,目标操作数可取 K*n*Y、K*n*M、K*n*S、T、C 和 D,*n* 为 1～256。只有 16 位运算,占用 7 个程序步。

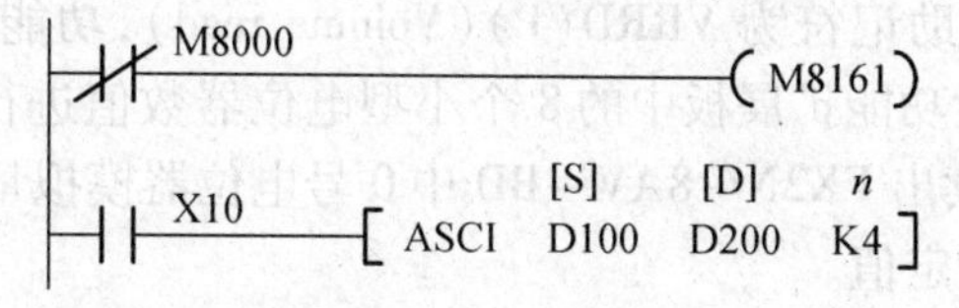

图 4－157　HEX→ASCII 码转换指令的使用

ASCII→HEX 指令 HEX(P)的功能与 ASCI 指令相反,是将 ASCII 码表示的信息转换成十六进制的信息。如图 4-158 所示,若 M8161 为 OFF,为 16 位操作运算。反之,若 M8161 为 ON,则为 8 位操作运算,将源操作数[S]中存放的 ASCII 码低 8 位转换成十六进制数(4 位一组)放入目标操作数[D]中,转换的字符数由 n 决定。

HEX 指令源操作数为 K、H、KnX、KnY、KnM、KnS、T、C 和 D,目标操作数为 KnY、KnM、KnS、T、C、D、V 和 Z,n 为 1~256。只有 16 位运算,占 7 个程序步。

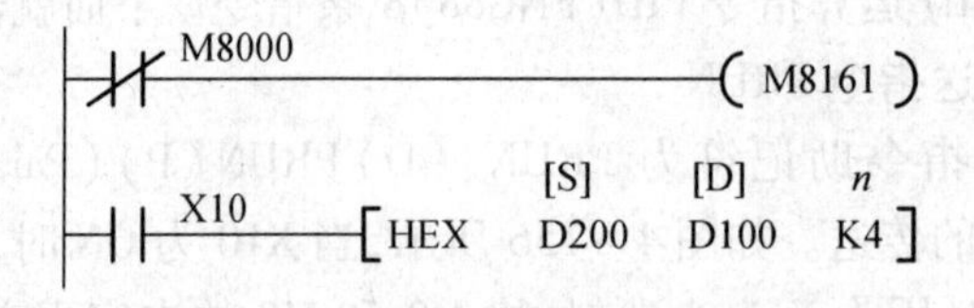

图 4-158 ASCII→HEX 指令的使用

3. 校验码指令 CCD

校验码指令助记符为 CCD(P)(Check Code),功能编号是 FNC84,其功能是对一组数据寄存器中的数据进行总校验和奇偶校验。

如图 4-159 所示,为 16 位操作模式,CCD 指令将源操作数[S]指定的 D100~D104 共 10 个字节的 8 位二进制数求和并"异或",结果分别放在目标操作数[D]指定的 D0 和 D1 中。通信过程中可将数据和、"异或"结果随同数据发送,对方接收到信息后,先将传送的数据求和并"异或",再与收到的和及"异或"结果比较,以此判断传送信号的正确与否。

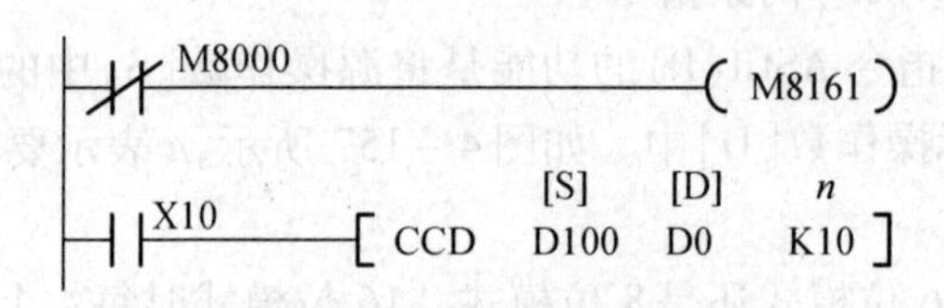

图 4-159 校验码指令的使用

若 M8161 为 ON,则为 8 位操作模式。CCD 指令将[S]指定的 D100~D109 中的 10 个数据寄存器的低 8 位数求和并异或,结果送[D]指定的 D0 和 D1 中,通信数据校验同 16 位操作。

源操作数可取 KnX、KnY、KnM、KnS、T、C 和 D,目标操作数可取 KnY、KnM、KnS、T、C 和 D,n 可用 K、H 或 D,n=1~256。为 16 位运算指令,占 7 个程序步。

以上 PRUN、ASCI、HEX、CCD 常配合 RS 指令,应用于串行通信中。

4. 电位器值读出指令 VRRD

电位器值读出指令助记符为 VRRD(P)(Volume read),功能编号是 FNC85,用来对 FX_{2N}-8AV-BD 模拟量功能扩展板中的 8 个小型电位器数值进行读操作。如图 4-160 所示,当 X0 为 ON 时,读出 FX2N-8AV-BD 中 0 号电位器模拟量的值(由 K0 决定),将其送入 D0 作为 T0 的设定值。

源操作数可取 K、H,它用来指定模拟量口的编号,取值范围为 0~7;目标操作数可取 KnY、KnM、KnS、T、C、D、V 和 Z。该指令只有 16 位运算,占 5 个程序步。

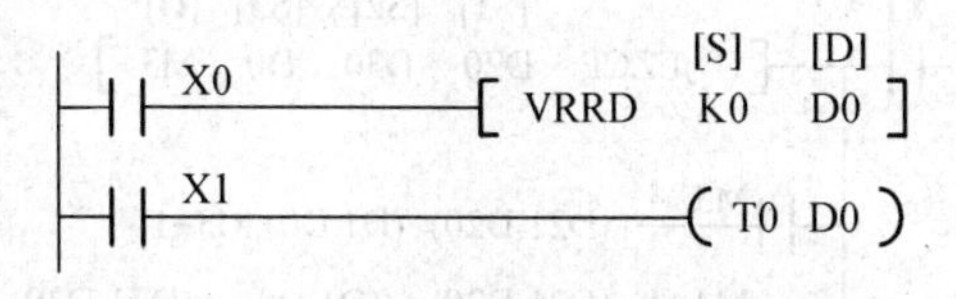

图 4-160　电位器值读出指令的使用

5. 电位器刻度指令 VRSC

电位器刻度指令助记符为 VRSC(P)(Volume Scale)(FNC86),其作用是将专用的电位器模拟量功能扩展板(如 FX_{2N}-8AV-BD)中某电位器读出的数值四舍五入,变为整数后(0~10),以二进制存放在目标操作数[D]中,此时电位器就相当于一个有 11 挡的模拟电子开关。它的源操作数[S]可取 K 和 H,用来指定模拟量口的编号,取值范围为 0~7;目标操作数[D]的类型为 K*n*Y、K*n*M、K*n*S、T、C、D、V 和 Z。该指令为 16 位运算,占 9 个程序步。

任务四　浮点运算指令的功能、格式及应用

浮点数运算指令包括浮点数的转换、比较、四则运算、开方运算和三角函数等指令。它们的指令编号范围为 FNC110~FNC119、FNC120~FNC129、FNC130~FNC132。

1. 二进制浮点数比较指令 ECMP

二进制浮点数比较指令助记符为 ECMP、(D)ECMP(P)(Float Compare),功能编号为 FNC110。指令的使用如图 4-161 所示,将两个源操作数进行比较,比较结果用目标操作数指定的元件的 ON/OFF 状态来表示,常数参与比较时,被自动转换成浮点数。该指令源操作数可取 K、H 和 D,目标操作数可用 Y、M 和 S。为 32 位运算指令,占 17 个程序步。

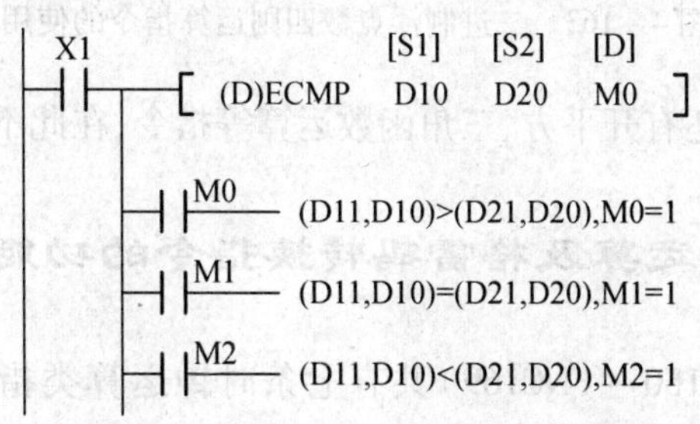

图 4-161　二进制浮点数比较指令的使用

2. 二进制浮点数区间比较指令 EZCP

二进制浮点数区间比较指令,助记符为 EZCP、EZCP(P)(Float Zone Compare),功能编号为 FNC111。如图 4-162 所示,[S3]指定的浮点数与作为比较范围的源操作数[S1]和[S2]相比较,比较结果用目标操作数指定的元件的 ON/OFF 状态来表示。常数参与比较时被自动转换为浮点数,该指令为 32 位运算指令,占 17 个程序步。源操作数可以是 K、H 和 D;目标操作数为 Y、M 和 S。[S1]应小于[S2]。

```
 X1              [S1]  [S2]  [S3]  [D]
─┤├──┬─[(D)EZCP  D20   D30   D0    M3 ]
     │
     │ M3
     ├─┤├── (D21,D20)>(D1,D0),M3=1
     │ M4
     ├─┤├── (D21,D20)=<(D1,D0)<=(D31,D30),
     │          M4=1
     │ M5
     └─┤├── (D31,D30)<(D1,D0),M5=1
```

图 4－162　二进制浮点数区间比较指令的使用

3. 二进制浮点数的四则运算指令

浮点数的四则运算指令有加法指令 EADD（FNC120）、减法指令 ESUB（FNC121）、乘法指令 EMUL（FNC122）和除法指令 EDIV（FNC123）四条指令。

四则运算指令的使用说明如图 4－163 所示，它们都是将两个源操作数中的浮点数进行运算后送入目标操作数，如有常数参与运算则自动转化为浮点数。当除数为 0 时出现运算错误，不执行指令。运算结果为 0 时 M8020（零标志）为 ON，超过浮点数的上、下限时，M8022（进位标志）和 M8021（借位标志）分别为 ON，运算结果分别被置为最大值和最小值。源操作数和目标操作数如果是同一数据寄存器，应采用脉冲执行方式。源操作数可取 K、H 和 D，目标操作数为 D，此类指令只有 32 位运算，占 13 个程序步。

```
 X1            [S1] [S2] [D]
─┤├─[(D)EADD D10 D20 D30 ]   (D11,D10) + (D21,D20)
                               ──→(D31,D30)
 X2
─┤├─[(D)ESUB D10 D20 D30 ]   (D11,D10) - (D21,D20)
                               ──→(D31,D30)
 X3
─┤├─[(D)EMUL D10 D20 D30 ]   (D11,D10) * (D21,D20)
                               ──→(D31,D30)
 X4
─┤├─[(D)EDIV D10 D20 D30 ]   (D11,D10) / (D21,D20)
                               ──→(D31,D30)
```

图 4－163　二进制浮点数四则运算指令的使用

二进制的浮点运算还有开平方、三角函数运算等指令，在此不一一说明。

任务五　时钟运算及格雷码转换指令的功能、格式及应用

时钟运算指令（FNC160～FNC169）共有七条时钟运算类指令，指令的编号分布在 FNC160～FNC169 之间。时钟运算类指令是对时钟数据进行运算和比较，对 PLC 内置实时时钟进行时间校准和时钟数据格式化操作。

1. 时钟数据比较指令 TCMP

时钟数据比较指令助记符为 TCMP、TCMP（P）（Time Compare），功能编号为 FNC160，它的功能是用来比较指定时刻与时钟数据的大小。

如图 4－164 所示，源操作数［S1］、［S2］、［S3］用来存放指定时间的时、分、秒，将该时间与［S4］、［S5］、［S6］内的时间数据比较，根据它们的比较结果决定目标操作数［D］中起始的 3 点 M0、M1、M2 的 ON 或 OFF 的状态。可利用 PLC 内置的实时钟数据，D8013～

D8015 分别存放秒、分和时。图中的 X1 变为 OFF 后,目标元件的 ON/OFF 状态仍保持不变。该指令只有 16 位运算,占 11 个程序步。它的源操作数可取 T、C 和 D,目标操作数可以是 Y、M 和 S。

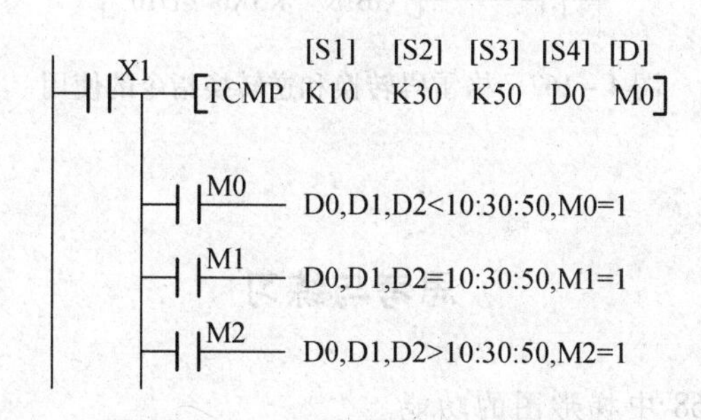

图 4-164 时钟数据比较指令的使用

2. 时钟数据加法运算指令 TADD

时钟数据加法运算指令助记符为 TADD、TADD(P)(Time Addition),功能编号是 FNC162。指令的功能是将两个源操作数的内容(时间值)相加结果送入目标操作数(新时间值)。如图 4-165 所示,将[S1]指定的 D10 ~ D12 和 D20 ~ D22 中所放的时、分、秒相加,把结果送入[D]指定的 D30 ~ D32 中。当运算结果超过 24 小时时,进位标志位变为 ON,将进行加法运算的结果减去 24 小时后存入目标地址。源操作数和目标操作数均可取 T、C 和 D。TADD 为 16 位运算,占 7 个程序步。

X0 [S1] [S2] [D]
[TADD D10 D20 D30]

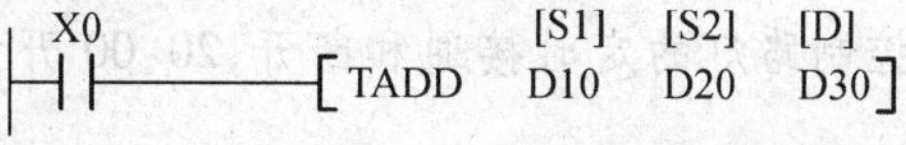

图 4-165 时钟数据加法运算指令的使用

3. 时钟数据读取指令 TRD

时钟数据读取指令助记符为 TRD 、TRD(P)(Time Read),功能编号是 FNC166。其功能是读出内置的实时时钟的数据放入由[D]开始的 7 个字内。如图 4-166 所示,当 X1 为 ON 时,将实时时钟(它们以年、月、日、时、分、秒、星期的顺序存放在特殊辅助寄存器 D8013 ~ 8019 之中)传送到 D10 ~ D16 之中。指令为 16 位运算,占 7 个程序步。[D]可取 T、C 和 D。

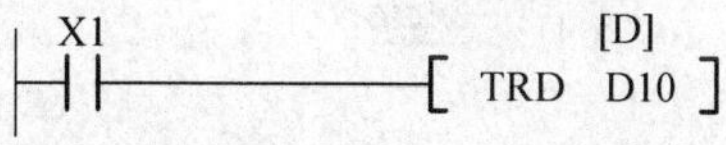

X1 [D]
[TRD D10]

图 4-166 时钟数据读取指令的使用

4. 格雷码转换和逆转换指令 GRY、GBIN

格雷码转换和逆转换指令,这类指令有 GRY (FNC170)和 GBIN (FNC171)两条,常用于处理光电编码盘的数据。(D)GRY(P)(Gray Code)指令的功能是将二进制数转换为格雷码,(D)GBIN(P)指令则是 GRY 的逆变换。如图 4-167 所示,GRY 指令是将源操作数[S]中的二进制数变成格雷码放入目标操作数[D]中,而 GBIN 指令与其相反。它们的源操作数可取任意数据格式,目标操作数为 K*n*Y、K*n*M、K*n*S、T、C、D、V 和 Z。16 位操作时占 5 个程序步,32 位操作时占 9 个程序步。

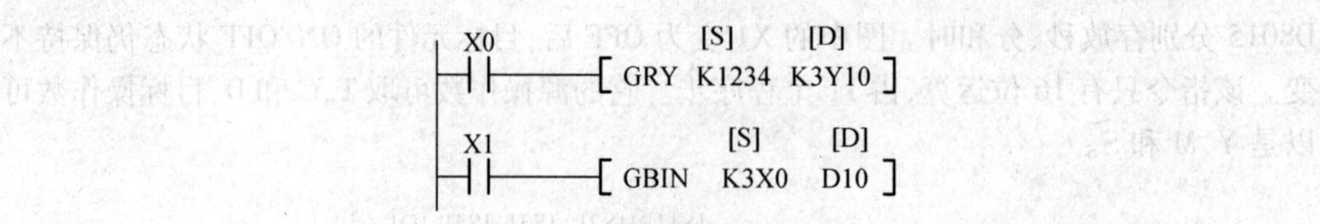

图 4－167　格雷码转换和逆转换指令的使用

思考与练习

1. 试分析图 4－168 中梯形图的功能。

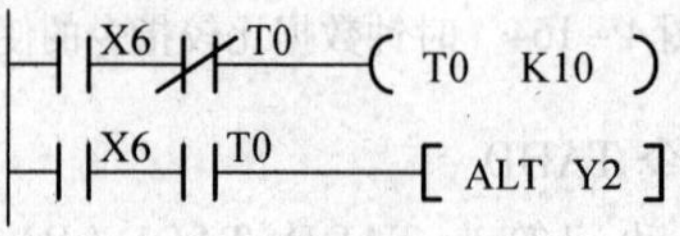

X6　T0　(T0　K10)

X6　T0　[ALT　Y2]

图 4－168　题 1 图

2. 用 ALT 指令设计用按钮 X0 控制 Y0 的电路，用 X0 输入 4 个脉冲，从 Y0 输出一个脉冲。

3. 用 X0～X17 这 16 个键，输入十六进制数 0～F，将它们用二进制数的形式使用 Y0～Y3保存并显示出来，用功能指令设计满足上述要求的电路及程序。

4. 用时钟运算指令控制路灯的定时接通和断开，20:00 开灯，06:00 关灯，设计出梯形图程序。

5. 编写一数字钟程序，要求有时、分、秒的 6 位输出显示，应有起动、清除和时间调整功能。

模块5 PLC应用系统设计与调试

任务一 PLC应用系统的设计调试方法

PLC已广泛地应用在工业控制的各个领域，由于PLC的应用场合多种多样，随着PLC自身功能不断增强，PLC应用系统也越来越复杂，对PLC应用系统设计人员的要求也越来越高。PLC应用系统设计流程如图5－1所示，若输入输出量较多，建议遵循先硬件设计、再软件设计的原则，这样有利于编程元件地址的统筹安排。下面按图5－1所示的流程对PLC应用系统的设计进行介绍。

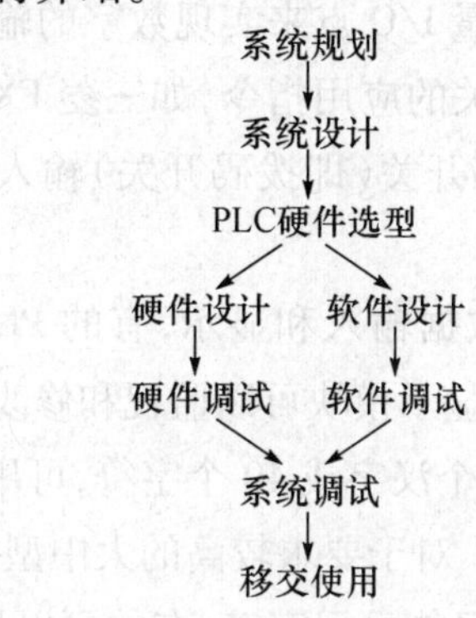

图5－1 应用系统设计流程

一、系统规划

系统规划是应用系统设计的关键阶段，规划得不好，在应用系统设计和施工中就会遇到很多困难。下面讨论系统规划中的一些基本问题。

1. 明确设计目的

设计一个新系统，希望它能干什么；如果对现有的系统进行技术改造，它现在能干什么，改造完成后希望它能干什么。

2. 详细了解系统的功能与要求

应详细了解被控对象的全部功能，如机械部件的动作顺序、动作条件、必要的保护与连锁，系统要求哪些工作方式（如手动、自动、半自动、单步等），设备内部机械、液压、气动、仪表、电气几大系统之间的关系，PLC与其他智能设备（如别的PLC、计算机、变频器等）之间的关系，PLC是否需要通信联网，是否需要设置远程I/O，需要显示哪些数据及显示的方式，电源突然停电及紧急情况的处理，安全电路的设计，是否需要设置PLC之外的手动的或机电的联锁装置来防止危险的操作。

还应了解系统的运行环境、运行速度、加工精度、可重复性、成本限制和工期要求等。

可与该设备或系统有关的工艺、机械方面的技术人员、运行人员和维修人员进行交流,获得全面的信息。

3. 查阅技术文档

如对现有的设备进行改造,可以参阅有关的文件资料,如设计图、原理图和继电器电路图等,在设计新系统时可参考系统的工艺流程图、原理图和机械图等。

二、系统设计

在完成系统规划的基础上进行系统设计。系统设计是指对控制系统总体方案的设计,主要解决人机接口和通信方面的问题。通信部分的设计原则将在任务三中介绍。

1. 人机接口的选择

人机接口用于操作人员与 PLC 之间的信息交换。使用单台 PLC 的小型开关量控制系统一般用指示灯、报警器、按钮和操作开关来作人机接口。PLC 本身的数字输入和数字显示功能较差,可以用 PLC 的开关量 I/O 点来实现数字的输入和显示。为了减少占用的 I/O 点数,有的 PLC 厂家设计了有关的应用指令,如三菱 FX 系列 PLC 的 7 段显示指令、方向开关指令、16 键输入指令、数字开关(即拨码开关)输入指令等。这些指令简化了编程,但是需要用户自制硬件。

为了实现小型 PLC 的低成本数据输入和显示,有的 PLC 厂家推出了价格便宜的产品,如三菱公司的 $FX_{1N}-5DM$ 微型显示模块可以监视和修改 PLC 的内部数据。西门子公司的 TD 200 文本显示器可显示 20 个汉字或 40 个字符,可用编程软件方便地设置显示内容,可用它修改用户程序中的变量。对于要求较高的大中型控制系统,可选用较高档的操作员接口(或称可编程终端),有的只能显示字符,有的可以显示单色或彩色的图形,有的带有触摸键功能(俗称触摸屏)。这类产品可用于工业现场,工作可靠,它们有专用的组态软件,可以方便地生成各种画面,但是价格较高。也可以用计算机来作人机接口,普通台式机的价格便宜,但是对工作环境的要求较高,可在控制室内使用。如果要求将计算机安装在现场的控制屏内,一般应选用价格较高使用液晶显示器的工业控制计算机,有的显示器也有触摸键功能。

上位计算机的程序可以用 VC、VB 等软件来开发,也可以用组态软件来生成控制系统的监控程序。用组态软件可以很容易地实现计算机与现场工业设备(如 PLC)的通信,生成用户需要的有动画功能的各种人机接口画面,组态软件的入门也很容易。但是组态软件的价格较高,一套软件只能使用一次。

2. 系统的冗余设计

某些生产过程必须连续不断地进行,因此要求控制装置有极高的可靠性,在 PLC 出现故障时,也不允许停止生产,这种系统可以使用有冗余控制功能的 PLC。冗余控制系统一般采用两个或三个 CPU 模块,其中一个直接参与控制,其余的作为备用。参与控制的 CPU 出现故障时,备用 CPU 立即投入运行。为了进一步提高系统的可靠性,某些重要的 I/O 模块、通信模块和通信电缆也应采取冗余措施。

三、PLC及其组件的选型

1. PLC的型号选择

在确定PLC的型号时,应考虑以下问题:

1) PLC的硬件功能

开关量控制是PLC的基本功能,对于开关量控制系统,主要需考虑PLC的最大开关量I/O点数是否能满足系统的要求。

某些系统对PLC的功能有特殊要求,如通信联网、PID闭环控制、快速响应、高速计数和运动控制等,模块式PLC应考虑是否有相应的特殊功能模块。有的整体式PLC集成有高速计数器、高速脉冲输出、模拟量调节电位器、脉冲捕捉、实时时钟等功能和中断功能。对于有模拟量输入/输出的系统,需要考虑PLC的最大模拟量I/O点数是否能满足要求,每个模块的点数和平均每点的价格。

2) PLC指令系统的功能

对于小型单台仅需要开关量控制的设备,一般的小型PLC便可以满足要求。如果系统要求PLC完成某些特殊的功能,应考虑PLC的指令系统是否有相应的指令来支持。例如使用RS-232C无协议通信方式时,需要对传送的数据按字节作求和校验或异或校验,应考虑是否有专用的求校验码的指令,如三菱FX系列的CCD指令,如果没有专用指令,应考虑是否可以用通用指令来实现这一任务。

3) PLC物理结构的选择

根据物理结构,可以将PLC分为整体式和模块式,整体式PLC每一I/O点的平均价格比模块式的便宜,在小型控制系统中一般采用整体式PLC。但是模块式PLC的功能扩展方便灵活,I/O点数的多少、输入点数与输出点数的比例、I/O模块的种类和块数、特殊I/O模块的使用等方面的选择余地都比整体式PLC大得多,维修时更换模块、判断故障范围也很方便,因此较复杂的、要求较高的系统一般选用模块式PLC。

4) 确定输入/输出(I/O)点数

PLC的CPU模块型号的选择,I/O模块的数量和型号的选择,与输入/输出点数有很大关系。应确定哪些信号需要输入给PLC,哪些负载由PLC驱动,是开关量还是模拟量,是直流量还是交流量,以及电压的等级;是否有特殊要求,如快速响应等,并建立相应的表格。如果系统不同部分相互距离很远,可考虑使用远程I/O。

5) 估算需要的用户程序存储容量

根据I/O点的点数和下面的经验数据可初步估算系统对PLC用户程序存储容量的要求。仅需开关量控制时,将I/O点数乘以8,就是所需存储器字数。仅有模拟量输入而无模拟量输出时,为每路模拟量准备100个存储器字。既有模拟量输入又有模拟量输出时,为每路模拟量准备200个存储器字。有的PLC允许用存储器卡来增加用户存储器的容量。

2. I/O模块的选型

PLC的型号选好后,根据I/O表和可供选择的I/O模块的类型,可确定I/O模块的型号和块数。选择I/O模块时,I/O点数一般应留有10%~20%的余量,以备今后系统改进或扩充时使用。

1）开关量输入模块输入电压的选择

开关量输入模块的输入电压一般为DC 24V和AC 220V。直流输入电路的延迟时间较短，可以直接与接近开关、光电开关等电子输入装置连接。交流输入方式适合于在有油雾、粉尘的恶劣环境下使用，在这种条件下交流输入触点的接触较为可靠。

2）开关量输出模块的选择

继电器型输出模块的工作电压范围广，触点的导通压降小，承受瞬时过电压和过电流的能力较强，但是动作速度较慢，触点寿命（动作次数）有一定的跟制。如果系统的输出信号变化不是很频繁，建议优先选用继电器型的。

晶体管型与双向晶闸管型输出模块分别用于直流负载和交流负载，它们的可靠性高，反应速度快，寿命长，但是过载能力稍差。选择时应考虑负载电压的种类和大小、系统对延迟时间的要求、负载状态变化是否频繁等，还应注意同一输出模块对电阻性负载、电感性负载和白炽灯的驱动能力的差异。如某继电器型模块的最高工作电压为AC250V，可驱动2A的电阻性负载、80VA的电感性负载和100W的白炽灯。

输出模块的输出电流额定值应大于负载电流的最大值，大多数模块对每组的总输出电流也有限制，如0.5A/点、0.8A/4点。

选择I/O模块还需要考虑下面的问题：

（1）输入模块的输入电路应与外部传感器的输出电路的类型配合，使二者能直接相连。例如有的PLC的输入模块只能与NPN管集电极开路输出的传感器直接相连，如果选用NPN管发射极输出的传感器，则需要在二者之间增加转换电路。

（2）PLC的模拟量输入、输出是电压还是电流，变送器、执行机构的量程与模拟量输入、输出模块的量程是否匹配。

模拟量模块的A/D、D/A转换器的位数反映了模块的分辨率，8位的分辨率低，价格便宜，12位的则反之。模拟量模块的转换时间反映了模块的工作速度。

（3）成本方面的考虑：选择某些高密度I/O模块（如32点开关量I/O模块），可以降低系统成本，但是高密度模块一般用D型插座来连接I/O线，不如普通I/O模块的接线端子那样方便。

（4）响应时间和抗干扰能力：I/O模块有不同的响应时间和抗干扰能力。一般来说，更高的响应速度将会牺牲干扰抑制能力。因此，如果高的响应速度不是必需的，选择有更高的干扰抑制能力但是较慢的I/O模块将会更好。

（5）高速输入：高速计数器可对编码器提供的高速脉冲列计数，可提供与PLC的扫描工作方式无关的高速输出。

3．模块式PLC的基板与模块的选择

1）基板

模块式PLC通过基板将模块组成一个系统（称为机架），选型时主要考虑基板支持的I/O模块数量。

2）电源模块的选择

根据系统所选取的模块型号、数量和各模块对电源的需求，确定要求的电源供电容量和输出电压等级，在PLC可供选择的电源模块中选择电源模块的型号。

3）通信模块

应根据通信接口的点数、PLC 和通信模块支持的通信距离、通信速率、有关的通信协议和标准来选择通信模块。

四、硬件、软件设计与调试

1．系统硬件设计与组态

（1）给各输入、输出变量分配地址。因为梯形图中变量的地址与 PLC 的外部接线端子号是一致的，这一步为绘制硬件接线图作好了准备，也为梯形图的设计作好了准备。

（2）画出 PLC 的外部硬件接线图，以及其他电气原理图和接线图。

（3）画出操作站和控制柜面板的机械布置图和内部的机械安装图。

（4）在某些编程软件中，需要对模块式 PLC 的硬件组态，组态画面中的模块型号和安装位置应与实际的模块一样，此外还需要设置各模块的参数。

有的模块需要用模块上的 DIP 开关来完成模块的硬件组态，如设置通信模块的地址和通信参数等。

2．软件设计

软件设计包括系统初始化程序、主程序、子程序、中断程序、故障应急措施和辅助程序的设计等，小型开关量控制系统一般只有主程序。

首先应根据总体要求和控制系统的具体情况，确定用户程序的基本结构，画出程序流程图或开关量控制系统的顺序功能图。它们是编程的主要依据，应尽可能地准确和详细。

较简单的系统的梯形图可以用经验法设计，复杂的系统一般用顺序控制设计法设计。画出系统的顺序功能图后，根据它设计出梯形图程序。有的编程软件可以直接用顺序功能图语言来编程。

在编程软件中，可给用户程序中的各个变量命名，变量名称可在梯形图中显示出来，便于程序的阅读和调试，变量名称的定义要简短、明确。

3．软件的模拟调试

设计好用户程序后，一般先作模拟调试。有的 PLC 厂家提供了在计算机上运行，可以用来代替 PLC 硬件来调试用户程序的仿真软件，例如西门子公司的与 STEP 7 编程软件配套的 S7－PLCSIM 仿真软件、三菱公司的与 SW3D5C－GPPW－C 编程软件配套的 SW3D5C－LLT－C 仿真软件，西门子公司的“LOGO!”可编程逻辑模块的编程软件也有仿真功能。在仿真时按照系统功能的要求，将某些位输入元件强制为 ON 或 OFF，或改写某些元件中的数据，监视系统功能是否能正确实现。

如果有 PLC 的硬件，可用小开关和按钮来模拟 PLC 实际的输入信号，例如用它们发出操作指令，或在适当的时候用它们来模拟实际的反馈信号，如限位开关触点的接通和断开。通过输出模块上各输出位对应的发光二极管，观察输出信号是否满足设计的要求。

调试顺序控制程序的主要任务是检查程序的运行是否符合顺序功能图的规定，即在某一转换实现时，是否发生步的活动状态的正确变化，该转换所有的前级步是否变为不活动步，所有的后续步是否变为活动步，以及各步被驱动的负载是否发生相应的变化。

在调试时应充分考虑各种可能的情况,对系统各种不同的工作方式、顺序功能图中的每一条支路、各种可能的进展路线,都应逐一检查,不能遗漏。发现问题后及时修改程序,直到在各种可能的情况下输入信号与输出信号之间的关系完全符合要求。

对于用经验法设计的电路,或根据继电器电路图设计的电路,为了调试程序方便,有时需要根据用户程序画出对应的顺序功能图,用它来调试程序。

如果程序中某些定时器或计数器的设定值过大,为了缩短调试时间,可以在调试时将它们减小,模拟调试结束后再写入它们的实际设定值。

在编程软件中,可用梯形图来监视程序的运行,触点和线圈的 ON/OFF 状态用不同的颜色来表示。也可以用元件监视功能来监视、改写或强制感兴趣的编程元件。

4. 硬件调试与系统调试

在对程序进行模拟调试的同时,可以设计、制作控制屏,PLC 之外其他硬件的安装、接线工作也可以同时进行。完成控制屏内部的安装接线后,应对控制屏内的接线进行测试。可在控制屏的接线端子上模拟 PLC 外部的开关量输入信号,或操作控制屏面板上的按钮和指令开关,观察对应的 PLC 输入点的状态变化是否正确。用编程器或编程软件将 PLC 的输出点强制为 ON 或 OFF,观察对应的控制屏内的 PLC 负载(如外部的继电器、接触器)的动作是否正常,或对应的控制屏接线端子上的输出信号的状态变化是否正确。

对于有模拟量输入的系统,可给屏内的变送器提供标准的输入信号,通过硬件调整或调节程序中的系数,使模拟量输入信号和转换后的数字量之间的关系满足要求。

在现场安装好控制屏后,接入外部的输入元件和执行机构。与控制屏内的调试类似,首先检查控制屏外的输入信号是否能正确地送到 PLC 的输入端,PLC 的输出信号是否能正确操作控制屏外的执行机构。完成上述的调试后,将 PLC 置于 RUN 状态,运行用户程序,检查控制系统是否能满足要求。

在调试过程中将暴露出系统中可能存在的硬件问题,以及梯形图设计中的问题,发现问题后在现场加以解决,直到完全符合要求。按系统验收规程的要求,对整个系统进行逐项验收合格后,交付使用。

5. 整理技术文件

根据调试的最终结果整理出完整的技术文件,并提供给用户,以便于今后系统的维护与改进。技术文件应包括:

(1) PLC 的外部接线图和其他电气图纸。

(2) PLC 的编程元件表,包括定时器、计数器的设定值等。

(3) 带注释的程序和必要的总体文字说明。

任务二 PLC 应用系统的可靠性措施

PLC 是专门为工业环境设计的控制装置,一般不需要采取什么特殊措施,就可以直接在工业环境使用。但是如果环境过于恶劣,电磁干扰特别强烈,或安装使用不当,都不能保证系统的正常安全运行。干扰可能使 PLC 接收到错误的信号,造成误动作,或使 PLC

内部的数据丢失,严重时甚至会使系统失控。在系统设计时,应采取相应的可靠性措施,以消除或减少干扰的影响,保证系统的正常运行。

一、对电源的处理

电源是干扰进入 PC 的主要途径之一,电源干扰主要是通过供电线路的阻抗耦合产生的,各种大功率用电设备是主要的干扰源。

在干扰较强或对可靠性要求很高的场合,可以在 PLC 的交流电源输入端加接带屏蔽层的隔离变压器和低通滤波器(图 5-2),隔离变压器可以抑制来自电源线的串扰,提高抗高频共模干扰能力,屏蔽层应可靠接地。

低通滤波器可以吸收掉电源中的大部分“毛刺”,图中的 L1 和 L2 用来抑制高频差模电压,L3 和 L4 是用等长的导线反向绕在同一磁环上的,50Hz 的工频电流在磁环中产生的磁通互相抵消,磁环不会饱和。两根线中的共模干扰电流在磁环中产生的磁通是叠加的,共模干扰被 L3 和 L4 阻挡。图中的 C1 和 C2 用来滤除共模干扰电压,C3 用来滤除差模干扰电压。R 是压敏电阻,其击穿电压略高于电源正常工作时的最高电压,平常相当于开路。遇尖峰干扰脉冲时它被击穿,干扰电压被压敏电阻钳位,这时压敏电阻的端电压等于其击穿电压,尖峰脉冲消失后压敏电阻可恢复正常状态。

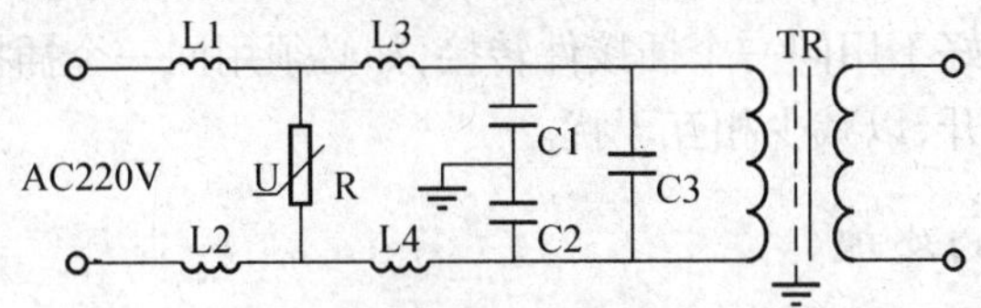

图 5-2 低通滤波器和隔离变压器

高频干扰信号不是通过变压器绕组的耦合,而是通过初级、次级绕组间的分布电容传递的。在初级、次级绕组之间加绕屏蔽层,并将它和铁芯一起接地,可以减少绕组间的分布电容,提高抗高频干扰的能力。

也可以选用电源滤波器产品,电源滤波器具有良好的共模滤波、差模滤波性能和高频干扰抑制性能,能有效抑制线与线之间和线与地之间的干扰。

动力部分、控制部分、PLC、I/O 电源应分别配线,隔离变压器与 PLC 和与 I/O 电源之间应采用双绞线连接。系统的动力线应足够粗,以降低大容量异步电动机起动时的线路压降。如有条件,可对 PLC 采用单独的供电回路,以避免大容量设备的启停对 PLC 的干扰。

二、安装与布线的注意事项

开关量信号一般对信号电缆没有严格的要求,可选用一般电缆,信号传输距离较远时,可选用屏蔽电缆。模拟信号和高速信号(如脉冲传感器、计数码盘等提供的信号)应选择屏蔽电缆。通信电缆对可靠性的要求高,有的通信电缆的信号频率很高,一般应选用专用电缆(如光纤电缆),在要求不高或信号频率较低时,也可以选用带屏蔽的多芯电缆或双绞线电缆。

PLC 应远离强干扰源,如大功率晶闸管装置、变频器、高频焊机和大型动力设备等。

PLC 不能与高压电器安装在同一个开关柜内，在柜内 PLC 应远离动力线（二者之间的距离应大于 200mm）。与 PLC 装在同一个开关柜内的电感性元件，如继电器、接触器的线圈，应并联 RC 消弧电路。

信号线与功率线应分开走线，电力电缆应单独走线，不同类型的线应分别装入不同的电缆管或电缆槽中，并使其有尽可能大的空间距离，信号线应尽量靠近地线或接地的金属导体。

当开关量 I/O 线不能与动力线分开布线时，可用继电器来隔离输入/输出线上的干扰。当信号线距离超过 300m 时，应采用中间继电器来转接信号，或使用 PLC 的远程 I/O 模块。

I/O 线与电源线应分开走线，并保持一定的距离。如不得已要在同一线槽中布线，应使用屏蔽电缆。交流线与直流线应分别使用不同的电缆；开关量、模拟量 I/O 线应分开敷设，后者应采用屏蔽线。如果模拟量输入/输出信号距离 PLC 较远，应采用 4～20mA 或 0～10mA 的电流传输方式，而不是易受干扰的电压传输方式。

传送模拟信号的屏蔽线，其屏蔽层应一端接地，为了泄放高频干扰，数字信号线的屏蔽层应并联电位均衡线，其电阻应小于屏蔽层电阻的 1/10，并将屏蔽层两端接地。如果无法设置电位均衡线，或只考虑抑制低频干扰时，也可以一端接地。

不同的信号线最好不用同一个插接件转接，如必须用同一个插接件，要用备用端子或地线端子将它们分隔开，以减少相互干扰。

三、感性负载的处理

感性负载具有储能作用，当控制触点断开时，电路中的感性负载会产生高于电源电压数倍甚至数十倍的反电动势，触点闭合时，会因触点的抖动而产生电弧，它们都会对系统产生干扰。对此可采取以下措施：

PLC 的输入端或输出端接有感性元件时，对于直流电路，应在它们两端并联续流二极管（图 5－3）；对于交流电路，应并联阻容电路，以抑制电路断开时产生的电弧对 PLC 的影响。电阻可以取 51～120Ω，电容可以取 0.1～0.47μF，电容的额定电压应大于电源峰值电压。续流二极管可以选 1A 的管子，其额定电压应大于电源电压的 2～3 倍。为了减少电动机和电力变压器投切时产生的干扰，可在电源输入端设置浪涌电流吸收器。

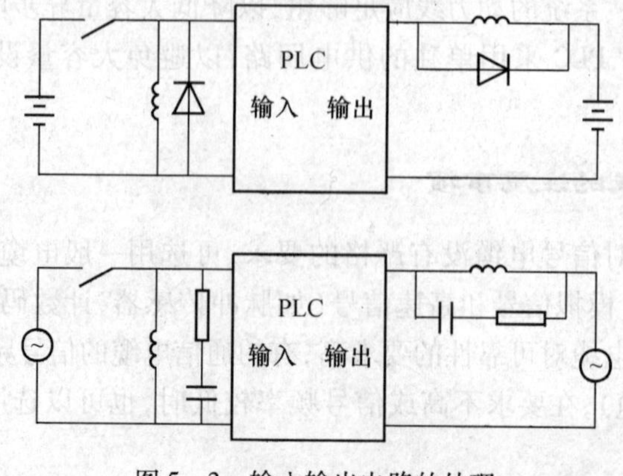

图 5－3　输入输出电路的处理

四、PLC的接地

良好的接地是PLC安全可靠运行的重要条件,PLC与强电设备最好分别使用接地装置,接地线的截面积应大于$2mm^2$,接地点与PLC的距离应小于50m。

在发电厂或变电站中,有接地网络可供使用。各控制屏和自动化元件可能相距甚远,若分别将它们在就近的接地点接地,强电设备的接地电流可能在两个接地点之间产生较大的电位差,干扰控制系统的工作。为防止不同信号回路接地线上的电流引起交叉干扰,必须分系统(例如以控制屏为单位)将弱电信号的内部地线接通,然后各自用规定截面积的导线统一引到接地网络的某一点,从而实现控制系统一点接地的要求。

五、强烈干扰环境中的隔离措施

PLC内部用光耦合器、输出模块中的小型继电器和光电晶闸管等器件来实现对外部开关量信号的隔离,PLC的模拟量I/O模块一般也用光耦合来实现隔离。这些器件除了能减少或消除外部干扰对系统的影响外,还可以保护CPU模块,使之免受从外部串入PLC的高电压的危害,因此一般没有必要在PLC外部再设置干扰隔离器件。

在某些工业环境,PLC受到强烈的干扰。由于现场条件的限制,有时很长的强电电缆和PLC的低压控制电缆只能敷设在同一电缆沟内,强电干扰在输入线上产生的感应电压和感应电流相当大,足以使PLC输入端的光耦合器中的发光二极管发光,光耦合器的隔离作用失效,使PLC产生误动作。在这种情况下,对于用长线引入PLC的开关量信号,可以用小型继电器来隔离。开关柜内和距开关柜不远的输入信号一般没有必要用继电器来隔离。

为了提高抗干扰能力和防雷击,PLC和计算机之间的串行通信线路可以考虑使用光纤,或采用带光耦合器的通信接口。

六、PLC输出的可靠性措施

在负载要求的输出功率超过PLC允许值时,应设置外部继电器。PLC输出模块内的小型继电器的触点小,断弧能力差,一般不能直接用于直流220V电路中,必须用PLC驱动外部的继电器,用外部继电器的触点驱动直流220V的负载。

七、故障的检测与诊断

PLC的可靠性很高,本身有很完善的自诊断功能,如出现故障,借助自诊断程序可以方便地找到出现故障的部件,将其更换后就可以恢复正常工作。

大量的工程实践表明,PLC外部的输入、输出元件,如限位开关、电磁阀、接触器等的故障率远远高于PLC本身的故障率,而这些元件出现故障后,PLC一般不能觉察出来,不会自动停机,可能使故障扩大,直至强电保护装置动作后停机,有时甚至会造成设备和人身事故。停机后,查找故障也要花费很多时间。为了及时发现故障,在没有酿成事故之前自动停机和报警,也为了方便查找故障,提高维修效率,可用梯形图程序实现故障的自诊断和自处理。

1. 超时检测

机械设备在各工步的动作所需的时间一般是不变的,即使变化也不会太大,因此可以以这些时间为参考，在PLC发出输出信号，相应的外部执行机构开始动作时起动一个定时器定时，定时器的设定值比正常情况下该动作的持续时间长一些。例如设某执行机构在正常情况下运行10s后，它驱动的部件使限位开关动作，发出动作结束信号。在该执行机构开始动作时起动设定值为12s的定时器定时，若12s后还没有接收到动作结束信号，由定时器的常开触点发出故障信号，该信号停止正常的程序，起动报警和故障显示程序，使操作人员和维修人员能迅速判别故障的种类，及时排除故障。

可以用FX系列PLC的报警器置位（ANS）和报警器复位（ANR）指令来方便地实现超时检测功能。

2. 逻辑错误检测

在系统正常运行时，PLC的输入、输出信号和内部的信号（如存储器位的状态）相互之间存在着确定的关系，如出现异常的逻辑信号，则说明出现了故障。因此，可以编制一些常见故障的异常逻辑关系，一旦异常逻辑关系为ON状态，就应按故障处理。例如某机械运动过程中先后有两个限位开关动作，这两个信号不会同时为ON。若它们同时为ON，说明至少有一个限位开关被卡死，应停机进行处理。在梯形图中，用这两个限位开关对应的输入继电器的常开触点串联，来驱动一个表示限位开关故障的辅助继电器。

任务三　PLC的通信与计算机通信网络

一、计算机通信的基础知识

近年来，计算机控制已被迅速地推广和普及，相当多的企业已经在大量地使用各式各样的可编程设备，如工业控制计算机、PLC、变频器、机器人、柔性制造系统等。将不同厂家生产的设备连在一个网络上，相互之间进行数据通信，实现分布式控制和集中管理，是计算机控制系统发展的大趋势，因此有必要了解有关工厂自动化通信网络和PLC通信方面的知识。

1. 并行通信与串行通信

并行数据通信是以字节（byte）或字（word）为单位的数据传输方式，除了8根或16根数据线、1根公共线外，还需要通信双方联络用的控制线。并行通信的传送速度快，但是传输线的根数多，成本高，一般用于近距离的数据传送，如PLC的基本模块和扩展模块、特殊模块之间的数据传送。

串行数据通信是以二进制的位（bit）为单位的数据传输方式，每次只传送1位，除了公共线外，在1个数据传输方向上只需要1根数据线，这根线既作为数据线又作为通信联络控制线，数据信号和联络信号在这根线上按位进行传送。串行通信需要的信号线少，最少的只需要两根线（双绞线）就可以连接多台设备，适用于距离较远的场合。计算机和PLC都有通用的串行通信接口，如RS－232C或RS－485接口，工业控制中一般使用串行通信。

2. 异步通信与同步通信

在串行通信中，通信的速率与计算机的时钟脉冲有关，接收方和发送方的传送速率应相同，但是实际的发送速率与接收速率之间总是有一些微小的差别，如果不采取措施，在连续传送大量的信息时，将会因积累误差造成错位，使接收方收到错误的信息。为了解决这一问题，需要使发送过程和接收过程同步。按同步方式的不同，可将串行通信分为异步通信和同步通信。

异步通信的信息格式如图5-4所示。

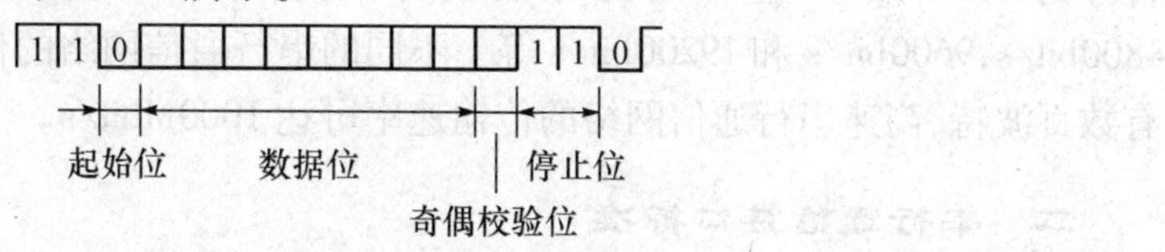

图5-4 异步通信的信息格式

发送的字符由1个起始位、7~8个数据位、1个奇偶校验位（可以没有）和停止位（1位或2位）组成。通信双方需要对所采用的信息格式和数据的传输速率作相同的约定。接收方检测到停止位和起始位之间的下降沿后，将它作为接收的起始点，在每一位的中点接收信息。由于一个字符中包含的位数不多，即使发送方和接收方的收发频率略有不同，也不会因两台机器之间的时钟周期的积累误差而导致信息的发送和接收错位。异步通信传送附加的非有效信息较多，它的传输效率较低，PLC一般使用异步通信。

同步通信以字节为单位（一个字节由8位二进制数组成），每次传送1~2个同步字符、若干个数据字节和校验字符。同步字符起联络作用，用它来通知接收方开始接收数据。在同步通信中，发送方和接收方要保持完全的同步，这意味着发送方和接收方应使用同一时钟脉冲。在近距离通信时，可以在传输线中设置一根时钟信号线。在远距离通信时，可以通过调制解调方式在数据流中提取出同步信号，使接收方得到与发送方同步的接收时钟信号。

由于同步通信方式不需要在每个数据字符中加起始位、停止位和奇偶校验位，只需要在数据块（往往很长）之前加一两个同步字符，所以传输效率高，但是对硬件的要求较高，一般用于高速通信。

3. 单工与双工通信

单工通信方式只能沿单一方向发送或接收数据。双工方式的信息可沿两个方向传送，每一个站既可以发送数据，也可以接收数据。双工方式又分为全双工和半双工两种方式。

如图5-5所示，全双工方式中数据的发送和接收分别由两根或两组不同的数据线传送，通信的双方都能在同一时刻接收和发送信息。

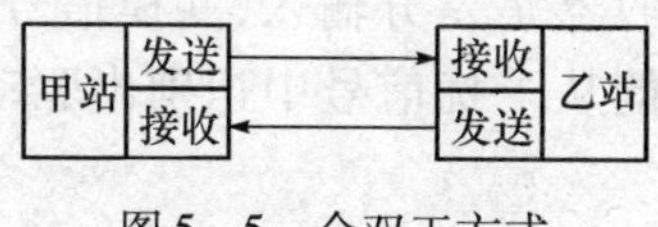

图5-5 全双工方式

如图5-6所示，半双工方式用同一组线接收和发送数据，通信的双方在同一时刻只能发送数据或接收数据。

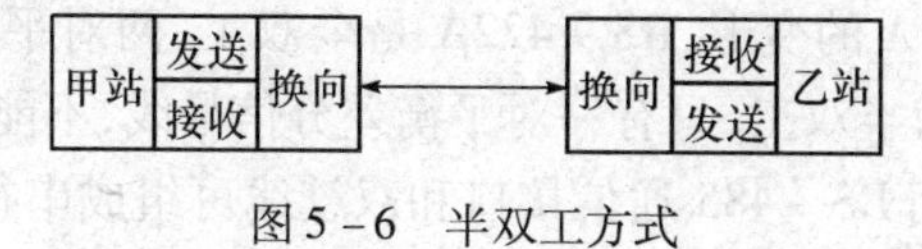

图5-6 半双工方式

4. 传输速率

在串行通信中,传输速率(又称波特率)的单位是波特,即每秒传送的二进制位数,其符号为 bit/s 或 bps。常用的标准波特率为 300bit/s,600bit/s,1200bit/s,2400bit/s,4800bit/s,9600bit/s 和 19200bit/s 等。不同的串行通信网络的传输速率差别极大,有的只有数百波特,高速串行通信网络的传输速率可达 1000Mbit/s。

二、串行通信接口标准

1. RS-232C

RS-232C 是美国 EIC(电子工业联合会)在 1969 年公布的通信协议,至今仍在计算机和 PLC 中广泛使用。

RS-232C 采用负逻辑,用 -5 ~ -15V 表示逻辑状态"1",用 +5 ~ +15V 表示逻辑状态"0"。RS-232C 的最大通信距离为 15m,最高传输速度速率为 20kbit/s,只能进行一对一的通信。RS-232C 可使用 9 针或 25 针的 D 型连接器,PLC 一般使用 9 针的连接器,距离较近时只需要 3 根线(如图 5-7,GND 为信号地)。如图 5-8 所示,RS-232C 使用单端驱动、单端接收的电路,容易受到公共地线上的电位差和外部引入的干扰信号的影响。

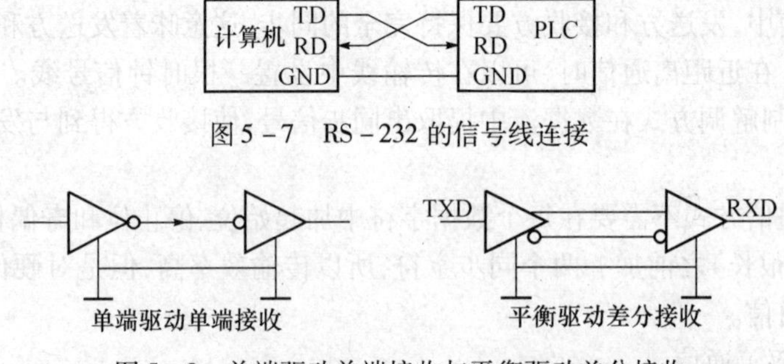

图 5-7　RS-232 的信号线连接

图 5-8　单端驱动单端接收与平衡驱动差分接收

2. RS-422A

如图 5-8 所示,RS-422A 采用平衡驱动、差分接收电路,从根本上取消了信号地线。平衡驱动器相当于两个单端驱动器,其输入信号相同,两个输出信号互为反相信号,图中的小圆圈表示反相。外部输入的干扰信号是以共模方式出现的,两根传输线上的共模干扰信号相同,因接收器是差分输入,共模信号可以互相抵消。只要接收器有足够的抗共模干扰能力,就能从干扰信号中识别出驱动器输出的有用信号,从而克服外部干扰的影响。

RS-422A 在最大传输速率(10Mbit/s)时,允许的最大通信距离为 12m。传输速率为 100kbit/s 时,最大通信距离为 1200m。一台驱动器可以连接 10 台接收器。

3. RS-485

RS-485 是 RS-422A 的变形,RS-422A 是全双工,两对平衡差分信号线分别用于发送和接收。RS-485 为半双工,只有一对平衡差分信号线,不能同时发送和接收。

如图 5-9 所示,使用 RS-485 通信接口和双绞线可组成串行通信网络,构成分布式系统,系统中最多可有 32 个站,新的接口器件已允许连接 128 个站。

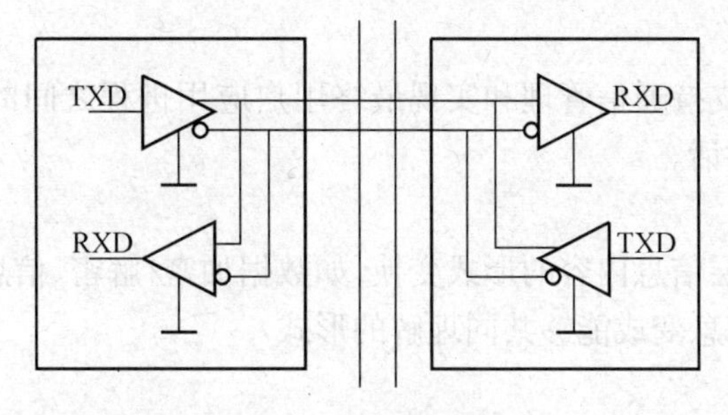

图 5-9　RS-485 网络

三、计算机通信的国际标准

1．开放系统互连模型

如果没有一套通用的计算机网络通信标准，要实现不同厂家生产的智能设备之间的通信，将会付出昂贵的代价。

国际标准化组织 ISO 提出了开放系统互连模型 OSI，作为通信网络国际标准化的参考模型，它详细描述了软件功能的 7 个层次，如图 5-10 所示。

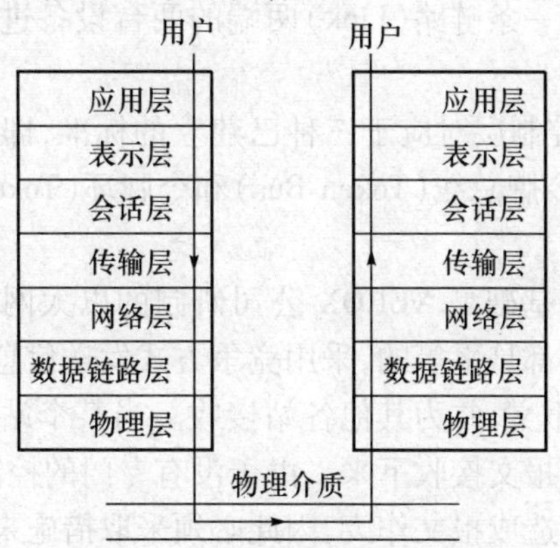

图 5-10　开放系统互联模型

1）物理层

物理层的下面是物理媒体，如双绞线、同轴电缆等。物理层为用户提供建立、保持和断开物理连接的功能，RS-232C、RS-422A/RS-485 等就是物理层标准的例子。

2）数据链路层

数据以帧为单位传送，每一帧包含一定数量的数据和必要的控制信息，如同步信息、地址信息、差错控制和流量控制信息。数据链路层负责在两个相邻节点间的链路上，实现差错控制、数据成帧、同步控制等。

3）网络层

网络层的主要功能是报文包的分段、报文包阻塞的处理和通信子网中路径的选择。

4）传输层

传输层的信息传送单位是报文(Message)，它的主要功能是流量控制、差错控制、连接支持，传输层向上一层提供一个可靠的端到端(end-to-end)的数据传送服务。

5）会话层

会话层的功能是支持通信管理和实现最终用户应用进程之间的同步，按正确的顺序收发数据，进行各种对话。

6）表示层

表示层用于应用层信息内容的形式变换，如数据加密/解密、信息压缩/解压和数据兼容，把应用层提供的信息变成能够共同理解的形式。

7）应用层

应用层作为OSI的最高层，为用户的应用服务提供信息交换，为应用接口提供操作标准。

不是所有的通信协议都需要OSI模型中的全部7层，例如有的现场总线通信协议只有7层协议中的第1、第2和第7层。

2. IEEE802通信标准

IEEE（国际电工与电子工程师学会）的802委员会于1982年颁布了一系列计算机局域网分层通信协议标准草案，总称IEEE802标准。它把OSI参考模型的底部两层分解为逻辑链路控制层（LLC）、媒体访问层（MAC）和物理传输层。前两层对应于OSI模型中的数据链路层，数据链路层是一条链路（Link）两端的两台设备进行通信时所共同遵守的规则和约定。

IEEE802的媒体访问控制层对应于三种已建立的标准，即带冲突检测的载波侦听多路访问（CSMA/CD）协议、令牌总线（Token Bus）和令牌环（Token Ring）。

1）CSMA/CD

CSMA/CD通信协议的基础是XEROX公司研制的以太网（Ethernet），各站共享一条广播式的传输总线，每个站都是平等的，采用竞争方式发送信息到传输线上，也就是说，任何一个站都可以随时广播报文，并为其他各站接收。当某个站识别到报文上的接收站名与本站的站名相同时，便将报文接收下来。由于没有专门的控制站，两个或多个站可能因同时发送信息而发生冲突，造成报文作废，因此必须采取措施来防止冲突。

发送站在发送报文之前，先监听一下总线是否空闲，如果空闲，则发送报文到总线上，称之为“先听后讲”。但是这样做仍然有发生冲突的可能，因为从组织报文到报文在总线上传输需一段时间，在这一段时间中，另一个站通过监听也可能会认为总线空闲并发送报文到总线上，这样就会因两站同时发送而发生冲突。

为了防止冲突，可以采取两种措施：一种是发送报文开始的一段时间，仍然监听总线，采用边发送边接收的办法，把接收到的信息和自己发送的信息相比较，若相同则继续发送，称之为“边听边讲”；若不相同则发生冲突，立即停止发送报文，并发送一段简短的冲突标志（阻塞码序列）。通常把这种“先听后讲”和“边听边讲”相结合的方法称为CSMA/CD（带冲突检测的载波侦听多路访问技术），其控制策略是竞争发送、广播式传送、载体监听、冲突检测、冲突后退和再试发送。另一种措施是准备发送报文的站先监听一段时间（大约是总线传输延时的2倍），如果在这段时间中总线一直空闲，则开始作发送准备，准备完毕，真正要将报文发送到总线之前，再对总线作一次短暂的检测，若仍为空闲，则正式开始发送：若不空闲，则延时一段时间后再重复上述的二次检测过程。

CSMA/CD允许各站平等竞争，实时性好，适合于工业自动控制计算机网络。

以太网首先在个人计算机网络系统,如办公自动化系统和管理信息系统(MIS)中得到了极为广泛的应用,以太网的硬件(如网卡和集线器)非常便宜。在以太网发展的初期,通信速率较低。如果网络中的设备较多,信息交换比较频繁,可能会经常出现竞争和冲突,影响信息传输的实时性。随着以太网传输速率的提高(100~1000Mbit/s),这一问题已经解决,现在以太网在工业控制中也得到了广泛的应用,大型工业控制系统中最上层的网络几乎全部采用以太网。

2)令牌总线

IEEE802 标准中的工厂媒质访问技术是令牌总线,其编号为 802.4。它吸收了 GM(通用汽车公司)支持的制造自动化协议(Manufacturing Automation Protocol,MAP)系统的内容。

在令牌总线中,媒体访问控制是通过传递一种称为令牌的特殊标志来实现的。按照逻辑顺序,令牌从一个装置传递到另一个装置,传递到最后一个装置后,再传递给第一个装置,如此周而复始,形成一个逻辑环。令牌有“空”“忙”两个状态,令牌网开始运行时,由指定站产生一个空令牌沿逻辑环传送。任何一个要发送信息的站都要等到令牌传给自己,判断为空令牌时才发送信息。发送站首先把令牌置成“忙”,并写入要传送的信息、发送站名和接收站名,然后将载有信息的令牌送入环网传输。令牌沿环网循环一周后返回发送站时,信息已被接收站拷贝,发送站将令牌置为“空”,送上环网继续传送,以供其他站使用。

如果在传送过程中令牌丢失,由监控站向网中注入一个新的令牌。

令牌传递式总线能在很重的负荷下提供实时同步操作,传送效率高,适于频繁、较短的数据传送,因此它最适合于需要进行实时通信的工业控制网络系统。

3)令牌环

令牌环媒质访问方案是 IBM 开发的,它在 IEEE802 标准中的编号为 802.5,它有些类似于令牌总线。在令牌环上,最多只能有一个令牌绕环运动,不允许两个站同时发送数据。令牌环从本质上看是一种集中控制式的环,环上必须有一个中心控制站负责网的工作状态的检测和管理。

3. 现场总线及其国际标准

IEC 对现场总线(Field bus)的定义是“安装在制造和过程区域的现场装置与控制室内的自动控制装置之间的数字式、串行、多点通信的数据总线称为现场总线”。它是当前工业自动化的热点之一。现场总线以开放的、独立的、全数字化的双向多变量通信代替 0~10mA或 4~20mA 现场电动仪表信号。现场总线 I/O 集检测、数据处理、通信为一体,可以代替变送器、调节器、记录仪等模拟仪表,它不需要框架、机柜,可以直接安装在现场导轨槽上。现场总线 I/O 的接线极为简单,只需一条电缆,从主机开始,沿数据链从一个现场总线 I/O 连接到下一个现场总线 I/O。使用现场总线后,自控系统的配线、安装、调试和维护等方面的费用可以节约 2/3 左右,现场总线 I/O 与 PLC 可以组成廉价的 DCS 系统。

使用现场总线后,操作员可以在中央控制室实现远程监控,对现场设备进行参数调整,还可以通过现场设备的自诊断功能预测故障和寻找故障点。

由于历史的原因,现在有多种现场总线标准并存,IEC 的现场总线国际标准(IEC

61158)是迄今为止制订时间最长、意见分歧最大的国际标准之一。它的制订时间超过12年,先后经过9次投票,在1999年底获得通过。经过多方的争执和妥协,最后容纳了8种互不兼容的协议,这8种协议在IEC 61158中分别为8种现场总线类型:

类型1:原GC61158技术报告,即现场总线基金会(FF)的H1。

类型2:Control Net(美国Rockwe11公司支持)。

类型3:Profibus(德国西门子公司支持)。

类型4:P-Net(丹麦Process Data公司支持)。

类型5:FF的HSE(原FF的H2,高速以太网,美国Fisher Rosemount公司支持)。

类型6:Swift Net(美国波音公司支持)。

类型7:WorldFIP(法国Alstom公司支持)。

类型8:Interbus(德国Phoenix contact公司支持)。

各类型将自己的行规纳入IEC 61158,且遵循两个原则:

(1) 不改变IEC 61158技术报告的内容。

(2) 不改变各行规的技术内容,各组织按IEC技术报告(类型1)的框架组织各自的行规,并提供对类型1的网关或链接器。用户在使用各种类型时仍需使用各自的行规。因此IEC 61158标准不能完全代替各行规,除非今后出现完整的现场总线标准。

IEC标准的八种类型都是平等的,类型2~8都对类型1提供接口,标准并不要求类型2~8之间提供接口。

IEC 62026是供低压开关设备与控制设备使用的控制器电气接口标准,于2000年6月通过。它包括:

(1) IEC 62026-1:一般要求。

(2) IEC 62026-2:执行器传感器接口AS-i(Actuator Sensor Interface)。

(3) IEC 62026-3:设备网络DN(Device Network)。

(4) IEC 62026-4:Lonworks(Local Operating Networks)总线的通信协议LonTalk。

(5) IEC 62026-5:灵巧配电(智能分布式)系统SDS(Smart Distributed System)。

(6) IEC 62026-6:串行多路控制总线SMCB(Serial Multiplexed Control Bus)。

四、FX系列PLC的串行通信接口

PLC的通信包括PLC之间、PLC与上位计算机和其他智能设备之间的通信。

1. RS-232C通信用功能扩展板与通信模块

RS-232C的传输距离为15m,最大传输速率为19200bit/s。FX系列PLC可通过专用协议或无协议方式与各种RS-232C设备通信,可连接外部编程工具或图形操作终端(GOT)。

FX_{1N}-232-BD和FX_{2N}-232-BD通信用功能扩展板的价格便宜,可安装在FX系列PLC的内部,通信的双方没有光电隔离。

FX_{2N}-232IF是RS-232C通信接口模块,有光电隔离,可用于FX_{2N}和FX_{2NC}。通信中可指定两个或更多的起始字符和结束字符。收发信息时进行十六进制数和ASCII码之间的自动转换,数据长度大于接收缓冲区的长度也可以连续接收。FX_{2N}-232ADP是RS-232C适配器,可用于各种FX系列PLC。

FX_{2N} - 232AWC 和 FX_{2N} - 232AW 是带光电隔离的 RS - 232C 和 RS - 422 转换接口，以便于计算机和其他外围设备连接到 FX 系列的编程器接口上。

2. FX - 422 - BD/ FX_{2N} - 422 - BD 通信用功能扩展板

它们用于 RS - 422 通信，可用作编程工具的连接端口，无光电隔离，使用编程工具的通信协议。

3. RS - 485 通信用适配器与通信用功能扩展板

FX_{1N} - 485 - BD/ FX_{2N} - 485 - BD 是 RS - 485 通信用的功能扩展板，前者为半双工，后者为全双工。传输距离为 50m，最大传输速率为 19200bit/s。N：N 网络可达 38400bit/s。

FX_{1N} - 485ADP 是 RS - 485 光电隔离型通信适配器，最大传输速率为 19200bit/s，N：N 网络可达 38400bit/s，传输距离为 500m，可用于各种系列的 FX 系列 PLC。

FX - 485PC - IF 是 RS - 232C 和 RS - 485 转换接口，用于计算机与 FX 系列 PLC 通信，一台计算机最多可与 16 台 PLC 通信。

五、PLC 的专用通信协议与通信指令

各 PLC 厂家为了方便用户的使用，设置了各种专用的通信协议和无协议通信指令。专用通信协议使 PLC 能自动完成通信任务，不需要用户编制 PLC 的通信程序。

1. PLC 与计算机的通信

小型控制系统中的 PLC 除了使用编程软件外，一般不需要与别的设备通信。PLC 的编程器接口一般都是 RS - 422 或 RS - 485，而计算机的串行通信接口是 RS - 232C，编程软件与 PLC 变换信息时需要配接专用的带转接电路的编程电缆或通信适配器，例如为了实现编程软件与 FX 系列 PLC 之间的程序传送，需要使用 SC - 09 编程电缆。

三菱公司的 Computer Link（计算机链接）可用于一台计算机与一台或最多 16 台 PLC 的通信，如图 5 - 11 和图 5 - 12 所示，由计算机发出读写 PLC 中的数据的命令帧，PLC 收到后返回响应帧。用户不需要对 PLC 编程，响应帧是 PLC 自动生成的，但是上位机的程序仍需用户编写。

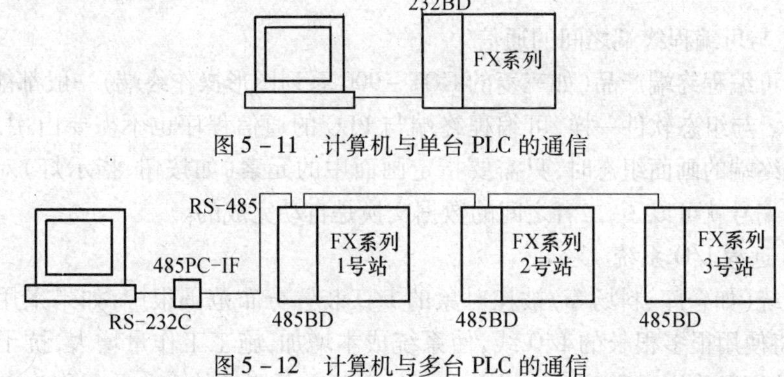

图 5 - 11　计算机与单台 PLC 的通信

图 5 - 12　计算机与多台 PLC 的通信

如果上位计算机使用组态软件，后者可提供常见 PLC 的通信驱动程序，用户只需在组态软件中作一些简单的设置，PLC 侧和计算机侧都不需要用户设计通信程序。

2. PLC 与其他智能设备的通信

大多数 PLC 都有一种串行口无协议通信指令，如 FX 系列的 RS 指令，它们用于 PLC 与上位计算机或其他 RS－232C 设备的通信。这种通信方式最为灵活，PLC 与 RS－232C 设备之间可以使用用户自定义的通信规约，但是 PLC 的编程工作量较大，对编程人员的要求较高。如果不同厂家的设备使用的通信规约不同，即使物理接口都是 RS－485，也不能将它们接在同一网络内，在这种情况下一台设备要占用 PLC 的一个通信接口。

3. PLC 与 PLC 之间的通信

同一厂家的 PLC 之间的通信较为简单，可以使用专用的通信协议，如三菱的 Parallel link（并行链接如图 5－13 所示）可实现两台 FX 系列 PLC 之间的信息自动交换，不需要用户编写通信程序，用户只需设置与通信有关的参数，两台计算机之间就可以自动地传送 100 点辅助继电器或 10 点数据寄存器的数据，高速模式时的通信时间间隔为 20ms。

可以用 N:N 网络连接最多 8 台三菱的 PLC，一台 PLC 是主站，其余的为从站，如图 5－14所示。数据是自动传送的，各台 PLC 之间共享的数据范围有 3 种模式，模式 1 共享每台 PLC 的 4 个数据寄存器，模式 2 共享每台 PLC 的 32 点辅助继电器和 4 个数据寄存器，模式 3 共享每台 PLC 的 64 点辅助继电器和 8 个数据寄存器。通信时间与 PLC 的台数和共享的数据量有关，2 台 PLC 采用模式 3 时的通信时间间隔为 34ms，8 台为 131ms。

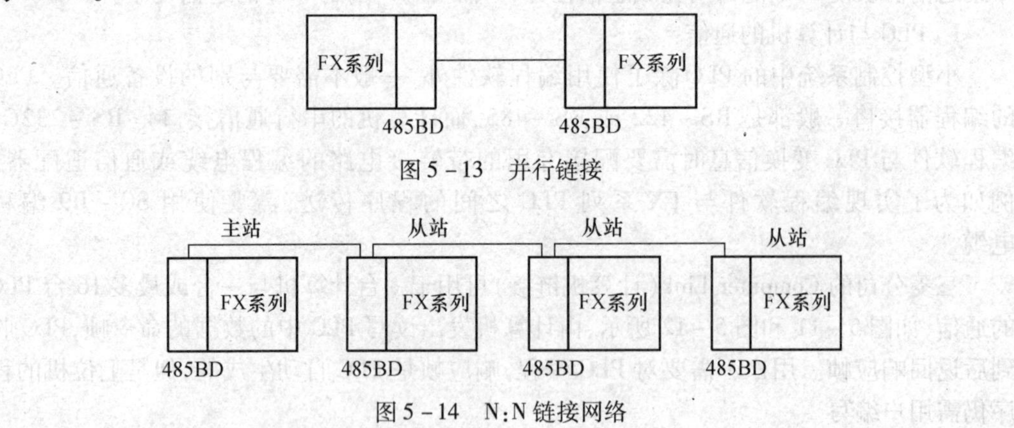

图 5－13　并行链接

图 5－14　N:N 链接网络

4. PLC 与可编程终端之间的通信

现在的可编程终端产品（如三菱的 GOT－900 系列图形操作终端）一般都能用于多个厂家的 PLC。与组态软件一样，可编程终端与 PLC 的通信程序也不需要由用户来编写，在为可编程终端的画面组态时，只需要指定画面中的元素（如按钮、指示灯）对应的 PLC 编程元件的编号就可以了，二者之间的数据交换是自动完成的。

5. PLC 远程 I/O 系统

某些系统（如仓库、料场等）被控对象的 I/O 装置分布范围很广，如果采用单台集中控制方式，将使用很多很长的 I/O 线，使系统成本增加，施工工作量增大，抗干扰能力降低，这类系统可以采用远程 I/O 控制方式。在 CPU 单元附近的 I/O 单元称为本地 I/O，远离 CPU 单元的 I/O 单元称为远程 I/O，远程 I/O 与 CPU 单元之间信息的交换只需要很少几根电缆线。远程 I/O 分散安装在被控对象的 I/O 装置附近，它们之间的连线很短，但是使用远程 I/O 时需要增设串行通信接口模块。远程 I/O 与 CPU 单元之间的信息交换是自动进行的，用户程序在读写远程 I/O 中的数据时，就像读写本地 I/O 一样方便。

FX_{2N}系列 PLC 可通过 FX_{2N} – 16LNK – M MELSEC I/O 链接主站模块，用双绞线直接连接 16 个远程 I/O 站，网络总长为 200m，最多支持 128 点，I/O 点刷新时间约 5.4ms，传输速率 38400bps，可用于除 FX_{1S}以外的 PLC。

六、工厂自动化通信网络

PLC 与各种智能设备可以组成通信网络，以实现信息的交换，各 PLC 或远程 I/O 模块各自放置在生产现场进行分散控制，然后用网络连接起来，构成集中管理的分布式网络系统。有以太网的控制网络还可以与 MIS（管理信息系统）融合，形成管理控制一体化网络。

大型控制系统（如发电站综合自动化系统）一般采用 3 层网络结构，最高层是以太网，第 2 层是 PLC 厂家提供的通信网络或现场总线，如西门子的 Profibus，Rockwell 的 ControlNET，三菱的 CC Link，欧姆龙的 Control Link 等。底层是现场总线，如 CAN 总线、DeviceNet 和 AS – i（执行器传感器接口）等。较小型的系统可能只使用底层的通信网络，更小的系统用串行通信接口（如 RS – 232C、RS – 422 和 RS – 485）实现 PLC 与计算机和其他可编程设备之间的通信。

FX_{2N}可接入 4 种开放式网络，即 CC Link、Profibus、DeviceNet 和 AS – i 网络。FX_{1N}可接入 CC Link 和 AS – i 网络。

1. CC – Link 网络通信模块

CC – Link 的最高传输速率为 10Mbit/s，最长距离 1200m（与传输速率有关）。模块采用光电隔离，占用 8 个输入输出点。

安装了 FX_{2N} – 32CCL – M CC – Link 系统主站模块后，FX_{1N}和 FX_{2N}PLC 在 CC – Link 网络中可作主站使用，7 个远程 I/O 站和 8 个远程 I/O 设备可连接到主站上。网络中还可以连接三菱和其他厂家的符合 CC – Link 通信标准的产品，如变频器、AC 伺服装置、传感器和变送器等。

使用 FX_{2N} – 32CCL – M CC – Link 接口模块的 FX 系列 PLC 在 CC – Link 网络中作远程设备站使用。一个站点中有 32 个远程输入点和 32 个远程输出点。

2. 现场总线 Profibus

Profibus 是开放式的现场总线，已被纳入现场总线的国际标准 IEC 61158。Profibus 由 3 个系列组成：Profibus – DP 特别适用于 PLC 与现场级分散的远程 I/O 设备之间的快速数据交换通信。Profibus – PA 用于与过程自动化的现场传感器和执行器进行低速数据传输，使用屏蔽双绞线电缆，由总线提供电源。通过本地安全总线供电，可用于危险区域的现场设备。Profibus – FMS 用于不同供应商的自动化系统之间传输数据，处理单元级（PLC 和 PC）的通用控制层多主站数据通信，为解决复杂的通信任务提供了很大的灵活性。

FX_{0N} – 32NT – DP Profibus 接口模块可将 FX_{2N}PLC 作为从站连接到 Profibus – DP 网络中，从主站最多可发送或接收 20 个字的数据。使用 TO/FROM 命令与 FX 系列 PLC 进行通信，占用 8 个 I/O 点。传输速率可达 12Mbit/s，最长距离 1200m。

FX_{2N} – 32DP – IF Profibus 接口模块用于将最多 8 个 FX_{2N}数字 I/O 专用功能模块连接到 Profibus – DP 网络中，最多 256 个 I/O 点。一个总线周期可发送或接收 200 个字节的数据。

3. 现场总线 DeviceNet

DeviceNet 是美国 Rockwell 公司在现场总线 CAN(控制器网络)总线的基础上推出的一种低成本高可靠性的低端网络系统。

DeviceNet 已被纳入 IEC 62026 标准,最多可连接 64 个节点。可实现点对点、多主或主/从通信,可带电更换网络节点,在线修改网络配置。

FX_{2N} -64DNET 模块将 FX_{2N}PLC 作为从站连接到 DeviceNet 网络中,可使用双绞线屏蔽电缆,最高波特率为 500kbit/s,占用 8 个 I/O 点。

4. AS-i 网络

AS-i(执行器/传感器接口)是一种通用的现场总线标推(EN50295),响应时间小于 5ms,使用未屏蔽的双绞线,由总线提供电源。AS-i 用两芯电缆连接现场的传感器和执行器,当前世界上主要的传感器和执行器生产厂家都支持 AS-i。

三菱的 FX_{2N} -32ASI-M 是 AS-i 网络的主站模块,最长通信距离 100m,使用两个中继器可扩展到 300m。波特率为 167kbit/s,FX_{2N} -32ASI-M 模块最多可接 31 个从站,可用于除 FX_{1S} 以外的 PLC,占用 8 个输入输出点。

任务四　节省 PLC 输入输出点数的方法

PLC 的价格与 I/O 点数是成正比的,减少所需 I/O 点数是降低系统硬件费用的主要措施。

一、减少所需输入点数的方法

1. 分时分组输入

自动程序和手动程序同时执行,如图 5-15 所示,自动和手动这两种工作方式分别使用的输入量可以分成两组输入。X0 用来输入自动/手动命令信号,供自动程序和手动程序切换之用。

图中的二极管用来切断寄生电路。假设图中没有二极管,系统处于自动状态,K1,K2,K3 闭合,K4 断开,这时电流从 +24V 端子流出,经 K3,K1,K2 形成的寄生回路流入 X2 端子,使输入继电器 X2 错误地变为 ON。各开关串联了二极管后,切断了寄生回路,避免了错误输入的产生。

2. 输入触点的合并

如果某些外部输入信号总是以某种“与或非”组合的整体形式出现在梯形图中,可以将它们对应的触点在 PLC 外部串、并联后作为一个整体输入 PLC,只占 PLC 的一个输入点。例如某负载可在多处起动和停止,可以将多个起动用的常开触点并联,将多个停止用的常闭触点串联,分别送给 PLC 的两个输入点。与每一个起动信号或停止信号分别占用一个输入点的方法相比,不仅节约了输入点,还简化了梯形图电路。

3. 将信号设置在 PLC 之外

如图 5-16 所示,系统的某些输入信号,如手动操作按钮、过载保护动作后需手动复位的电动机热继电器 FR 的常闭触点提供的信号,可以设置在 PLC 外部的硬件电路中。某些手动按钮需要串接一些安全联锁触点,如果外部硬件联锁电路过于复杂,则应考虑仍将有关信号送入 PLC,用梯形图实现联锁。

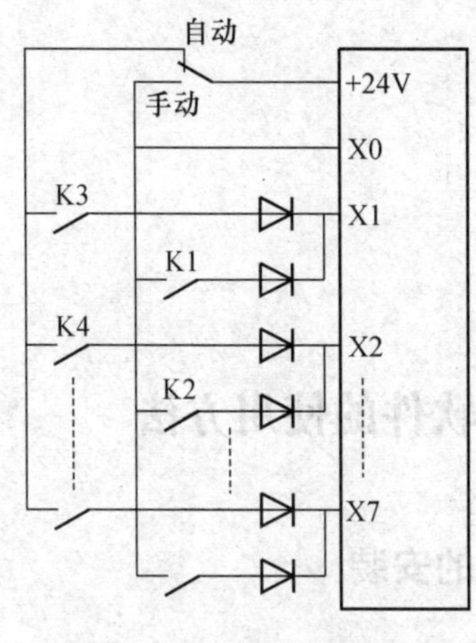

图 5－15　分时分组输入

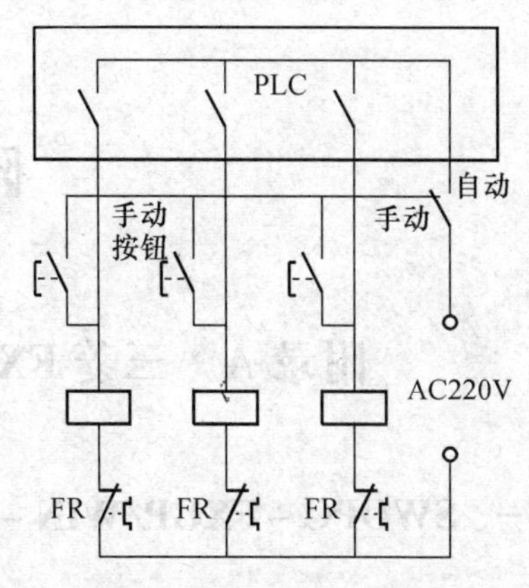

图 5－16　将信号设置在 PLC 之外

二、减少所需输出点数的方法

在 PLC 的输出功率允许的条件下，通/断状态完全相同的多个负载并联后，可以共用一个输出点，通过外部的或 PLC 控制的转换开关的切换，一个输出点可以控制两个或多个不同时工作的负载。与外部元件的触点配合，可以用一个输出点控制两个或多个有不同要求的负载。用一个输出点控制指示灯常亮或闪烁，可以显示两种不同的信息。

在需要用指示灯显示 PLC 驱动的负载(如接触器线圈)状态时，可以将指示灯与负载并联，并联时指示灯与负载的额定电压应相同，总电流不应超过允许的值。可选用电流小、工作可靠的 LED(发光二极管)指示灯。

可以用接触器的辅助触点来实现 PLC 外部的硬件联锁。系统中某些相对独立或比较简单的部分，可以不进 PLC，直接用继电器电路来控制，这样可以减少所需的 PLC 的输入、输出点数。

思考与练习

1. 简述 PLC 控制系统设计调试的步骤。
2. 简述在实验室模拟调试 PLC 程序的方法。
3. 什么情况下应选用交流电压的开关量输入模块？
4. 选择开关量输出模块时应注意什么问题？
5. 分布很广的控制系统在接地时应注意什么问题？
6. 电缆的屏蔽层应怎样接地？
7. 异步通信中为什么需要设置起始位和停止位？
8. 简述异或校验的基本方法。
9. 简述 RS－232C 和 RS－485 在通信速率、通信距离和可连接的站数等方面的区别。
10. 现场总线有哪些优点？
11. 如果 PLC 的输入端或输出端接有感性元件，应采取什么措施来保证其正常运行？

附　　录

附录 A　三菱 FX 系列编程软件的使用方法

一、SWOPC－FXGP/WIN－C 编程软件的安装

1. 系统要求

操作系统：Windows 95/98/NT/XP/2000 及以上操作系统。

计算机及配置：IBM486 以上兼容机，内存 8MB 以上，VGA 显示器，至少 50M 以上硬盘空间，Windows 支持的鼠标。

通信电缆：使用 PC/PPI 电缆将计算机与可编程控制器连接（具体型号可参阅用户手册）。

2. 软件安装

SWOPC－FXGP/WIN－C 编程软件下载或复制至硬盘后，在所在目录下启动 FXGP-WIN 执行文件，就可以启动 SWOPC－FXGP/WIN－C 编程软件了。

3. 硬件连接

可以采用 PC/PPI 电缆建立个人计算机与可编程控制器之间的通信。这是单个可编程控制器与个人计算机的连接，不需要其他硬件，如调制解调器和编程设备。

典型的单个可编程控制器连接到计算机 CPU 组态是把 PC/PPI 电缆的 PC 端连接到计算机的 RS－232 通信口（一般是 COM1），把 PC/PPI 电缆的 PPI 端连接到可编程控制器的 RS－485 通信口即可。

4. 参数设置

安装完软件并且连接好硬件之后，可以按下面的步骤进行参数设置：

（1）SWOPC－FXGP/WIN－C 编程软件运行后，单击“PLC”菜单，选择“端口设置”选项，出现一个端口设置对话框，如图 A－1 所示。

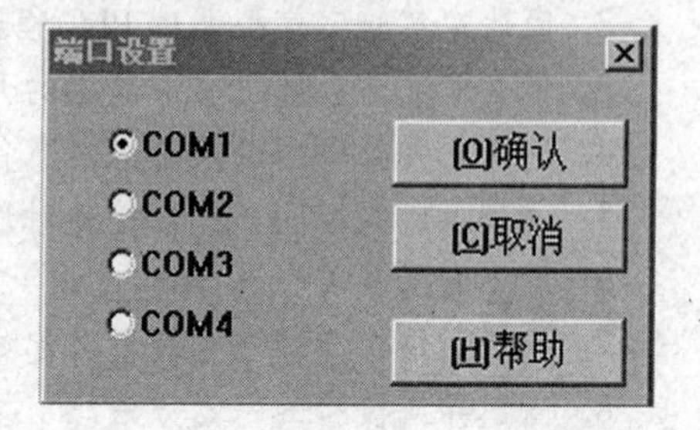

图 A－1

（2）一般计算机在主板后都有 COM1，RS－232 口连接在 COM1 上。因此，在对话框中我们选择端口 COM1（若计算机后面集成，或在主板上有通过 COM 延长线引出，也可以将 RS－232 连接在 COM2，这时端口设置应该选择 COM2），单击“确认”按钮即可。

二、编程软件的基本功能

SWOPC－FXGP/WIN－C 编程软件的基本功能是协助用户完成开发应用软件的任务，例如创建用户程序、修改和编辑原有的用户程序，编辑过程中编辑器具有简单的语法检查功能。同时它还有一些工具性的功能，例如用户程序的文档管理等。此外，还可直接用软件改变可编程控制器的工作方式、参数和运行监控等。程序编辑过程中语法检查功能可以提前避免一些语法和数据类型方面的错误。

软件功能的实现可以在联机工作方式（在线方式）下进行，部分功能的实现也可以在离线工作方式下进行。

联机方式：有编程软件的计算机与 PLC 连接，此时允许两者之间作直接通信。

离线方式：有编程软件的计算机与 PLC 断开连接，此时能完成部分基本功能，如编程、编译等。

两者的主要区别：联机方式下可直接针对相连的 PLC 进行操作，如上传和下载用户程序和组态数据等。而离线方式下不直接与 PLC 联系，所有程序和参数都暂时存放在计算机的磁盘上，等联机后再下载到 PLC 中。

三、基本界面

启动 SWOPC－FXGP/WIN－C 编程软件，其主要界面一般可分以下几个区：菜单条（包含 11 个主菜单项）、工具条（快捷按钮）、功能键、功能图、输出窗口和用户窗口（可同时或分别打开图中的若干个用户窗口），如图 A－2 所示。

SWOPC-FXGP/WIN-C - untitl02

文件(F) 编辑(E) 工具(T) 查找(S) 视图(V) PLC 遥控(R) 监控/测试(M) 选项(O) 窗口(W) (H)帮助

图 A－2

除了菜单条外，用户可根据需要决定其他窗口的取舍和样式的设置。

1. 菜单条

允许使用鼠标单击或对应热键的操作，这是必选区。各主菜单功能如下。

1）文件（F）

文件操作如新建、打开、关闭、保存文件，文件的打印预览、设置和操作等，如图 A－3 所示。

2）编辑（E）

程序编辑的工具。如选择、复制、剪切、粘贴程序块和数据块，同时提供查找、替换、插入、删除和快速光标定位等功能，如图 A－4 所示。

3）视图（V）

视图可以设置软件开发环境的风格，如决定其他辅助窗口（如功能键、功能图、工具条按钮区）的打开与关闭；不同编程语言的切换（包括梯形图、指令表语言和状态转移图等），如图 A－5 所示。

4）PLC

PLC 可建立与 PLC 联机时的相关操作，如用户程序上传和下载、改变 PLC 的工作方式、查看 PLC 的信息、清除程序和数据、时钟、存储器卡操作等，在此还提供离线编译的功能，如图 A－6 所示。

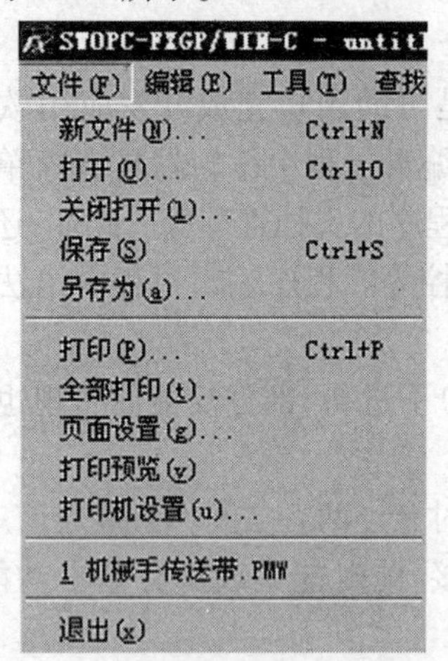

图 A－3

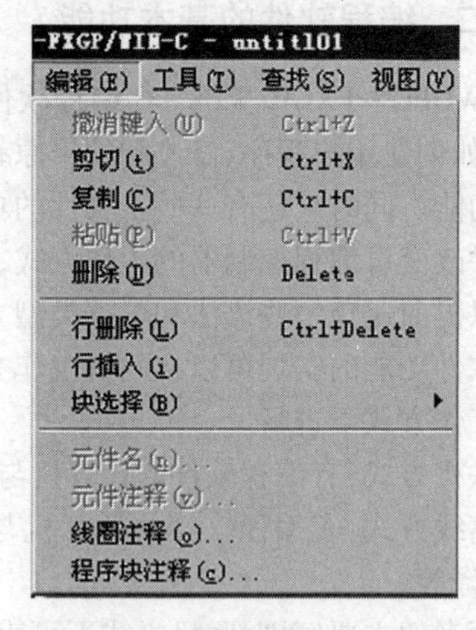

图 A－4

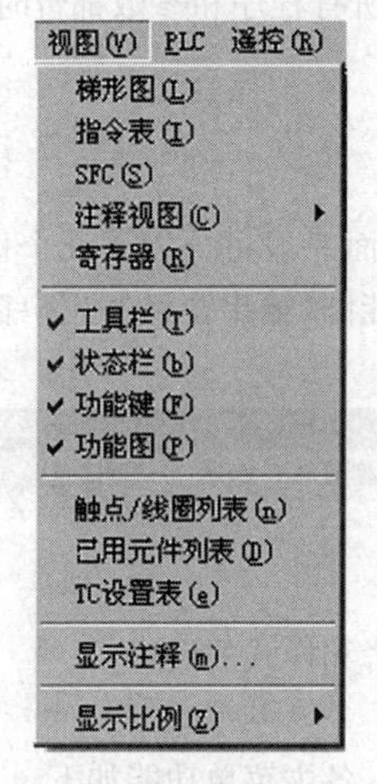

图 A－5

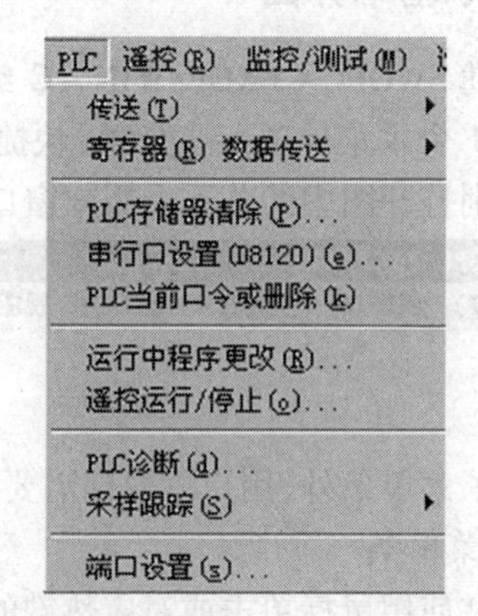

图 A－6

5）监控／测试(M)

进行元件状态监控，指定元件强制输出等功能，如图 A－7 所示。

6）工具(T)

工具(T)可以调用指令输入向导，完成梯形图和指令表语言的转换，如图 A－8 所示。

7）窗口(W)

如图 A－9 所示，窗口可以打开一个或多个，并可进行窗口之间的切换；可以设置窗口的排放形式，如层叠、水平和垂直等。图 A－10 是窗口水平排列的例子。

8）帮助(Help)

它通过帮助菜单上的目录和索引检阅几乎所有的相关的使用帮助信息，帮助菜单还提供网上查询功能。而且，在软件操作过程中的任何步骤或任何位置都可以按 F1 键来显示在线帮助，大大方便了用户的使用。

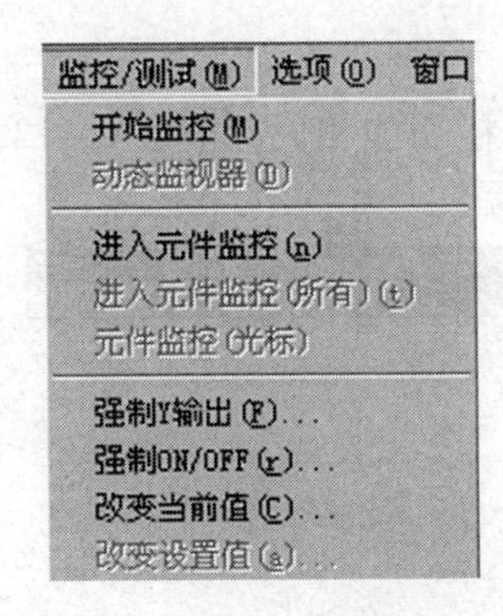

图 A－7

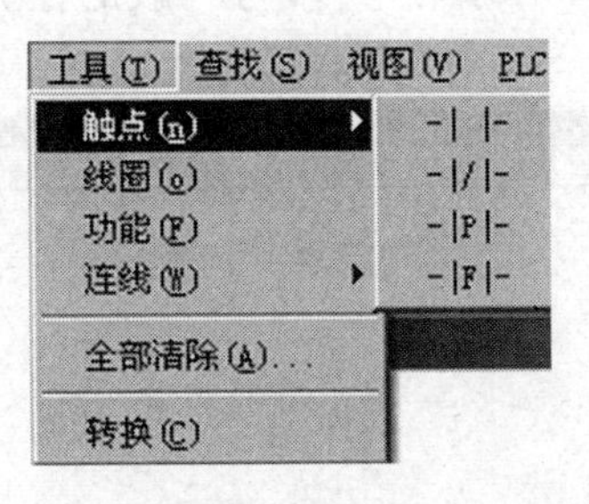

图 A－8

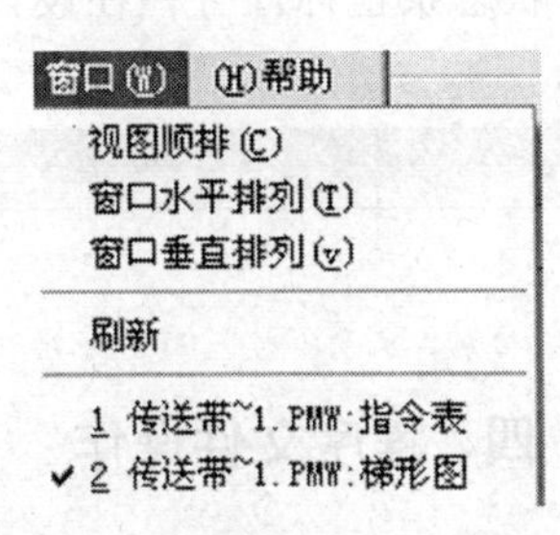

图 A－9

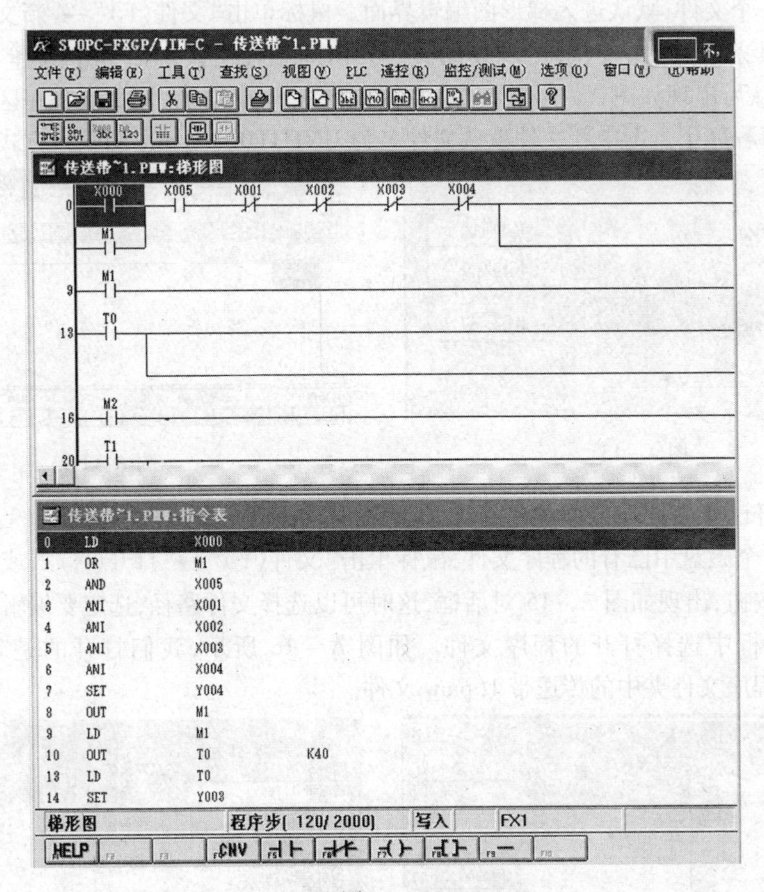

图 A－10

2．工具条

工具条提供简便的鼠标操作，将最常用的 SWOPC－FXGP/WIN－C 操作以按钮形式设定到工具条：标准（工具条 1）和指令（工具条 2）工具条。如图 A－11 所示。

图 A－11

3. 状态条

状态条也称任务栏在设计窗口下方第一行，与一般的任务栏功能相同，如图 A－12 所示。

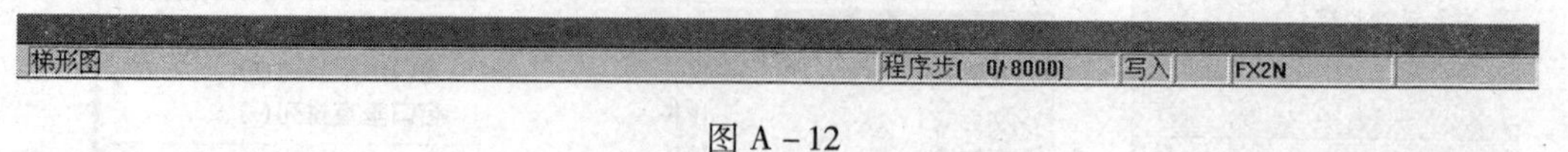

图 A－12

四、程序文件操作

1. 新建

新建一个文件，默认进入梯形图编辑界面。鼠标单击“文件(F)”→“新文件(N)”，或者单击工具条中的按钮，出现如图 A－13 对话框，在该对话框中选择 PLC 型号为 FX2N。确认后出现如图 A－14 窗口，在主窗口将显示新建的程序文件程序区，至此，我们就可以编辑程序了。图中新文件默认文件名为 UNTITL01，为梯形图输入方式。

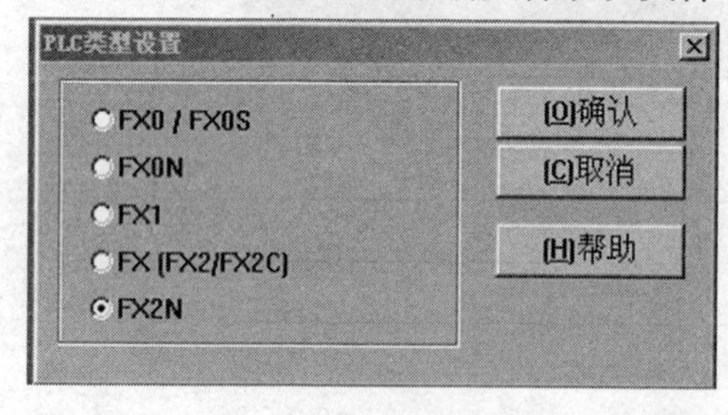

图 A－13

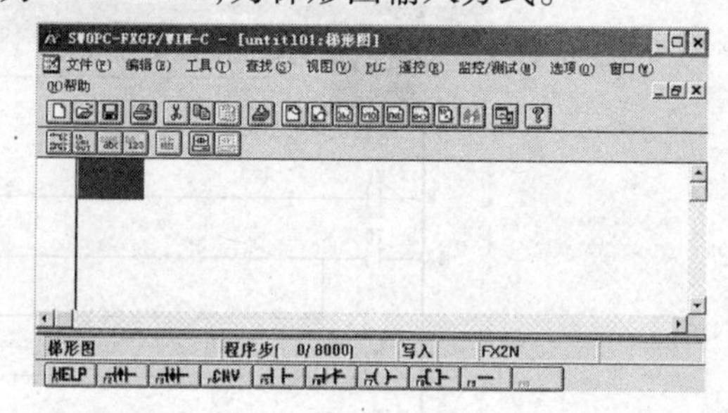

图 A－14

2. 打开已有文件

打开一个磁盘中已有的程序文件，鼠标单击“文件(F)”→“打开(N)”，或者单击工具条中的按钮，出现如图 A－15 对话框，这时可以选择文件路径，选定要编辑的文件。在弹出的对话框中选择打开的程序文件。如图 A－16 所示，我们打开的是 D:\Program Files\三菱程序文件夹中的传送带 1. pmw 文件。

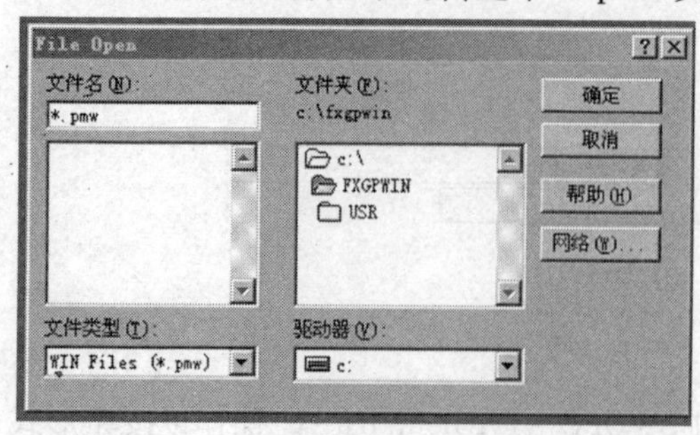

图 A－15

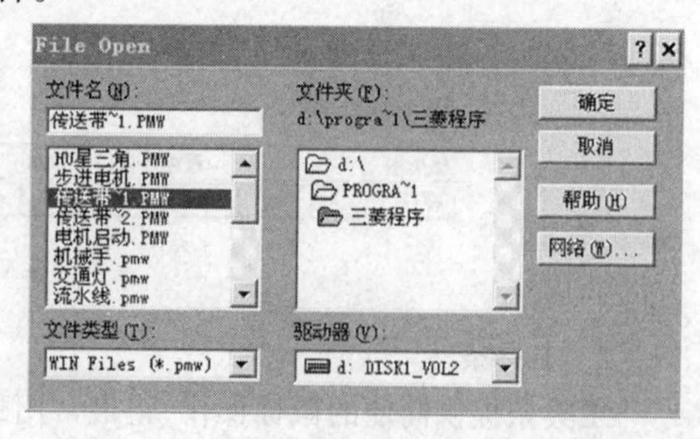

图 A－16

3. 程序读入

在已经与 PLC 建立通信连接的前提下，如果要将 PLC 存储器中的程序文件读入至计算机中，可用“PLC”菜单中的“传送”命令中“读入”子命令来完成，如图 A－17 所示。

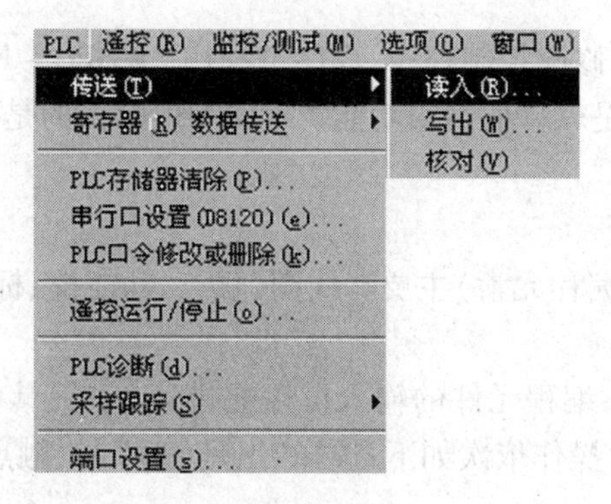

图 A－17

4. 程序写出

在已经与 PLC 建立通信连接的前提下,如果要将计算机中已编写的程序写入至 PLC(或下载至 PLC)存储器中,可用“PLC”菜单中的“传送”命令中“写出”子命令来完成,同时为了提高传送程序的效率,可以在下载前设置传送的范围,如图 A－18 所示。

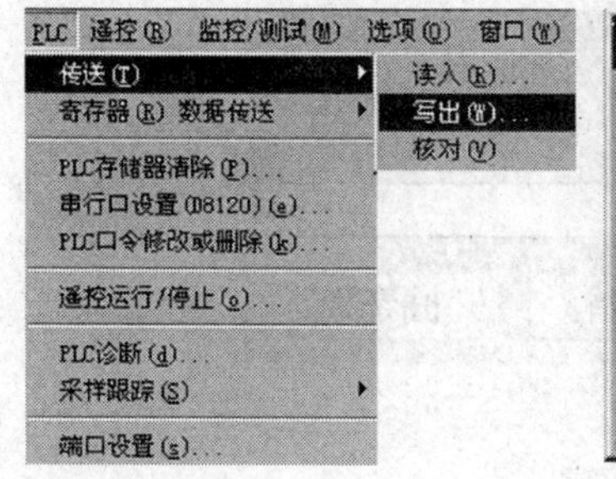

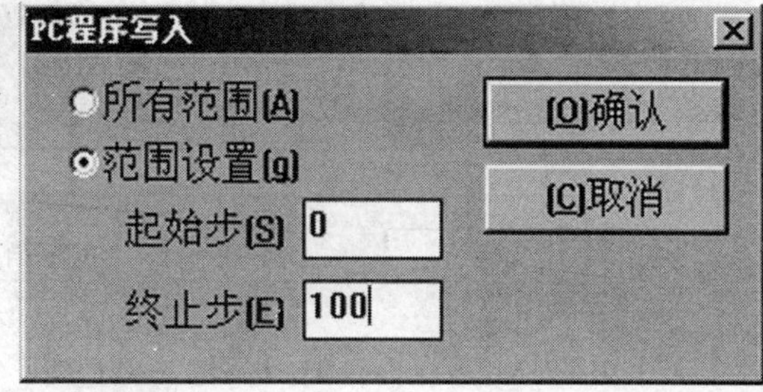

图 A－18

5. 保存

程序编辑的过程中可以随时保存,单击“文件(F)”→“保存(S)”,即可在文件的当前存储位置保存。新建文件以默认文件名保存在默认目录下,若要更改存储位置,则可单击“文件(F)”→“另存为(A)”,例如:如图 A－19 所示,当前编辑的程序被存入 D:\PLC\workdir 文件夹。

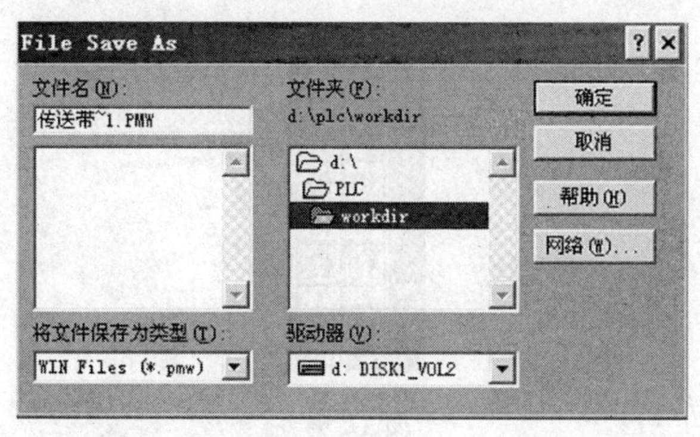

图 A－19

6. 编辑程序

编辑程序用来编辑和修改控制程序,程序员利用 SWOPC - FXGP/WIN - C 编程软件要做的最基本的工作,就是软件的编辑功能。编辑程序默认的是编辑梯形图。

1) 梯形图输入法

(1) 输入编程元件

梯形图的编程元件(编程元素)主要有线圈、触点、功能框、标号及连接线。输入方法有以下几种:

方法 1:菜单输入法。编程元件的输入可以通过菜单"工具(T)"来完成。例如输入常开触点 X0,如图 A - 20 操作依次如下:选择"工具(T)"→"触点" → -| |- ,效果如图 A - 21 所示。

图 A - 20

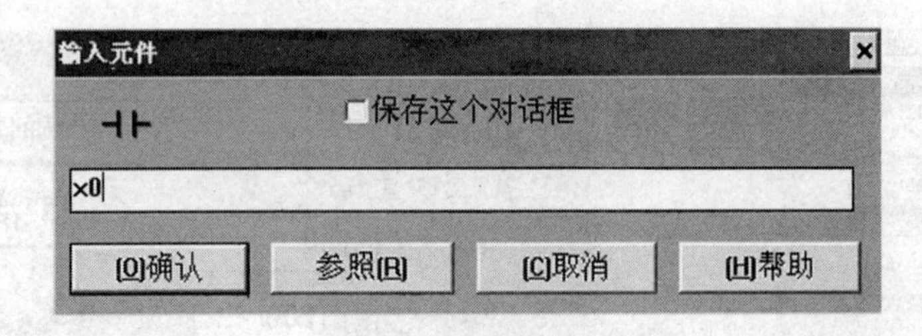

图 A - 21

方法 2:功能图输入,如图 A - 22 中浮动功能图区域,首先在编辑窗口中光标定位,在功能图中选择元件类型,输入元件编号,单击"确定"按钮,就完成了某一元件的输入。如图输入触点 X0 的情况:当前输入区为灰色,当前光标处为蓝色,单击-| |-按钮并输入 X0,出现如图 A - 21,单击"确认"按钮即可,确认后梯形图如图 A - 23 所示。若输入有错误,如元件编号非法、违反梯形图规则等,编程软件马上拒绝输入。如图 A - 24 所示,输入 X9 后,出现错误。

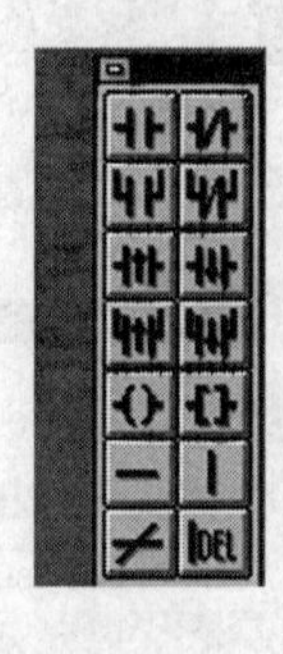

图 A - 22

图 A-23

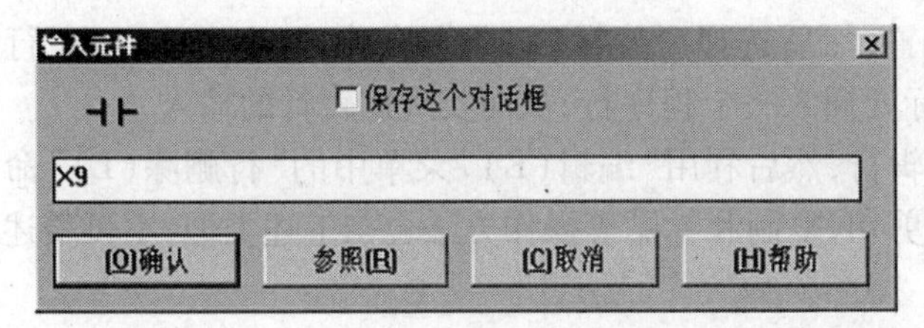

图 A-24

方法3:功能键输入。如图 A-25 是功能键区,在窗口最下方,从功能键区一样可以输入编程元件,方法类似,不再赘述。

图 A-25

方法4:在梯形图编辑状态下直接输入指令。例如 STL S0 指令,一般情况下,我们可以用功能键 F8[ ] 来输入,也可以通过在当前位置直接输入 STL S0 指令完成此操作。例如:输入如下程序段。STL S0 的输入方法如图 A-26 所示。

```
LD    M8002
SET   S0
STL   S0
OUT   Y0
```

图 A-26

按回车键,再键入 OUT Y0,回车,出现图 A-27。

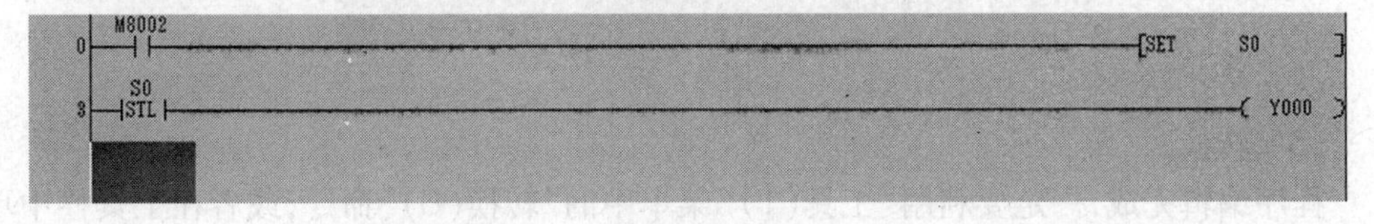

图 A-27

(2) 顺序输入和任意位置输入

在一个逻辑行中,如果只有编程元件的串联连接,输入和输出都无分叉,则视作顺序输入。此方法非常简单，只需从逻辑行的开始位置依次输入各编程元件即可，每输入一个元件，光标自动向后移动到下一列。

如果想在任意位置添加一个编程元件，只需单击这一位置将光标移到此处，然后输入编程元件即可。

(3) 插入和删除

编程中经常用到插入和删除一行，块选择等操作。

将光标定位在要插入的位置，然后选择“编辑(E)”菜单，执行此菜单中的“行插入(i)”命令，就可实现在当前光标处插入一个程序行，从而实现逻辑行的输入。

通过鼠标选择要删除的逻辑行，然后利用“编辑(E)”菜单中的“行删除(L)”命令就可以删除逻辑行。对于元件的剪切、复制和粘贴等操作方法也与上述类似，不再赘述。

(4) 注释

注释有设置元件名(n)、元件注释(v)、线圈注释(o)、程序块注释(c)。

如元件注释(v)，选定需要注释或要修改注释的元件，选择“编辑”→“元件注释”，即可进入文字注释的输入或修改界面，如图 A-28 所示。

梯形图注释显示方式的设置，使用“视图”→“显示注释”菜单命令，如图 A-29 所示。

图 A-28

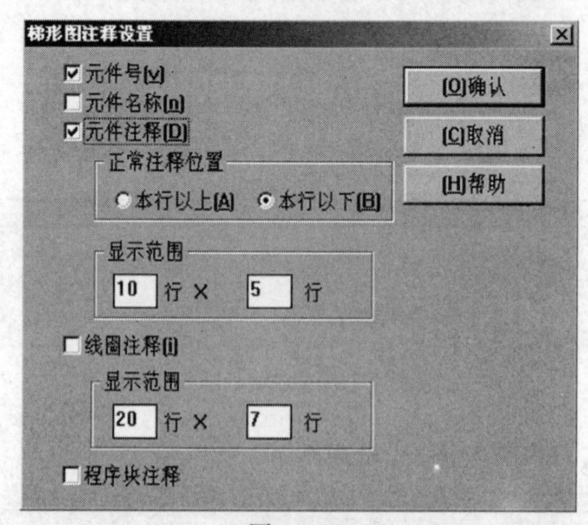

图 A-29

(5) 转换

程序编辑完成，一定要利用“工具(T)”菜单中的“转换(C)”命令，或者在工具栏中单击按钮，则梯形图语言即转换成指令表语言程序。用指令表语言生成的程序无需转换即可生成梯形图程序，其切换方法见编程语言切换(注：转换以后，程序才可以写出和存盘)。若有误，则会提示梯形图错误，如图 A-30 所示。

在使用梯形图编辑程序时，编辑一两行后，最好使用工具栏的转换按钮进行一次转换，以便及时发现编辑中的错误。

图 A－30

2）指令表语言输入法

选择“视图(V)”→“指令表(I)”，将默认编辑方式转换到指令表语言输入方式，如图 A－31 所示。

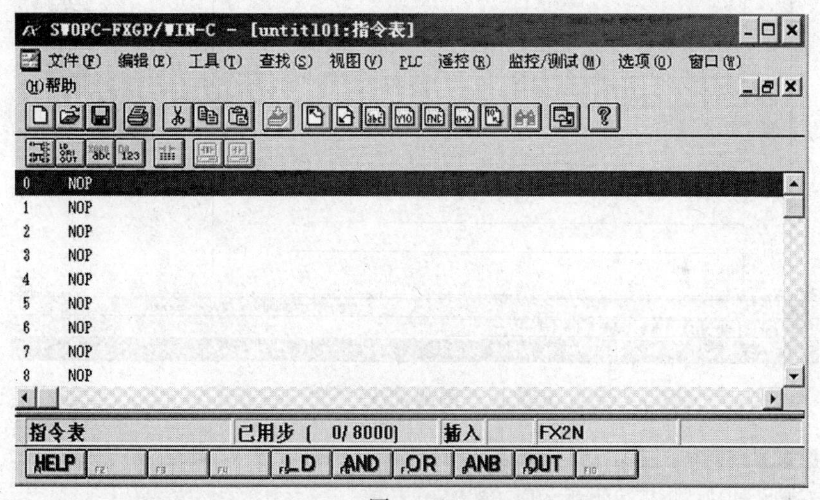

图 A－31

直接输入指令，录入后和正在输入指令界面如图 A－32 所示。

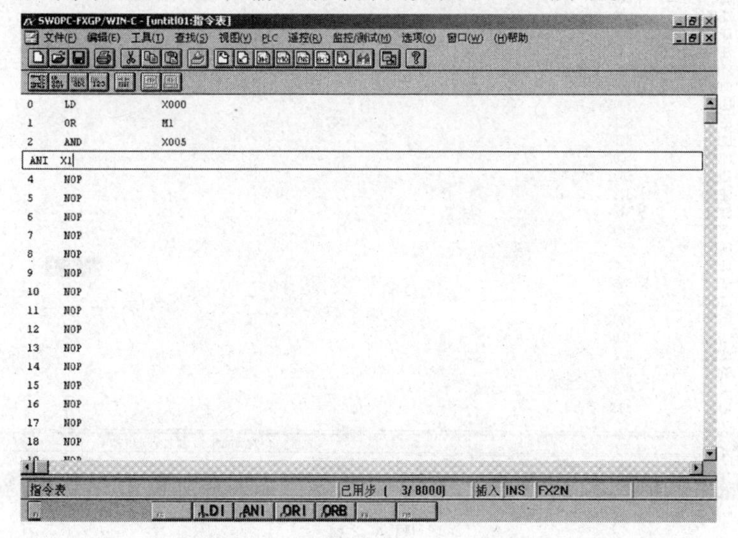

图 A－32

3）编程语言的切换

软件可实现编程语言(编辑器)之间的任意切换。选择“视图(V)”菜单,单击梯形图、指令表或者 SFC 即可完成三者之间的切换(图 A－5),进入对应的编程环境。图 A－33为梯形图程序,图 A－34 为指令表语言程序,图 A－35 为对应该程序的状态转移图。

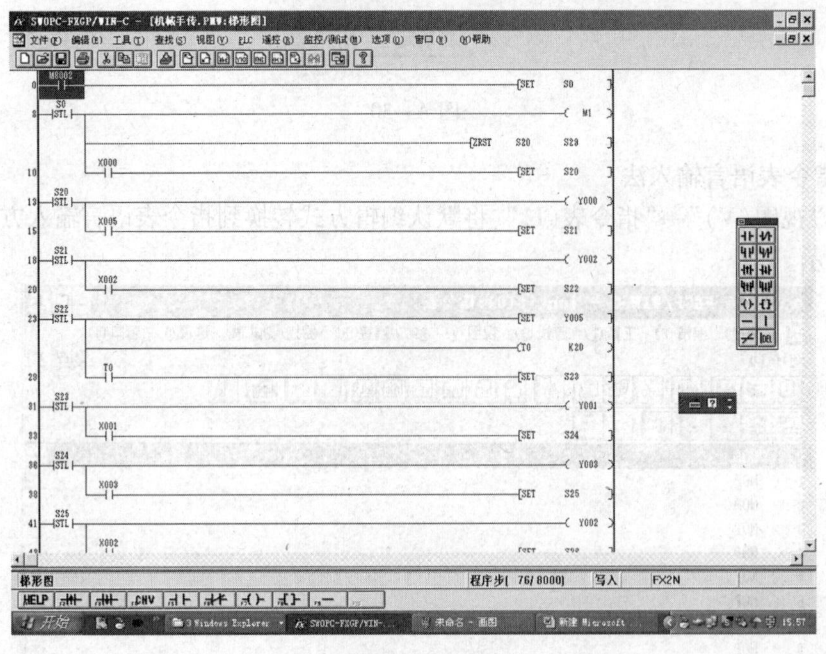

图 A－33

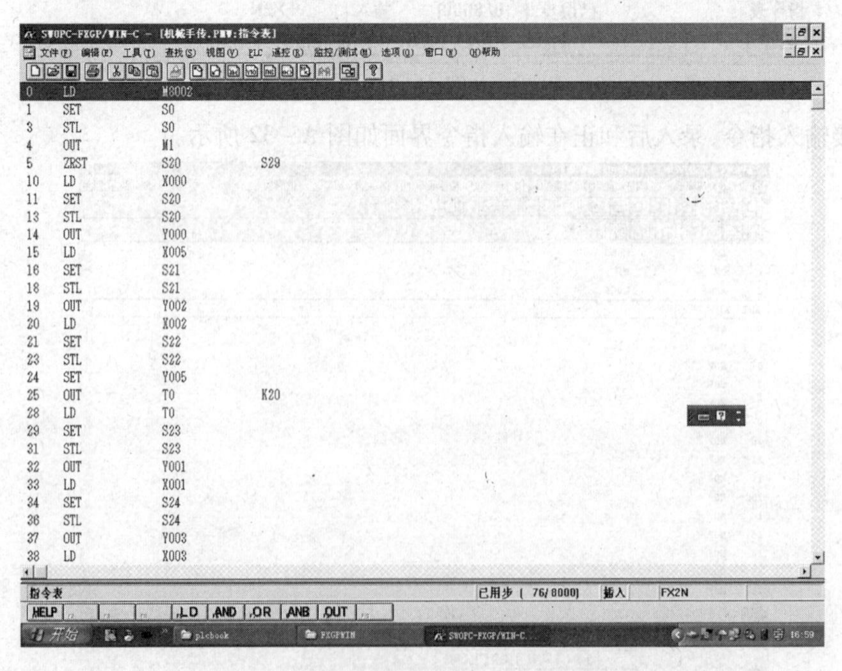

图 A－34

图 A－35

五、PLC 的监控和强制执行

在 FXGPWIN 操作环境中，可以进行 PLC 运行状态下的梯形图监控、各软元件的状态监控和强制执行输出等功能，这些功能主要在"监控/检测"菜单栏目下完成。用户也可以强制指定值对变量赋值，所有强制改变的值都存到主机固定的 EEPROM 存储器中。

1. 开始监控(M)

在梯形图方式执行菜单命令"监控/测试"→"开始监控"后，用绿色表示触点或线圈接通，定时器、计数器和数据寄存器的当前值在元件号的上面显示，如图 A－36 所示。

2. 元件监控

执行菜单命令"监控/测试"→"元件监控"后，出现元件监控画面，图中绿色的方块表示常开触点闭合、线圈表示通电。

1）元件监控(X,Y,M)

选择"监控/测试"菜单，执行"进入元件监控"命令，弹出元件监控的对话框，输入所监控元件的起始编号，输入要监控元件的数量，单击"确定"按钮，在屏幕上显示元件的状态，如图 A－37 所示。

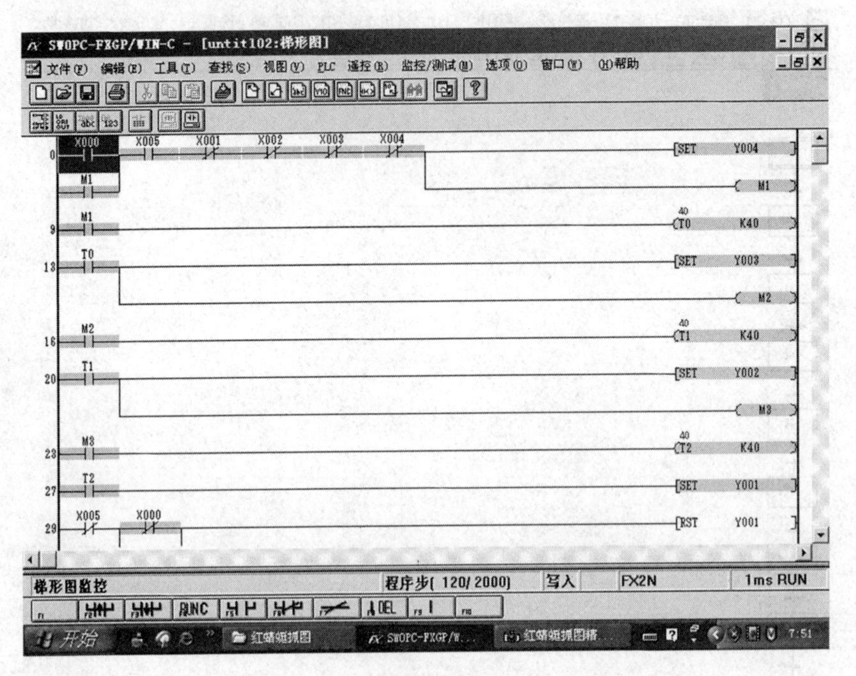

图 A－36

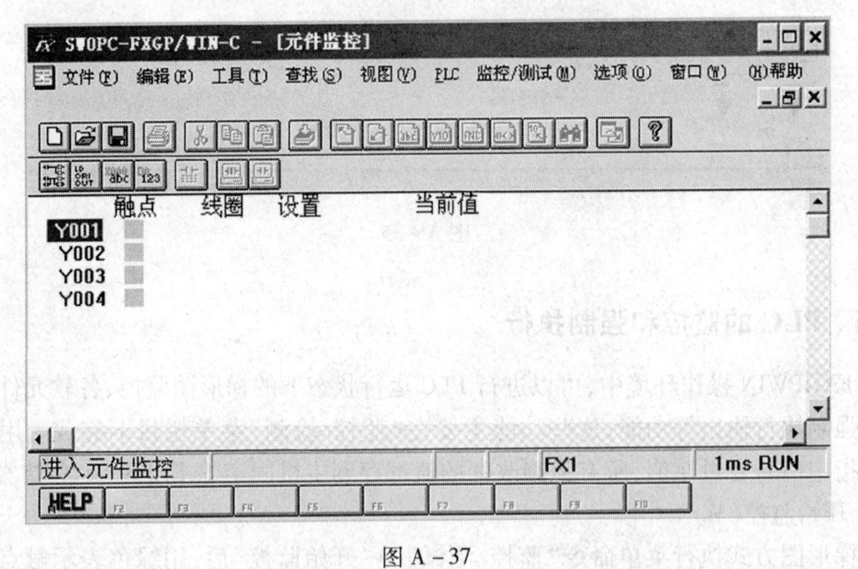

图 A－37

2）元件监控(T,C,D)

选择“监控/测试”菜单，执行“进入元件监控(T,C,D)”命令，弹出元件监控的对话框，输入所监控元件的起始编号，输入要监控元件的数量，单击“确定”按钮，在屏幕上显示的是以十进制或十六进制形式表示的所监控元件的当前值，如图 A－38 所示。

3）元件监控(光标)

选择“监控/测试”菜单，执行“开始监控”，然后在监控界面选定元件。执行“元件监控(光标)”命令，进入元件监控界面，就可以观察元件的状态和数值，如图 A－39 所示。

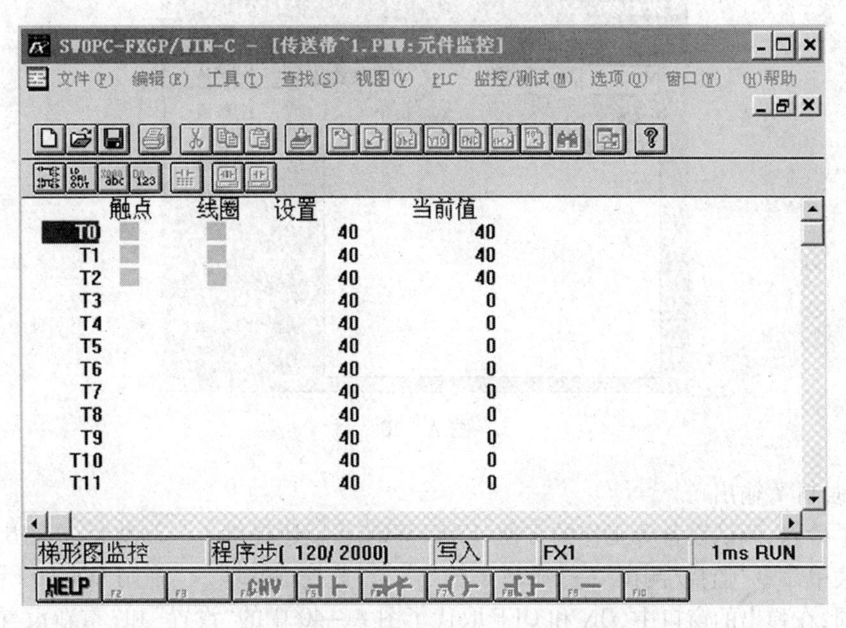

图 A-38

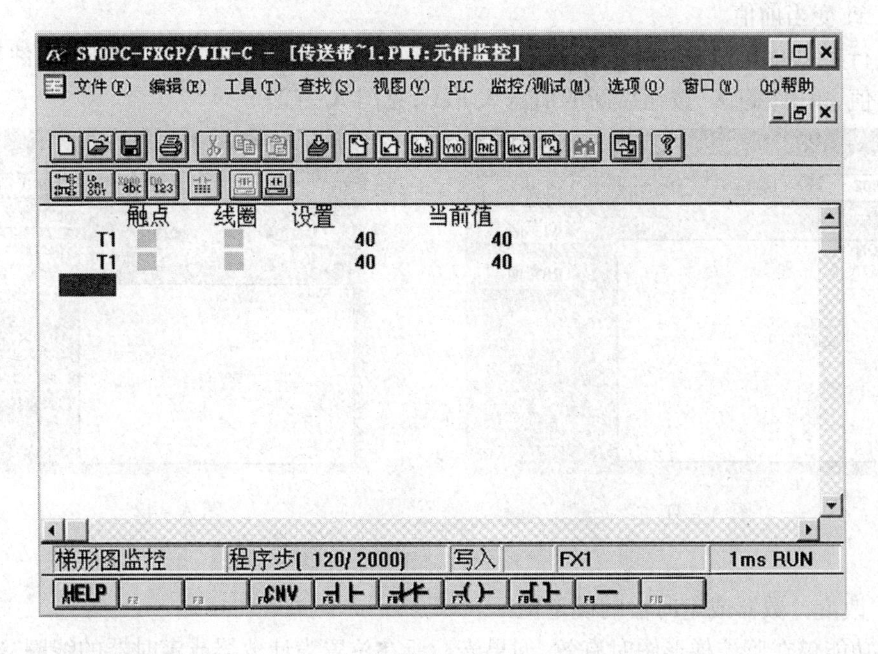

图 A-39

3. 强制 ON/OFF

执行菜单命令“监控/测试”→“强制 ON/OFF”,在弹出的“强制 ON/OFF”对话框(图 A-40)的“元件”栏内输入元件号,选“设置”(应为置位,Set)后单击“确认”按钮,可令该元件为 ON。选“重新设置”(应为复位,Reset)后单击“确认”按钮,可令该元件为 OFF。单击“取消”按钮关闭对话框。

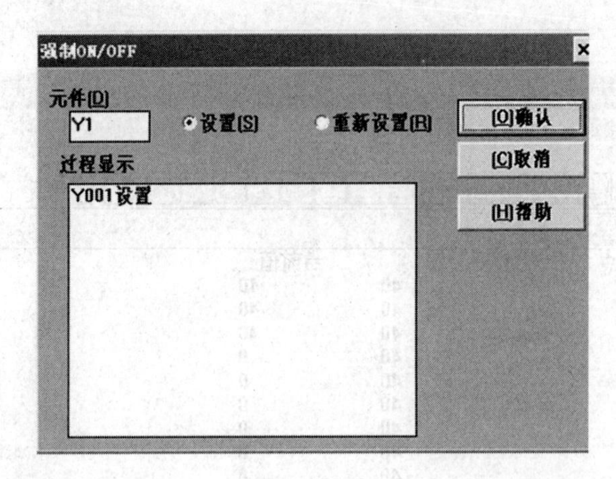

图 A－40

4．强制 Y 输出

为了检修、调试设备等工作的方便，FXGPWIN 环境还提供了强制执行 Y 输出状态的功能。菜单命令"监控/测试"→"强制 Y 输出"与"监控/测试"→"强制 ON/OFF"的使用方法相同，在弹出的窗口中，ON 和 OFF 取代了图 A－40 中的"设置"和"重新设置"，见图 A－41。

5．改变当前值

执行菜单命令"监控/测试"→"改变当前值"后，在弹出的对话框中输入元件号和新的当前值，单击"确认"按钮后新的值送入 PLC，见图 A－42。

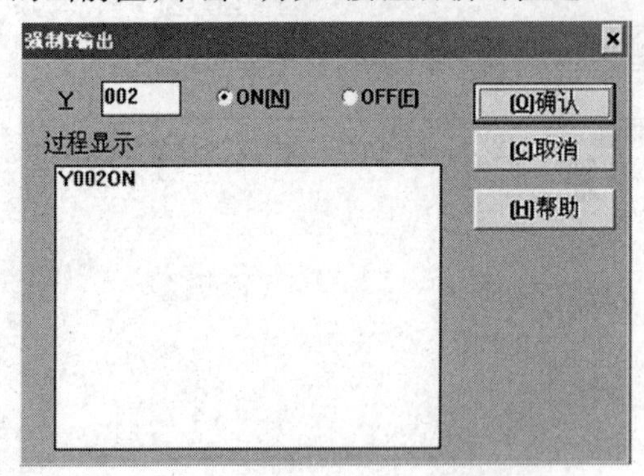

图 A－41

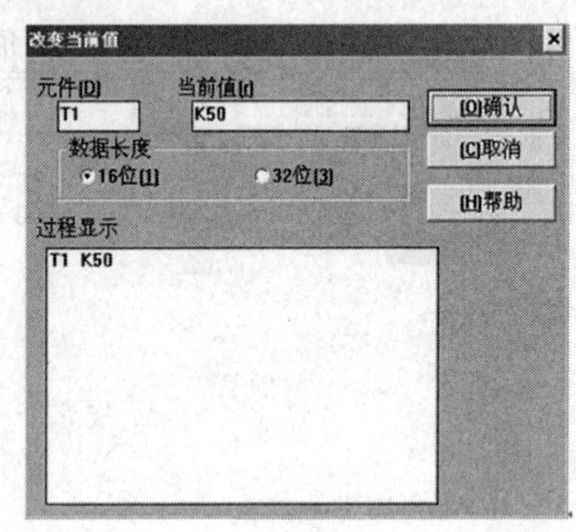

图 A－42

6．改变计数器或定时器的设定值

该功能仅在监控梯形图时有效，如果光标所在位置为计数器或定时器的线圈，执行菜单命令"监控/测试"→"改变设置值"后，在弹出的对话框中将显示计数器或定时器的元件号和原有的设定值，输入新的设定值，单击"确认"按钮后送入 PLC。用同样的方法可以改变 D、V 或 Z 的当前值，见图 A－43。

本附录仅对编程软件作了简单的介绍，用好编程软件是掌握可编程控制器的技术基础，只有多练习，熟能生巧，才能正确掌握编程软件的使用。

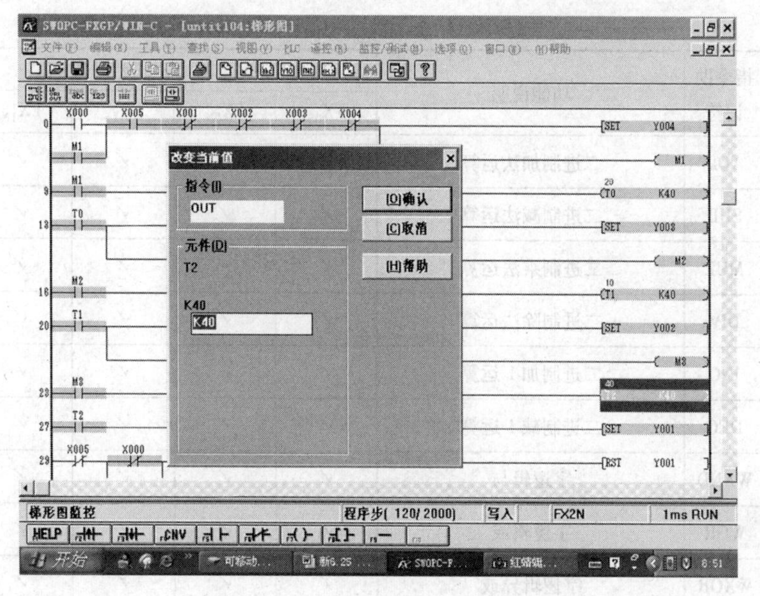

图 A－43

附录 B　FX 系列 PLC 功能指令一览表

分类	FNC NO.	指令助记符	功能说明	对应不同型号的 PLC				
				FX_{0S}	FX_{0N}	FX_{1S}	FX_{1N}	$FX_{2N}FX_{2NC}$
程序流程	00	CJ	条件跳转	✓	✓	✓	✓	✓
	01	CALL	子程序调用	×	×	✓	✓	✓
	02	SRET	子程序返回	×	×	✓	✓	✓
	03	IRET	中断返回	✓	✓	✓	✓	✓
	04	EI	中断允许	✓	✓	✓	✓	✓
	05	DI	中断禁止	✓	✓	✓	✓	✓
	06	FEND	主程序结束	✓	✓	✓	✓	✓
	07	WDT	监视定时器刷新	✓	✓	✓	✓	✓
	08	FOR	循环的开始	✓	✓	✓	✓	✓
	09	NEXT	循环的结束	✓	✓	✓	✓	✓
比较与传送	10	CMP	比较	✓	✓	✓	✓	✓
	11	ZCP	区间比较	✓	✓	✓	✓	✓
	12	MOV	传送	✓	✓	✓	✓	✓
	13	SMOV	BCD 码移位传送	×	×	×	×	✓
	14	CML	取反传送	×	×	×	×	✓
	15	BMOV	块传送	×	✓	✓	✓	✓
	16	FMOV	多点传送	×	×	×	×	✓
	17	XCH	数据交换	×	×	×	×	✓
	18	BCD	BCD 变换指令	✓	✓	✓	✓	✓
	19	BIN	BIN 变换指令	✓	✓	✓	✓	✓

（续）

分类	FNC NO.	指令助记符	功能说明	对应不同型号的 PLC				
				FX_{0S}	FX_{0N}	FX_{1S}	FX_{1N}	$FX_{2N}FX_{2NC}$
算术与逻辑运算	20	ADD	二进制加法运算	✓	✓	✓	✓	✓
	21	SUB	二进制减法运算	✓	✓	✓	✓	✓
	22	MUL	二进制乘法运算	✓	✓	✓	✓	✓
	23	DIV	二进制除法运算	✓	✓	✓	✓	✓
	24	INC	二进制加 1 运算	✓	✓	✓	✓	✓
	25	DEC	二进制减 1 运算	✓	✓	✓	✓	✓
	26	WAND	字逻辑与	✓	✓	✓	✓	✓
	27	WOR	字逻辑或	✓	✓	✓	✓	✓
	28	WXOR	字逻辑异或	✓	✓	✓	✓	✓
	29	NEG	求补	×	×	×	×	✓
循环与移位	30	ROR	循环右移	×	×	×	×	✓
	31	ROL	循环左移	×	×	×	×	✓
	32	RCR	带进位右移	×	×	×	×	✓
	33	RCL	带进位左移	×	×	×	×	✓
	34	SFTR	位右移	✓	✓	✓	✓	✓
	35	SFTL	位左移	✓	✓	✓	✓	✓
	36	WSFR	字右移	×	×	×	×	✓
	37	WSFL	字左移	×	×	×	×	✓
	38	SFWR	移位写入	×	×	✓	✓	✓
	39	SFRD	移位读出	×	×	✓	✓	✓
数据处理	40	ZRST	区间复位	✓	✓	✓	✓	✓
	41	DECO	译码	✓	✓	✓	✓	✓
	42	ENCO	编码	✓	✓	✓	✓	✓
	43	SUM	ON 位数求和	×	×	×	×	✓
	44	BON	ON 位判定	×	×	×	×	✓
	45	MEAN	求平均值	×	×	×	×	✓
	46	ANS	报警器置位	×	×	×	×	✓
	47	ANR	报警器复位	×	×	×	×	✓
	48	SQR	求平方根	×	×	×	×	✓
	49	FLT	整数与浮点数转换	×	×	×	×	✓

（续）

分类	FNC NO.	指令助记符	功能说明	对应不同型号的 PLC				
				FX_{0S}	FX_{0N}	FX_{1S}	FX_{1N}	$FX_{2N}FX_{2NC}$
高速处理	50	REF	输入输出刷新	✓	✓	✓	✓	✓
	51	REFF	输入滤波时间调整	×	×	×	×	✓
	52	MTR	矩阵输入	×	×	✓	✓	✓
	53	HSCS	置位(高速计数用)	×	✓	✓	✓	✓
	54	HSCR	复位(高速计数用)	×	✓	✓	✓	✓
	55	HSZ	区间比较(高速计数用)	×	×	×	×	✓
	56	SPD	速度检测指令	×	×	✓	✓	✓
	57	PLSY	脉冲输出	✓	✓	✓	✓	✓
	58	PWM	脉宽调制指令	✓	✓	✓	✓	✓
	59	PLSR	可调脉冲输出	×	×	✓	✓	✓
方便指令	60	IST	状态初始化	✓	✓	✓	✓	✓
	61	SER	数据查找	×	×	×	✓	✓
	62	ABSD	凸轮控制(绝对式)	×	×	✓	✓	✓
	63	INCD	凸轮控制(增量式)	×	×	✓	✓	✓
	64	TTMR	示教定时器	×	×	×	×	✓
	65	STMR	特殊定时器	×	×	×	×	✓
	66	ALT	交替输出	✓	✓	✓	✓	✓
	67	RAMP	斜坡信号	✓	✓	✓	✓	✓
	68	ROTC	旋转工作台控制	×	×	×	×	✓
	69	SORT	数据排序	×	×	×	×	✓
外部I/O设备	70	TKY	10 键输入	×	×	×	×	✓
	71	HKY	16 键输入	×	×	×	×	✓
	72	DSW	数字开关指令	×	×	✓	✓	✓
	73	SEGD	七段码译码	×	×	✓	✓	✓
	74	SEGL	七段码时分显示	×	×	✓	✓	✓
	75	ARWS	方向开关	×	×	×	×	✓
	76	ASC	ASCII 码转换	×	×	×	×	✓
	77	PR	ASCII 码打印输出	×	×	×	×	✓
	78	FROM	BFM 读出	×	✓	×	✓	✓
	79	TO	BFM 写入	×	✓	×	✓	✓

（续）

分类	FNC NO.	指令助记符	功能说明	对应不同型号的 PLC				
				FX_{0S}	FX_{0N}	FX_{1S}	FX_{1N}	$FX_{2N}FX_{2NC}$
外围设备SER	80	RS	串行数据传送	×	✓	✓	✓	✓
	81	PRUN	八进制位传送	×	×	✓	✓	✓
	82	ASCI	十六进制数转换成 ASCII 码	×	✓	✓	✓	✓
	83	HEX	ASCII 码转换成十六进制数	×	✓	✓	✓	✓
	84	CCD	校验码指令	×	✓	✓	✓	✓
	85	VRRD	电位器值读出指令	×	×	✓	✓	✓
	86	VRSC	电位器刻度指令	×	×	✓	✓	✓
	87	—	—					
	88	PID	PID 运算	×	×	✓	✓	✓
	89	—	—					
浮点数运算	110	ECMP	二进制浮点数比较	×	×	×	×	✓
	111	EZCP	二进制浮点数区间比较	×	×	×	×	✓
	118	EBCD	二进制浮点数→十进制浮点数	×	×	×	×	✓
	119	EBIN	十进制浮点数→二进制浮点数	×	×	×	×	✓
	120	EADD	二进制浮点数加法	×	×	×	×	✓
	121	ESUB	二进制浮点数减法	×	×	×	×	✓
	122	EMUL	二进制浮点数乘法	×	×	×	×	✓
	123	EDIV	二进制浮点数除法	×	×	×	×	✓
	127	ESQR	二进制浮点数开平方	×	×	×	×	✓
	129	INT	二进制浮点数→二进制整数	×	×	×	×	✓
	130	SIN	二进制浮点数 Sin 运算	×	×	×	×	✓
	131	COS	二进制浮点数 Cos 运算	×	×	×	×	✓
	132	TAN	二进制浮点数 Tan 运算	×	×	×	×	✓
	147	SWAP	高低字节交换	×	×	×	×	✓
定位	155	ABS	当前绝对值读取	×	×	✓	✓	×
	156	ZRN	原点回归	×	×	✓	✓	×
	157	PLSY	可变脉冲的脉冲输出	×	×	✓	✓	×
	158	DRVI	相对位置控制	×	×	✓	✓	×
	159	DRVA	绝对位置控制	×	×	✓	✓	×
时钟运算	160	TCMP	时钟数据比较	×	×	✓	✓	✓
	161	TZCP	时钟数据区间比较	×	×	✓	✓	✓
	162	TADD	时钟数据加法	×	×	✓	✓	✓
	163	TSUB	时钟数据减法	×	×	✓	✓	✓
	166	TRD	时钟数据读出	×	×	✓	✓	✓
	167	TWR	时钟数据写入	×	×	✓	✓	✓
	169	HOUR	计时用	×	×	✓	✓	

（续）

分类	FNC NO.	指令助记符	功能说明	对应不同型号的PLC				
				FX_{0S}	FX_{0N}	FX_{1S}	FX_{1N}	$FX_{2N}FX_{2NC}$
变换	170	GRY	二进制数→格雷码	×	×	×	×	✓
	171	GBIN	格雷码→二进制数	×	×	×	×	✓
	176	RD3A	模拟量模块(FX0N-3A)读出	×	✓	×	✓	×
	177	WR3A	模拟量模块(FX0N-3A)写入	×	✓	×	✓	×
触点比较	224	LD =	(S1) = (S2)时起始触点接通	×	×	✓	✓	✓
	225	LD >	(S1) > (S2)时起始触点接通	×	×	✓	✓	✓
	226	LD <	(S1) < (S2)时起始触点接通	×	×	✓	✓	✓
	228	LD≠	(S1)≠(S2)时起始触点接通	×	×	✓	✓	✓
	229	LD≤	(S1)≤(S2)时起始触点接通	×	×	✓	✓	✓
	230	LD≥	(S1)≥(S2)时起始触点接通	×	×	✓	✓	✓
	232	AND =	(S1) = (S2)时串联触点接通	×	×	✓	✓	✓
	233	AND >	(S1) > (S2)时串联触点接通	×	×	✓	✓	✓
	234	AND <	(S1) < (S2)时串联触点接通	×	×	✓	✓	✓
	236	AND≠	(S1)≠(S2)时串联触点接通	×	×	✓	✓	✓
	237	AND≤	(S1)≤(S2)时串联触点接通	×	×	✓	✓	✓
	238	AND≥	(S1)≥(S2)时串联触点接通	×	×	✓	✓	✓
	240	OR =	(S1) = (S2)时并联触点接通	×	×	✓	✓	✓
	241	OR >	(S1) > (S2)时并联触点接通	×	×	✓	✓	✓
	242	OR <	(S1) < (S2)时并联触点接通	×	×	✓	✓	✓
	244	OR≠	(S1)≠(S2)时并联触点接通	×	×	✓	✓	✓
	245	OR≤	(S1)≤(S2)时并联触点接通	×	×	✓	✓	✓
	246	OR≥	(S1)≥(S2)时并联触点接通	×	×	✓	✓	✓

参考文献

[1] 廖常初. PLC 基础与应用[M]. 北京:机械工业出版社,2003.
[2] 郁汉琪,郭健. 可编程序控制器原理及应用[M]. 北京:中国电力出版社,2004.
[3] 黄云龙. 可编程控制器教程[M]. 北京:科学出版社,2003.
[4] 袁任光. 可编程控制器应用技术与实例[M]. 广州:华南理工大学出版社,2003.
[5] 张伟林. 电气控制与 PLC 应用[M]. 北京:人民邮电出版社,2007.
[6] 黄中玉. PLC 应用技术[M]. 北京:人民邮电出版社,2009.
[7] 王永华. 现代电气及可编程序控制技术[M]. 北京:北京航空航天大学出版社,2002.
[8] 方承远. 控制原理与设计[M]. 北京:机械工业出版社,2000.
[9] 马宏骞,刘佳鲁. 电器控制技术[M]. 大连:大连理工大学出版社,2005.
[10] 陈在平. 可编程序控制器技术与应用系统设计[M]. 北京:机械工业出版社,2002.